Biologie

Oberstufe

EINFÜHRUNGSPHASE

Cornelsen

Biologie Oberstufe
Einführungsphase
3. neubearbeitete Auflage

Herausgegeben von Prof. Ulrich Weber, Süßen

Autoren:
Dr. Stefan Bierbaum, Mönchengladbach
Axel Brott, Neuwied/Istanbul
Dr. Andrea Gnoyke, Essen
Gabriele Gräbe, Sprockhövel
Dr. Silke Groß, Wuppertal
Dr. Walter Kleesattel, Schwäbisch Gmünd
Reiner Kleinert, Hanau
Wolfgang Ruppert, Dreieich
Dr. Frank Scholz, Priesendorf
Prof. Ulrich Weber, Süßen
Dr. Marianne Weis, St. Wendel

Redaktion:
Jutta Waldow, Stefanie Anna Zintl

Redaktionelle Mitarbeit:
Andrina Braband

Layoutkonzept und technische Umsetzung: Studio SYBERG, Berlin

Umschlaggestaltung: EYES-OPEN, Berlin

Einbandfotos: Mauritius Images (Nautilus), Corbis/Westmorland (Hintergrund)

www.cornelsen.de

3. Auflage, 1. Druck 2015

Alle Drucke dieser Auflage sind inhaltlich unverändert
und können im Unterricht nebeneinander verwendet werden.

Druck: Mohn Media Mohndruck, Gütersloh

ISBN 978-3-06-010347-8

PEFC
PEFC/04-31-1033

PEFC zertifiziert
Dieses Produkt stammt aus nachhaltig bewirtschafteten Wäldern und kontrollierten Quellen.

www.pefc.de

Nautilus pompilius (Gemeines Perlboot)

Schon als man von Nautilus nur das 15–20 cm große Gehäuse kannte, ging von diesem Verwandten der Tintenfische eine große Faszination aus. Sie gründete sich auf der schönen Zeichnung der Schale, der mathematischen Harmonie ihrer logarithmischen Spirale und der perlmuttglänzenden Kammerung im Innern.
Heute kennt man fünf Nautilus-Arten, die die Tiefen des Indischen und Pazifischen Ozeans um Indonesien, Australien und die Philippinen bewohnen. Dass sie die letzten nahen Verwandten der vor 70 Millionen Jahren ausgestorbenen Ammoniten sind, weckt besonderes Interesse an den „lebenden Fossilien“.

Mit modernen Methoden wie der Ausstattung einzelner Tiere mit Sendern und dem Einsatz von Unterwasserkameras wird die Lebensweise von Nautilus intensiv erforscht. Das ist auch dringend geboten, um die Arten wirksamer zu schützen: Die Schönheit ihrer zu Souvenirs verarbeiteten Schalen droht ihnen durch massenhaften Fang zum Verhängnis zu werden.

Foto: Corbis/Stuart Westmorland

Inhalt

74 Stoffwechsel

Prinzipien des Lebendigen – Basiskonzepte der Biologie

Im 17. und 18. Jahrhundert wurde ein erbitterter wissenschaftlicher Streit über eigenartig geformte Steine geführt, sogenannte Petrefakten, die sich an vielen verschiedenen Orten fanden. Handelte es sich bei ihnen nur um „Naturspiele" oder aber zu Stein gewordene Überreste früherer *Lebewesen*?

1 *Petrefakten und aufgeschnittene Nautilusschale (vorn), Zeichnung von ROBERT HOOKE*

Der vielseitige Mathematiker und Physiker R. HOOKE (> S. 17), der 1665 als Erster mikroskopische Zeichnungen von Pflanzenteilen angefertigt und seine Beobachtungen als „cells" beschrieben hatte, war überzeugt, dass es Reste von Lebewesen sein mussten. Nachdem er die Schale des kurz zuvor entdeckten Kopffüßers *Nautilus* in Händen hielt, erklärte er die spiralig geformten „Schlangensteine" seiner südenglischen Heimat als Reste von ähnlichen, jedoch noch unbekannten oder vorzeitlichen, ausgestorbenen Tieren. Die außergewöhnliche Übereinstimmung der spiralig gewundenen, gekammerten Schale von Nautilus mit den heute als Ammoniten bezeichneten Petrefakten war ihm Beweis genug: Allein Lebewesen sind in der Lage, so komplexe Strukturen aufzubauen. Die Ammoniten mussten demnach Verwandte von Kopffüßern wie Nautilus sein!

Prinzipien des Lebendigen und Basiskonzepte der Biologie Lebewesen von Unbelebtem zu unterscheiden gelingt in der Regel leicht. Selbst völlig unbekannte Organismen erkennen wir meist ohne Probleme als lebendig. Zwar gibt es kein Einzelmerkmal, um Lebendiges von Unbelebtem zu unterscheiden, doch finden sich bei allen Organismen kennzeichnende Merkmale, die zusammen nur bei ihnen vorkommen. Sie werden daher als *Prinzipien des Lebendigen* betrachtet (> rechts) und machen zusammengenommen die Eigenschaften lebender Systeme aus (> S. 11).
Diese Prinzipien bewähren sich auch als *Basiskonzepte der Wissenschaft Biologie*: Unbekannte biologische Phänomene lassen sich so auf die bekannten Prinzipien zurückführen und für die Untersuchung unbekannter Lebewesen liefern die Basiskonzepte die Schlüsselfragen. Damit helfen sie, in der Mannigfaltigkeit der Organismen und der Fülle an Lebenserscheinungen den Überblick zu behalten. Gleichzeitig führen sie zu einem besseren Verständnis von Leben im Sinne von „Lebendigsein".
Alle jemals auf der Erde existierenden Lebewesen haben über diese Grundeigenschaften des Lebendigen verfügt: Das gilt für die über 400 Millionen Jahre alten gemeinsamen Vorfahren aller Kopffüßer ebenso wie für die am Ende der Kreidezeit ausgestorbenen Ammoniten, für die fünf derzeit noch existierenden Arten der Gattung Nautilus ebenso wie für alle anderen heute lebenden Tintenfische. Gerade solche „Oldtimer" unter den Lebewesen, die wie Nautilus seit vielen Millionen Jahren mit kaum veränderten Merkmalen existieren (oft als „lebende Fossilien" bezeichnet), belegen höchst eindrucksvoll die Kontinuität des Lebendigen und seiner Prinzipien.

Prinzipien des Lebendigen

Struktur und Funktion

Lebewesen und Lebensvorgänge sind an Strukturen gebunden. Es gibt einen Zusammenhang von Struktur und Funktion, auf dem die Organisation lebender Systeme beruht.

Kompartimentierung

Lebende Systeme sind gegen ihre Umwelt abgegrenzt und weisen meist auch in ihrer inneren Organisation abgegrenzte Reaktionsräume auf.

Stoff- und Energieumwandlung

Lebewesen sind offene Systeme; sie müssen ständig Materie und Energie mit der Umwelt austauschen und sind an Stoff- und Energieumwandlungen gebunden.

Steuerung und Regelung

Lebende Systeme halten bestimmte Zustände durch Regulation aufrecht und reagieren auf Veränderungen.

Information und Kommunikation

Lebewesen nehmen Informationen auf, speichern und verarbeiten sie und kommunizieren.

Reproduktion

Lebewesen sind fähig zur Reproduktion (Fortpflanzung); damit verbunden ist die Weitergabe von Erbinformation.

Variabilität und Angepasstheit

Lebewesen sind bezüglich Bau und Funktion an ihre Umwelt angepasst. Angepasstheit wird durch Variabilität ermöglicht. Grundlage dieser Variabilität sind Mutation, Rekombination und Modifikation.

Geschichte und Verwandtschaft

Ähnlichkeit und Vielfalt von Lebewesen sind das Ergebnis stammesgeschichtlicher Entwicklungsprozesse. Lebende Systeme sind zur Evolution fähig, deren Richtung und Ergebnis nicht vorbestimmt ist.

1 *Die Prinzipien des Lebendigen dienen auch als Basiskonzepte der Biologie. Wie sie hier formuliert sind, liegen sie dem Unterricht in der Sekundarstufe II zugrunde. Sie ermöglichen es, das Wissen aus verschiedenen Teilgebieten der Biologie im Zusammenhang zu betrachten und miteinander zu vernetzen.*
In weniger ausdifferenzierter Form werden die Basiskonzepte „System" (> S. 11), „Struktur und Funktion" sowie „Entwicklung" genannt.

Struktur und Funktion Lebewesen zeichnen sich durch hochgeordnete, komplexe *Strukturen* wie Moleküle, Zellen oder Organe aus (> S. 10). In ihrer Gesamtheit ergeben sie die charakteristische Gestalt des Lebewesens. Diese ist für das einzelne Individuum typisch, meist aber auch für die Art und oft für die ganze Verwandtschaftsgruppe, zu der es gehört.

Die spiralig aufgerollte, gekammerte Schale hatte ROBERT HOOKE als besonderes Gestaltmerkmal der schalentragenden Kopffüßer erkannt. Tentakel, papageienschnabelartige Kiefer, Reibzunge, Kiemen in der Mantelhöhle und ein Trichter zum Ausstoßen von Wasser sind dagegen für alle Kopffüßer typisch.

Mag uns die Gestalt eines Lebewesens noch so absonderlich erscheinen, sie steht immer in engem Zusammenhang mit einer bestimmten *Funktion*: Die Schale schützt Nautilus vor den Bissen von Feinden. Ihr gekammerter Teil dient als hydrostatisches Organ zum Schweben, Steigen oder Sinken. Aus dem Trichter ausgestoßenes Wasser treibt das Tier durch Rückstoß an. Über den Trichter aufgenommenes Wasser umspült die zwei Paar Kiemen, die Nautilus mit dem nötigen Sauerstoff versorgen. Mit den Tentakeln fängt Nautilus Krebse. Seine kräftigen Kiefer knacken den Krebspanzer.

Kompartimentierung Dass ein Lebewesen gegen seine Umgebung abgegrenzt ist, scheint selbstverständlich – und ist doch eine entscheidende Voraussetzung seiner Existenz. Die Abgrenzung ermöglicht ihm, einen definierten Zustand seiner Materie und empfindliche Lebensvorgänge in andersartiger Umwelt zu erhalten, zugleich aber mit der Umwelt im Austausch zu bleiben.

2 *Kompartimentierung zeigt auch die aufgeschnittene Nautilusschale.*

Auch innerhalb des Organismus erfordern die vielen verschiedenen Prozesse des Lebens abgegrenzte Bereiche oder *Kompartimente*: Im Verdauungskanal von Nautilus wird Nahrung abgebaut, Kiemen nehmen Sauerstoff auf, Sehzellen bilden elektrische Signale bei Belichtung. Die Kompartimentierung in Abschnitte oder Räume mit unterschiedlichen Bedingungen und daran gebundenen Funktionen ist ein Prinzip lebender Systeme auf verschiedenen Organisationsebenen (> S. 10).

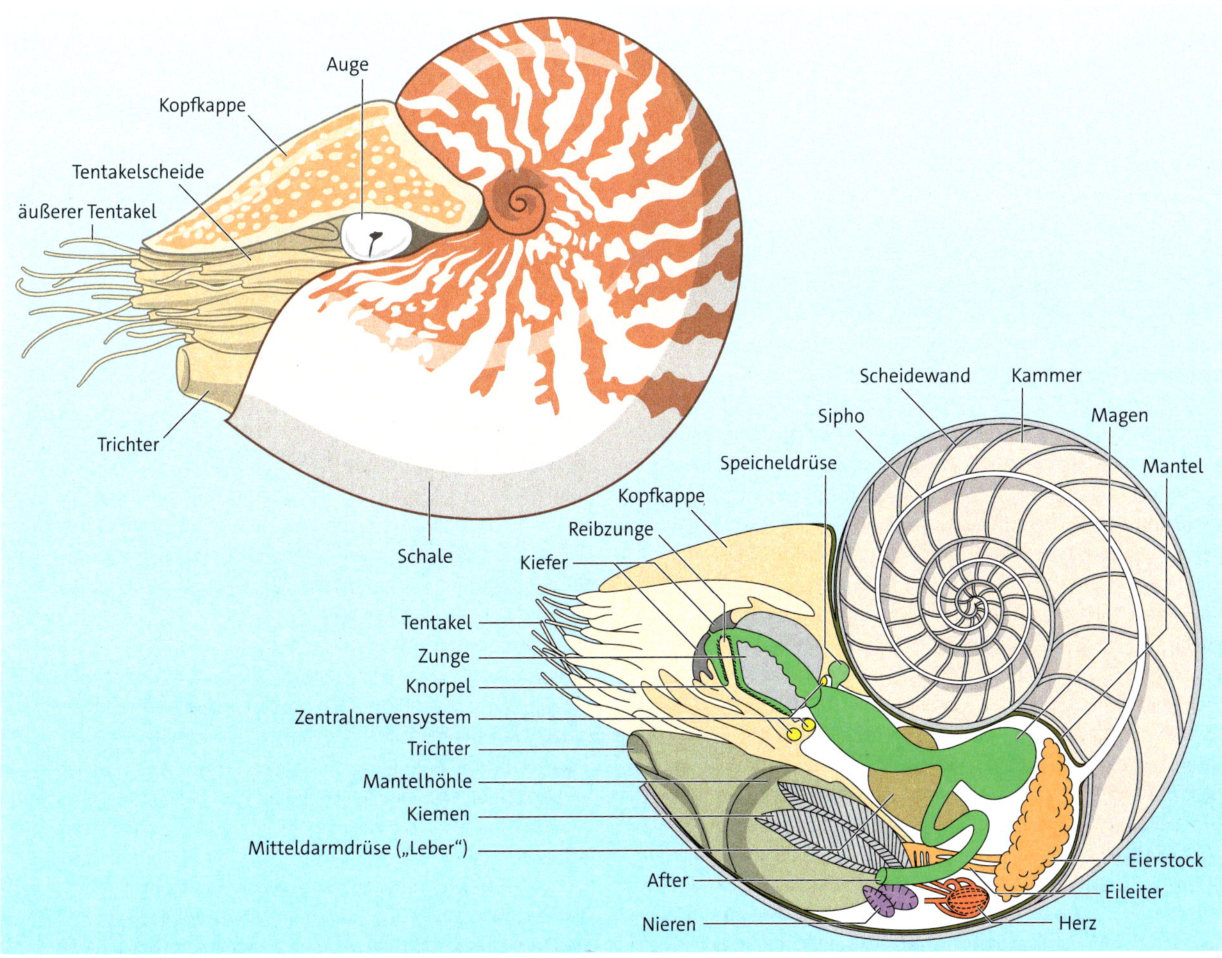

1 *Sowohl im äußeren Bau als auch in der inneren Organisation besteht ein enger Zusammenhang zwischen Struktur und Funktion.*

1 *Nautilus, ein Bewohner tropischer Korallenriffe, ruht am Tag in mehreren Hundert Meter Tiefe. Nachts steigt er auf der Suche nach Krebsen an den Riffabhängen empor. Das Krebsfleisch liefert ihm Energie. Seine aufwendige Wanderung wird dadurch erleichtert, dass er seine Dichte regulieren und so in jeder Wassertiefe schweben kann.*

Stoff- und Energieumwandlung Die komplexe Ordnung lebender Systeme kann nur durch ständige *Energiezufuhr* erhalten oder – bei Entwicklung und Wachstum – vermehrt werden. Pflanzen nutzen die Energie des Lichts, Tiere gewinnen Energie aus der Nahrung, manche Bakterien aus der Umwandlung anorganischer Stoffe. Stoffe sind für Lebewesen aber nicht nur Energieträger, sondern auch zum Aufbau körpereigener Materie notwendig. Lebewesen sind daher *offene Systeme*, die Energie und Stoffe mit der Umwelt austauschen. Sie werden zeitlebens von einem Energie- und Materiestrom durchflossen.

Wenn Nautilus wächst und sein Mantel eine neue Kammer bildet, muss das Tier aus der Nahrung stammende Energie und Mineralstoffe dafür aufwenden. Aber auch im ausgewachsenen Zustand werden nicht nur die Schleimhaut der Fangarme oder die Hornzähne der Reibzunge abgenutzt und ersetzt, sondern die gesamte Körpersubstanz wird ständig abgebaut und erneuert.

Steuerung und Regelung Organismen müssen, ob sie ruhen oder sich bewegen, ob sie hungern oder fressen, ob es hell oder dunkel ist, für ihre Lebensvorgänge ein sehr konstantes inneres Milieu aufrechterhalten. Es gehört daher zu den Prinzipien des Lebens, Vorgänge oder Größen nach Intensität und Richtung durch *Steuerung* (ohne Rückkopplung) zu beeinflussen und bestimmte Zustände durch *Regelung* (mit Rückkopplung) zu erhalten.

Nautilus bespielsweise *steuert* sein Rückstoßschwimmen, indem er Wasser aus der Mantelhöhle auspresst und dabei die Richtung des Wasserstroms mithilfe des beweglichen Trichters lenkt. Über sein hydrostatisches System kann Nautilus den mit der Tiefe zunehmenden Wasserdruck ausgleichen und seine Dichte so *regulieren*, dass er zwischen Oberfläche und 600 m Wassertiefe beliebig schweben kann. Entscheidend ist dabei der Sipho (> S. 7 Bild 1), ein blutgefäßreicher Strang, der die mit Gas und Körperflüssigkeit gefüllten Kammern durchzieht und den Ein- oder Ausstrom von Wasser in die Kammern bewirkt. Unter Energieaufwand wird dazu die Konzentration von Stoffen in den Zellen des Siphos verändert und so der Wasserdruck in den Kammern reguliert. Man hat beobachtet, dass Nautilus auf diese Weise bei der Suche nach Krebsen mehrere Hundert Meter pro Tag die meerseitigen Riffabhänge auf- und absteigt.

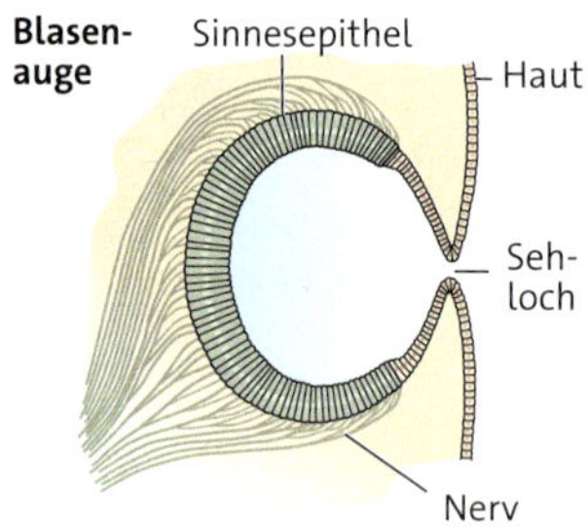

2 und 3 *Das einfache Blasen- oder Lochkameraauge nimmt Informationen aus der Umwelt auf. Das Bild ist scharf, doch wenig lichtstark.*

Information und Kommunikation Wenn sich Bedingungen der unbelebten Umwelt ändern, Feinde auftauchen, Partner fortpflanzungsbereit sind oder Nahrung zu orten ist, können Organismen nur passend reagieren, wenn sie die entsprechenden Reize aufnehmen und die darin steckenden *Informationen* verarbeiten. Auch Signale aus dem Organismus selbst liefern lebenswichtige Informationen.

Typisch für Lebewesen ist aber auch, dass sie Informationen nicht nur empfangen, sondern auch senden. *Kommunikation*, also Austausch von Informationen, zeichnet lebende Systeme auf allen Organisationsebenen aus.

Wenn zum Beispiel ein Nautilusmännchen bei der Fortpflanzung sein Spermienpaket in der Mantelhöhle eines Weibchens platziert, seine Fangarme beim Fang eines Fischs koordiniert zusammenarbeiten, wenn das linsenlose Lochkameraauge dem Gehirn Bilddaten der Umgebung übermittelt oder die Zellen des Siphos ihre Transportarbeit dem Wasserdruck entsprechend regeln, werden Informationen aufgenommen oder ausgetauscht.

Reproduktion Sich zu *reproduzieren*, also durch Fortpflanzung weitgehend gleiche Nachkommen zu erzeugen, ist die vielleicht fundamentalste Eigenschaft der Lebewesen: Gespeicherte Erbinformation wird an die nächste Generation weitergegeben.

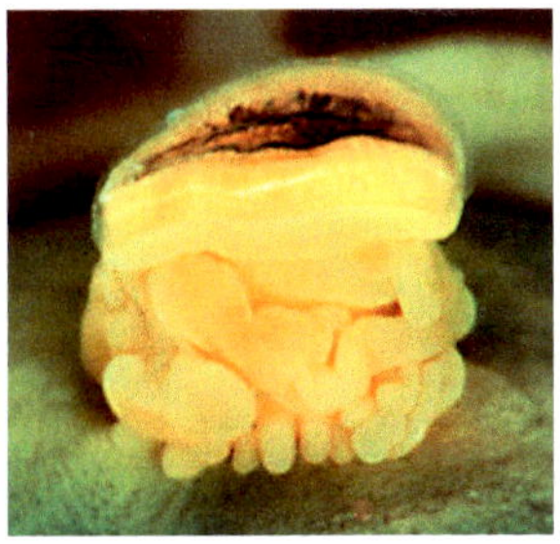

1 *Nautilusembryo. Die Eischalen wurden entfernt.*

Bei „lebenden Fossilien“ wie Nautilus fällt das auf Fortpflanzung gegründete Kontinuum der Generationen besonders ins Auge: Alle heute existierenden Individuen stehen in einem nie unterbrochenen Fortpflanzungs- und Vererbungszusammenhang mit ihren Vorfahren. Umso erstaunlicher ist die Tatsache, dass sich der im Indopazifik lebende Nautilus erst im Alter von 12 bis 15 Jahren fortpflanzt und ein Weibchen jedes Jahr nur 10 bis 20 Eier erzeugt, die mit 3 cm aber sehr groß sind.

Variabilität und Angepasstheit In einem unvorstellbar langen Zeitraum ist jeder Vorfahre jedes heutigen Lebewesens mit den zu seiner Lebenszeit herrschenden Bedingungen zumindest so weit zurechtgekommen, dass er sich erfolgreich fortpflanzen konnte. Die dazu notwendige lebenserhaltend zweckmäßige Übereinstimmung von Bau, Entwicklung und Leistung eines Organismus mit seiner Umwelt bezeichnet man als *Angepasstheit*. Sie beruht darauf, dass Erbinformation veränderlich ist und ständig neue Varianten der Erbprogramme entstehen. Über deren Anpassungswert entscheidet die Umwelt: Je besser ein Programm die Passung zur Umwelt zustande bringt, umso größer ist der Fortpflanzungserfolg seiner Träger. Mit Schale, Sipho, Tentakeln, Trichter und Kiemen ist Nautilus zweifellos auch seiner heutigen Umwelt angepasst. Die *Anpassung*, also die Vorgänge, die zu dieser Angepasstheit geführt haben, liegen aber in der Vergangenheit.

Geschichte und Verwandtschaft In allem, was heute lebt, steckt die *Geschichte* von fast 4 Milliarden Jahren *Evolution*. Sie umfasst Entstehung, Wandlung und Entfaltung des Lebens und ist mit ihm untrennbar verbunden. Aus ihrer Kenntnis lassen sich nicht nur Merkmale eines Lebewesens als Anpassungen an vergangene Umwelten verstehen, sondern auch Ähnlichkeiten mit anderen Organismen durch gemeinsame Abstammung und *Verwandtschaft* erklären.

Die Evolution der Nautiliden, der Verwandtschaftsgruppe, zu der Nautilus gehört, lässt sich rund eine halbe Milliarde Jahre zurückverfolgen. Das liegt vor allem daran, dass diese „Außenschaler“ unter den Kopffüßern – wie ihre Schwestergruppe, die Ammoniten – ein Gehäuse besitzen und dadurch die Chance besteht, dass sie als Fossilien erhalten bleiben. Durch welche Anpassungen die Nautiliden das große Artensterben am Ende der Kreidezeit vor etwa 70 Millionen Jahren überlebten, dem alle Arten der sehr ähnlichen Ammoniten zum Opfer fielen, ist ungeklärt.

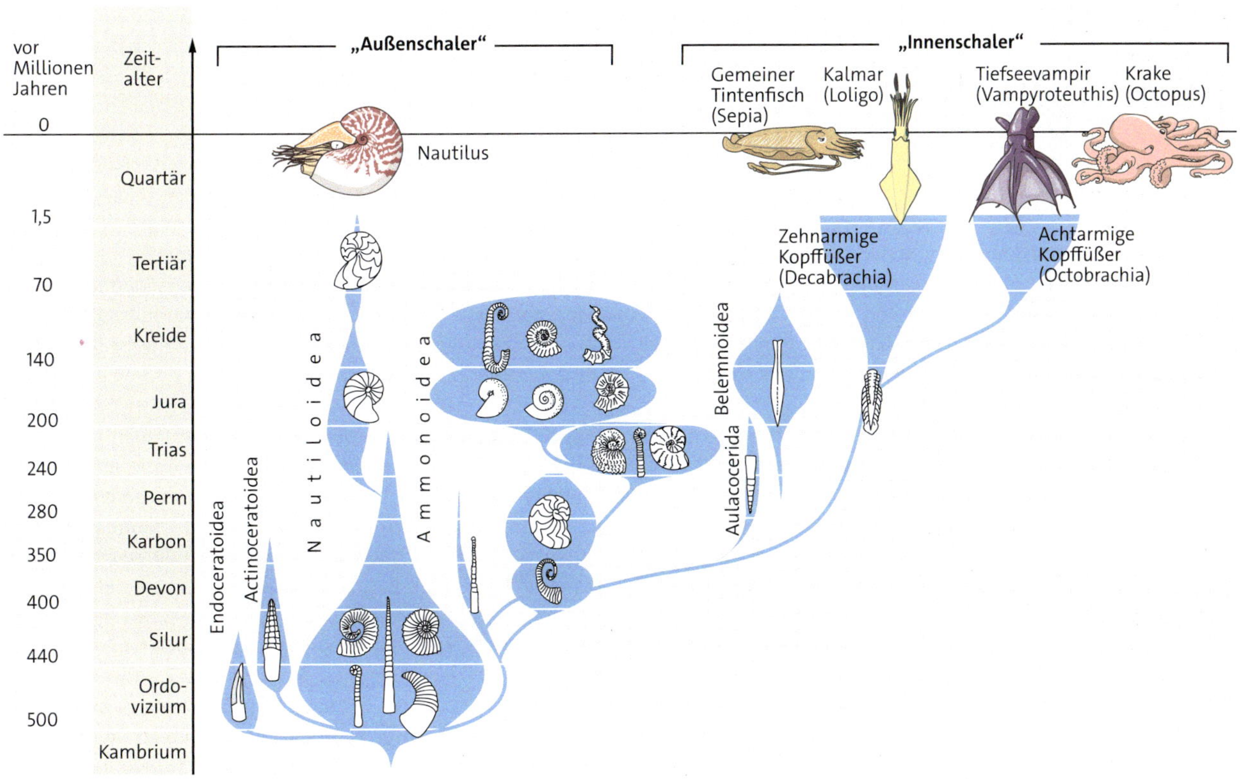

2 *Die Geschichte von Nautilus und seiner Verwandten spiegelt sich im Stammbaum wider.*

Organisationsebenen und Systemcharakter des Lebendigen

Lebewesen sind in komplexer Ordnung auf vielen *Strukturebenen* organisiert. Ein Organismus kann demnach in verschiedenen Dimensionen betrachtet werden. Je nachdem, ob man eher den Aufbau der Moleküle, bestimmte Stoffwechselprozesse, das Verhalten oder die Lebensgemeinschaft des Organismus untersuchen will, erfordert dies verschiedene Methoden und Hilfsmittel. Betrachtet man beispielsweise ein Pflanzenblatt unter dem Mikroskop, kann man seinen Aufbau aus Zellen erkennen, erfährt jedoch nur wenig über die Ansprüche der Pflanze an ihren Lebensraum.

Zellen Einzelne Zellbestandteile wie Moleküle oder Zellorganellen besitzen für sich allein nicht die Eigenschaften des Lebendigen. Erst aus ihrem organisierten Zusammenwirken in einer *Zelle* entsteht ein lebendes System (> S. 11): Die Zelle ist das einfachste Organisationsniveau, auf dem eigenständiges Leben möglich ist. Zwei Organisationstypen lassen sich dabei unterscheiden: Die einfacher organisierte, zellkernlose *Procyte* der Prokaryoten (Bakterien und Archaeen) und die kernhaltige *Eucyte* der Eukaryoten (alle übrigen Lebewesen).

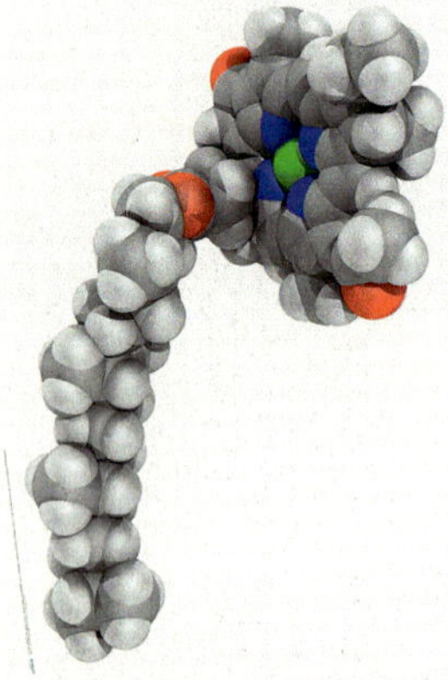

Blattfarbstoff Chlorophyll, Kalottenmodell eines Moleküls

In Chloroplasten wird Lichtenergie in chemische Energie umgewandelt.

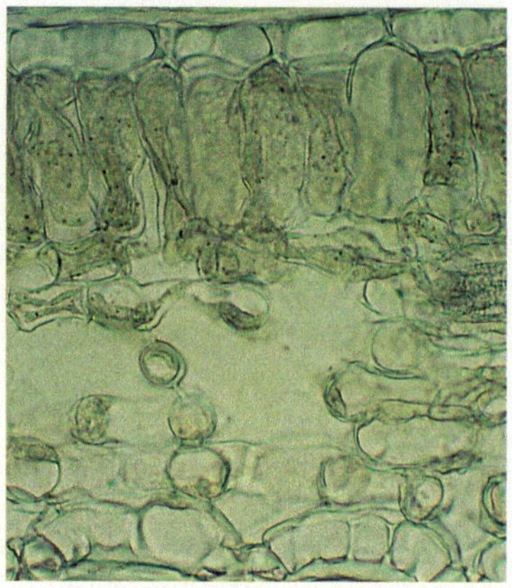

Die Zellen in den Blättern sind auf verschiedene Funktionen spezialisiert.

1 bis 6 *Die Organisationsebenen des Lebendigen: vom Molekül bis zur Lebensgemeinschaft*

Atome und Moleküle Eigenschaften der *Atome* bestimmen Struktur und Reaktionsweise der *Moleküle*, aus denen Lebewesen aufgebaut sind. Einen Teil der Moleküle nehmen Organismen aus ihrer Umgebung auf. Andere werden im Stoffwechsel erst hergestellt. Dabei handelt es sich zum großen Teil um organische Stoffe. Das gemeinsame Kennzeichen organischer Moleküle ist ihr Grundgerüst aus Kohlenstoff, in dem Kohlenstoffatome untereinander und mit anderen Atomen verbunden sind. Die Moleküle des grünen Blattfarbstoffs Chlorophyll bestehen beispielsweise aus Kohlenstoff, Wasserstoff, Sauerstoff und Stickstoffatomen sowie einem Magnesiumion (> Bild 1). Die Abbildung vermittelt einen Eindruck von der komplexen Struktur organischer Moleküle.

Organellen Moleküle sind im Organismus nicht zufällig verteilt, sondern bilden Einheiten höherer Ordnung wie zum Beispiel Membranen oder andere Strukturen, die im Elektronenmikroskop sichtbar gemacht werden können. Aus diesen Strukturen setzen sich *Organellen* zusammen. Darunter versteht man Kompartimente (> S. 7) innerhalb der Zelle mit spezifischer Funktion. So steuert der Zellkern mit der in ihm gespeicherten Erbinformation alle Stoffwechselprozesse in der Zelle. Enzymhaltige Vakuolen im Zellplasma dienen dazu, aufgenommene Stoffe abzubauen. Chloroplasten (> Bild 2) in den Zellen grüner Pflanzenteile haben die Aufgabe, die Energie des Sonnenlichts mithilfe von Chlorophyll in chemische Energie umzuwandeln, die in organischen Stoffen gespeichert wird.

Viren weisen zwar einige Gemeinsamkeiten mit Lebewesen auf. Sie haben aber keinen Stoffwechsel und können sich nicht selbstständig, sondern nur mithilfe lebender Zellen vermehren. Daher werden sie nicht als Lebewesen betrachtet.
Bei vielzelligen Lebewesen unterscheiden sich die einzelnen Zellen stark in ihrem Aussehen. Das liegt daran, dass sie auf bestimmte Aufgaben spezialisiert sind. In den Blättern der Buche sind einige Zellen für die Umwandlung von Lichtenergie in chemische Energie zuständig. Andere dagegen dienen der Wasserversorgung, dem Verdunstungsschutz oder der Regulation des Gasaustauschs (> Bild 3). Häufig sind gleichartige Zellen zu Geweben zusammengeschlossen.

Organe Die Lebensfunktionen der Vielzeller laufen in *Organen* ab. So bezeichnet man abgegrenzte Körperteile, die auf bestimmte Aufgaben spezialisiert sind und aus mehreren Geweben bestehen. Beispielsweise ist im Körper der Buche die Hauptaufgabe des Organs Blatt die Fotosynthese (> Bild 4). Durch die geregelte Abgabe von Wasserdampf halten die Blätter außerdem den Transport von Wasser und gelösten Stoffen im Pflanzenkörper in Gang. Dabei arbeiten sie mit anderen Organen wie Wurzel und Spross zusammen.
Diese Zusammenarbeit mehrerer Organe in einem *Organsystem* zur Erfüllung bestimmter Funktionen ist bei Tier und Mensch noch auffälliger ausgeprägt, beispielsweise beim Verdauungs-, Bewegungs- oder Nervensystem.

Organismus Der *Organismus* ist die Einheit, an der sich alle Merkmale des Lebendigen leicht erkennen lassen. Bei Einzellern besteht er aus dem „Elementarorganismus“ einer einzelnen Zelle, bei Vielzellern aus Billionen von Zellen. Er funktioniert nur durch das Zusammenwirken aller seiner Organisationsebenen, also der verschiedenen Moleküle und Organellen beim Einzeller beziehungsweise der Moleküle, Organellen, Zellen, Gewebe, Organe und Organsysteme beim Vielzeller. Während die kleinsten einzelligen Lebewesen nur Bruchteile von Mikrometern messen, werden manche Vielzeller wie Bäume oder Blauwale über 30 m groß. Das entspricht einem hundertmillionenfachen Größenunterschied. Dementsprechend sind für die Untersuchung von Organismen ganz unterschiedliche Methoden erforderlich.

Blätter sind die Organe der Fotosynthese und des Gasaustauschs.

Der Organismus funktioniert durch das Zusammenwirken aller Strukturebenen.

Die Elemente einer Lebensgemeinschaft stehen in Wechselwirkung.

Lebensgemeinschaft Die Organisationsebenen des Lebendigen gehen jedoch über den Organismus hinaus, da ein Lebewesen selten allein vorkommt. Meist lebt es gemeinsam mit anderen Individuen derselben Art in einem Lebensraum. Diese lokal begrenzte Gruppe bezeichnet man als *Population*. Zusammen mit Populationen vieler anderer Arten bildet sie eine *Lebensgemeinschaft* oder *Biozönose*, die zusammen mit dem Lebensraum ein *Ökosystem* darstellt. Wie zwischen den Organellen einer Zelle oder den Organen eines Vielzellers bestehen auch zwischen den Arten einer Lebensgemeinschaft zahlreiche Wechselbeziehungen und Abhängigkeiten.

Von herausragender Bedeutung ist dabei die Produktion organischer Stoffe durch die Fotosynthese der Pflanzen. Sie liefert letztlich die Energie für die Existenz aller Organismen der Ökosysteme. Andererseits setzen beispielsweise in der Lebensgemeinschaft eines Walds Pilze und Bakterien durch den Abbau abgestorbener Pflanzenteile Nährstoffe frei, die wieder neues Pflanzenwachstum ermöglichen (> Bild 6).

Da der belebte Bereich der Erde, die *Biosphäre*, auch unbelebte Bereiche wie die Lufthülle beeinflusst, betrachten einige Wissenschaftler die Erde als „Superorganismus“.

Lebende Systeme Viele Wissenschaftler versuchen seit Langem das Phänomen Leben in allen seinen Organisations- und Erscheinungsformen allgemeingültig zu fassen und von Unbelebtem abzugrenzen. Dabei erlangte der von dem Biologen L. von BERTALAFFNY ab 1930 entwickelte Systembegriff große Bedeutung in allen Wissenschaften. Ein *System* bezeichnet ein gegen die Umwelt abgegrenztes, geordnetes Ganzes aus untereinander in Beziehung stehenden und sich wechselseitig beeinflussenden Teilen, das zur *Selbstregulation* fähig ist.

Von der Zelle bis zum Ökoystem hat jede Organisationsebene des Lebendigen Systemcharakter. Dabei treten auf jeder Ebene neue, zuvor nicht vorhandene Eigenschaften auf. Auf dem Zellniveau ist „Leben“ selbst eine solche neue Qualität.

Systemeigenschaften des Lebendigen Als wesentlicher Gegensatz von unbelebten und lebenden Systemen wird meist die hohe Komplexität des Lebendigen genannt. Ein prinzipieller Unterschied liegt jedoch darin, dass ein lebendes System seine komplexe innere Organisation selbsttätig aufrechterhalten und vermehren kann: Es ist *selbstorganisierend*. Dazu muss es als *offenes System* (> S. 8) mit seiner Umwelt ständig Materie und Energie austauschen. Bei ausgeglichenem Zufluss und Abfluss erscheint sein Zustand unverändert oder *quasistationär*. In Wirklichkeit herrscht jedoch ein *dynamisches* oder *Fließgleichgewicht*. Man könnte daher sagen, Lebewesen „sind nicht, sondern geschehen“.

Die Organisation eines lebenden Systems lässt sich nur erhalten, wenn *Information* vorhanden ist und umgesetzt werden kann, um die Vorgänge im System zu steuern und abzustimmen. Diese Systemeigenschaft beruht auf den in der Erbinformation gespeicherten Programmen.

Die Kompliziertheit lebender Systeme macht es notwendig, sich bei ihrer Untersuchung auf einzelne Dimensionen wie Struktur, Stoffwechsel oder Vererbung zu beschränken. Sie lassen sich aber nur verstehen, wenn sie als *Ganzheit* betrachtet werden: Lebendigsein ist immer die Leistung des gesamten Systems.

Wissenschaft vom Leben

Unter den anderen Lebewesen auf der Erde ragt der Mensch durch seine *geistigen Fähigkeiten* hervor. Sie befähigen ihn zum *Erkennen* der Welt:

- Durch *Wahrnehmung* rekonstruieren wir aus Sinneseindrücken, die unsere Sinnesorgane und unser Nervensystem verarbeiten und interpretieren, ein inneres Abbild der Welt. Dieses „Modell" verstehen wir als Realität.
- *Erfahrung* erweitert unsere Erkenntnis. Sie ermöglicht uns, bewusst zu unterscheiden, zu ordnen und in Sprache zu fassen. Sie kann Wahrnehmung bestätigen oder korrigieren.
- *Wissenschaft* steigert Erkenntnis, indem sie objektive Daten gewinnt, durch *Hypothesen* – das sind begründete Vermutungen – zu erklären sucht und daraus *Theorien* entwickelt.

Dieser dreistufige Prozess der Erkenntnis beruht jedoch letztlich auf hypothetisch postulierter Realität. Er kann nie zu völlig sicherem, endgültigem Wissen führen. Selbst eine Theorie – ein System wissenschaftlich begründeter, in sich widerspruchsfreier Aussagen zur Beschreibung, Erklärung und Vorhersage der Wirklichkeit – bleibt immer vorläufiges Wissen. Keine Theorie lässt sich durch neue Befunde „beweisen", sondern nur stützen, infrage stellen oder auch widerlegen.

Naturwissenschaft Biologie Um 1800 waren die Erkenntnisse über die Natur so weit fortgeschritten, dass das Interesse daran wuchs, Lebewesen und Lebenserscheinungen gesondert zu erforschen. Unabhängig voneinander schlugen der Zoologe LAMARCK und der Arzt TREVIRANUS 1802 für diese *Wissenschaft vom Leben* die Bezeichnung *Biologie* vor.

Während zu Beginn die spezielle Biologie einzelner Lebewesen im Zentrum stand, setzte sich in der zweiten Hälfte des 19. Jahrhunderts die Vorstellung durch, dass eine allgemeine Biologie den Gemeinsamkeiten der Lebenserscheinungen aller Organismen am besten gerecht wird. War die Biologie anfangs vor allem eine ordnende und beschreibende Wissenschaft, gelingt es ihr inzwischen immer erfolgreicher, Lebensvorgänge zu analysieren. Zusammen mit Biochemie, Pharmazie und Medizin ist sie heute Teil der Biowissenschaften.

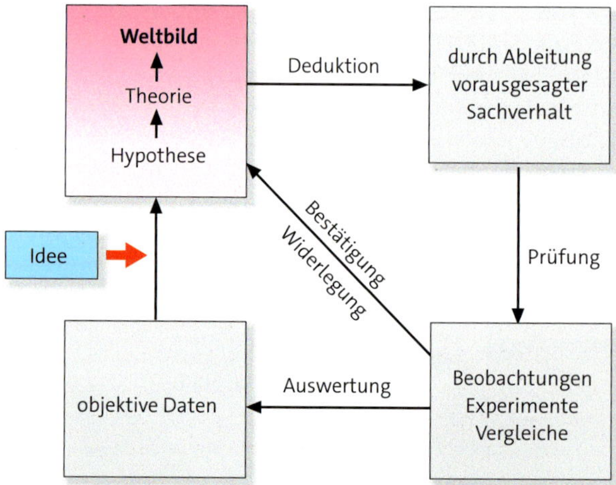

1 *Der Weg naturwissenschaftlicher Erkenntnisgewinnung*

Methoden der Biologie Die Erfahrungswissenschaft Biologie gründet ihre Erkenntnisse auf Beobachtung, Experiment und Vergleich.

- *Beobachtung* ist das Erfassen von Objekten oder Vorgängen mit den Sinnen, ohne sie zu beeinflussen. Der Einsatz von Beobachtungshilfen wie dem Mikroskop ändert am Prinzip der Methode nichts: Jede Beobachtung wird durch die Leistung der Sinne oder der Instrumente gefiltert und begrenzt.
- Als *Experimentalwissenschaft* schafft Biologie im Experiment Situationen, durch die sie die Natur „nötigt, auf die Fragen zu antworten, die man ihr vorlegt" (IMMANUEL KANT, Philosoph). Dabei entscheidet die Fragestellung darüber, welche Erkenntnisse das Experiment zu liefern vermag.
- Der *Vergleich* kennzeichnet die Biologie als *historische Wissenschaft*: Jedes Lebewesen ist „nichts als ein Glied in einer Evolutionskette sich wandelnder Formen" (MAX DELBRÜCK, Biologe, Nobelpreisträger). Der Vergleich ermöglicht es, diese Evolutionskette teilweise zu rekonstruieren. So lassen sich historische Ursachen der Merkmale von Organismen erklären.

2 *Ordnen und Beschreiben des Lebendigen kennzeichnen die Biologie im 19. Jahrhundert (aus: HAECKEL, Kunstformen der Natur).*

3 *DARWINS Evolutionstheorie ist das theoretische Fundament der Biologie (aus DARWINS Reisebericht: Galapagosfinken).*

Besonderheiten der Biologie Lange hielt man die Biologie für „unvollkommene Physik". Ihre Erkenntnisse sind weniger allgemeingültig, selten als „Gesetze" formulierbar und kaum mathematisch zu beschreiben. Zudem lassen sich biologische Sachverhalte oft nicht kausal erklären. Das Verhalten biologischer Systeme vorherzusagen ist schwierig oder unmöglich. Inzwischen hat sich das Verständnis durchgesetzt, dass sich diese Besonderheiten der Lebenswissenschaft zwangsläufig aus den Systemeigenschaften (> S. 11) ihrer Gegenstände ergeben:

- Organismen sind die *kompliziertesten Systeme*, die wir kennen. Sie sind nicht nur aus einer unvorstellbar großen Zahl von Bauelementen wie Molekülen, Organellen und Zellen aufgebaut. Diese sind selbst auch komplex strukturiert und miteinander durch vielfältige Wechselwirkungen verknüpft: „Einfache Systeme kennt die Biologie überhaupt nicht" (GERHARD VOLLMER, Wissenschaftstheoretiker, Naturphilosoph).
- Als komplexe Systeme können Lebewesen in *größter Verschiedenheit* existieren. Millionen Arten mit einer nicht zu beziffernden Zahl unterschiedlicher Individuen zeugen davon.
- Leben kann es ohne *Information* nicht geben. Die in den Molekülen der DNA gespeicherte Erbinformation programmiert nicht nur die „bewundernswerte Regelmäßigkeit und Ordnung, die in der unbelebten Materie nicht ihresgleichen findet" (ERWIN SCHRÖDINGER, Physiker, Nobelpreisträger), sie garantiert auch den Fluss des Lebens von Generation zu Generation. Diese Information hindert lebende Organismen daran, sich – wie leblose Objekte – irreversibel dem Gleichgewichtszustand völliger Unordnung zu nähern. Maß der Unordnung ist die physikalische Zustandsgröße Entropie. Dem hohen Ordnungsgrad lebender Systeme entspricht ihre *niedrige Entropie*.
- Die Information lebender Systeme ist darauf angelegt, sich selbst zu erhalten. Damit hat sie einen *Zweck*.

Dies ist der Grund, warum es in der Biologie – und unter allen Naturwissenschaften *nur* in der Biologie – Sinn macht, nach der Funktion eines Sachverhalts zu fragen: „Wozu aber hat das Vieh diesen Schnabel?" (KONRAD LORENZ, Verhaltensforscher, Nobelpreisträger). Jedes biologische Phänomen hat in seiner Ausstattung mit Genen, Zellen und Organen begründete unmittelbare oder *proximate Ursachen*. Hinter den proximaten Ursachen stecken jedoch mittelbare oder *ultimate Ursachen*, die durch seine Evolution bedingt sind. Sie wirken letztlich systemerhaltend und in diesem Sinn „zweckdienlich".

Wohin führt die Biologie? Die Biologie berührt mit ihren Erkenntnissen immer auch uns selbst. Keine andere Wissenschaft hat seit dem Zeitalter der Aufklärung das *Bild vom Menschen* so revolutioniert wie sie. Manche Menschen empfinden biologische Erkenntnisse wie die unserer Abstammung von tierischen Vorfahren, angeborener Grundlagen unseres Verhaltens oder unserer ökologischen Abhängigkeit noch immer als „Kränkungen".
Besonders in den letzten Jahrzehnten hat sich das Wissen über Lebewesen und Lebensvorgänge explosionsartig vermehrt. Ein Ende des Wissenszuwachses ist nicht absehbar. Immer wieder werden Stimmen laut, die – aus Furcht vor möglichen Folgen biowissenschaftlicher Erkenntnisse – der Forschung in Gentechnik, Biotechnologie, Fortpflanzungsmedizin, Virus- oder Gehirnforschung Grenzen setzen wollen. Aber nicht erst heute ist jede wissenschaftliche Erkenntnis *ambivalent*, lässt sich also sowohl zum Nutzen gebrauchen wie zum Schaden missbrauchen. Zweifellos haben die Biowissenschaften inzwischen ein Potenzial erreicht, das eine klare *Trennung von Wissen, Können und Handeln* erforderlich macht. Genauso wichtig ist eine über biologische Erkenntnisse gut informierte Gesellschaft.

Biologie liefert keine Normen Viele Menschen haben die Vorstellung, dass sich die Normen für unser Tun aus der Wissenschaft selbst ergeben. Die Wissenschaft vom Leben kann jedoch aus der Kenntnis des „Natürlichen" nicht ableiten, was gut oder böse ist. Sie kann aber fundiertes Wissen liefern, mit dessen Hilfe sich *Ziele ethisch verantworteten Handelns* festlegen lassen. Und sie kann dazu beitragen, Ziele wie die folgenden zu erreichen:

- Erhaltung einer dauerhaft lebensfähigen Biosphäre,
- Sicherung der Menschenwürde,
- Gewährleistung menschlicher Ernährung und Gesundheit.

1 *Mit ihrem Modell der DNA-Struktur schufen WATSON und CRICK die entscheidende Grundlage der Molekularbiologie.*

2 *Biologische Erkenntnisse wie die der von LORENZ begründeten Ethologie berühren fast immer auch uns selbst.*

Zellbiologie

Die Lebewesen auf der Erde sind äußerst vielgestaltig. Dieser Vielfalt steht im mikroskopischen Bereich eine erstaunliche Einheitlichkeit gegenüber: Alle Lebewesen sind aus Zellen aufgebaut. Die Zelle ist die kleinste lebens- und vermehrungsfähige Einheit, der alle Merkmale des „Lebendigseins“ zukommen, ein Elementarorganismus. Die Zellbiologie oder Cytologie ist daher für alle Gebiete der Biologie von größter Bedeutung. Im **Aufbau von Zellen**, dessen Erforschung aufs Engste mit der Entwicklung der Mikroskopie verknüpft ist, lassen sich zwei Hauptorganisationstypen unterscheiden: die zellkernlose Procyte der Prokaryoten (Bakterien und Archaeen) und die Eucyte der Eukaryoten (alle übrigen Lebewesen). Für beide Zelltypen sind Biomembranen ein wichtiges Strukturmerkmal. Innerhalb der Eucyte grenzen Membranen Kompartimente mit spezifischen Funktionen ab, die Zellorganellen. Unter ihnen hat der Zellkern als Informationsspeicher und Steuerzentrum besondere Bedeutung. Zwischen **Zellkern**, **Zellvermehrung** und **Zelldifferenzierung** bestehen enge Zusammenhänge. Für deren Verständnis sind Aufbau und Funktion der Nukleinsäuren maßgebliche Voraussetzung.

Vorstoß in eine andere Dimension: Elektronenmikroskopie

Das Arbeitsmittel der Biologie: das vielseitige Lichtmikroskop

Mikroskopie und Zellbiologie verbindet eine gemeinsame Geschichte

Aufbau von Zellen

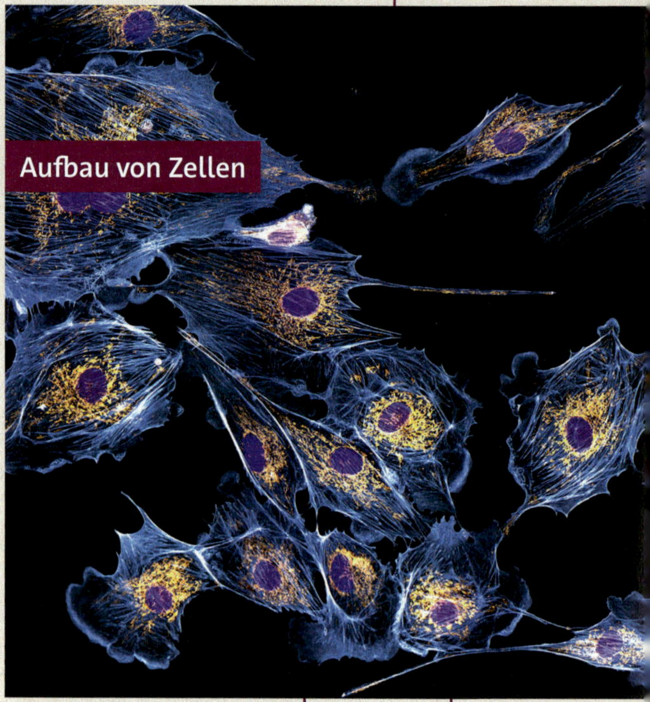

Bauelemente (nicht nur) der Membranen: Lipide und Proteine

Biomembranen als Basis der Zellorganisation

Membranfunktionen: Abgrenzung, Austausch, Kommunikation

Eucyte und Procyte – nur zwei Hauptorganisationstypen für die Vielfalt aller Zellen

Zellorganellen: membranumgrenzte Funktionseinheiten der Eucyte

- Nukleinsäuren sind die stoffliche Grundlage von biologischer Information und deren Weitergabe
- Zellvermehrung und Zelltod
- Zellkulturen
- Wie Zellen sich teilen und gespeicherte Information weitergeben
- Zellen nur aus Zellen: ein Fundamentalsatz der Biologie
- Informationsspeicher und Steuerzentrum Zellkern
- Zelldifferenzierung: unterschiedlich spezialisierte Zellen der Vielzeller
- Viel- und Alleskönner Stammzellen

Zellkern – Zellvermehrung – Zelldifferenzierung

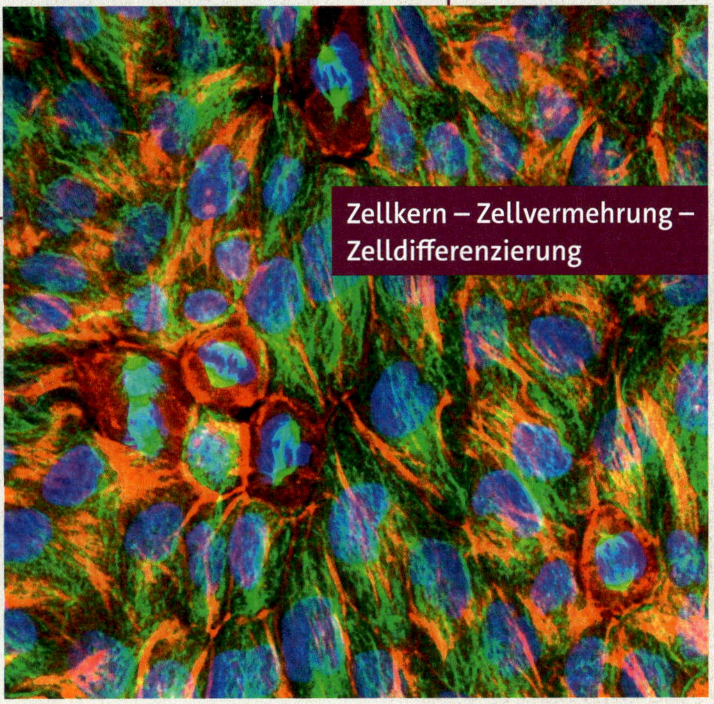

Aufbau von Zellen

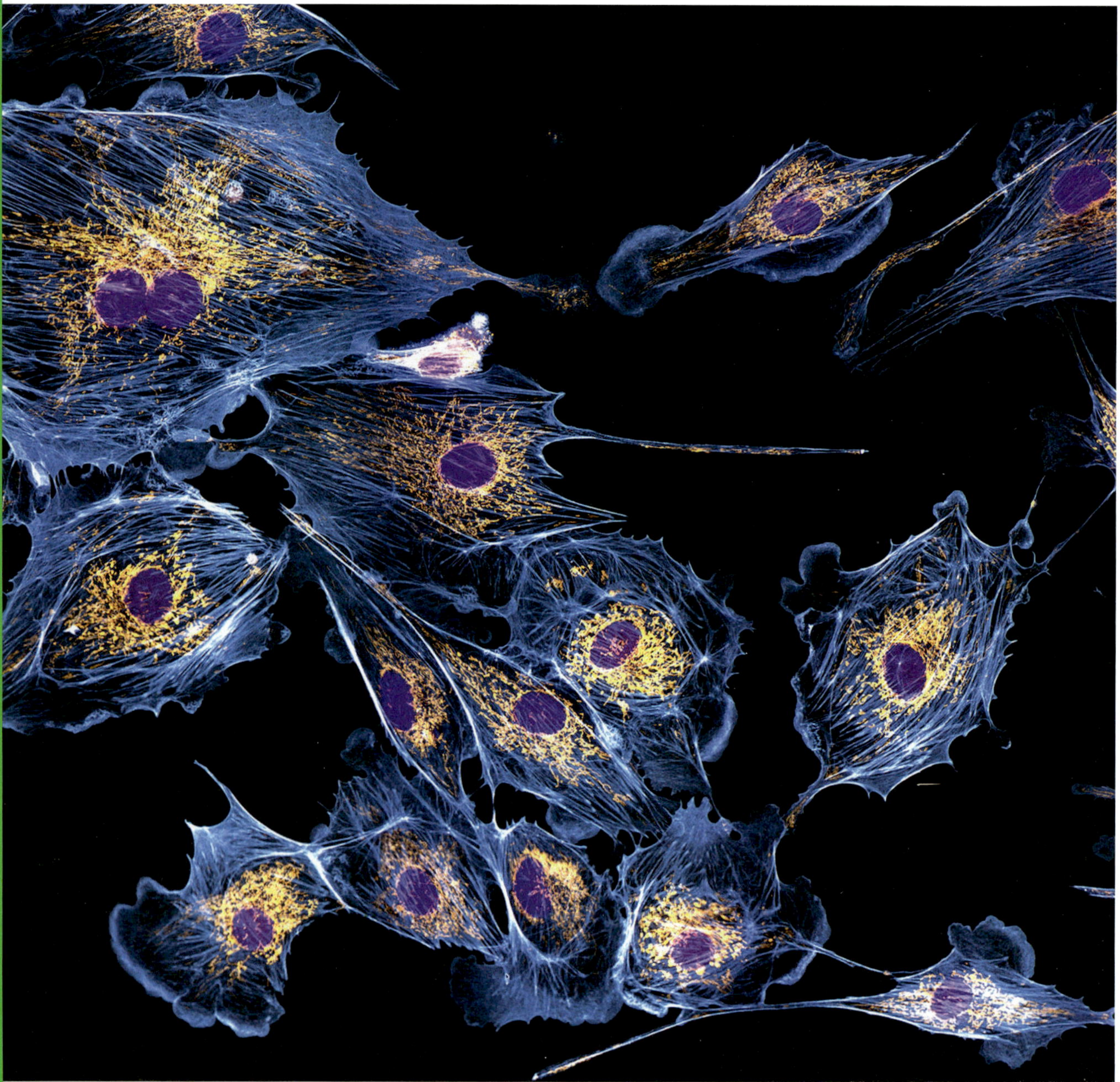

Lebewesen sehen oft sehr unterschiedlich aus. Der Blick durch das Mikroskop offenbart jedoch eine grundsätzliche Gemeinsamkeit: Alle Lebewesen sind aus Zellen aufgebaut.
Bei mikroskopischen Untersuchungen geht es schon lange nicht mehr nur um die reine Vergrößerung eines Objekts. Die Technik hat sich enorm weiterentwickelt, sodass heute selbst einzelne Strukturen in den Zellen durch die Verwendung von Fluoreszenzfarbstoffen markiert werden können. Sogar in Zellen ablaufende Transportprozesse lassen sich so verfolgen.
Das Foto oben zeigt Lungenzellen. Es wurden mehrere Fluoreszenzfarbstoffe genutzt, um unterschiedliche Strukturen in den Zellen hervorzuheben.

1. Betrachten Sie das Bild und versuchen Sie einzelne Strukturen zu benennen. Besinnen Sie sich auch auf Ihr Vorwissen vom Aufbau einer Zelle oder eines Gewebes.
2. Bei Einzellern ist schon die einzelne Zelle für sich allein lebensfähig. Nennen Sie Gründe, warum dies für Zellen der Vielzeller nicht gilt.
3. Alle lebenden Zellen – ob von Einzellern oder Vielzellern – sind gegenüber ihrer Umwelt abgegrenzt und zugleich offen. Erklären Sie diesen scheinbaren Widerspruch und seine Konsequenzen.

Geschichte der Zellbiologie

„Cells" Die Fortschritte in der Zellbiologie sind eng verknüpft mit der Erfindung neuer optischer Geräte. Um 1600 entwickelten die Brüder JANSSEN, zwei holländische Brillenmacher, durch die Kombination von mehreren Linsen das erste *Mikroskop*. Die Geburtsstunde der *Zellbiologie* selbst lässt sich auf das Jahr 1665 datieren. Der englische Physiker ROBERT HOOKE untersuchte mit einem weiterentwickelten Mikroskop, das eine 30-fache Vergrößerung ermöglichte, die Rinde von Korkeichen. In dünnen Schnitten erkannte er kästchenförmige Strukturen. Da ihn diese Kästchen an die Zellen von Bienenwaben erinnerten, bezeichnete er sie als „cells". HOOKE hielt alle seine Beobachtungen in Form von Zeichnungen und Skizzen fest. 1667 veröffentlichte er das erste Lehrbuch zur Mikroskopie. Etwa zur gleichen Zeit konstruierte der Holländer ANTONI VAN LEEUWENHOEK einlinsige Mikroskope mit extremen Linsenkrümmungen. Er erreichte bis zu 200-fache Vergrößerungen. Damit war es ihm möglich, Einzeller in Wassertropfen zu entdecken. Bei der Untersuchung eines menschlichen Zahns fand er mehr Kleinstlebewesen, „als es Untertanen in einem Königreich gibt". Darüber hinaus beschrieb er rote Blutzellen und „Samentierchen" (Spermien).

1 *Nachbau von HOOKES Mikroskop, nach einer Abbildung in seinem Buch „Micrographia"*

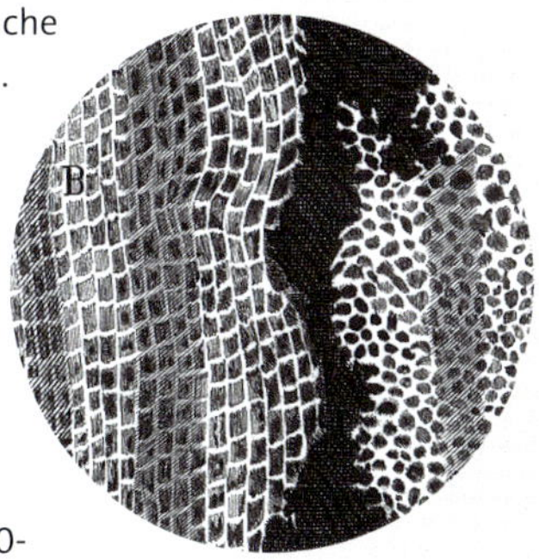

2 *HOOKES „cells"*

Omnis cellula e cellula In den folgenden Jahrzehnten verbesserten sich die optische und mechanische Qualität der Mikroskope, sodass nach und nach mehr Zellbestandteile im mikroskopischen Bild sichtbar wurden. Im frühen 19. Jahrhundert zogen die Biologen SCHLEIDEN und SCHWANN aus den Beschreibungen verschiedenster Zellen die entscheidende Schlussfolgerung. Sie erkannten, dass der Aufbau von Einzellern sowie allen tierischen und pflanzlichen Zellen grundsätzlich gleich ist. Die Bedeutung der *Zelle als strukturelle und funktionelle Einheit aller Lebewesen* hielten sie 1838/39 in der *allgemeinen Zelltheorie* fest. Diese Theorie wurde 1855 durch den Berliner Arzt RUDOLF VIRCHOW erweitert. Aus der Beobachtung von Zellteilungen folgerte er, dass alle Zellen nur aus vorhandenen Zellen entstehen: *Omnis cellula e cellula*. Zwei Jahrzehnte später erkannten die Zellbiologen, dass sich bei der Zellteilung die Chromosomen genauso verhalten, wie es GREGOR MENDEL für die „Erbfaktoren" vorausgesagt hatte.

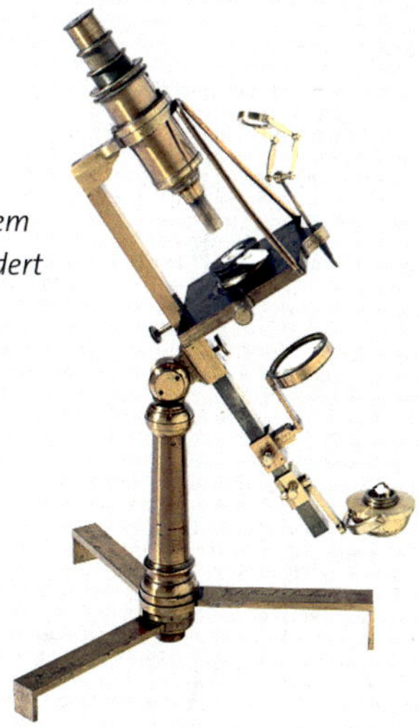

3 *Mikroskop aus dem frühen 19. Jahrhundert*

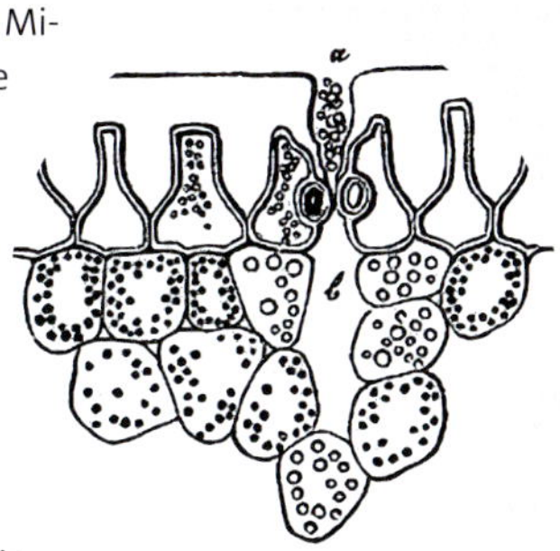

4 *Zellen der Blattoberseite einer Aloe, Zeichnung von SCHLEIDEN*

Neue Techniken Lange hing es allein vom Geschick der „Instrumentenbauer" ab, welche Leistung ein Mikroskop erbrachte. Um 1870 gelang es dem Physiker ERNST ABBE, den Bau optischer Geräte auf eine wissenschaftliche Basis zu stellen. Mittlerweile kommen immer ausgefeiltere Techniken zum Einsatz: So können durch die Ausnutzung physikalischer Effekte und den Einsatz von Färbemethoden (Dunkelfeld-, Phasenkontrast- und Fluoreszenzmikroskopie > S. 18) gezielt einzelne Strukturen sichtbar gemacht werden. Daneben ermöglichte die Entwicklung des Elektronenmikroskops seit 1931, auch die *Ultrastruktur der Zelle* zu untersuchen, also den Feinbau der Zellbestandteile (> S. 22).

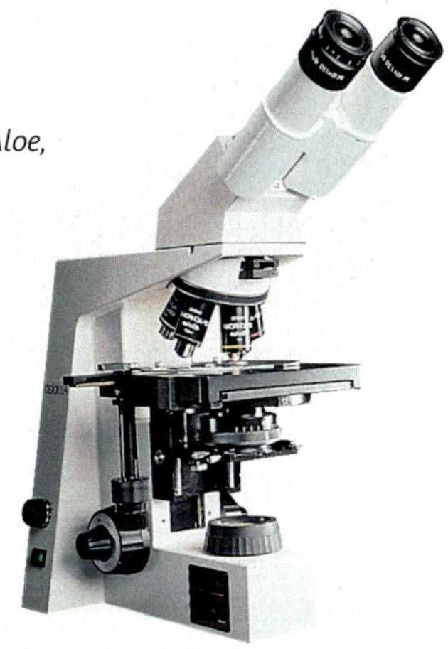

5 *Modernes Lichtmikroskop*

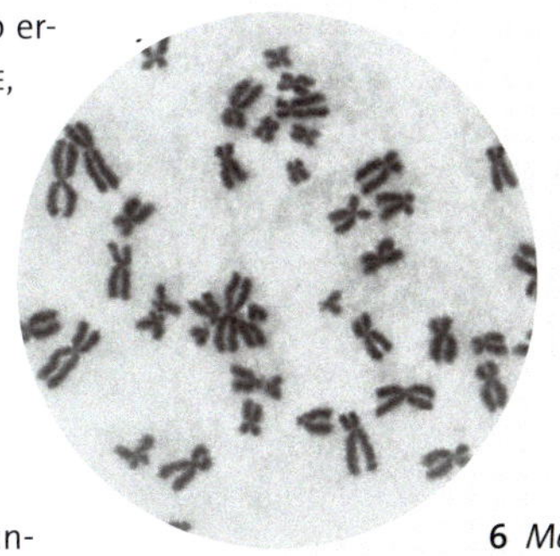

6 *Menschliche Chromosomen im Lichtmikroskop*

Das Lichtmikroskop

Lichtmikroskop Der vergrößernde optische Apparat besteht aus zwei Linsensystemen: *Objektiv* und *Okular*. Unterhalb des Objekttischs befindet sich der Kondensor, ein System aus Hilfslinsen mit Blende. Er dient zur Regelung der Bildhelligkeit und einer möglichst gleichmäßigen Ausleuchtung. Ein *Untersuchungsobjekt*, das auf dem Objekttisch liegt, wird von unten her durchstrahlt. Das Objektiv erzeugt im Tubus ein *vergrößertes Zwischenbild* des Objekts (Primärvergrößerung). Dieses wird vom Okular nochmals vergrößert (Sekundärvergrößerung). Mit Grob- und Feintrieb lässt sich die Entfernung zwischen Objekttisch und Objektiv so verändern, dass im Auge eine scharfe Abbildung entsteht. *Das Produkt der Vergrößerungen von Objektiv und Okular ergibt die Gesamtvergrößerung.* Entscheidend für die Leistungsfähigkeit des Geräts ist sein Auflösungsvermögen, d.h. die Fähigkeit, zwei Punkte gerade noch voneinander getrennt abzubilden. Die theoretische Auflösungsgrenze des Lichtmikroskops liegt bei ca. 0,2 µm.

Untersuchungstechniken Objekte, die mit dem Lichtmikroskop untersucht werden sollen, müssen für Lichtstrahlen durchlässig sein. Bei sehr dünnen, lichtdurchlässigen Objekten ist keine Präparation erforderlich. Sie werden in einen Wassertropfen auf dem Objektträger eingebracht und mit einem Deckgläschen abgedeckt. So lassen sie sich auch im lebenden Zustand beobachten. Dickere Objekte müssen erst geschnitten werden.

Die gängigste Methode ist die Untersuchung im *Hellfeld*. Hierbei fängt das Objektiv das durch das Präparat fallende Licht direkt auf. Da viele biologische Objekte nicht pigmentiert sind, zeigen die Abbilder nur geringe Kontraste. Farbstoffe, die sich an unterschiedlichen Zellstrukturen anlagern, verstärken die optischen Unterschiede. Alle anderen Untersuchungstechniken erfordern spezielles Zubehör oder andere Mikroskoptypen.

Bei der *Dunkelfeldmikroskopie* lenkt ein Dunkelfeldkondensor den Beleuchtungsstrahl am Objektiv vorbei. Nur das vom Untersuchungsobjekt abgelenkte Streulicht gelangt zum Auge des Betrachters. Dadurch erscheinen die Objekte hell leuchtend vor dunklem Hintergrund. Diese Technik ermöglicht es, auch sehr feine Strukturen ohne spezielle Färbung sichtbar zu machen.

Lebende, ungefärbte Objekte sind oft so transparent, dass sie das durchfallende Licht kaum absorbieren. Sie „bremsen" die Lichtwellen jedoch ab, sodass sich deren Schwingungsrhythmus verschiebt. Das *Phasenkontrastmikroskop* setzt diese Verschiebung der Schwingungsphase in Helligkeitskontraste um. Die Helligkeitsunterschiede im Abbild entsprechen den Dichteunterschieden innerhalb des Objekts.

Die *Fluoreszenzmikroskopie* macht sich die Eigenschaft mancher Substanzen zunutze, Licht einer bestimmten Wellenlänge zu absorbieren und anschließend einen Teil der vom Licht übertragenen Energie als Fluoreszenzstrahlung wieder abzugeben. Spezielle Filter stellen sicher, dass nur das abgegebene Licht beobachtet wird. Man unterscheidet zwischen Primär- oder Eigenfluoreszenz (etwa Chlorophyll in Pflanzenzellen) und Sekundärfluoreszenz. Bei der Sekundärfluoreszenz werden zum Beispiel fluoreszierende Farbstoffe an Antikörper gekoppelt, die durch Bindung an ihre Zielmoleküle bestimmte Zellstrukturen markieren. So können winzige Zellstrukturen oder Zellbestandteile gezielt dargestellt werden.

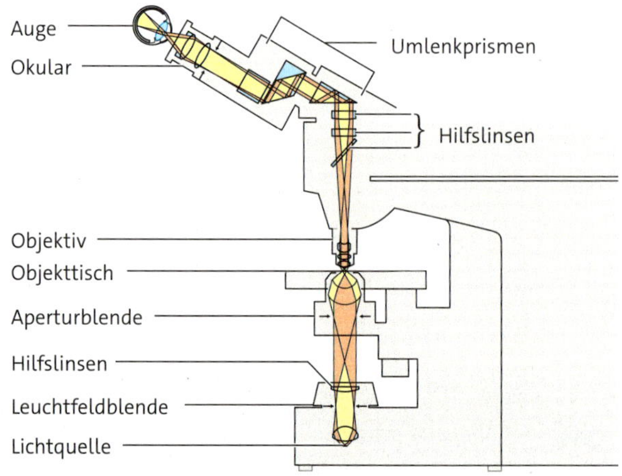

1 *Strahlengang im Lichtmikroskop*

Grenzen des Auflösungsvermögens

Betrachtungsmittel	Noch sichtbar	Auflösungsgrenze
Auge	Haardurchmesser	0,1 mm = 100 µm
Lichtmikroskop mit UV-Licht	Zellen	5–10 µm
	Bakterien	0,25 µm
Elektronenmikroskop	Viren, Makromoleküle	0,0001 µm = 0,1 nm
Röntgenkristallografie	Bau von Molekülen	0,1 nm

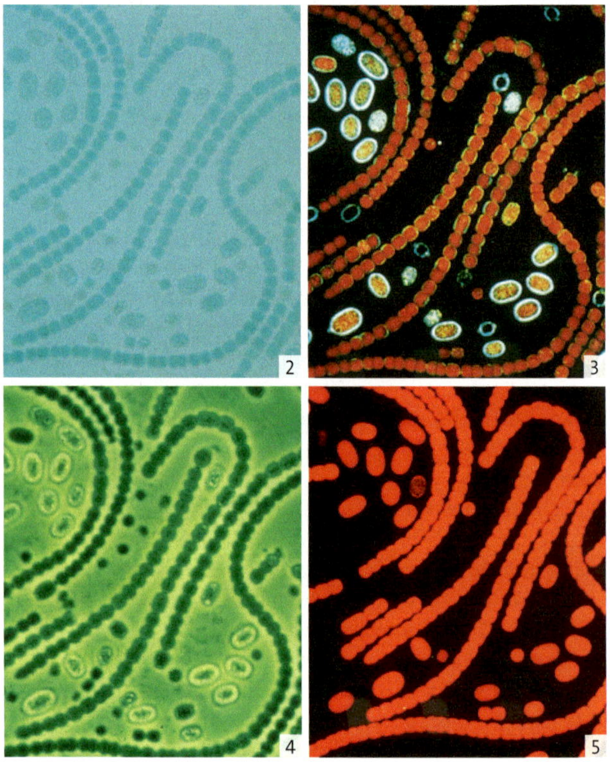

2 bis 5 *Aufnahmen des Cyanobakteriums Anabaena variabilis bei unterschiedlicher Mikroskopiertechnik – 2: im Hellfeld; 3: im Dunkelfeld; 4: im Phasenkontrast; 5: im Fluoreszenzmikroskop*

Einsatz des Lichtmikroskops

Das *Lichtmikroskop* erlebt eine Renaissance. Außer in der medizinischen Diagnostik werden Lichtmikroskope nach wie vor in der biologischen Forschung eingesetzt sowie zur Kontrolle der Wasser- und Bodenqualität. Auch bei der industriellen Fertigung von Mikrochips, wie sie in Computern, Fernsehern und zahlreichen Haushaltsgeräten verwendet werden, oder in der Werkstoffentwicklung ist die mikroskopische Überprüfung ein unverzichtbares Mittel der Qualitätskontrolle (> Bild unten). *Stereomikroskope* kommen bei mikrochirurgischen Eingriffen wie Augenoperationen zum Einsatz.

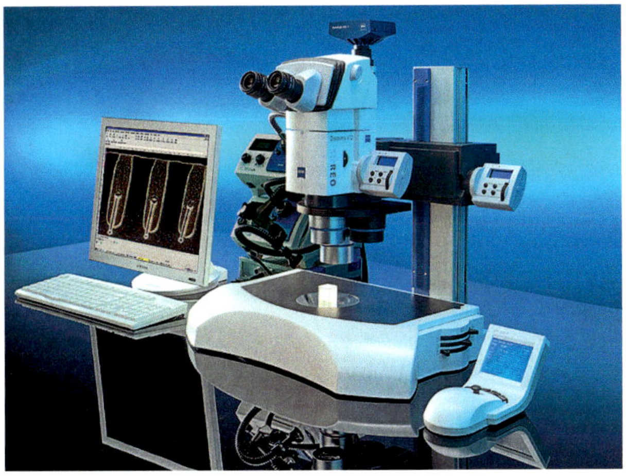

Abziehpräparat

Material: Küchenzwiebel, Mikroskop und Zubehör

Durchführung: Bringen Sie mit der Pipette einen Wassertropfen auf einen sauberen Objektträger. Ritzen Sie die konkave Innenseite einer Zwiebelschuppe mit der Rasierklinge rechteckig ein. Ziehen Sie das dünne Häutchen ab und legen Sie es auf den Objektträger. Gegebenenfalls muss das Gewebestück mit Präpariernadel und Haarpinsel glatt gestrichen werden. Das Deckgläschen wird nun am Rand des Wassertropfens angesetzt und vorsichtig abgesenkt. Überschüssiges Wasser saugen Sie mit Filterpapier ab. Falls zu wenig Wasser vorhanden ist, geben Sie mit der Pipette von der Seite einen Tropfen zu. Legen Sie das Präparat auf den Objekttisch und skizzieren Sie den Zellverband der Zwiebelhaut bei schwächster und bei stärkster Vergrößerung.

Quetschpräparat

Material: Mikroskop und Zubehör, Banane, tierische Gewebe, Azur-Eosin nach Giemsa

Durchführung: Bringen Sie ein dünn geschnittenes Stückchen Fruchtfleisch einer Banane auf einen vorbereiteten Objektträger. Zerquetschen Sie das Fruchtfleisch mithilfe eines zweiten Objektträgers, indem Sie die Glasscheiben vorsichtig gegeneinander verschieben. Dabei werden die Zellen der Banane teilweise zerstört. Färben Sie das Präparat mit einer Iod-Kaliumiodid-Lösung an. Skizzieren und beschreiben Sie Ihre Beobachtungen.
Besorgen Sie sich in einer Metzgerei tierisches Gewebe (zum Beispiel Knochenmark, Hoden) und stellen Sie wie beschrieben ein Quetschpräparat her. Nach einer geeigneten Färbung, zum Beispiel Azur-Eosin nach Giemsa (GHS02, GHS06), untersuchen Sie das Objekt unter dem Mikroskop.

Abstrichpräparat

Material: Mikroskop und Zubehör, Holzspatel, Methylenblaulösung (0,1%)

Durchführung: Schaben Sie mit Holzspatel oder Löffelstiel vorsichtig über die Oberfläche der ausgestreckten Zunge. Hierdurch löst sich eine große Zahl Schleimhautzellen ab und bleibt am Spatel hängen. Bereiten Sie einen Objektträger vor und bringen Sie die Zellen in den Wassertropfen ein. Das Präparat wird mit einem Deckglas versehen und wie oben beschrieben mikroskopiert.
Um Zellgrenzen und Zellstrukturen besser zu erkennen, färben Sie das Präparat an: 0,1%ige Methylenblaulösung (GHS07) an den Rand des Deckglases tropfen und mit einem Filterpapier darunterziehen. Beobachten Sie bei stärkster Vergrößerung und halten Sie Veränderungen fest.

Ausstrichpräparat

Material: Mikroskop und Zubehör, Tierblut, Eosin-Methylenblau oder Azur-Eosin nach Giemsa

Durchführung: Vorsicht: Menschliches Blut darf nicht verwendet werden! Besorgen Sie sich beim Schlachthof Schweineblut. Bringen Sie einen Tropfen Blut auf einen gut gereinigten, fettfreien Objektträger auf, etwa 1 cm vom Rand entfernt. Mit einem schräg angesetzten zweiten Objektträger oder einem Deckglas wird das Blut möglichst ohne Druck verstrichen, sodass ein dünner Film entsteht. Den fertigen Ausstrich an einem staubfreien Ort lufttrocknen lassen. Anschließend in einer flachen Glaswanne mit Eosin-Methylenblau (GHS07) oder mit Azur-Eosin nach Giemsa (GHS02, GHS06) färben, erneut trocknen lassen und mit oder ohne Deckglas mikroskopieren.

Dünnschnitte

Material: Mikroskop und Zubehör, junge Triebe der Waldrebe, 2 Styroporblöckchen

Durchführung: Schneiden Sie den Trieb etwa 15 cm unterhalb der Knospe quer durch. Klemmen Sie ihn zwischen die Styroporblöckchen und stellen Sie mit einer Rasierklinge eine glatte Oberfläche her. Legen Sie nun die Klinge auf die Fläche und benutzen Sie diese als Führung, um ziehend möglichst dünne Querschnitte herzustellen. Die Scheibchen müssen nicht vollständig sein, „Fetzen" genügen. Immer mehrere Schnitte anfertigen! Zeichnen Sie einige Zellen aus dem Randbereich des Marks.

1. Begründen Sie, weshalb in der Schule nicht mit menschlichem Blut experimentiert werden darf.
2. Bestimmen Sie die mittleren Zellgrößen der untersuchten Präparate anhand Ihrer Skizzen. Achten Sie dabei auf den Maßstab! Vergleichen Sie pflanzliche und tierische Gewebe.

Stichworte zu weiteren Informationen

Immunhistochemie | Stereomikroskop | Färbetechniken | Mikrotom | Dauerpräparat

Das lichtmikroskopische Bild der Zelle

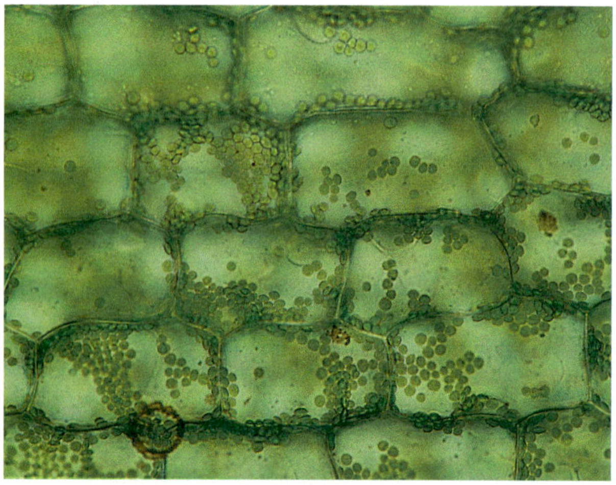

1 *Zellen der Wasserpest*

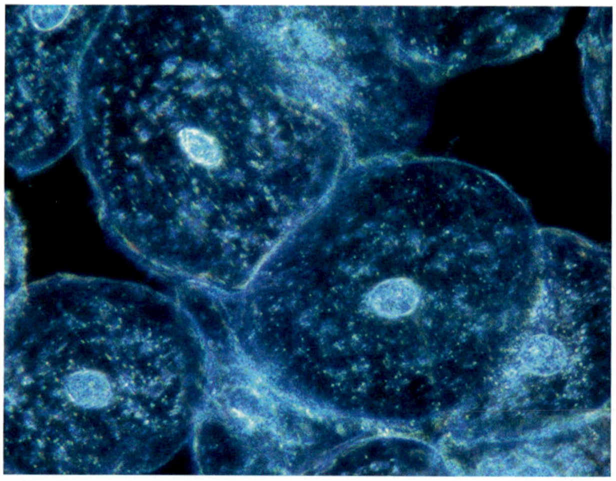

2 *Zellen der menschlichen Mundschleimhaut*

Die pflanzliche Zelle Beim Mikroskopieren von Wasserpestblättchen fällt die regelmäßige Struktur des Gewebes auf. Die Zellwände treten als Zellgrenzen deutlich hervor. Im Innern sind die *Chloroplasten* zu erkennen, die sich in der lebenden Zelle mit der Plasmaströmung bewegen. Das *Cytoplasma*, der von der Zellmembran umschlossene Inhalt, erscheint relativ strukturlos. Der *Zellkern* ist als meist rundlicher, etwas dunklerer Körper nur schwer zu erkennen. Die vom Cytoplasma umgebene *Zellsaftvakuole* kann durch Farbstoffe sichtbar gemacht werden. Sie enthält eine wässrige Lösung aus organischen und anorganischen Stoffen. Eine Membran, der *Tonoplast*, begrenzt sie gegen das Cytoplasma.

Die tierische Zelle Mundschleimhautzellen sind unregelmäßig geformt. Da sie nur durch die *Zellmembran* begrenzt sind, erscheinen die Zellgrenzen undeutlich. Das Cytoplasma ist fein granuliert. Im Zentrum liegt der Zellkern. Bei sehr hoher Vergrößerung werden im Plasma *Nahrungsvakuolen* und *Zellorganellen* sichtbar. Intakt sind die Zellen zum *Plattenepithel* (> S. 69) verbunden.

Zellgröße Pflanzliche Zellen haben einen Durchmesser von 10 bis 100 µm, tierische Zellen sind mit 10–30 µm deutlich kleiner. Allerdings gibt es auch Ausnahmen: Das Eigelb des Straußeneies, das einer einzigen Zelle entspricht, misst 7,5 cm im Durchmesser; die extrem dünnen Fortsätze von Nervenzellen großer Tiere können sogar mehrere Meter lang werden.

Zellen können jedoch nicht jede beliebige Größe annehmen. Die lebende Zelle ist vom Stoffaustausch mit der Umgebung abhängig. Durch ihre Oberfläche tritt eine bestimmte Menge an Molekülen hindurch. Je größer die Zelle, desto ungünstiger wird das Verhältnis der Oberfläche zum Volumen, das versorgt werden muss. Mit der Zellgröße wächst auch der Weg der Moleküle von der Oberfläche ins Zellinnere. In kleinen Zellen wird zudem der Stoffaustausch mit der Umgebung begünstigt.

Zu den kleinsten Zellen gehören die *Mykoplasmen*, zellwandlose Bakterien mit einem Durchmesser von 0,2 bis 0,3 µm. Der von der Zellmembran umschlossene Raum ist gerade noch so groß, dass alle notwendigen Stoffwechselprozesse darin ablaufen können.

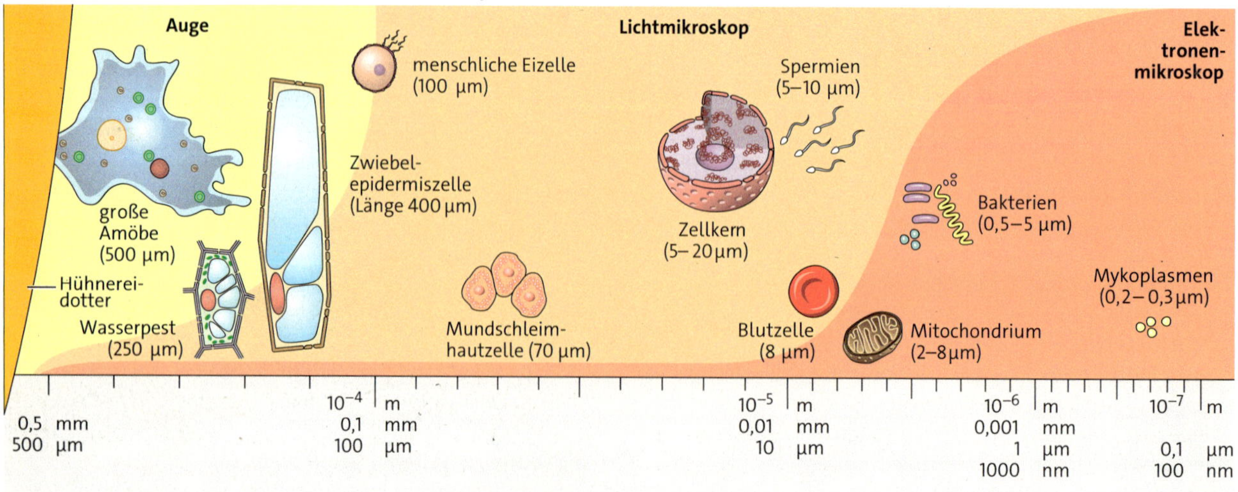

3 *Größenvergleich verschiedener Zelltypen und -bestandteile im lichtmikroskopischen bzw. elektronenmikroskopischen Bild*

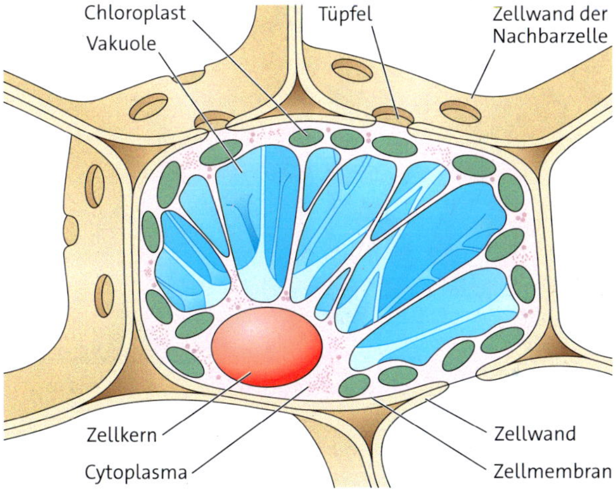

1 *Im Lichtmikroskop sichtbare Strukturen der Pflanzenzelle*

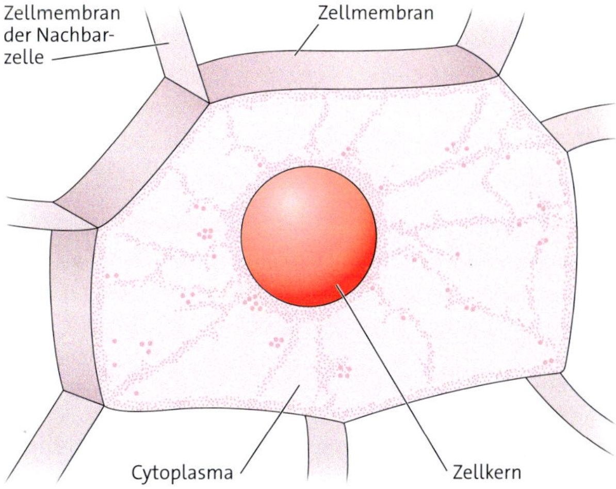

2 *Im Lichtmikroskop sichtbare Strukturen der Tierzelle*

Tier- und Pflanzenzelle im Vergleich Die einzelnen Zellbestandteile mit bestimmter Struktur und Funktion werden *Organellen* genannt. Obwohl einige Organellen nur in pflanzlichen Zellen vorkommen, ist die Funktionsweise von Tier- und Pflanzenzelle sehr ähnlich.

Auffälligstes Organell in beiden Zellarten ist der Zellkern *(Nucleus)*. In seinem Innern finden sich oft ein oder mehrere Kernkörperchen oder *Nucleoli* (Einzahl: *Nucleolus*), die bei gefärbten Präparaten in eine netzartige Struktur, das *Chromatin*, eingebettet sind. Das Chromatin enthält die Erbinformation in Form von Desoxyribonukleinsäure (DNA).

Plastiden gibt es nur in pflanzlichen Zellen. Je nach der Funktion des Gewebes können Plastiden unterschiedlich ausgebildet sein. Die Zellen grüner Pflanzenteile enthalten *Chloroplasten*, denen eine besondere Funktion bei der Fotosynthese zukommt. *Chromoplasten* sind Träger roter und gelber Farbstoffe. Sie sind für die Färbung von Blüten, Früchten und Blättern verantwortlich. Die Farbveränderung beim Reifen von Früchten oder im Herbstlaub kommt dadurch zustande, dass sich Chloroplasten in Chromoplasten umwandeln. Die farblosen Leukoplasten dienen als Speicherorganellen zum Beispiel für Stärke. Sie kommen in ungefärbten Pflanzenteilen wie Wurzeln und im Speichergewebe von Samen und Früchten vor.

Zellsaftvakuolen finden sich nur in Pflanzenzellen. Neben ihrer Bedeutung für den Zelldruck (*Turgor* > S. 39), der Zelle und Pflanzenkörper festigt, dienen sie der Stoffspeicherung.

Der Zellleib oder *Protoplast* der Pflanzenzelle ist von einer festen *Zellwand* aus Cellulose umgeben (> S. 27). Sie wird von der Zellmembran nach außen abgegeben und gehört nicht zu den Organellen der lebenden Zelle. Die Zellwand verleiht der Zelle eine unveränderbare Form. Lichtmikroskopisch erkennbare Aussparungen, die *Tüpfel*, ermöglichen direkte Verbindungen zwischen den Protoplasten benachbarter Zellen.

Die *Zellmembran* ist im Lichtmikroskop nicht deutlich sichtbar. Für die tierische Zelle stellt sie die einzige Begrenzung dar. In der Pflanzenzelle liegt sie der Zellwand direkt an. In beiden Fällen begrenzt die Zellmembran den Protoplasten als physiologische Barriere.

Lichtmikroskopisch kaum mehr zu erkennen sind die *Mitochondrien*, kugel- bis stäbchenförmige Organellen von etwa 10 µm Durchmesser, die in Pflanzen- und Tierzellen vorkommen. Ihr gehäuftes Auftreten in besonders stoffwechselaktiven Zellen – eine Leberzelle zum Beispiel enthält bis zu 1000 Mitochondrien – deutet auf ihre Beteiligung an der Zellatmung hin (> S. 106).

Dreidimensionalität des Zellkörpers Ähnlich wie in der Fotografie werden im Mikroskop nur solche Strukturen scharf abgebildet, die in der Schärfeebene liegen. Da die Schärfentiefe jedoch sehr gering ist, entsteht ein zweidimensionaler Eindruck. Um zu einer räumlichen Vorstellung von der Zelle zu kommen, müssen die Bilder der unterschiedlichen Schärfeebenen zu einem dreidimensionalen Gesamtbild zusammengefügt werden.

1. Stellen Sie die Merkmale von Tier- und Pflanzenzelle zusammen und vergleichen Sie.
2. Erklären Sie die Bedeutung der Zellwand. Überlegen Sie, warum tierische Zellen ohne Zellwand auskommen.

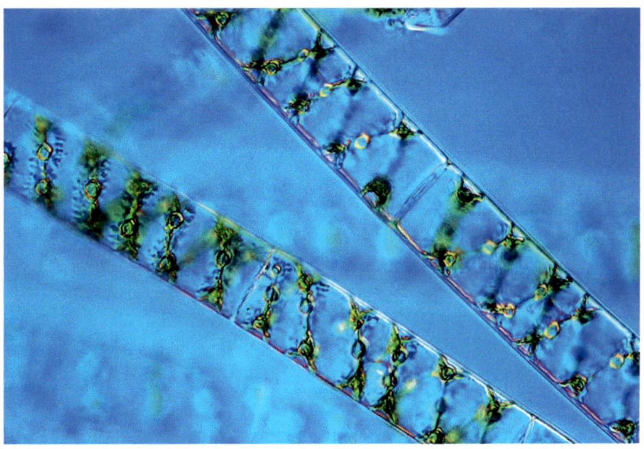

3 *Mehrere Zellfäden der Fadenalge Spirogyra. Erst aus der Projektion verschiedener Schärfeebenen lässt sich ein räumliches Bild der Zelle gewinnen.*

Das Elektronenmikroskop

Das *Auflösungsvermögen* von Mikroskopen ist durch die Wellenlänge der verwendeten Strahlung begrenzt. Um die lichtmikroskopisch erreichbare Auflösungsgrenze (> S. 18) zu unterschreiten, war es notwendig, Geräte zu konstruieren, die mit kurzwelligen Strahlen arbeiten. Dies gelang dem Elektroingenieur ERNST RUSKA und seinen Mitarbeitern in den 1930er Jahren mit der Entwicklung des *Elektronenmikroskops*.

Anstelle von Lichtstrahlen werden beim Elektronenmikroskop *Elektronenstrahlen* benutzt. Als Strahlenquelle dient dabei eine Wolfram-Glühkathode. Die aus der Kathode austretenden Elektronen werden durch eine sehr hohe Spannung beschleunigt. Je höher diese Spannung ist, desto größer ist die Beschleunigung der Elektronen und desto kleiner ist ihre Wellenlänge. Entsprechend nimmt auch das Auflösungsvermögen zu. Die Grenzauflösung liegt dabei im Bereich von 0,1 nm, was dem Abstand von Atomkernen in chemischen Verbindungen entspricht. Moderne Elektronenmikroskope erreichen etwa die 1000-fache Leistung eines Lichtmikroskops, sie vergrößern bis zu 2 000 000-fach.

Das Transmissionselektronenmikroskop (TEM) Das *TEM* funktioniert im Prinzip ähnlich wie das Lichtmikroskop. Damit die Elektronenstrahlen jedoch nicht absorbiert werden, muss das Präparat extrem dünn geschnitten sein. Das Bild kommt dadurch zustande, dass die Elektronen durch die Atome des Objekts abgelenkt, das heißt *„gestreut"* werden. Um die Streuung biologischer Präparate zu verstärken, werden diese meist mit *Schwermetallsalzen* behandelt. Die angelagerten Schwermetallionen erhöhen die *Kontraste* zwischen den Zellstrukturen. Da Elektronenstrahlen für das Auge unsichtbar sind, kann das Bild nur indirekt auf einem Leuchtschirm betrachtet werden.

Statt Glaslinsen dienen *Elektromagnete* zur Ablenkung und zur Bündelung der Strahlen: Ringförmige Spulen erzeugen elektromagnetische Felder, die die parallel einfallenden Elektronenstrahlen in einem Brennpunkt sammeln. Durch Veränderung der Stromstärke lässt sich die Brennweite und damit die Vergrößerung variieren. Weil die Elektronen durch Zusammenstöße mit Luftmolekülen abgebremst und abgelenkt würden, muss bei allen Untersuchungen im *Hochvakuum* gearbeitet werden.

Das TEM wird hauptsächlich in der Zellbiologie eingesetzt, um die *Ultrastruktur von Zellen und Zellorganellen* zu untersuchen.

Das Rasterelektronenmikroskop (REM) Das REM eignet sich besonders zur Analyse von *Oberflächenstrukturen*. Die Untersuchungsobjekte werden nicht durchstrahlt, sondern mit einem gebündelten Primärelektronenstrahl zeilenförmig abgetastet. Dadurch werden aus der dünnen Goldschicht, die das Präparat überzieht, *Sekundärelektronen* freigesetzt. Ein seitlich angebrachter Kollektor, eine Anode, saugt diese Sekundärelektronen ab. Ein Rechner setzt die Zahl der herausgelösten Elektronen in Helligkeitswerte um und fügt diese Punkt für Punkt zu einem *Rasterbild* zusammen. Es entstehen Bilder von extrem großer Schärfentiefe, die einen räumlichen Eindruck von den Oberflächenstrukturen vermitteln.

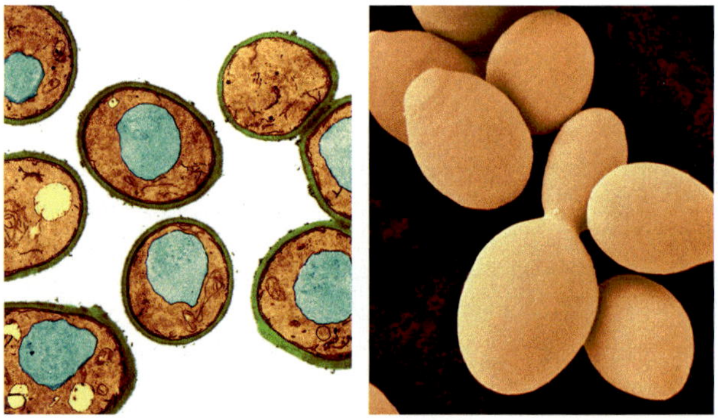

1 *Hefezellen, links im TEM-, rechts im REM-Bild*

1. Stellen Sie tabellarisch die einander entsprechenden Teile von Licht- und Elektronenmikroskop gegenüber.
2. Erklären Sie, weshalb die Präparate bei der Arbeit im Hochvakuum vollständig entwässert sein müssen.
3. Eine kreisförmige Struktur von 0,1 nm, die im Elektronenmikroskop gerade noch auflösbar ist, erscheint auf dem Bildschirm etwa so groß wie ein Stecknadelkopf (rund 1 mm). Berechnen Sie, welchen Durchmesser das Bild eines Stecknadelkopfs bei gleicher Vergrößerung hätte.

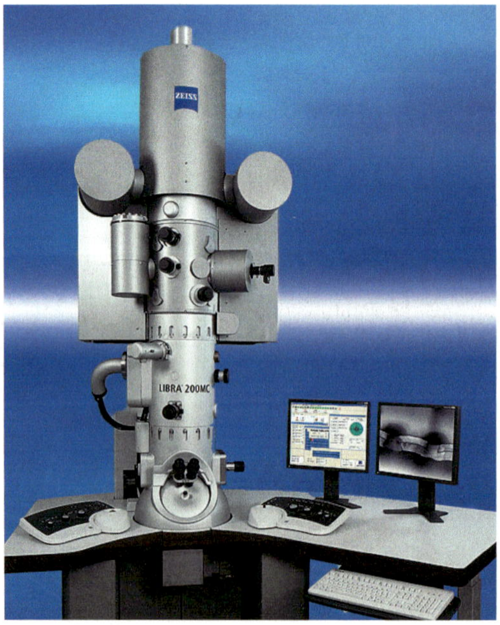

2 *Moderne Elektronenmikroskope werden über einen Computer gesteuert.*

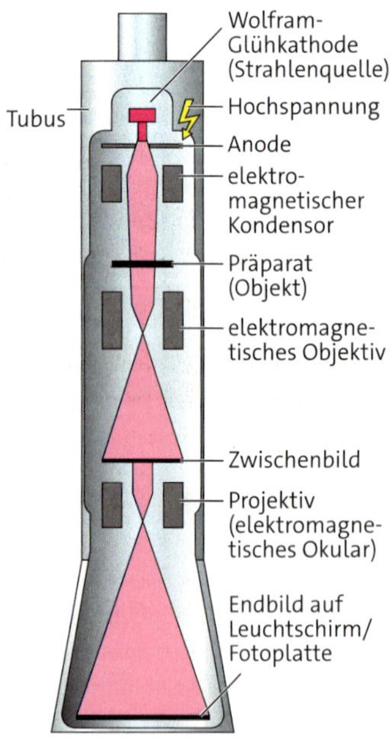

3 *Strahlengang im Transmissionselektronenmikroskop*

Elektronenmikroskopische Präparationsmethoden

Elektronenmikroskope werden vor allem in der *Grundlagenforschung* eingesetzt. Elektronenmikroskopische Aufnahmen dienen zum Beispiel dazu, die Struktur unbekannter Moleküle aufzuklären. Mithilfe von goldmarkierten Antikörpern können seltene Krankheitserreger identifiziert werden. In der biologischen Forschung ermöglicht die Ultrastruktur einzelner Zellen Rückschlüsse auf die Verwandtschaft von Tiergruppen oder die Entwicklung bestimmter Organe. Aber auch einige Industriezweige wie die *Materialentwicklung* oder die *Halbleiterindustrie* nutzen elektronenmikroskopische Techniken.

Ultradünnschnitttechnik

Selbst einzelne Zellen sind viel zu dick, um im Elektronenmikroskop durchstrahlt zu werden. Die Schnitte sollten zwischen *20 und 80 nm dick* sein. Eine Zelle der menschlichen Mundschleimhaut zum Beispiel muss dazu in 1000 Scheiben geschnitten werden. Zunächst wird das Objekt jedoch *fixiert* und vollständig *entwässert*, zum Beispiel in reinem Alkohol oder in Aceton. Anschließend bettet man es in festes, elastisches Material ein, beispielsweise in Epoxidharz. Dann wird das in Kunstharz eingeschlossene Präparat mithilfe eines *Ultramikrotoms* in extrem dünne Scheiben geschnitten. Hierbei wird das Objekt an der frischen Bruchkante eines Glasmessers vorbeigeführt und nach jedem Schnitt automatisch nach vorn geschoben (> Bild unten). Die Schnitte gelangen in eine kleine, wassergefüllte Wanne, die an dem Glasblock befestigt ist, und schwimmen auf der Wasseroberfläche. Von hier werden die Schnitte auf Kupfernetze übertragen.

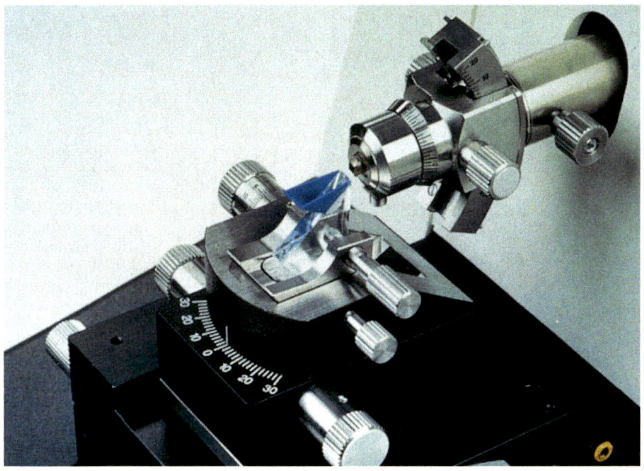

Gefrierbruch und Gefrierätzung

Das Gefrierbruchverfahren dient dazu, plastische Eindrücke von *Oberflächenstrukturen* zu gewinnen. Das Objekt wird extrem schnell auf bis zu −196 °C abgekühlt. Dadurch bleiben die Zellstrukturen weitgehend erhalten. Dann wird das Präparat im Vakuum mit einem tiefgekühlten Messer aufgebrochen, nicht geschnitten. Die *Bruchfläche* verläuft dabei oft an den Grenzen der Zellorganellen. Die Oberfläche wird mit einer feinkörnigen Kohle-Platin-Schicht bedampft. Diese Schicht gibt wie eine Matrize alle Strukturen der Oberfläche wieder (im Foto rechts oben Zellkern mit Kernhülle). Lässt man das Präparat einige Zeit stehen, so sublimiert das Eis an der Oberfläche. Dieses *Ätzen* verstärkt die Reliefunterschiede. Die Kohle-Platin-Schicht wird vom Objekt abgelöst, gereinigt und kann dann im Elektronenmikroskop als *Abdruck* der aufgebrochenen Oberfläche betrachtet werden.

1. Vergleichen Sie die Herstellung von Präparaten für Licht- und Elektronenmikroskop. Erklären Sie die Unterschiede.
2. Ein Blatt Papier ist rund 0,1 mm dick. Geben Sie an, in wie viele Scheiben Sie es für das TEM schneiden müssten.

Stichworte zu weiteren Informationen

elektromagnetische Wellen | Fixierung | Immun-Elektronenmikroskopie | Rastertunnelmikroskop | Rasterkraftmikroskop

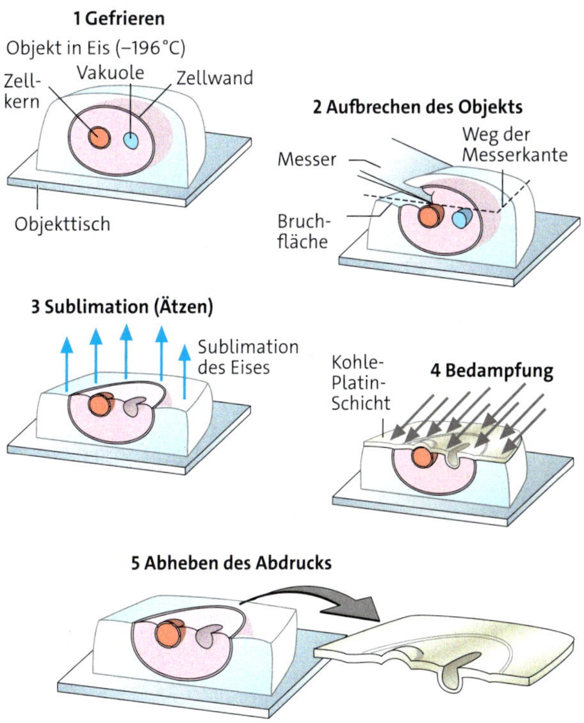

Zelle und Zellorganellen im elektronenmikroskopischen Bild

Durch das Elektronenmikroskop wurde offenbar, dass es in Tier- und Pflanzenzellen neben den im Lichtmikroskop sichtbaren weitere Strukturen und Organellen gibt. Auch ließ sich erkennen, dass ein Teil der Organellen durch eine oder zwei Membranen begrenzt ist, anderen aber die Abgrenzung gegen das Cytoplasma fehlt.

Zellkern Der *Zellkern*, auch Nucleus oder Karyon genannt, ist das Steuerzentrum der Zelle. Er ist von einer doppelten Membran, der *Kernhülle*, umschlossen. Die beiden Membranen der Kernhülle sind durch einen 20–40 nm breiten Zwischenraum getrennt. Im Bereich der *Kernporen* gehen äußere und innere Kernmembran ineinander über. Die Kernporen, Öffnungen von rund 100 nm Durchmesser, ermöglichen den Austausch größerer Moleküle zwischen dem Innern des Zellkerns und dem Cytoplasma.

Besonders auffällig erscheint in gefärbten Präparaten der *Nucleolus*. Je nach Art und Entwicklungsstadium der Zelle können auch mehrere Nucleoli im Zellkern vorkommen. Im Nucleolus werden die Ribosomen gebildet.

Der Zellkern enthält den Großteil der Erbinformation einer Zelle und steuert so alle Stoffwechselprozesse in der Zelle. Das genetische Material liegt in Form von Chromosomen vor, die aber nur während der Zellteilung als solche erkennbar werden (> S. 26). Sonst erscheint das *Chromatin*, ein Komplex aus *Desoxyribonukleinsäure (DNA)* und Proteinen, als unstrukturierte Masse.

Mithilfe von Botenmolekülen aus *Ribonukleinsäure* (RNA) gelangt die in der DNA des Zellkerns enthaltene genetische Information über die Kernporen ins Cytoplasma.

Die farbigen Rahmen um die EM-Bilder entsprechen den Schemafarben der Organellen in den Übersichtsgrafiken.

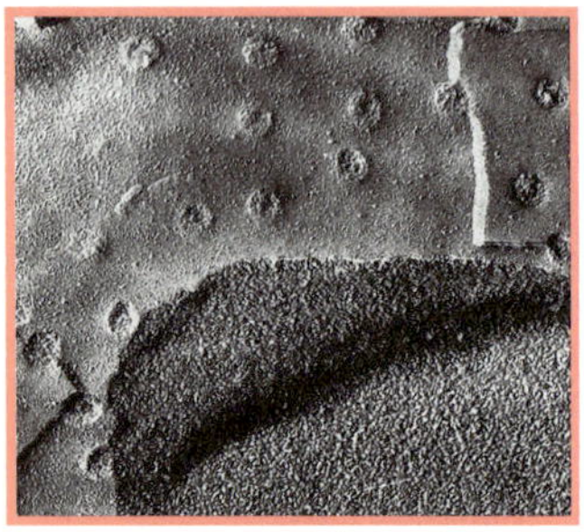

1 *Äußere und innere Membran der Kernhülle mit Kernporen*

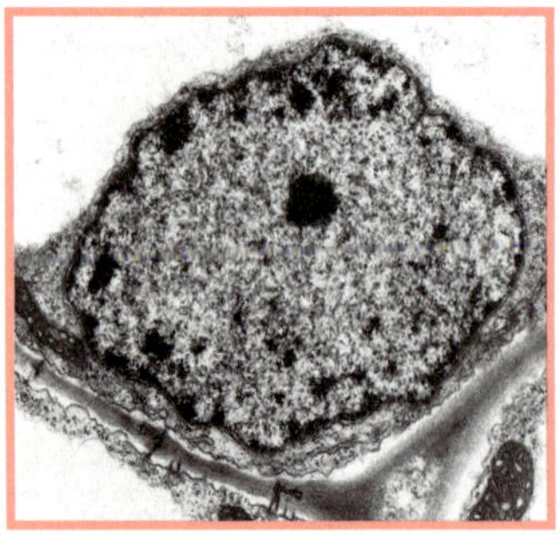

2 *Im Innern des Zellkerns ist der dunkle Nucleolus zu erkennen.*

Ribosomen *Ribosomen* sind die Orte der *Proteinbildung*. Hier werden Aminosäuren entsprechend der Information der RNA-Botenmoleküle miteinander zu Proteinen – oft Enzymen – verbunden. Ein Teil der Ribosomen liegt frei im Cytoplasma. Diese freien Ribosomen stellen vor allem Enzyme her, die Stoffwechselvorgänge im Cytoplasma katalysieren. Ribosomen können sich aber auch an das endoplasmatischen Reticulum anlagern. Chemisch bestehen sie aus Proteinen und RNA. Sie sind membranlos.

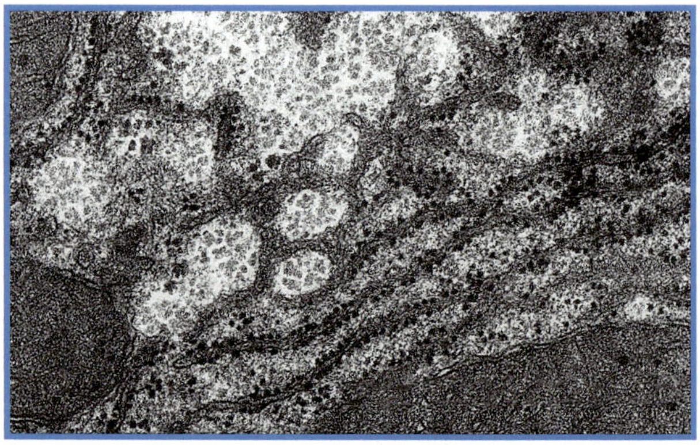

3 *Raues und glattes endoplasmatisches Reticulum*

Endoplasmatisches Reticulum Das *endoplasmatische Reticulum (ER)* durchzieht als ausgedehntes Membransystem die gesamte Zelle. Dabei bilden die Membranen des ER flächige oder röhrenförmige Hohlräume, die als *Zisternen* bezeichnet werden. Das ER steht mit anderen Organellen in Verbindung. Es geht beispielsweise direkt in die Kernhülle über. Das ER dient neben der Synthese und der Verarbeitung verschiedener Stoffe vor allem dem *innerzellulären Stofftransport*.

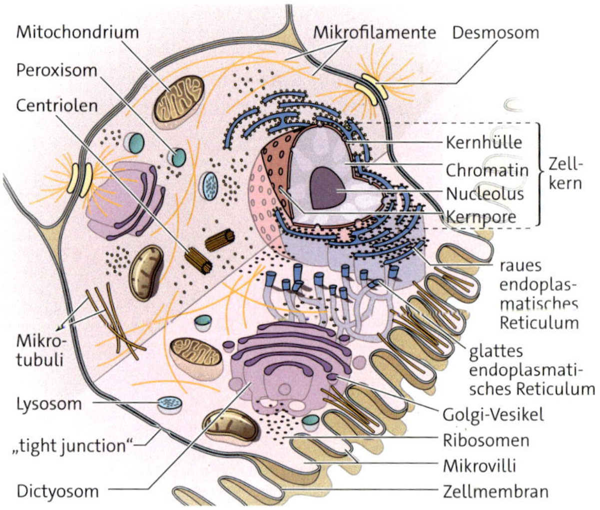

4 *Schema einer Tierzelle*

Die Bereiche des ER, an dessen Membranflächen Ribosomen angelagert sind und die im elektronenmikroskopischen Bild ein „raues“ Aussehen haben, bezeichnet man als *raues ER*. Die Ribosomen des rauen ER synthetisieren Proteine, die entweder für den Einbau in Membranen bestimmt sind oder als *Sekrete*, in Membranbläschen (Vesikel) verpackt, die Zelle verlassen. Drüsenzellen sind besonders stark vom rauen ER durchzogen.

Ribosomenfreie Abschnitte heißen *glattes ER*. Das glatte ER synthetisiert vor allem Lipide für neue Membranen. In tierischen Zellen stellt das glatte ER auch bestimmte Hormone, zum Beispiel Geschlechtshormone, her. In Leberzellen werden hier Gifte und Arzneimittel abgebaut.

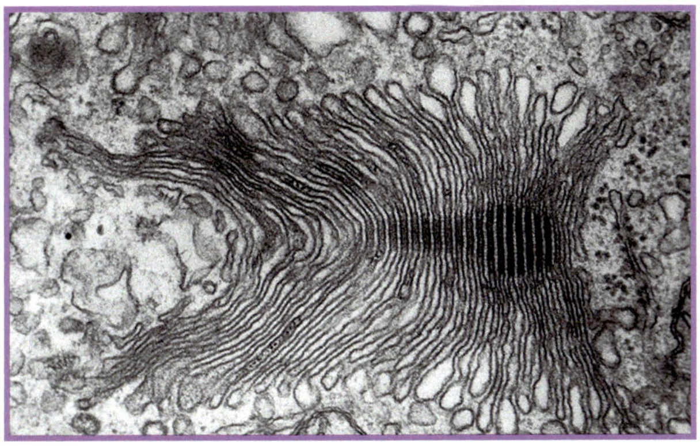

1 *An den Dictyosomen schnüren sich Golgi-Vesikel ab.*

Dictyosomen *Dictyosomen* bestehen aus übereinandergestapelten, flachen Membranzisternen. Nach ihrem Entdecker wird die Gesamtheit aller Dictyosomen einer Zelle als *Golgi-Apparat* bezeichnet. In den Dictyosomen werden die Syntheseprodukte des ER umgewandelt, gespeichert, in *Golgi-Vesikel* verpackt und weitertransportiert. Der Stofftransport zwischen ER, den einzelnen Zisternen der Dictyosomen und der Zelloberfläche erfolgt durch Aufnahme und Abgabe von Vesikeln. Dabei zeigen die Dictyosomen eine eindeutige *Polarität*. Auf der dem Zellkern und dem ER zugewandten *Bildungsseite* werden Syntheseprodukte aufgenommen, indem vom ER abgeschnürte Transportvesikel mit der Dictyosomenmembran verschmelzen. Auf der gegenüberliegenden, der Zellmembran zugewandten *Sekretionsseite* schnüren sich Golgi-Vesikel ab, die zur Zelloberfläche oder zu den Lysosomen weitertransportiert werden.

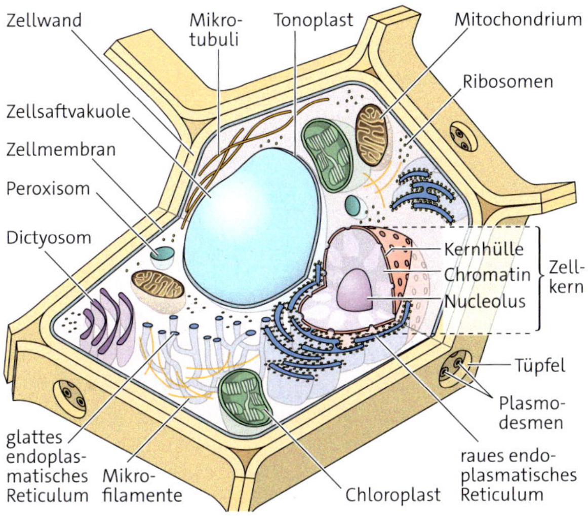

2 *Schema einer Pflanzenzelle*

Die Produkte des ER werden, während sie den Golgi-Apparat passieren, chemisch verändert. Hier werden zum Beispiel Membranproteine und -lipide mit Zuckerketten versehen, sodass Glykoproteine und Glykolipide entstehen (> S. 35). Ihre „individuelle Kennung" erhalten die Moleküle, indem einzelne Zuckerbausteine „angehängt" oder „abgeschnitten" werden. Die Dictyosomen stellen auch solche Kohlenhydrate her, die als *Sekrete* aus der Zelle ausgeschieden werden. Die vom Golgi-Apparat abgegebenen Sekrete können jedoch sehr unterschiedlich sein. Golgi-Vesikel pflanzlicher Zellen enthalten zum Beispiel Moleküle, die für den Aufbau der Zellwand benötigt werden. In Zellen der Dünndarmwand bilden die Dictyosomen Schleimbestandteile. Bei Einzellern, die im Süßwasser vorkommen, sind Golgi-Vesikel an der Wasserausscheidung über die kontraktile Vakuole beteiligt (> S. 50).

Lysosomen In der Zelle kommen weitere vom Golgi-Apparat abgeschnürte Vesikel vor, die entsprechend ihrer Funktion als *Lysosomen* bezeichnet werden. Sie dienen dazu, zelleigenes und zellfremdes Material zu verdauen, um die Bausteine der Zelle für neue Synthesen zugänglich zu machen. Lysosomen enthalten Enzyme für den Abbau aller in der Zelle vorhandenen Makromoleküle. Wenn die Zelle stirbt, geben die Lysosomen ihre Enzyme nach außen ab, sodass die Zelle sich selbst verdaut. Pflanzenzellen enthalten keine Lysosomen. Deren Funktion wird dort von der Vakuole erfüllt.

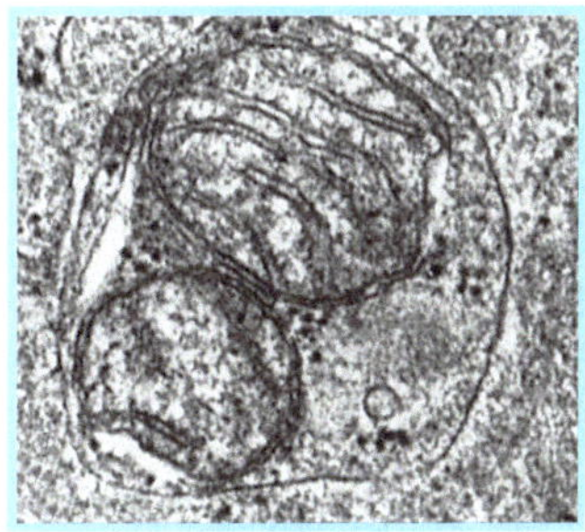

3 *Ein Lysosom verdaut ein Mitochondrium.*

Vakuolen *Vakuolen* sind große Vesikel, die der Verdauung von Makromolekülen dienen, aber auch Produkte des Zellstoffwechsels speichern. Sie entstehen bei der Phagocytose oder durch die Fusion von Vesikeln, die von ER und Golgi-Apparat abgeschnürt werden. Damit sind Vakuolen Bestandteile des inneren Membransystems. In ausgewachsenen Pflanzenzellen findet sich meist eine große, zentral gelegene Vakuole. In Pflanzenzellen sorgt die Zellsaftvakuole für den Innendruck, der *Turgor* genannt wird (> S. 39).

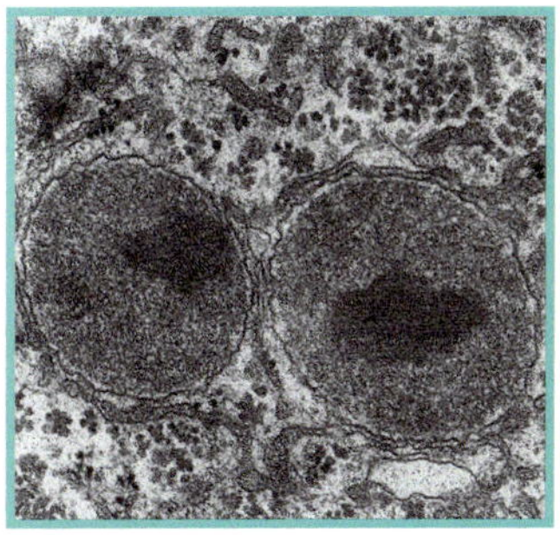

4 *Peroxisomen*

Peroxisomen *Peroxisomen* sind kleine Vesikel, die in unterschiedlichen Zellen sehr verschiedene Funktionen haben. Mithilfe von Enzymen bauen sie Fettsäuren und andere Substrate ab. Häufig enthalten sie *Katalase*, die das im Stoffwechsel entstehende Zellgift *Wasserstoffperoxid* in Sauerstoff und Wasser zerlegt. In Leberzellen dienen sie dazu, Alkohol und andere schädliche Verbindungen zu entgiften. Peroxisomen können sich durch Abschnüren vom inneren Membransystem neu bilden, aber auch durch Teilung vermehren.

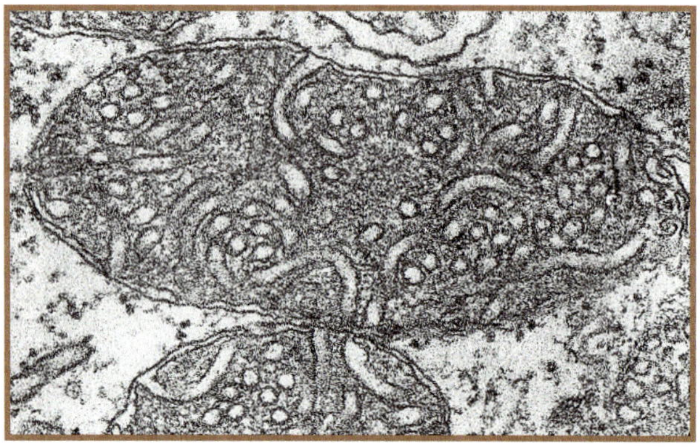

1 *Die innere Mitochondrienmembran ist stark eingefaltet.*

Mitochondrien *Mitochondrien* sind von zwei Membranen umgeben. Die äußere Mitochondrienmembran ist glatt, die innere Membran zeigt dagegen zahlreiche Einfaltungen nach innen, die als *Cristae* (Einzahl: Crista) bezeichnet werden. Die beiden Membranen gliedern das Mitochondrium in zwei Kompartimente: den *Intermembranraum* zwischen den Membranen und die *Matrix* im Innern des Mitochondriums. Die Matrix enthält Ribosomen, mitochondriale DNA und zahlreiche Enzyme des Kohlenhydrat- und Lipidstoffwechsels.
Mitochondrien sind die Organellen der *Zellatmung*. Bei diesem Stoffwechselvorgang wird aus Zuckern, Fetten und anderen Nährstoffen mithilfe von Sauerstoff Energie gewonnen. In Zellen mit hoher Stoffwechselrate finden sich daher besonders viele Mitochondrien. Leberzellen enthalten beispielsweise über 1000 Mitochondrien.

Chloroplasten *Chloroplasten* gehören zu den *Plastiden* (> S. 21), sie kommen nur in Pflanzenzellen vor. Wie die Mitochondrien sind sie durch zwei Membranen gegen das Cytoplasma abgegrenzt. Im Innern des Chloroplasten befindet sich ein weiteres Membransystem aus flachen Zisternen, den sogenannten *Thylakoiden*. Bereiche, in denen die Faltungen der Thylakoidmembran wie dicht übereinandergestapelte Münzen aussehen, nennt man *Grana*. Der Raum außerhalb der Thylakoide heißt *Stroma*. Im Chloroplasten lassen sich demnach drei Kompartimente unterscheiden: der schmale Intermembranraum zwischen äußerer und innerer Membran, das Stroma und der Thylakoid-Innenraum. Die Chloroplasten sind die Organellen der *Fotosynthese*.

Mitochondrien und Chloroplasten im Vergleich Mitochondrien und Chloroplasten sind die wichtigsten Energieumwandler der Zellen. Beide sind von Membranen umschlossen, die keine Verbindung zum inneren Membransystem der Zelle haben. Beide Organellen besitzen auch eigene DNA und RNA sowie Ribosomen, die einen Teil der Proteine synthetisieren. Mitochondrien wie Chloroplasten vermehren sich unabhängig vom Zellteilungszyklus durch Zweiteilung.
Für die Besonderheiten der beiden Organellen kann die *Endosymbiontentheorie* (> S. 49) eine Erklärung liefern.

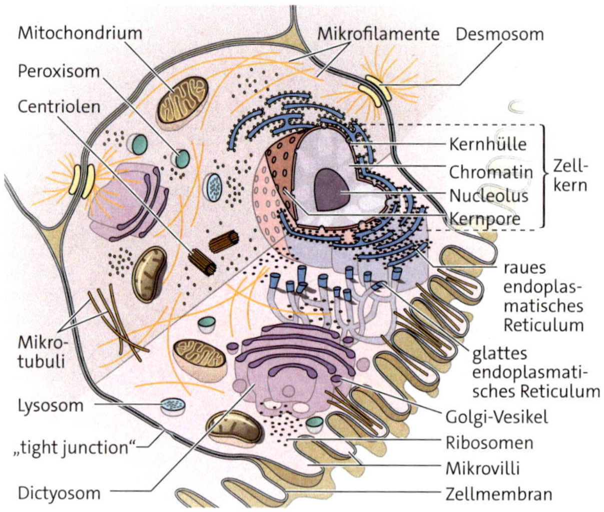

Cytoskelett Das Cytoplasma ist von einem Netzwerk feiner Proteinstrukturen durchzogen, das in seiner Gesamtheit als *Cytoskelett* bezeichnet wird. Es sorgt für die *mechanische Festigkeit* der Zelle und hält die Zellorganellen an ihrem Platz. In tierischen Geweben, deren Zellen keine festen Zellwände haben, gewährleistet das Cytoskelett Zusammenhalt und Stabilität. Daneben ist das Cytoskelett für *Bewegungsvorgänge* verantwortlich. Dazu gehören

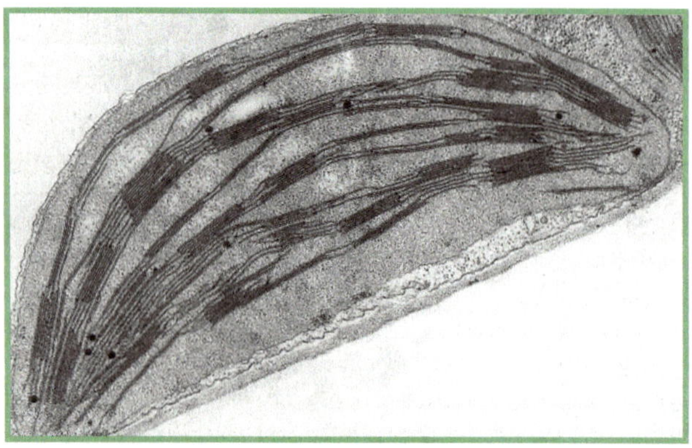

2 *Chloroplasten sind in drei Kompartimente gegliedert.*

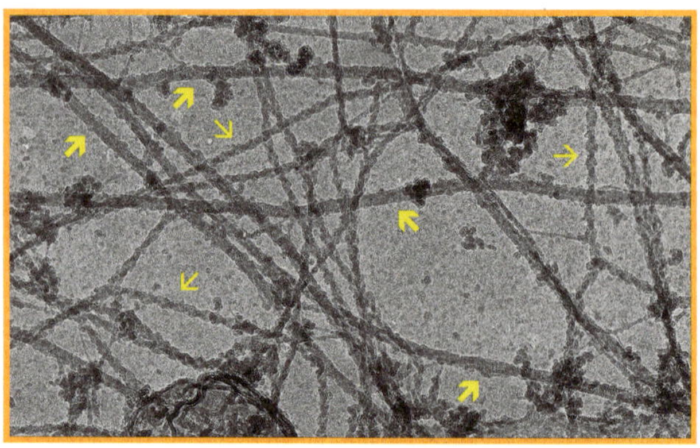

3 *Mikrofilamente (→) und Mikrotubuli (→) des Cytoskeletts*

Formveränderungen ganzer Zellen wie die Bildung von Pseudopodien bei Amöben (> S. 50), aber auch Transportvorgänge innerhalb der Zelle wie die Cytoplasmaströmung und der Transport von Vesikeln und Proteinen. Das ist beispielsweise bei der Differenzierung von Zellen und Geweben von großer Bedeutung (> S. 68). Man unterscheidet röhrenförmige und fadenartige Bestandteile:

Mikrotubuli sind Röhren von rund 25 nm Durchmesser, deren Wand aus Tubulin besteht, einem annähernd kugelförmigen (globulären) Protein. Durch Auf- und Abbau von Mikrotubuli kommt die Bewegung der Chromosomen bei der Kernteilung zustande (> S. 64). Aber auch die Geißeln und die kürzeren Cilien eukaryotischer Einzeller enthalten Mikrotubuli. Diese zeigen im Querschnitt ein Muster von neun kreisförmig angeordneten Doppelröhren und zwei zentralen Einzelröhren (> Bild 1).

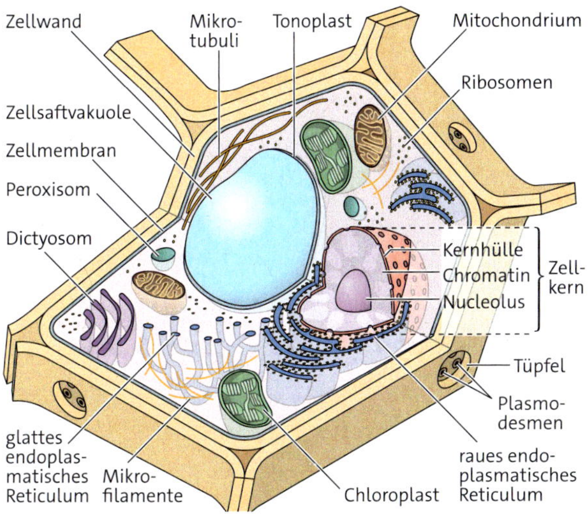

Geißeln und Cilien sind stets durch den *Basalkörper* in der Zelle „verankert". In diesem Bereich finden sich Mikrotubuli nicht als Doppelröhren, sondern in Dreiergruppen angeordnet. Genau dieselbe Struktur weisen *Centriolen* auf, die bei Tierzellen paarweise und senkrecht zueinander in der Nähe des Zellkerns in einem Bereich liegen, der als Centrosom bezeichnet wird. Das Centrosom ist das Organisationszentrum für die Mikrotubuli beim Aufbau des Spindelapparats (> S. 64). Wie das Centrosom verdoppeln sich auch die Centriolen, bevor sich die Zelle teilt, und sie können an der Bildung des Spindelapparats beteiligt sein.

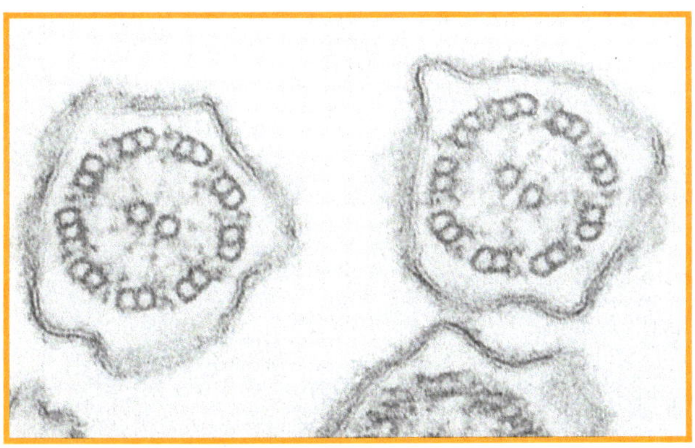

1 *Geißelquerschnitte – typische Anordnung der Mikrotubuli*

Mikrofilamente sind sehr dünne, aber dennoch stabile Proteinfäden. Sie bestehen aus *Aktin*. Aktinmoleküle reihen sich wie Perlen aneinander. Je zwei „Perlschnüre" bilden, kordelartig umeinandergewunden, das Mikrofilament (> S. 26 Bild 3). Zelluläre Bewegungen können dadurch zustande kommen, dass Moleküle eines weiteren Proteins, des *Myosins*, unter Energieverbrauch an den Aktinfilamenten entlangwandern. So kommt beispielsweise die Cytoplasmaströmung in Pflanzenzellen zustande. In Muskeln gibt es auch reine Myosinfilamente. Bei der Muskelanspannung verkürzt sich die Faser, indem Aktin- und Myosinfilamente ineinandergleiten (> S. 116). In Darmwandzellen versteifen fest miteinander verbundene Mikrofilamente die Mikrovilli.

Zellwand Nur Pflanzenzellen besitzen eine *Zellwand*. Sie wird an der Außenseite der Zellmembran gebildet. Die Zellwand verleiht der Zelle eine feste Form und verhindert, dass die Zelle zu viel Wasser aufnimmt und platzt. Zusammen mit der Vakuole gewährleistet die Zellwand die Stabilität krautiger Pflanzenteile. Poren in der Zellwand ermöglichen den Durchtritt von *Plasmodesmen*. Plasmodesmen sind membranumhüllte Cytoplasmastränge, die das Zellinnere benachbarter Pflanzenzellen miteinander verbinden. Sie treten gehäuft im Bereich der *Tüpfel* auf.

2 *Anordnung der Cellulosefibrillen in der Zellwand*

Die Zellwand besteht aus *Cellulosefasern*, die in eine Grundsubstanz aus anderen Kohlenhydraten und Proteinen eingebettet sind. Nach einer Zellteilung entsteht zunächst eine Mittellamelle aus Pektin. Dieses gelartige Kohlenhydrat hält die Tochterzellen zusammen. Dann wird die Primärwand aufgelagert, die unregelmäßig angeordnete Cellulosefasern enthält. Ist die endgültige Zellgröße erreicht, wird die Sekundärwand gebildet. Da die Cellulosefasern parallel und sehr dicht angeordnet sind, ist die Sekundärwand nicht mehr dehnbar. Die Tüpfel werden bei der Sekundärwandbildung ausgespart. Einlagerung des Holzstoffs Lignin in die Zellwand kann ihre Druckfestigkeit verstärken, Auflagerung der Korkstoffe Suberin und Cutin die Wasserdurchlässigkeit der Zellwand einschränken.

1. Zellorganellen sind gegenüber dem Cytoplasma unterschiedlich abgegrenzt. Stellen Sie in einer Tabelle Organellen mit zwei Membranen, mit einer Membran und ohne Membran zusammen und erklären Sie die jeweilige Funktion der Organellen.
2. Vergleichen Sie die Schemazeichnungen von Tier- und Pflanzenzelle miteinander und machen Sie sich Gemeinsamkeiten und Unterschiede klar.

Interpretation elektronenmikroskopischer Bilder

Das Elektronenmikroskop bildet winzige Strukturen mit einer sehr hohen Auflösung ab. Allerdings sind die Bilder nicht immer leicht zu deuten, vor allem weil *keine lebenden Gewebe* untersucht werden können. Die Objekte müssen fixiert und meist auch kontrastiert werden. Durch die Präparation können künstliche Veränderungen, sogenannte *Artefakte*, entstehen. Zudem zeigen die Bilder nur äußerst dünne Schnitte räumlicher Strukturen. Unter dem Einfluss der Elektronenstrahlen werden die Präparate extrem erhitzt, sodass leicht flüchtige Elemente verdampfen. Elektronenmikroskopische Aufnahmen zeigen daher oft eher ein lebensnahes Modell als ein „Foto" der ursprünglichen Strukturen.

1. Licht- und elektronenmikroskopische Aufnahmen unterscheiden sich grundlegend. Erörtern Sie, woran man erkennt, von welchem Mikroskoptyp eine Aufnahme stammt.
2. Diskutieren Sie, welche Schwierigkeiten bei der Interpretation der EM-Bilder aufgetreten wären, hätte man das Elektronenmikroskop vor dem Lichtmikroskop erfunden.
3. Die Abbildungen auf dieser Seite wurden nach verschiedenen Präparationstechniken angefertigt. Benennen Sie die Methoden und erklären Sie die jeweils notwendigen Arbeitsschritte. Vergleichen Sie, welches Verfahren bestimmte Strukturen besser sichtbar macht.
4. Das Bild unten zeigt einen Ausschnitt aus einer Hefezelle. Fertigen Sie eine Schemazeichnung des Zellausschnitts an, die den Feinbau der Organellen verdeutlicht.
5. Benennen Sie die Strukturen, die in den beiden Abbildungen rechts mit Ziffern versehen sind. Geben Sie an, ob es sich um tierische oder pflanzliche Zellen handelt, und begründen Sie Ihre Auffassung.
6. Legen Sie eine Folie über das Bild unten rechts und zeichnen Sie die verschiedenen Organellen mit unterschiedlichen Farben nach. Ermitteln Sie mithilfe von Karopapier den ungefähren Flächenanteil der Organellen an der Gesamtfläche. Stellen Sie eine begründete Hypothese auf, aus welchem Organ die abgebildete Zelle stammen könnte.

Stichworte zu weiteren Informationen

Kontrastierung | Einbettung | Artefakt | Serienschnitte

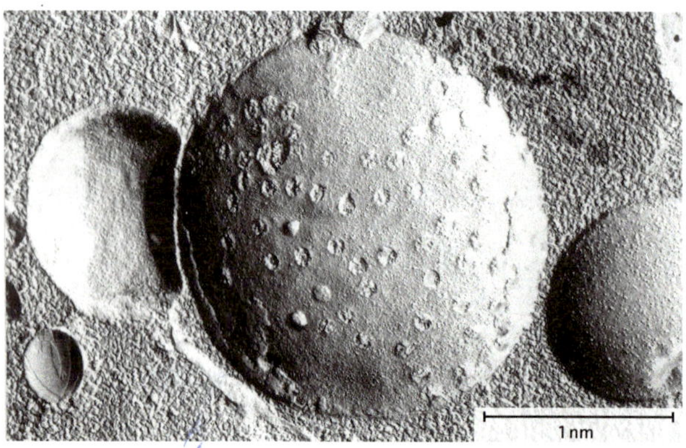

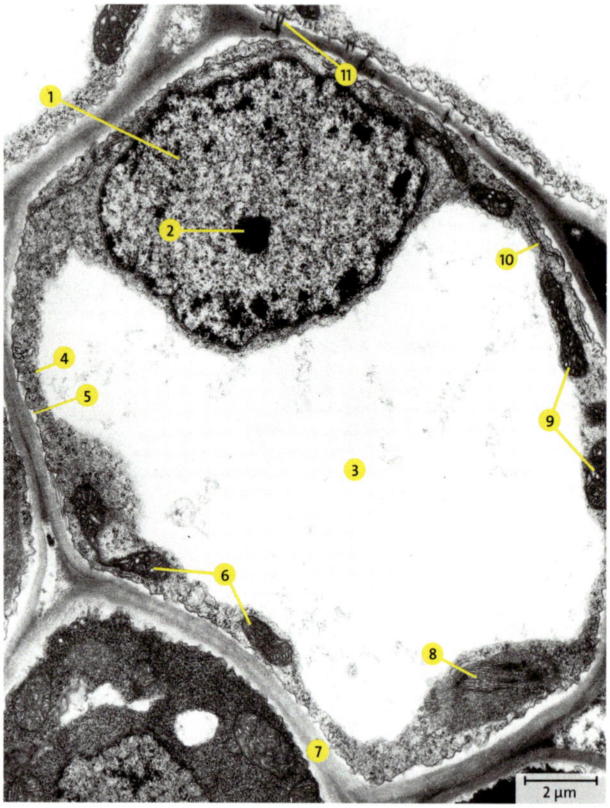

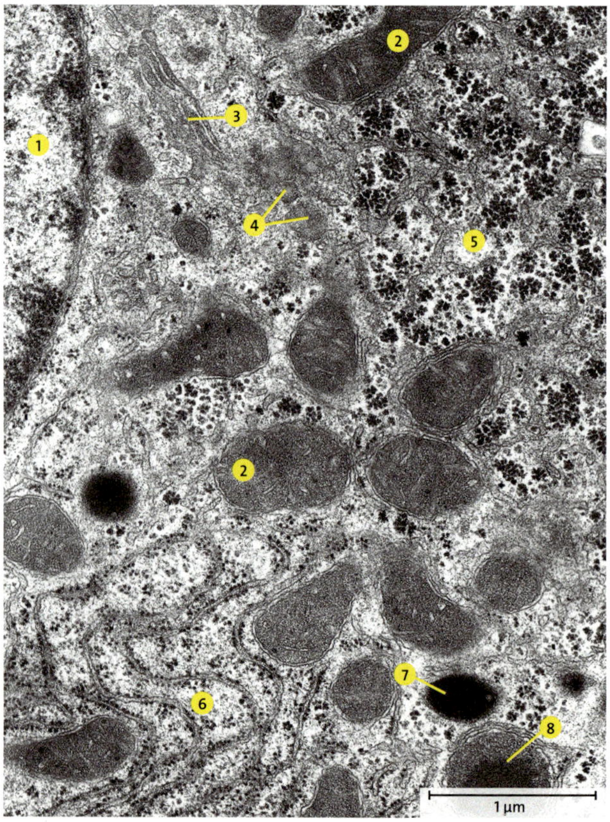

Isolierung von Zellbestandteilen

Einen wichtigen Fortschritt in der Erforschung der Zellorganellen brachten Methoden, mit denen man die Zellbestandteile voneinander trennen kann. Sie ermöglichen es, bestimmte Organellen anzureichern, um ihre jeweilige Funktion zu untersuchen. So lassen sich auch die Stoffwechselprozesse gut analysieren, die dort stattfinden. Das Verfahren, mit dem die Zellorganellen getrennt und angereichert werden, heißt *Zellfraktionierung*.

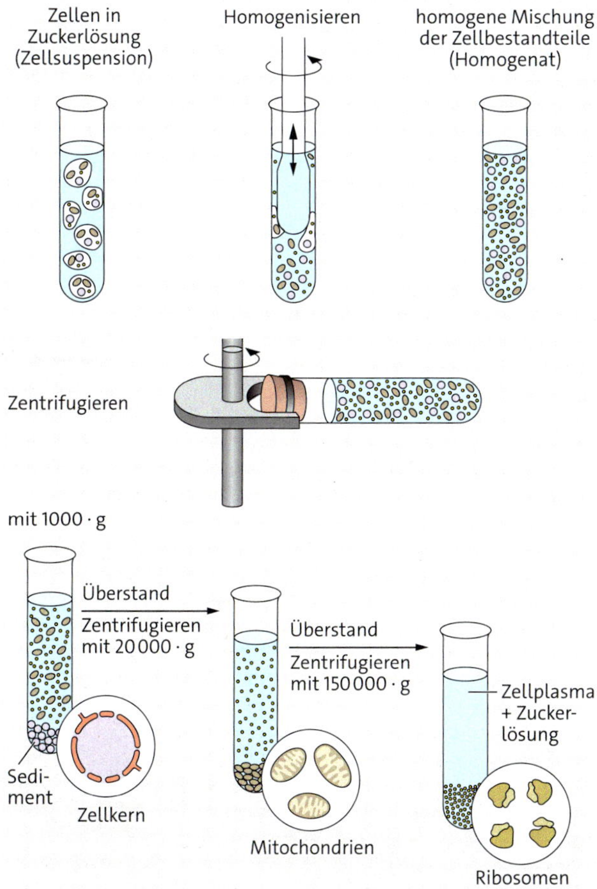

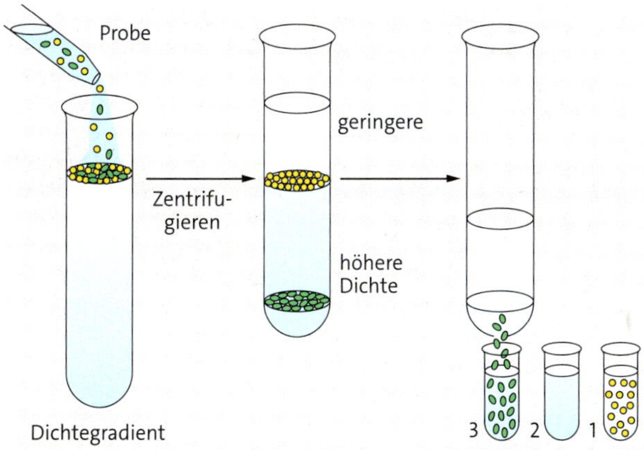

Zellfraktionierung

Homogenisieren. Zunächst wird das Gewebe vorsichtig in einer Lösung zerkleinert, sodass die Organellen funktionsfähig bleiben. Man erhält ein Gemisch aus verschiedenen Zellbestandteilen, das *Zellhomogenat*.

Zentrifugieren. Durch Zentrifugieren werden die Zellbestandteile voneinander getrennt. Moderne *Ultrazentrifugen* erreichen mehr als 100 000 Umdrehungen pro Minute. Große und schwere Zellbestandteile setzen sich schon bei niedriger Drehzahl als *Sediment* am Boden des Gefäßes ab. Die Flüssigkeit darüber, der *Überstand*, enthält kleine und leichte Zellstrukturen. Er wird in ein anderes Glas gegossen und bei höherer Drehzahl erneut zentrifugiert. Das mehrmalige Wiederholen der Schritte bei zunehmender Drehzahl dient der Auftrennung der Zellbestandteile: Man spricht von *differenzieller Zentrifugation*.

Eine Trennmethode, bei der durch einmaliges Zentrifugieren Bestandteile ähnlicher Größe, aber verschiedener Dichte voneinander getrennt werden können, ist die *Dichtegradientenzentrifugation* (> unten links). Sie eignet sich zur Feinauftrennung von Proben, die bereits durch differenzielle Zentrifugation gereinigt sind, aber auch zur Isolierung von Makromolekülen. Dazu füllt man ein Zentrifugengefäß mit einer Lösung, deren Dichte von oben nach unten zunimmt. Um einen solchen *Dichtegradienten* zu erzeugen, verwendet man beispielsweise Rohrzuckerlösung mit steigender Konzentration. Dann gibt man das Zellhomogenat zu und zentrifugiert. Die Zellbestandteile reichern sich in der Zone an, die ihrer eigenen Dichte entspricht. Die einzelnen Schichten mit Organellen gleicher Dichte können dann getrennt entnommen werden.

1. Erläutern Sie, warum die Zellfraktionierung zu den wichtigsten Methoden der Zellbiologie gehört.
2. Vergleichen Sie die beiden Trennverfahren. Nennen Sie Vorteile, die die Dichtegradientenzentrifugation gegenüber der differenziellen Zentrifugation bietet.
3. Aus den Volumenanteilen der Organellen kann man auf die Funktion der Zellen rückschließen. Das Bild unten zeigt das Ergebnis der Zellfraktionierung von wachsenden und von ausdifferenzierten Zellen einer Erbsenpflanze. Erklären Sie das Ergebnis.

Stichworte zu weiteren Informationen

Sedimentationskoeffizient | Svedberg-Einheit | Herstellung von Dichtegradienten | Zonenzentrifugation

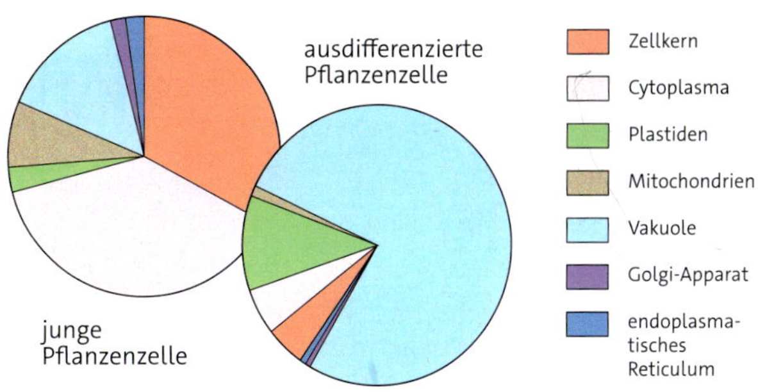

Kompartimentierung durch Membranen

Auch wenn die Beobachtung im Lichtmikroskop dafür spricht, dass lebende Zellen von einer Membran umgrenzt sind, konnte erst das Elektronenmikroskop die *Zellmembran* direkt sichtbar machen. Das Prinzip der *Kompartimentierung* (> S. 6), also die Abgrenzung gesonderter Räume durch Membranen, gilt nicht nur für die Zelle als Ganzes, sondern setzt sich innerhalb der Zelle fort:

- Ein Teil der Zellorganellen ist durch einfache oder doppelte Membranen gegen das Cytoplasma abgegrenzt.
- Innerhalb der Organellen grenzen Membranen weitere Teilbereiche ab, so beispielsweise in Mitochondrien und Chloroplasten (> S. 26).
- Auch das Cytoplasma ist von ausgedehnten Membransystemen durchzogen, vor allem von endoplasmatischem Reticulum und Golgi-Apparat (> S. 24/25).

Membranen können bis zu 90 % der Trockenmasse einer Zelle ausmachen. Daran zeigt sich, welch enorme Bedeutung die Kompartimentierung für die Abläufe in der Zelle hat.

Funktionen von Membranen Die Zellmembran grenzt die Zelle nach außen gegen den extrazellulären Raum ab. Sie ist sowohl eine *Barriere* gegen die Umgebung, die unbelebt sein kann oder aus Nachbarzellen besteht, als auch ein *Vermittler* zwischen der Außenwelt und dem Zellinnern. Membranen im Zellinnern schaffen *Reaktionsräume*, die jeweils unterschiedliche Stoffwechselprozesse begünstigen. Das geschieht zum einen dadurch, dass sie den Stoffaustausch regulieren. Die Konzentration an gelösten Teilchen sowie der pH-Wert unterscheiden sich zum Teil stark zwischen den Kompartimenten. Die Kompartimentierung ermöglicht es, dass in der Zelle gegenläufige Prozesse zur gleichen Zeit ablaufen können. Während etwa an bestimmten Organellen Proteine aufgebaut werden, können in anderen Organellen derselben Zelle Proteine abgebaut werden. Zum anderen sind Membranen über eingelagerte Enzyme auch direkt am Stoffwechselgeschehen beteiligt. Die Untergliederung der Zelle in Kompartimente trägt dazu bei, die *innere Oberfläche* der Zelle beträchtlich zu vergrößern. Bei Zellen, die große Stoffmengen aus der Umgebung aufnehmen, ist auch die *Zelloberfläche* durch feine Ausstülpungen, die *Mikrovilli*, vergrößert (> Bild 1). Dadurch ist ein schneller und effektiver Stoffaustausch möglich. Je nach ihrer Funktion unterscheidet sich die Durchlässigkeit von Membranen für verschiedene Stoffe.

Struktur der Biomembran Elektronenmikroskopische Bilder von Zellmembranen zeigen bei starker Vergrößerung einen *dreischichtigen Aufbau*: Eine mittlere helle Schicht ist von zwei dunkleren Schichten umgeben (> Bild 2). Auch die Membranen, die die Zellorganellen gegen das Cytoplasma abgrenzen, zeigen diese Grundstruktur, bei der zwei elektronendichte, dunkle Linien von jeweils 2 bis 3 nm Dicke eine helle Linie von etwa 3 bis 4 nm Dicke umgeben. Mithilfe der *Gefrierbruchtechnik* (> S. 23) kann die Oberfläche einer Membran sichtbar gemacht werden. In der Aufsicht sind dann viele unregelmäßig angeordnete Partikel zu erkennen (> Bild 3). Da alle Membranen im elektronenmikroskopischen Bild sowohl im Querschnitt als auch in der Aufsicht einen prinzipiell gleichen Bau zeigen, spricht man auch von *Elementar-* oder *Einheitsmembran* (engl. *unit membrane*).
Die chemische Analyse von Membranen ergibt, dass sie hauptsächlich aus Lipiden und Proteinen bestehen. *Zellmembranen* enthalten außerdem bis zu einem Zehntel ihrer Trockenmasse *Kohlenhydrate*, und zwar als Verbindungen mit Lipiden und Proteinen. Diese *Glykolipide* und *Glykoproteine* verleihen den Zellen eine *spezifische Kennung*, die insbesondere für die Kommunikation mit anderen Zellen, beispielsweise Immunzellen, von großer Bedeutung ist.

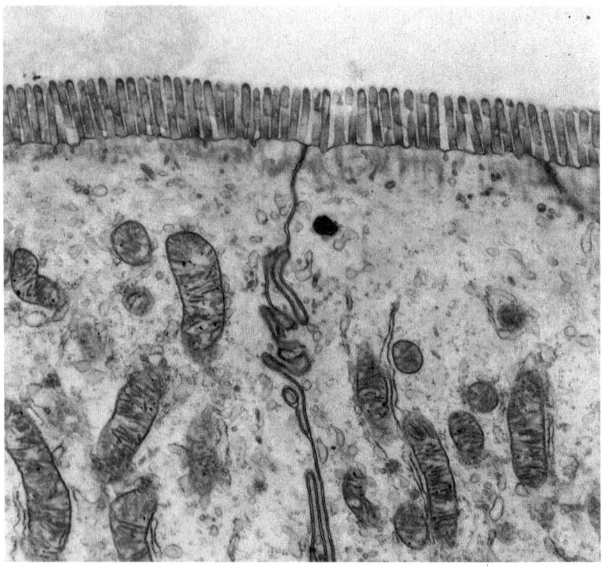

1 *Ausstülpungen der Zellmembran einer Darmschleimhautzelle. Etwa 3 000 dieser Mikrovilli bilden den „Bürstensaum" der Zelle. Sie vergrößern deren Oberfläche etwa um das 30-Fache und damit auch deren Fähigkeit zum Stoffaustausch.*

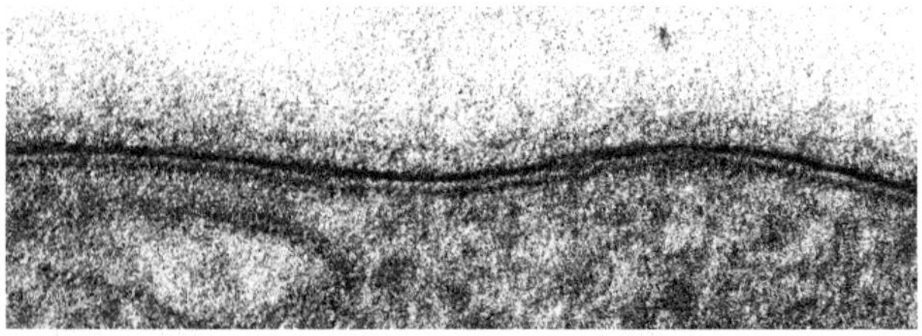

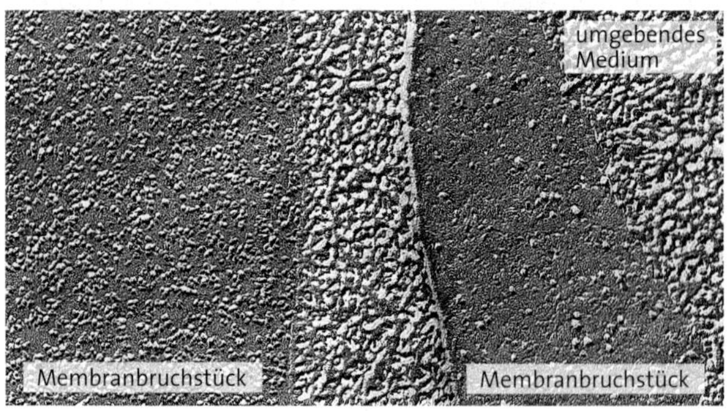

2 und 3 *Biomembranen erscheinen im Elektronenmikroskop einheitlich. Oben: Dreischichtige Struktur der Zellmembran eines Erythrocyten; unten: Die Gefrierbruchtechnik zeigt die unregelmäßige Anordnung der Bestandteile in einer Membran.*

Chemische Grundlagen: Lipide

Als *Lipide* werden sehr verschiedenartige Stoffe bezeichnet, zu denen unter anderem Fette, Öle und Wachse zählen. Eine besondere Gruppe, die *Phospholipide*, sind wesentlich am Aufbau von Biomembranen beteiligt. Alle *Lipide* sind dadurch gekennzeichnet, dass sie sich schlecht oder gar nicht in Wasser lösen.

Fette sind vor allem als *Energiespeicher* von Bedeutung. Für wirtschaftliche Zwecke gewinnt man sie aus Früchten und Samen, aber auch aus Tieren. Bis vor wenigen Jahrzehnten wurden große Mengen Fett aus Walen gewonnen. Den Tieren dienen Fettpolster nicht nur als Energiereserve, sondern auch als *Wärmeisolierung* und *Schutz* vor Verletzungen. *Wachse* schützen insbesondere Pflanzen vor Verdunstung und bilden *wasserabweisende Schichten*. Andere Lipide erfüllen spezifische Funktionen im Stoffwechsel, so zum Beispiel bestimmte *Hormone, Farbstoffe* und manche *Vitamine*.

Fette Fettmoleküle sind Verbindungen aus einem dreiwertigen Alkohol, dem *Glycerin*, und *Fettsäuren*. Eine Fettsäure ist ein langkettiger Kohlenwasserstoff, der an seinem Ende eine *Carboxylgruppe* trägt. Diese kann unter Wasserabspaltung mit einer OH-Gruppe des Glycerins eine *Esterbindung* bilden (> Bild 1). Drei verschiedene Fettsäuren können am Aufbau eines Fettmoleküls beteiligt sein. In den langen Kohlenstoffketten der Fettsäuren liegen nur *unpolare* C–C- und C–H-Bindungen vor. Daher sind Fette in Flüssigkeiten löslich, die ebenfalls Kohlenwasserstoffketten besitzen. Diese Löslichkeitseigenschaft nennt man *lipophil*, fettliebend. Fettsäuren, in denen nur Einfachbindungen zwischen den Kohlenstoffatomen bestehen, heißen *gesättigt*, während *ungesättigte* Fettsäuren eine oder mehrere *Doppelbindungen* (–C=C–) aufweisen. Je höher der Anteil an ungesättigten Fettsäuren, desto niedriger liegt der Schmelzpunkt. Tierische Fette bestehen überwiegend aus gesättigten Fettsäuren, sie sind bei Zimmertemperatur fest. Pflanzliches Fett enthält dagegen mehr ungesättigte Fettsäuren, es liegt als Öltröpfchen in der Zelle vor. Mehrfach ungesättigte Fettsäuren sind für den Menschen lebensnotwendig und müssen mit der Nahrung aufgenommen werden.

Phospholipide *Phospholipide* sind ähnlich aufgebaut wie Fette. Allerdings ist bei ihnen das Glycerin mit zwei Fettsäuren und einer Phosphorsäure verestert (> Bild 2). An die Phosphatgruppe sind meist weitere polare oder geladene Gruppen gebunden. Dieser Phosphatrest mit den angehängten Gruppen bildet einen *hydrophilen* „Kopf", einen Teil des Moleküls, das in Wasser und anderen *polaren* Flüssigkeiten gut löslich ist. Die Fettsäure-„Schwänze" sind dagegen *hydrophob*, sie lösen sich in *unpolaren* Stoffen.

In Wasser bilden Phospholipide eine von der Umgebung getrennte Phase. Dabei ordnen sich die Moleküle stets so an, dass nur die hydrophilen Köpfe mit Wassermolekülen in der Umgebung in Kontakt treten. Die unpolaren Fettsäureketten werden vom Wasser ausgeschlossen. Dadurch entstehen spontan tröpfchenartige Strukturen, die Micellen, oder größere Vesikel aus *Lipiddoppelschichten, Liposome* genannt, bei denen sich die Schwänze gegeneinander, die Köpfe dagegen zum Wasser hin ausrichten (> Bild 3). So können vom Cytoplasma abgeschlossene Reaktionsräume entstehen.

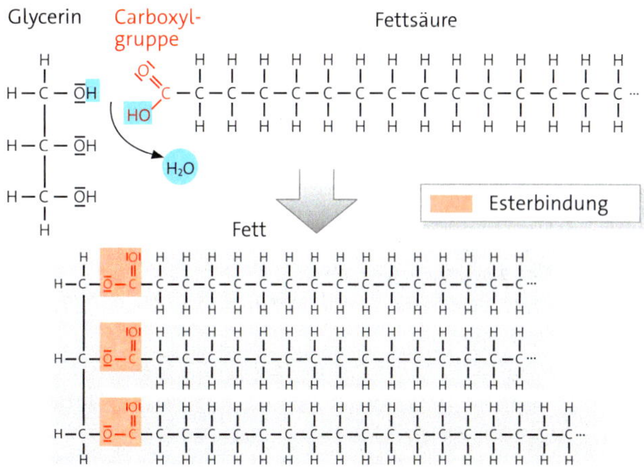

1 *Bildung eines Fettmoleküls aus Fettsäuren und Glycerin*

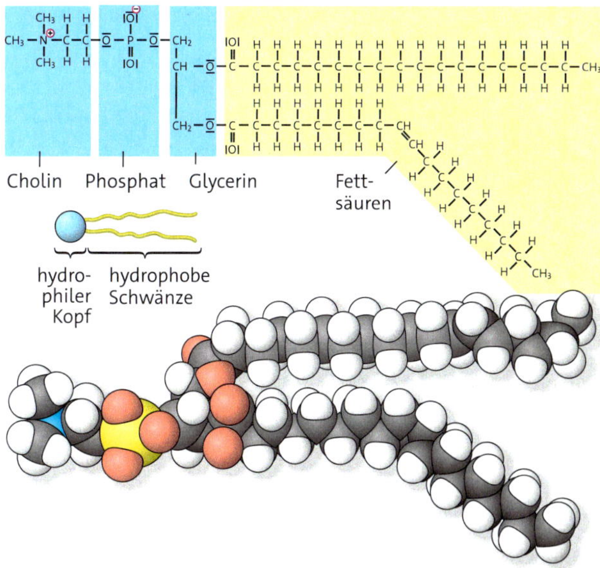

2 *Strukturformel und Modell des Phospholipids Lecithin*

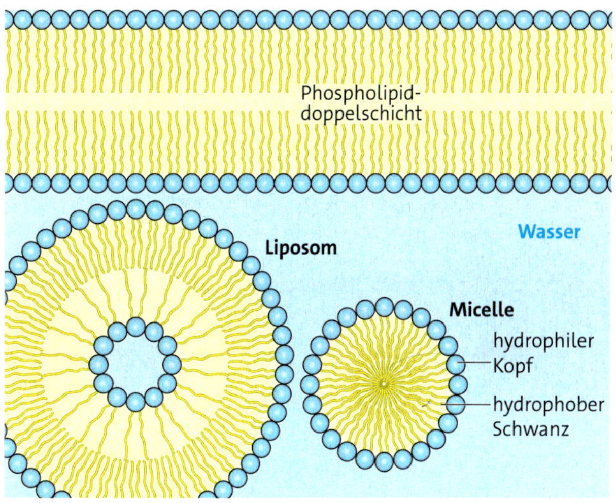

3 *Lipide bilden in Wasser Micellen oder Doppelschichten.*

Chemische Grundlagen: Proteine

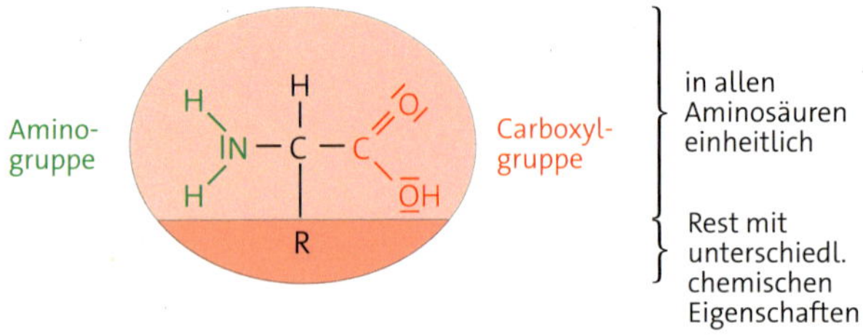

1 *Aminosäure (allgemeines Schema)*

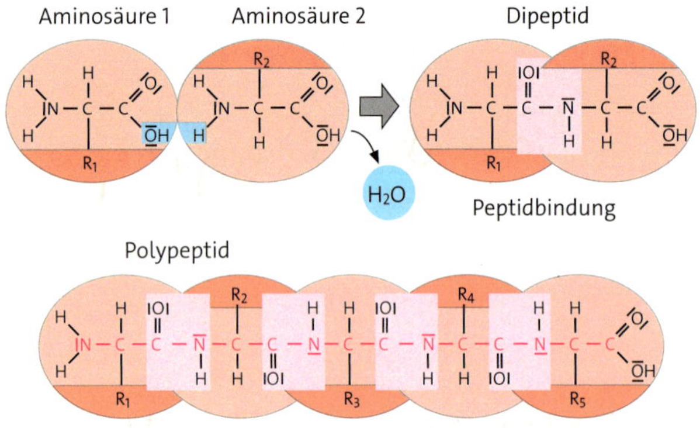

2 *Peptidbindungen bilden das „Rückgrat" eines Proteins.*

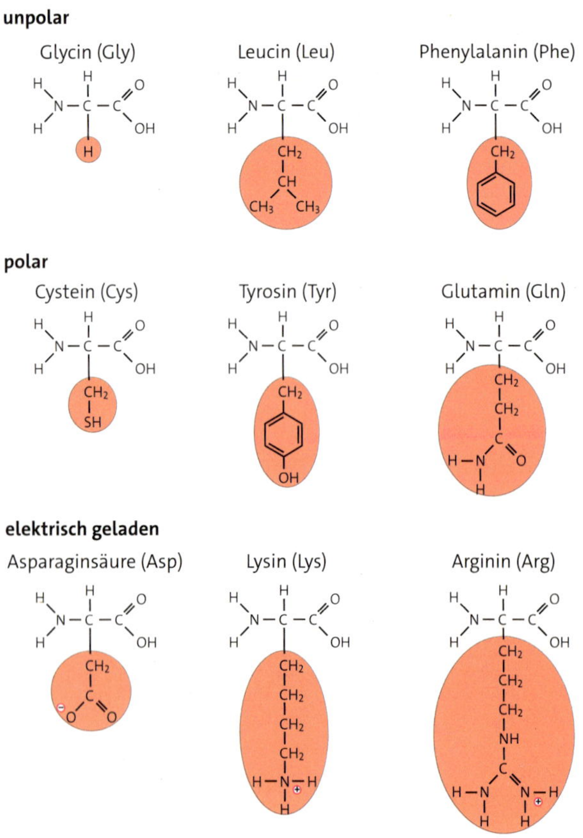

3 *Ausgewählte Aminosäuren und ihre Seitenketten*

Proteine oder *Eiweiße* bilden den größten Anteil aller organischen Substanzen im Körper. Sie sind an fast allen Lebensprozessen beteiligt. Darauf weist auch die Bezeichnung Proteine hin (griech. *proteios*: erstrangig). Die Funktion vieler Proteine beruht darauf, dass sie andere Moleküle durch schwache Wechselwirkungen, vor allem durch *Wasserstoffbrücken*, *spezifisch erkennen* und diese Bindung auch wieder lösen können.

Der rote Blutfarbstoff, das Protein *Hämoglobin*, bindet beispielsweise Sauerstoff, transportiert ihn durch den Körper und setzt ihn am Ort des Sauerstoffbedarfs frei. Proteine in der Zellmembran ermöglichen die *Signalübermittlung* und den *Stoffaustausch* zwischen Zellen (> S. 35). Auch für die Bewegung des Körpers und von Zellen sind Proteine verantwortlich (> S. 27). Andere Proteine spielen als *Hormone*, *Antikörper* und *Enzyme* eine wichtige Rolle bei der Regulation von Körperfunktionen und des Zellstoffwechsels. *Strukturproteine* wie die Keratine von Haut, Haaren, Fingernägeln und Federn sorgen für die Festigkeit und Elastizität des Körpers. In Eiern und Milch sowie in vielen Pflanzensamen sind Proteine als *Nährstoffreserven* gespeichert.

Aufbau der Proteine Im menschlichen Körper kommen mehrere Tausend verschiedene Proteine vor. Alle diese Proteine bestehen aus höchstens 20 verschiedenen Bausteinen, den *Aminosäuren*, die in unterschiedlicher Anordnung zu langen Ketten, den *Polypeptiden*, verknüpft sind. Eine oder mehrere Polypeptidketten zusammen bilden das biologisch funktionsfähige *Protein*.

Bereits für sehr kleine Proteine ergeben sich rechnerisch unvorstellbar große Zahlen von Kombinationsmöglichkeiten, wie die Aminosäuren aneinandergereiht sein können. Die meisten Proteine sind jedoch sehr große Makromoleküle aus mehreren Hundert oder Tausend Aminosäuremolekülen.

Alle Aminosäuren zeigen einen prinzipiell einheitlichen Bau (> Bild 1): An ein zentrales Kohlenstoffatom ist jeweils eine Aminogruppe ($-NH_2$), eine Carboxylgruppe (–COOH), ein Wasserstoffatom (–H) und ein Rest (–R) gebunden. Dieser Rest, auch als *Seitenkette* bezeichnet, ist charakteristisch für die jeweilige Aminosäure. Er kann aus einem einzelnen Wasserstoffatom bestehen – wie bei Glycin – oder verschiedene funktionelle Gruppen tragen (> Bild 3). Die Seitenketten der Aminosäuren unterscheiden sich unter anderem in ihrer Säure-Base-Reaktion, Polarität, Ladung sowie Fähigkeit zur Ausbildung von Wasserstoffbrücken.

Peptidbindung Die Carboxylgruppe einer Aminosäure kann mit der Aminogruppe einer zweiten Aminosäure unter Wasserabspaltung eine *Peptidbindung* eingehen (> Bild 2). Aus den beiden Aminosäuren entsteht ein Dipeptid. Jedes Dipeptid und jede Kette von durch Peptidbindung verknüpften Aminosäuren hat eine freie Aminogruppe an dem einen Ende (N-Ende) und eine freie Carboxylgruppe am anderen Ende (C-Ende).

Primärstruktur Die Reihenfolge oder *Sequenz* der Aminosäuren wird als *Primärstruktur* bezeichnet und vom N-Ende zum C-Ende angegeben. Sie ist genetisch festgelegt und für jedes Protein einzigartig. Die Primärstruktur eines Proteins bestimmt seine spezifischen Eigenschaften. Dazu gehört vor allem eine für das jeweilige

Protein spezifische Raumstruktur, die auch als *Konformation* bezeichnet wird. Sie kommt dadurch zustande, dass sich zwischen den Seitenketten der Aminosäuren in der Polypeptidkette chemische Bindungen ausbilden. Verschiedene Ebenen der Konformation sind *Sekundär-*, *Tertiär-* und *Quartärstruktur* (> Bilder 1 und 2).

Sekundärstruktur In der Aminosäuresequenz vieler Proteine treten bestimmte sich wiederholende Abschnitte auf, die jeweils einem räumlichen Muster entsprechen. Häufig sind schraubige Anordnungen, sogenannte *α-Helices* (Einzahl: α-Helix), und gefaltete Abschnitte, die als *β-Faltblatt-Struktur* bezeichnet werden. Diese Windungen und Faltungen machen die Sekundärstruktur des Proteins aus. Sie basieren hauptsächlich auf *Wasserstoffbrücken* entlang des Polypeptidrückgrats.

Tertiärstruktur Die *dreidimensionale Anordnung* eines Proteins nennt man Tertiärstruktur. Sie beruht ebenfalls auf Wechselwirkungen zwischen den Seitenketten der Aminosäuren. Dabei handelt es sich vor allem um *schwache Wechselwirkungen*: Wasserstoffbrücken, Ionenbindungen zwischen sauren und basischen Aminosäure-Resten und hydrophobe Wechselwirkungen, wie Van-der-Waals-Kräfte. Kovalente Bindungen zwischen Schwefelatomen können als *Disulfid-Brücken* die räumliche Struktur zusätzlich stabilisieren. Proteine wie das Lysozym, die eine annähernd kugelige Gestalt annehmen, bezeichnet man als *globuläre Proteine*. Sie weisen meist eine Abfolge von α-Helix- und β-Faltblatt-Bereichen auf. Andere Proteine sind dagegen lang gestreckt, zum Beispiel Kollagen oder Keratin. In solchen *Faserproteinen* wiederholt sich oft eine bestimmte räumliche Anordnung über die gesamte Länge des Moleküls hinweg.

Quartärstruktur Viele Proteine sind aus mehreren Untereinheiten zusammengesetzt. Die Untereinheiten – Polypeptidketten, die jeweils in ihrer Tertiärstruktur vorliegen – lagern sich zu einem noch größeren Molekül zusammen (> Bild 2). Ihre Anordnung im Raum nennt man Quartärstruktur.

Struktur, Funktion und Denaturierung von Proteinen Die *Konformation* eines Proteins *bestimmt seine Funktion*. Das beruht meist darauf, dass das Protein zu anderen Molekülen wie ein Schlüssel zum Schloss passt: Ein Rezeptorprotein in der Zellmembran bindet beispielsweise nur ein ganz bestimmtes Signalmolekül, ein Enzym setzt nur einen ganz bestimmten Stoff um, ein Antikörper wirkt nur gegen einen bestimmten Erreger.
Temperatur, pH-Wert und Ionenkonzentration beeinflussen die Konformation eines Proteins. Je nachdem welche Werte diese Faktoren in seiner Umgebung annehmen, kann daher ein Protein biologisch inaktiv werden. Unter Umständen, zum Beispiel bei zu großer Hitze, in sehr saurem Milieu oder unter Einwirkung von Schwermetallen, kommt es auch zur *irreversiblen Denaturierung*. Dabei wird die Raumstruktur vollständig zerstört und das Protein verliert seine biologische Funktion.

1 Zeichnen Sie die vollständige Strukturformel des Polypeptids Gly-Leu-Phe und markieren Sie die Peptidbindungen farbig.

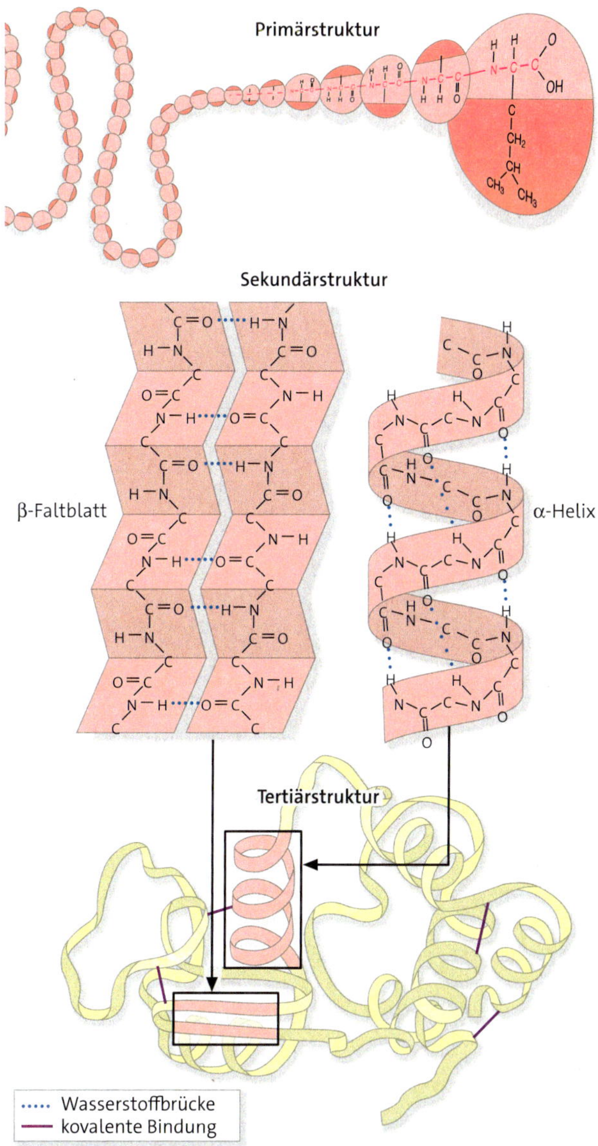

1 *Die drei Strukturebenen des Lysozyms*

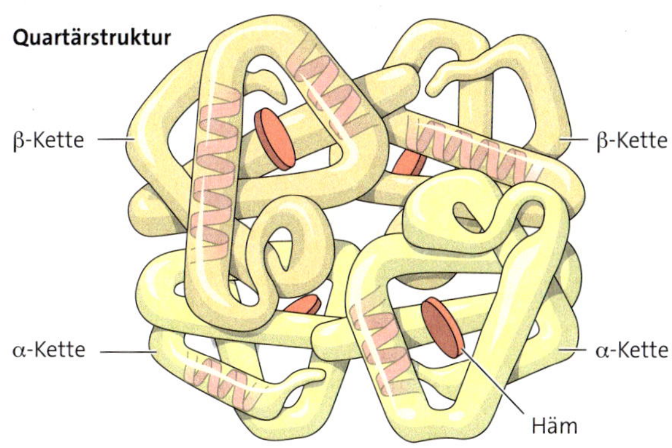

2 *Hämoglobin ist aus vier Untereinheiten zusammengesetzt.*

Modellvorstellungen von der Biomembran

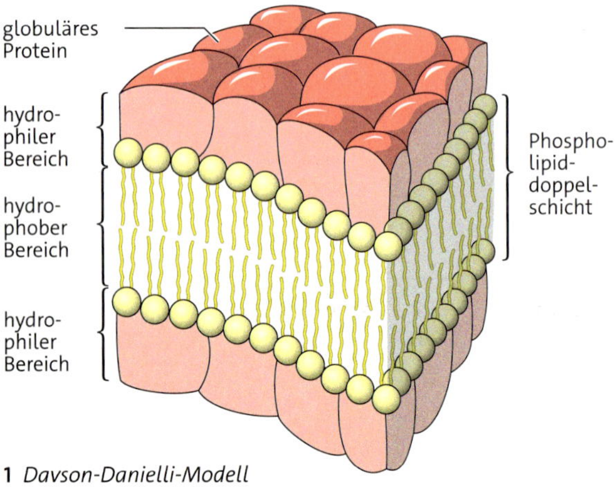

1 *Davson-Danielli-Modell*

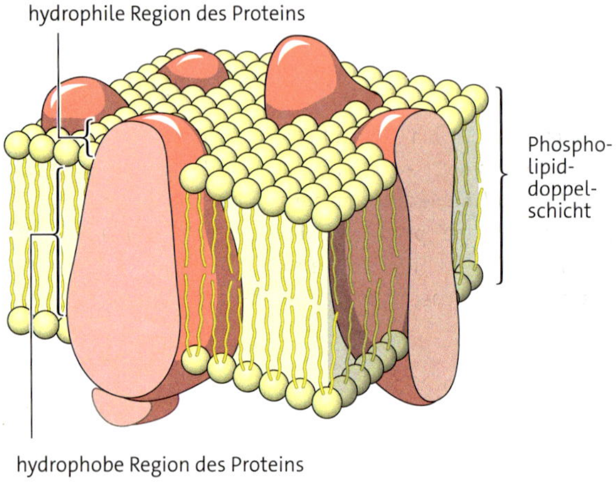

2 *Flüssig-Mosaik-Modell*

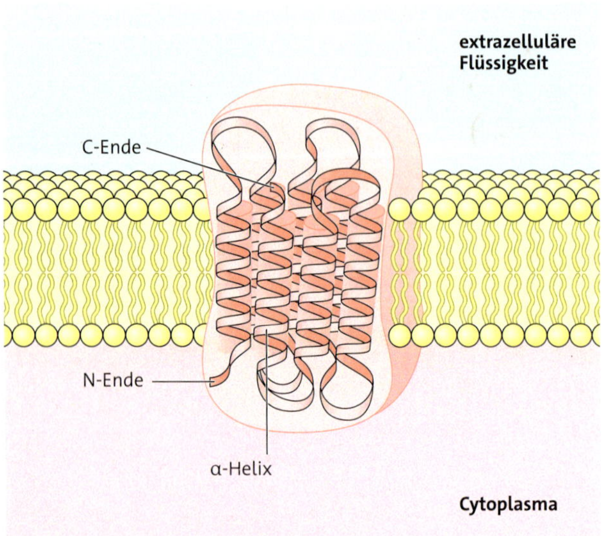

3 *Modellvorstellung eines integralen Membranproteins*

Jedes *naturwissenschaftliche Modell* stellt eine Annäherung an die Wirklichkeit dar. Es versucht, möglichst viele *Beobachtungen* und bekannte Sachverhalte zu *erklären*. Außerdem ermöglicht es Voraussagen, an denen sich die weitere Forschung orientiert. Neue Befunde machen es häufig notwendig, ein gültiges Modell weiterzuentwickeln oder gar durch ein neues zu ersetzen.

Bilayer-Modell Die niederländischen Wissenschaftler GORTER und GRENDEL extrahierten um 1925 den gesamten Lipidanteil aus einer bekannten Zahl von Erythrocyten. Auf Wasser aufgebracht, bildeten die Lipide einen Fleck, der etwa doppelt so groß war wie die Gesamtoberfläche aller verwendeten Erythrocyten. Die Forscher schlossen daraus, dass die Lipide in der Membran als *Doppelschicht* angeordnet sind, wobei die hydrophilen Gruppen der Lipide jeweils nach außen, die hydrophoben in das Innere der Doppelschicht zeigen. Das von den Forschern vorgeschlagene *Bilayer-Modell* ließ allerdings den relativ großen Proteinanteil aller bekannten Biomembranen völlig außer Acht.

Davson-Danielli-Modell DAVSON und DANIELLI stellten 1935 ein Modell vor, das auch die Proteine mitberücksichtigt. Sie nahmen an, die Proteinmoleküle seien den hydrophilen Außenseiten der Lipiddoppelschicht aufgelagert. Röntgenuntersuchungen und elektronenmikroskopische Beobachtungen unterstützten dieses Modell.
Ende der 1960er Jahre offenbarten weitere Untersuchungen jedoch die Schwachpunkte des bis dahin allgemein akzeptierten Modells: Zum einen erkannte man, dass keineswegs alle Membranen gleich aufgebaut sind. Diese Beobachtung legte den Schluss nahe, dass die Struktur und die chemische Zusammensetzung einer Membran *je nach ihrer Funktion unterschiedlich* sein können. Das zweite Problem betraf die Lage der Proteine. Im Davson-Danielli-Modell grenzen die Proteine auf beiden Seiten an hydrophile Bereiche. Aus Membranen isolierte Proteine zeigten jedoch sowohl hydrophile als auch hydrophobe Eigenschaften.
Mit der Gefrierbruchtechnik war es möglich, die beiden Lipidschichten voneinander zu trennen. So wurden unregelmäßig angeordnete Erhebungen und Vertiefungen sichtbar. Diese Partikel sind auf den beiden Schichten *asymmetrisch* verteilt. Versuche, bei denen bestimmte Proteine in der Zellmembran mit Farbstoffen markiert worden waren, zeigten, dass die Proteine *in der Membran beweglich* sind. Alle diese Befunde konnte das Davson-Danielli-Modell nicht erklären.

Flüssig-Mosaik-Modell der Biomembran SINGER und NICOLSON entwickelten auf der Grundlage dieser Erkenntnisse 1972 ein neues, als *Flüssig-Mosaik-Modell* bezeichnetes Konzept. Danach besteht die Membran aus einer zähflüssigen Lipiddoppelschicht, in der Proteine „schwimmen". Während manche Proteine nur teilweise in die Doppelschicht eintauchen, durchdringen andere *integrale Membranproteine (Transmembranproteine)* die Lipidschicht und ragen auf beiden Seiten der Membran in wässriges Milieu.

❶ Definieren Sie den Begriff „Modell". Prüfen Sie, ob sich Ihre Definition auf die Membranmodelle anwenden lässt.

Feinbau der Biomembran

Das *Flüssig-Mosaik-Modell* stellt die heute allgemein akzeptierte Vorstellung vom Aufbau der Biomembran dar. Es dient als Grundlage der aktuellen zellbiologischen Forschung.

Membranlipide Die Lipiddoppelschicht stellt die Grundstruktur der Biomembran dar. Sie bestimmt ihre wesentlichen Eigenschaften wie *Stabilität, Flexibilität* und *Durchlässigkeit*. Die unpolaren Bereiche der Lipide weisen zum Innern der Membran hin, während die polaren „Köpfe" nach außen zur wässrigen Phase hin gerichtet sind. Für den Zusammenhalt zwischen den Molekülen sind *hydrophobe Wechselwirkungen* verantwortlich. Daher können sich die Moleküle um ihre eigene Achse und horizontal innerhalb der Membranebene gut bewegen. Mit den in der Doppelschicht gegenüberliegenden Lipiden findet dagegen kaum ein Austausch statt. Die Membran hat eine *zähflüssige Konsistenz*. Mit steigender Temperatur nimmt die Beweglichkeit der Moleküle zu, die Membran wird flüssiger. Bei sinkender Temperatur verfestigt sie sich gelartig. In den Membranen tierischer Zellen sorgt das Lipid *Cholesterin* dafür, dass der Flüssigkeitszustand auch bei Temperaturschwankungen weitgehend konstant bleibt.

Membranproteine Die *Membranproteine* sind in unregelmäßigen Abständen in die Lipiddoppelschicht eingebettet. Sie sind viel größer und weitaus weniger beweglich als die Lipidmoleküle. Proteine, die mehr oder weniger weit in die Lipidschicht hineinragen *(integrale Proteine)*, sind durch hydrophobe Wechselwirkungen an Lipidmoleküle gebunden und somit in der Membran verankert. *Periphere Proteine* hingegen stehen nur locker mit der Membran in Kontakt. Proteine sind ungleichmäßig auf die beiden Lipidschichten verteilt, sodass sich die Struktur der äußeren und inneren Membranebene unterscheidet.

In der Zellmembran und in den Membranen der einzelnen Organellen finden sich ganz verschiedene Arten von Proteinen. Auch ihre Anteile unterscheiden sich sehr stark. Das weist darauf hin, dass Proteine die *jeweilige Funktion der Membran* bestimmen:

- *Porenproteine* sorgen dafür, dass Öffnungen in der Membran wie die Kernporen (> S. 24) geöffnet bleiben.
- *Transportproteine* befördern Stoffe sehr spezifisch durch die Membran oder bilden Kanäle für den Stoffaustausch.
- *Rezeptorproteine* besitzen Bindungsstellen für bestimmte Moleküle zum Austausch von Informationen zwischen Zellen. Binden solche chemischen Signale wie Hormone oder Nervenüberträgerstoffe *(Neurotransmitter)* von außen an den passenden Rezeptor, löst das eine Reaktion innerhalb der Zelle aus.
- *Enzyme* als Membranbestandteile beschleunigen Stoffwechselreaktionen, beispielsweise in den Membranen der Mitochondrien (> S. 26).

Glykokalyx Nur auf der Außenseite der Zellmembran finden sich kurze, verzweigte Kohlenhydrate als Teil von *Glykoproteinen* und *Glykolipiden*. Diese bilden ein spezifisches Muster an der Zelloberfläche, das beispielsweise als *Erkennungsmerkmal für Zellen der Immunabwehr* dient, körpereigene Zellen zu tolerieren. Die gesamte Hüllschicht aus Kohlenhydraten nennt man *Glykokalyx*.

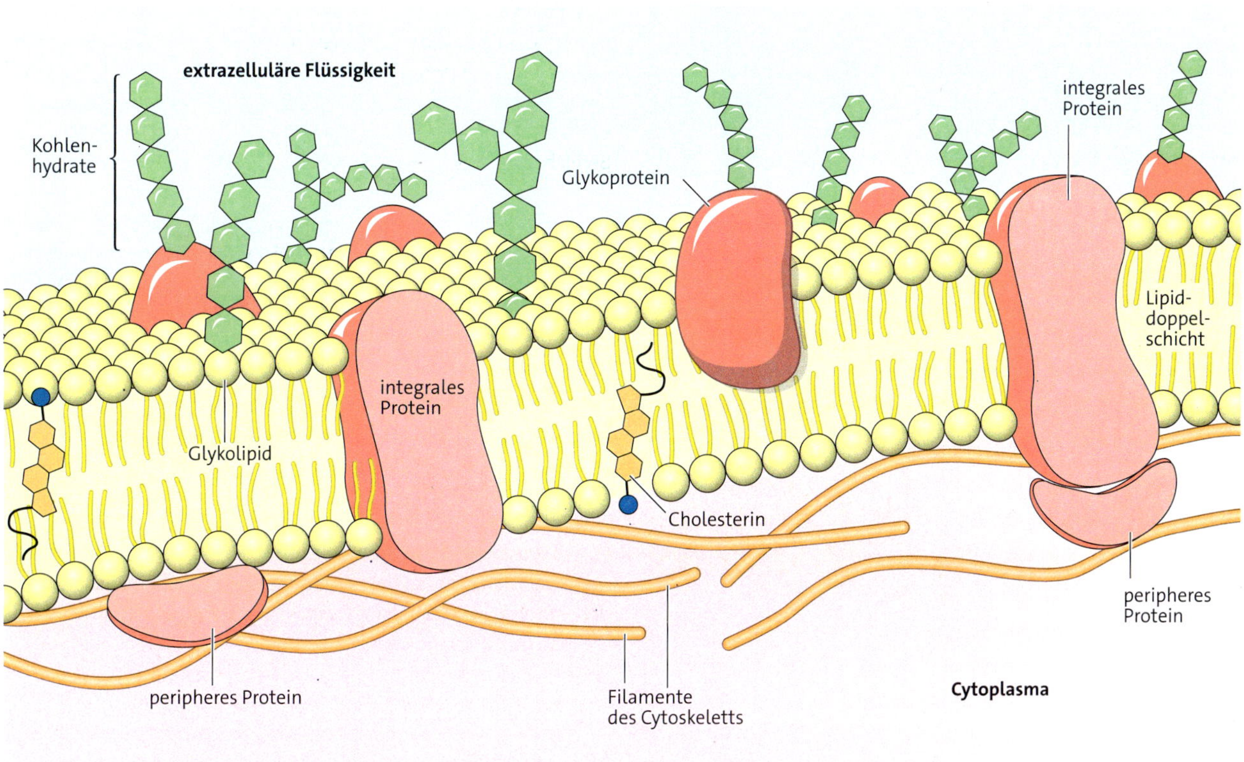

1 *Feinbau der Zellmembran einer Tierzelle. In pflanzlichen Membranen kommt Cholesterin nicht vor.*

Zellmembran und Zellkommunikation

Die Kohlenhydrate der *Glykokalyx*, der Kohlenhydrathülle um die Zelle, können rund 10 % des gesamten Trockengewichts der Zellmembran ausmachen. Ihre Zusammensetzung unterscheidet sich zwischen verschiedenen Arten, zwischen Individuen einer Art und sogar zwischen verschiedenen Zellen eines Organismus. Die Kohlenhydrate bilden ein spezifisches Muster an der Zelloberfläche, das als Erkennungsmerkmal, als *Antigen*, beispielsweise für Zellen der Immunabwehr dient, um körperfremde Zellen zu erkennen und körpereigene Zellen zu tolerieren. Damit ist die Glykokalyx für einige Arten der *Zellkommunikation* von großer Bedeutung.

Zell-Zell-Erkennung Die Kohlenhydrate auf der Oberfläche einer Zelle können mit Rezeptorproteinen auf der Oberfläche einer anderen Zelle in Wechselwirkung treten. Dazu müssen in der Regel beide Zellen sowohl Rezeptoren als auch passende Oberflächenstrukturen aufweisen. Treffen zum Beispiel *B-Lymphocyten* der Immunabwehr auf körperfremde Zelloberflächen, deren Antigene zu ihren Rezeptoren passen, binden sie die fremden Zellen, nehmen sie auf, zerlegen sie und präsentieren die Bruchstücke anderen Immunzellen, den T-Helferzellen. Nach Kontakt mit diesen wandeln sie sich um zu Plasmazellen und bilden freie *Antikörper*. Diese Proteine binden spezifisch an die als fremd erkannten Antigene und inaktivieren sie.

Anwendungsbeispiel ELISA-Test Im *ELISA-Test* (enzyme-linked immunosorbent assay, > Bild 1), einem Diagnoseverfahren, wird die *Antigen-Antikörper-Wechselwirkung* genutzt. Der Test wird beispielsweise zum Nachweis von Proteinen oder Viren in Probenmaterial eingesetzt: Antikörper, die für das nachzuweisende Antigen spezifisch sind, werden an ein Trägermaterial gebunden und die Probe hinzugefügt. Die Antigene binden an die Antikörper, nicht gebundene Komponenten werden ausgewaschen. In einem weiteren Schritt werden für dasselbe Antigen spezifische Antikörper zugegeben, die eine nachweisbare Markierung tragen. Da diese Antikörper ebenfalls an das Antigen binden, ist dessen Nachweis möglich.

Signalstoffe und Signaltransduktion Ein anderer Mechanismus der Kommunikation zwischen Zellen beruht darauf, dass von einer Zelle abgegebene Signalstoffmoleküle an spezifische Rezeptorproteine auf der Zellmembran einer Zielzelle binden (> Bild 2). Diese Rezeptoren sind fast immer Transmembranproteine (> S. 34). Bindet der Signalstoff, so erfährt das Rezeptorprotein eine Konformationsänderung, die dazu führt, dass weitere Moleküle in der Zelle – *intrazelluläre Signalproteine* – ebenfalls strukturell verändert werden. Oft wird das Signal dabei verstärkt, zum Beispiel durch Abgabe kleiner intrazellärer Botenmoleküle. Man spricht von einer *Signalkaskade*. Das Signal gelangt so zu einem Zielmolekül, dessen Veränderung dann die Struktur, den Stoffwechsel oder das Verhalten der Zelle beeinflussen kann. Den gesamten Vorgang, wie die Zelle das Signal von außen in eine Antwort umwandelt, bezeichnet man als *Signaltransduktion*. Viele die ganze Zelle betreffende Veränderungen werden allerdings oft erst ausgelöst, wenn gleichzeitig mehrere extrazelluläre Signalmoleküle an die Rezeptorproteine gebunden haben.

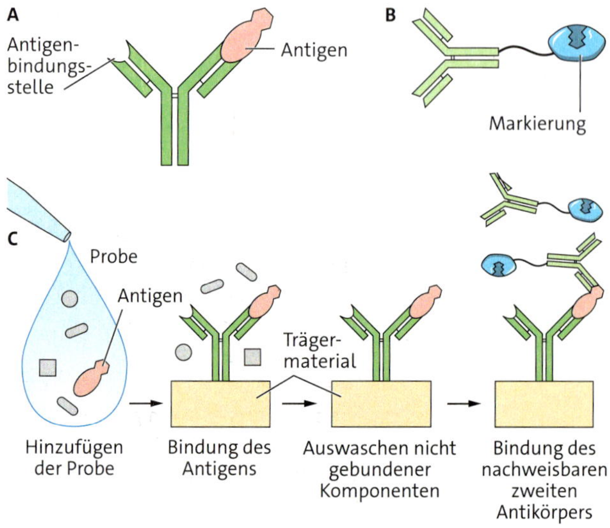

1 *ELISA-Test: A Antikörper, B für den Nachweis markierter zweiter Antikörper, C Verfahrensschritte*

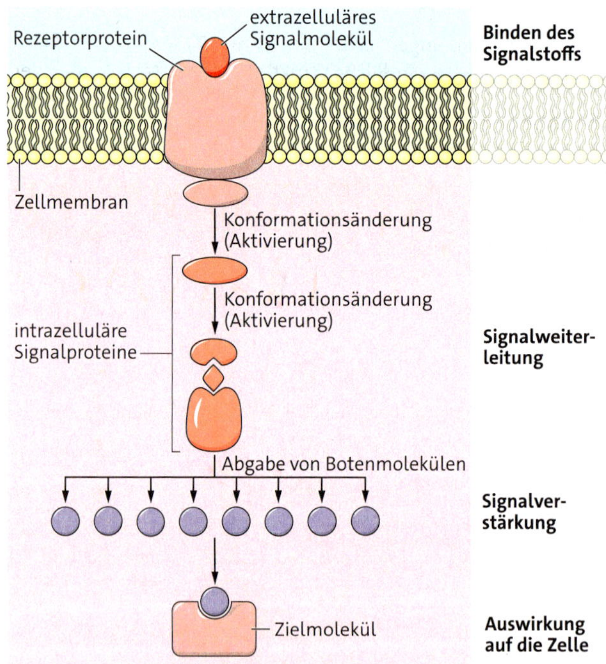

2 *Signaltransduktion (Schema)*

1. Erläutern Sie, warum die Außenseite der Zellmembran für die Funktion unseres Immunsystems von entscheidender Bedeutung ist.
2. Recherchieren Sie die Ursache und Bedeutung der verschiedenen Blutgruppen beim Menschen am Beispiel des AB0-Blutgruppensystems sowie die Bedeutung der Zelloberfläche für die Blutgruppenunverträglichkeit. Präsentieren Sie Ihre Ergebnisse Ihren Mitschülerinnen und Mitschülern in Form eines Plakats.
3. Recherchieren Sie Beispiele für den Einsatz des ELISA-Tests.

Verbindungen zwischen Zellen

Bei vielzelligen Organismen sind Zellen zu Geweben zusammengeschlossen, die dauerhaft eine strukturelle und funktionelle Einheit bilden. Je nach Art des Gewebes findet man verschiedene Typen von Zell-Zell-Kontakten mit jeweils unterschiedlicher Funktion. In jedem Fall ist aber die Zellmembran an der Verbindung beteiligt.

Kontakte zwischen Tierzellen Verbindungen zwischen tierischen Zellen werden durch Proteine vermittelt. Man unterscheidet drei Typen von Zell-Zell-Kontakten: solche, die dem *mechanischen Zusammenhalt* dienen und das Gewebe stabilisieren, Kontakte mit *Abdichtungsfunktion* und *Kommunikationskontakte*.

- Der Stabilisierung des Gewebes dienen zum Beispiel *Desmosomen*. Sie bestehen aus Haftplatten, punktförmigen Bereichen aufgelagerter Proteine, an denen sich auf der Cytoplasmaseite ganze Bündel von Cytoskelettfilamenten anheften. Spezielle Filamente verbinden die Haftplatten benachbarter Zellen durch beide Zellmembranen hindurch, womit das ganze Gewebe eine hohe mechanische Festigkeit erlangt.
- Verschlusskontakte wie die *tight junctions* verhindern, dass extrazelluläre Flüssigkeit in die Zellzwischenräume gelangt. Sie wirken gewissermaßen wie Dichtungsringe rund um jede Zelle. Die Abdichtung entsteht dadurch, dass sich die Membranen der benachbarten Zellen direkt aneinanderlegen und – wie die Stofflagen einer Steppdecke – fest verbinden.
- Kommunikationskontakte wie die *gap junctions* gewährleisten den Informationsaustausch zwischen benachbarten Zellen. In diesen Bereichen bilden große Proteinmoleküle Poren in der Membran. Die Poren der aneinandergrenzenden Zellmembranen stehen direkt miteinander in Kontakt. Dadurch wird die chemische Kommunikation ermöglicht.
- Nervenzellen stehen über *Synapsen* miteinander in Kontakt. Zwischen diesen Verbindungsstellen zweier Neurone befindet sich ein schmaler, wenige Nanometer breiter *synaptischer Spalt*, der mit extrazellulärer Flüssigkeit gefüllt ist. Er wird durch die Ausschüttung von speziellen Signalstoffen, den *Neurotransmittern*, überbrückt. Diese binden an Rezeptorproteine in der Membran der Zielzelle und lösen dort einen elektrischen Impuls aus, wodurch die Erregung weitergeleitet werden kann. Dieses neuronale Netz bildet die Grundlage unseres Nervensystems.

Kontakte zwischen Pflanzenzellen Bei Pflanzenzellen schließt sich nach außen an die Zellmembran eine Zellwand an, die scheinbar eine Barriere darstellt. Tatsächlich sind die Zellen in pflanzlichen Geweben jedoch durch fadenförmige Plasmastränge, die *Plasmodesmen*, verbunden. Diese ziehen sich durch die als Tüpfel (> S. 21) sichtbaren Aussparungen in der Zellwand. Durch die Plasmodesmen ist das Cytoplasma der benachbarten Zellen kontinuierlich miteinander verbunden, ohne durch eine Zellmembran getrennt zu sein.

1. Tight junctions finden sich in der Zellschicht, die den Darm auskleidet oder die Wand der Harnblase bildet. Stellen Sie Vermutungen an hinsichtlich der Bedeutung der tight junctions in den genannten Organen.
2. Bei Pflanzenzellen gibt es weder Desmosomen noch tight junctions. Geben Sie den Grund dafür an.
3. Plasmodesmen der Pflanzenzellen und gap junctions bei Tierzellen haben die gleiche Funktion, weisen jedoch wichtige Strukturunterschiede auf. Geben Sie die Funktion dieser speziellen Zellkontakte an und beschreiben Sie die Unterschiede der Strukturen. Fertigen Sie eine Skizze an, die einen Ausschnitt aus der Zellwand mit einem Plasmodesmos zeigt.

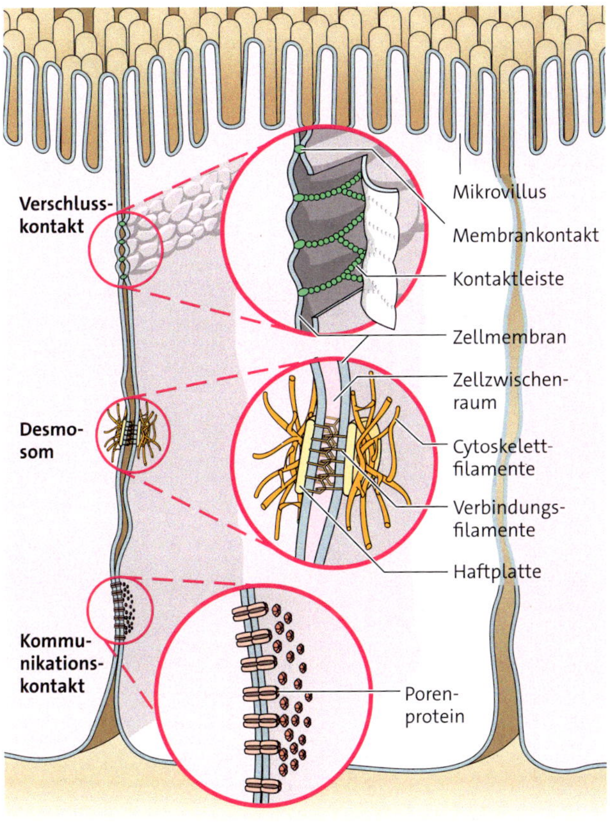

1 *Verbindungen zwischen Zellen des Dünndarmepithels*

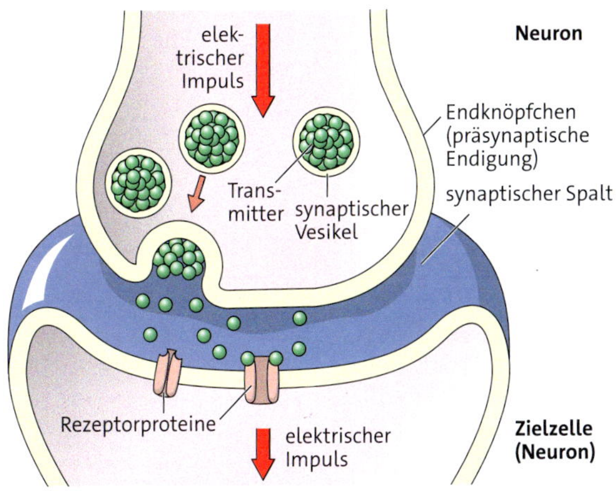

2 *Verbindung zweier Nervenzellen über eine Synapse*

Stofftransport: Diffusion und Osmose

Zellen sind von einer Vielzahl von Stoffen umgeben. Einige davon werden im Zellinnern benötigt. Andere werden in der Zelle aufgebaut und an die Umgebung abgegeben. Der Austausch von Molekülen zwischen der Zelle und ihrer Umgebung erfolgt über die Zellmembran. Ihm liegen verschiedene *Transportmechanismen* zugrunde, die sich durch ihre Geschwindigkeit und die dafür notwendige Energie unterscheiden.

Diffusion Alle Teilchen eines Gases oder einer Lösung sind ständig in Bewegung. Diese Eigenbewegung ist ungerichtet und nimmt mit steigender Temperatur zu. Nach ihrem Entdecker nennt man sie die *brownsche Molekularbewegung*.

Überschichtet man in einem Glasgefäß eine konzentrierte Zuckerlösung mit Wasser, so sind die beiden Flüssigkeiten zunächst deutlich voneinander getrennt. Allmählich breiten sich die Zuckermoleküle aufgrund ihrer Eigenbewegung aus. Schließlich ist der Konzentrationsunterschied ausgeglichen, Lösemittel und gelöste Teilchen sind gleichmäßig verteilt. Diese selbstständige Durchmischung nennt man *Diffusion*. Die Geschwindigkeit, mit der die Durchmischung vor sich geht, ist unter anderem abhängig von der Art des gelösten Stoffs, der Höhe des Konzentrationsgefälles (des Konzentrationsgradienten) sowie von der Strecke, die überwunden werden muss.

Osmose In Lebewesen sind Kompartimente – Zellen oder Organellen – durch Membranen voneinander abgegrenzt. Findet die Diffusion von Lösungen über Membranen statt, spricht man von *Osmose*. Die meisten biologischen Membranen sind *selektiv permeabel*, das heißt, sie lassen verschiedene Stoffe unterschiedlich gut hindurchdiffundieren. Meist kann Wasser ungehindert diffundieren, gelöste Stoffe dagegen nicht oder nur eingeschränkt.

Bringt man eine Zuckerlösung in ein Gefäß, das durch eine selektiv permeable Membran von reinem Wasser getrennt ist, diffundiert Wasser in beiden Richtungen durch die Membran. Da die Konzentration an Wassermolekülen in reinem Wasser höher ist als in der Zuckerlösung, diffundieren mehr Wassermoleküle in die Lösung hinein als von ihr nach außen. Für Zuckermoleküle ist die Membran nicht durchlässig. Diese können daher dem Bestreben, den Konzentrationsunterschied auszugleichen, nicht folgen. Das einströmende Wasser erzeugt auf der Seite der Zuckerlösung einen Druck, den man *osmotischen Druck* nennt. Er hängt vor allem von der Zahl der gelösten Teilchen ab, also dem *osmotischen Wert* der Lösung. Es kommt zu einer Volumenzunahme. Sie ist im Steigrohr eines *Osmometers* als Anstieg der Wassersäule messbar. Der osmotische Druck wirkt dem vollständigen Konzentrationsausgleich entgegen. Dadurch stellt sich nach einiger Zeit ein *Gleichgewicht* ein: Je Zeiteinheit diffundieren gleich viele Wasserteilchen durch die Membran in die Lösung wie aufgrund des steigenden Drucks wieder heraus.

Stoffwechselvorgänge in lebenden Zellen laufen bevorzugt in einem bestimmten Milieu ab, das heißt bei einer bestimmten Konzentration verschiedener Stoffe. Da sich die Konzentration dieser Stoffe in den Zellen meist von der im umgebenden Medium unterscheidet, diffundiert stets Wasser aus den Zellen hinaus oder hinein. Osmose ist daher ein einfacher, energiesparender und effektiver Transportmechanismus für Wasser über kurze Distanz.

Viele Lebewesen können Veränderungen des osmotischen Drucks ausgleichen, indem sie Ionen oder Wasser aktiv aufnehmen beziehungsweise ausscheiden. Diese Fähigkeit bezeichnet man als *Osmoregulation*.

1. Begründen Sie die geringe Geschwindigkeit von Diffusion und Osmose. Warum reicht diese für Transportvorgänge in der Zelle trotzdem aus?
2. Reife Kirschen platzen im Regen. Erläutern Sie die Gründe.
3. Lange war die ungehinderte Diffusion von Wasser über biologische Membranen völlig rätselhaft. Erklären Sie den Sachverhalt. Ziehen Sie dazu Seite 52 heran.

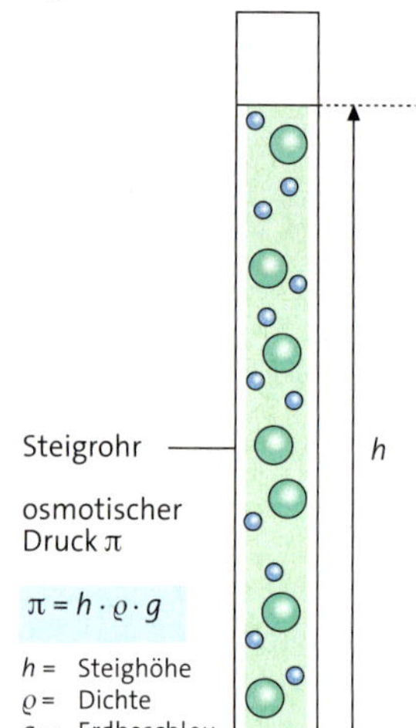

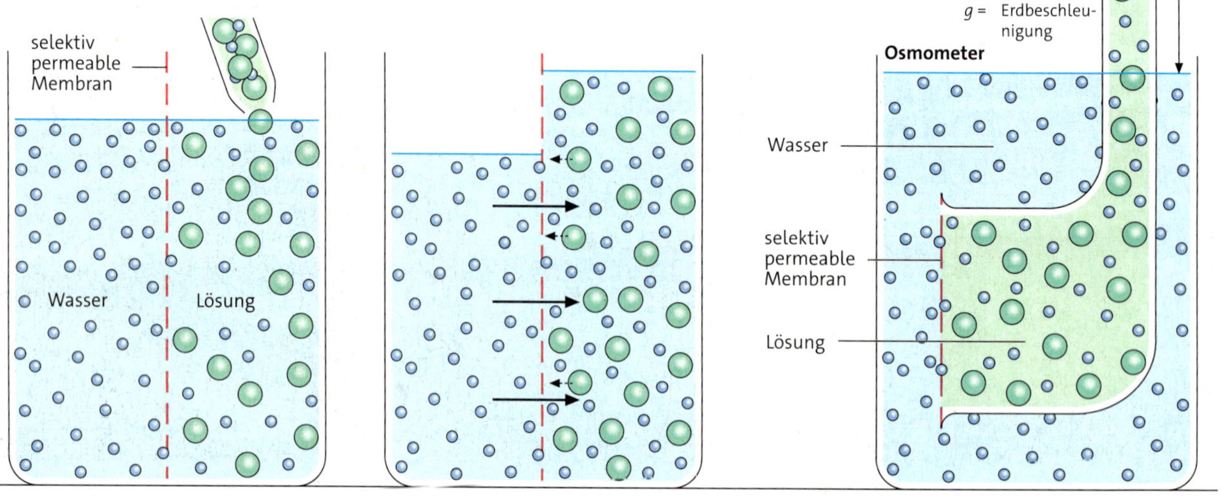

1 *Osmose durch eine selektiv permeable Membran. Der Wassereinstrom hat eine Zunahme von Volumen oder Druck zur Folge.*

Osmose und der Wasserhaushalt der Zelle

Die Biomembranen der lebenden Zelle sind selektiv permeabel. Osmose ist daher die Grundlage des Wasserhaushalts von Zelle und Organismus. Gelangen Zellen in eine Umgebung, deren osmotischer Wert von dem des Zellplasmas abweicht, ändert sich ihr Wassergehalt: In höher konzentrierter, *hypertonischer* Umgebung verlieren sie Wasser, in niedriger konzentrierter, *hypotonischer* Umgebung dringt Wasser in sie ein. Unter natürlichen Bedingungen, das heißt im lebenden Organismus, bleibt allerdings bei vielen Arten der Wassergehalt der Zellen durch *Osmoregulation* sehr konstant.

Plasmolyse In hypertonische Umgebung gebracht nimmt das Volumen des Zellplasmas ab, da es Wasser an die Umgebung verliert. Dieser Vorgang wird als *Plasmolyse* bezeichnet. Er lässt sich bei Pflanzenzellen unter dem Mikroskop gut beobachten (> Bild 1). Das zunehmend entwässerte Zellplasma löst sich dabei nach und nach von der Zellwand ab, zusammengedrückt durch den hohen osmotischen Druck der umgebenden Lösung. Gleichzeitig verliert auch die Vakuole durch ausströmendes Wasser an Volumen.
Tierische Zellen schrumpfen in hypertonischer Umgebung und verlieren ihre Form. Rote Blutzellen nehmen zum Beispiel eine kennzeichnende „Stechapfelform" an (> Bild 4).

Deplasmolyse Die Plasmolyse lässt sich wieder rückgängig machen, wenn man die Zellen in eine ihrem osmotischen Wert entsprechende, *isotonische* Umgebung bringt (> Bilder 2 und 5). Diese Deplasmolyse gelingt jedoch nur so lange, wie die Zellen durch den Wasserverlust noch keinen Schaden genommen haben. Die Fähigkeit zu Plasmolyse und Deplasmolyse ist deshalb ein Testkriterium für die Lebensfähigkeit von Zellen.
Bringt man Zellen in eine hypotonische Lösung (> Bilder 3 und 6), können sie durch den Wassereinstrom platzen. Das gilt besonders für tierische Zellen. Bei Pflanzenzellen übt die etwas elastische Zellwand einen Gegendruck aus. Sie nehmen nur so viel Wasser auf, bis der osmotische Druck in der Zelle durch den Gegendruck der elastischen Zellwand gerade ausgeglichen ist. Osmotisch wirksam ist in der Pflanzenzelle vor allem der Zellsaft in der Vakuole. Der Zellsaftdruck wird auch als *Turgor* bezeichnet. Er ist für die Festigkeit pflanzlicher Gewebe entscheidend.

1. Begründen Sie, weshalb nur lebende Zellen die Erscheinung der Plasmolyse zeigen.
2. Ein Blutverlust darf unter keinen Umständen mit destilliertem Wasser ausgeglichen werden, doch kann eine isotonische Kochsalzlösung gespritzt werden. Erklären Sie.

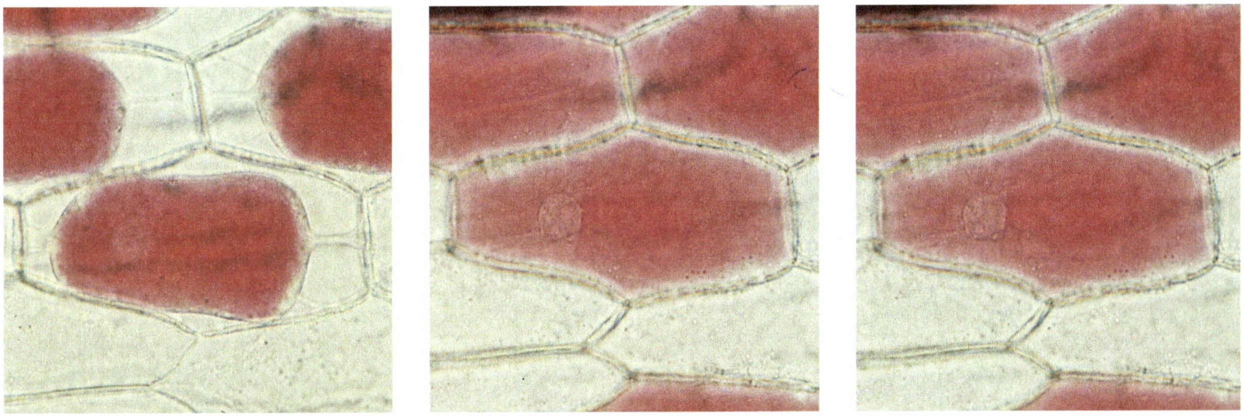

hypertonische Umgebung $c_{außen} > c_{innen}$ | isotonische Umgebung $c_{außen} = c_{innen}$ | hypotonische Umgebung $c_{außen} < c_{innen}$

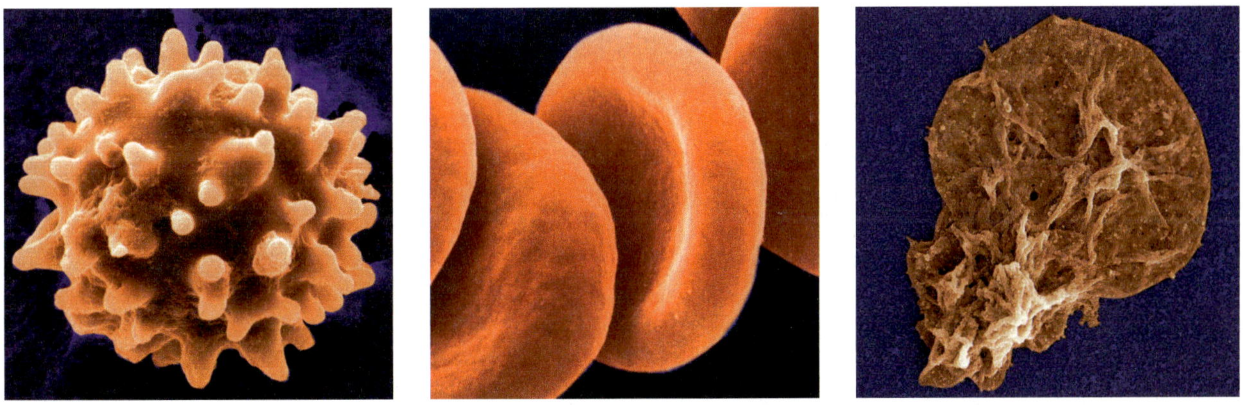

1 bis 6 *Verhalten pflanzlicher und tierischer Zellen in hypertonischer, isotonischer und hypotonischer Umgebung. Oben: Zellen aus der Epidermis einer roten Zwiebel; unten: rote Blutzellen des Menschen. Bild 6 zeigt Reste der geplatzten Blutzelle.*

Experimente zu Osmose, Plasmolyse und Stofftransport

Alle Stoffe, die eine Zelle mit ihrer Umgebung austauscht, müssen die *Zellmembran* passieren. Eine intakte Membran ist daher der wichtigste Bestandteil einer lebenden Zelle für den *Stofftransport und seine Kontrolle.*
Wenn man Transportvorgänge eingehend untersucht, wird deutlich, dass kaum ein Stoff die Zellmembran ungehindert überwinden kann. Selbst Wasser als anteilmäßig bedeutsamster Bestandteil einer Zelle kann nur schnell und in großer Menge zwischen Umgebung und Zellinnerem ausgetauscht werden, weil die Zellmembran besondere Wasserkanäle enthält, die *Aquaporine* (> S. 42). Durch Osmose strömt Wasser dabei stets passiv – also ohne dass Energie aus dem Stoffwechsel aufgewendet wird – dorthin, wo die Konzentration gelöster Teilchen höher ist (> S. 38). Mit einem *Osmometer* kann der Vorgang modellhaft veranschaulicht und der osmotische Wert unterschiedlich konzentrierter Lösungen bestimmt werden.
Osmose und Plasmolyse lassen sich an pflanzlichem Gewebe aufgrund der stabilen Zellwände gut untersuchen.
Unpolare, fettlösliche Moleküle können Biomembranen meist passieren. Für polare Moleküle und Ionen ist das hydrophobe Innere der Lipiddoppelschicht dagegen kaum zu überwinden.

Bau und Einsatz eines einfachen Osmometers

Material: Filmdöschen oder Tablettenröhrchen aus weichem Plastik mit Deckel, Messer, Cellophan („Einmachhaut", „Zellglas"), durchbohrter Gummistopfen, längeres Glasrohr, Becherglas oder Erlenmeyerkolben, Haushaltszucker, eventuell Tinte oder Lebensmittelfarbstoff, Waage, Messzylinder

Durchführung: Schneiden Sie mit einem scharfen Messer den inneren Teil des Dosendeckels so aus, dass ein Plastikring („O-Ring") entsteht. Er dient dazu, ein passendes Stück angefeuchtetes Cellophan über der Dosenöffnung festzuklemmen. Schneiden Sie den Dosenboden ab und stecken Sie in die entstandene Öffnung einen passenden durchbohrten Gummistopfen, in dessen Bohrung das Glasrohr (Steigrohr) eingesetzt wird.

Nach Fertigstellung des Osmometers wird der Stopfen entfernt, das Osmometer mit Zuckerlösung randvoll gefüllt und der Stopfen mit dem Steigrohr wieder aufgesetzt. (Um den Stand der Flüssigkeit im Steigrohr besser sichtbar zu machen, eventuell die Zuckerlösung mit Tinte/Lebensmittelfarbe anfärben.)
Stellen Sie das gefüllte Osmometer mit der durch Cellophan verschlossenen Öffnung nach unten in ein mit Wasser gefülltes Becherglas oder einen Erlenmeyerkolben.
Ermitteln Sie für Zucker- oder Salzlösungen verschiedener Konzentration die Zunahme des Volumens im Steigrohr des Osmometers. Sie kann als relatives Maß für den osmotischen Wert der Lösungen dienen.
Halten Sie Ihre Versuchsergebnisse tabellarisch fest.

Permeabilität der Eischalenhaut

Material: Hühnerei, Löffel, stumpfe Pinzette, Becherglas, Tropfpipetten, lösliche Stärke, Glucose, Iod-Kaliumiodid-Lösung, Glucose-Teststreifen

Durchführung: Lösen Sie in 100 ml warmem Wasser 1 g Glucose und 0,5 g Stärke auf. Klopfen Sie mit einem Löffel am stumpfen Ende des Eies so auf die Schale, dass sie hier in kleine Stücke bricht. Präparieren Sie dann die Schalenstücke mit den Fingern oder einer stumpfen Pinzette vorsichtig ab (etwa 1 cm²), ohne die innere Schalenhaut, die die Luftkammer bildet, zu verletzen (Bild unten, links). Teilen Sie das Hühnerei in zwei Hälften und lassen Sie den Inhalt ausfließen. Verwenden Sie für den Versuch die präparierte Schalenhälfte mit dem stumpfen Ende. Setzen Sie die Eischalenhälfte wie ein Boot auf die Stärke-Glucose-Lösung im Becherglas, ohne dass von der Lösung etwas in die Schale kommt (> Bild unten, rechts). Geben Sie dann etwa 2 ml dest. Wasser in die schwimmende Eischale.
Prüfen Sie nach etwa 15 Minuten das Wasser in der Schale und das im Becherglas nacheinander auf Glucose und auf Stärke.
Formulieren und erklären Sie das Versuchsergebnis.
Hinweis: Die Eischalenhaut entspricht dem Aufbau nach nicht einer Zellmembran, erfüllt aber deren Funktion. Sie kann damit als Zellmembranmodell betrachtet werden.

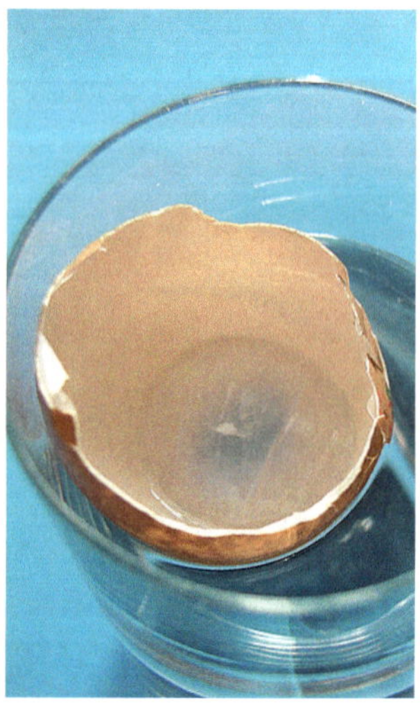

Vakuolenmembran als Sperre für polare Moleküle

Material: Mikroskop und Zubehör, Küchenzwiebel, Messer, Neutralrot-Stammlösung (ca. 0,1 g in 100 ml dest. Wasser), Messzylinder, Pipette, kleine Bechergläser, Blockschälchen, Mörser mit Pistill, Indikatorpapier für pH 4–7

Durchführung: Stellen Sie für das Experiment zwei verschiedene Neutralrotlösungen her: Lösung A, indem Sie 1 ml der Stammlösung mit Leitungswasser, Lösung B, indem Sie 1 ml der Stammlösung mit dest. Wasser auf 10 ml auffüllen. Füllen Sie einige Milliliter der Lösungen A und B in zwei beschriftete Blockschälchen.

Vierteln Sie die Zwiebel mit dem Messer und lösen Sie mehrere Zwiebelschuppen voneinander. Schneiden Sie die Innenseite einer Zwiebelschuppe mit der Rasierklinge netzartig so ein, dass die Zwiebelhaut (obere Epidermis des Zwiebelblatts) in etwa 5 mm lange Quadrate geteilt wird. Ziehen Sie mit der Pinzette einige der Epidermisstückchen vorsichtig ab und legen Sie sie in die Schälchen mit den Färbelösungen.

Mikroskopieren Sie nach etwa 15 Minuten je ein Epidermisstückchen aus Lösung A und Lösung B in einem Tropfen seiner Färbelösung.

Zerquetschen Sie in der Zwischenzeit Zwiebelschuppen im Mörser und bestimmen Sie den pH-Wert des Zwiebelsafts mit Indikatorpapier.

Erklären Sie Ihre Beobachtungen mithilfe der Informationen auf Seite 50 oben und des Bilds unten. Erläutern Sie, warum man bei diesem Versuch die Zellsaftvakuole der Zwiebelzelle auch als „Ionenfalle" bezeichnet.

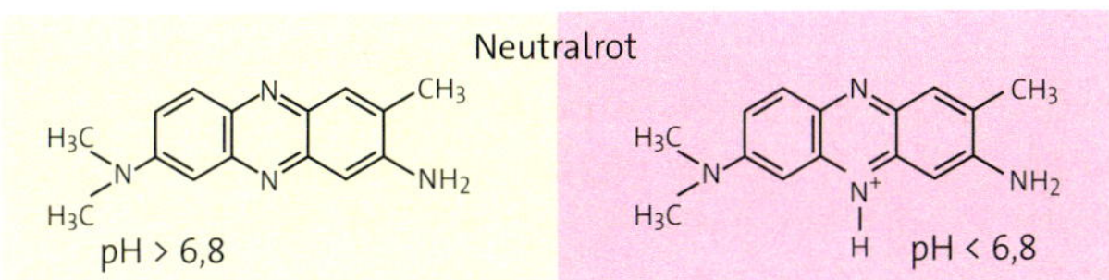

Osmose an Kartoffelgewebe

Material: Kartoffeln, Messer, dest. Wasser, Bechergläser, Lineal, Kochsalz-Lösungen A (0,9 g in 100 ml Wasser) und B (20 g in 100 ml Wasser)

Durchführung: Schneiden Sie drei etwa gleich große Würfel aus einer Kartoffel. Messen Sie die Kantenlänge der Würfel und bestimmen Sie rechnerisch ihr ungefähres Volumen. Füllen Sie dann jeweils ein Becherglas mit destilliertem Wasser sowie den Salzlösungen A und B. Legen Sie in jedes der drei Bechergläser einen der Kartoffelwürfel und belassen Sie ihn dort für etwa 20 Minuten. Achten Sie während des Versuchs darauf, dass die Kartoffelwürfel stets mit Flüssigkeit bedeckt sind. Wenden Sie die Kartoffelstücke nach etwa 10 Minuten einmal.

Vermessen Sie die Kartoffelwürfel nach Ablauf der Versuchsdauer erneut und berechnen Sie wiederum ihr Volumen. Stellen Sie den Versuch und seine Ergebnisse in geeigneter Form dar. Berechnen Sie dabei auch die prozentualen Veränderungen im Volumen des Kartoffelgewebes.

Erklären Sie die Beobachtungen mithilfe der Informationen auf Seite 39. Verwenden Sie für Ihre Ausführungen die entsprechenden Fachbegriffe.

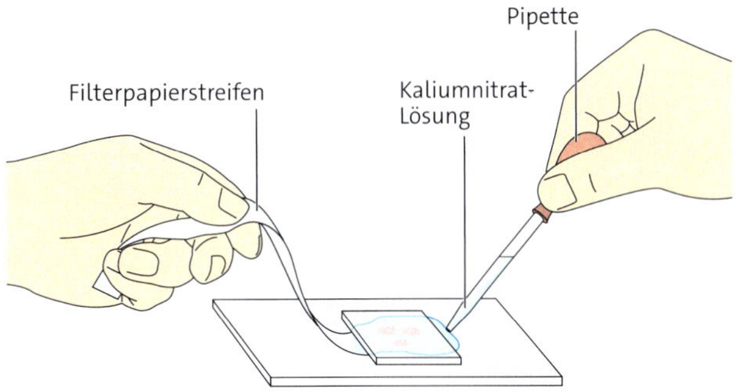

Plasmolyse von Zwiebelzellen

Material: Mikroskop und Zubehör, Messer, rote Küchenzwiebel, Kaliumnitrat(GHS03)-Lösung (ca. 0,1 g in 100 ml dest. Wasser), Pipette, Filterpapierstreifen

Durchführung: Vierteln Sie eine Zwiebel mit dem Messer und lösen Sie einige Zwiebelschuppen voneinander. Schneiden Sie in die rot gefärbte Außenseite einer Schuppe ein netzartiges Muster mit Quadraten von etwa 5 mm Länge. Lösen Sie eines der Quadrate mithilfe der Pinzette ab und legen Sie es auf einen Objektträger. Achten Sie darauf, dass es sich dabei nur um die dünne Epidermis handelt. Geben Sie einen Tropfen Wasser auf das Präparat und legen Sie vorsichtig ein Deckglas auf. Unter dem Deckglas sollten sich keine Luftblasen befinden. Betrachten Sie das Präparat unter dem Mikroskop. Fertigen Sie eine beschriftete Skizze einer Einzelzelle und von etwa fünf benachbarten Zellen an.

Geben Sie nun einen Tropfen Kaliumnitrat-Lösung neben das Deckgläschen und saugen Sie die Salzlösung mit einem Streifen Filterpapier vorsichtig unter das Präparat (> Bild oben). Wichtig: Das Objekt soll dabei nicht bewegt werden.

Beobachten Sie, welche Veränderungen sich mit der Zeit in den Zellen zeigen, wenn sich diese in einer hoch konzentrierten Salzlösung befinden. Erstellen Sie auch hierzu eine Zeichnung.

Saugen Sie spätestens nach etwa 10 Minuten einen Tropfen Wasser unter das Präparat, um die Salzlösung wieder zu verdünnen. Beobachten Sie, welche Veränderungen sich daraufhin einstellen. Erklären Sie Ihre Beobachtungen mithilfe der Informationen auf Seite 39 und wenden Sie die entsprechenden Fachbegriffe an.

1. Zeichnen Sie ein Zellschema und erläutern Sie daran die zellulären Veränderungen, die sich bei der Plasmolyse zeigen.
2. Bilden Sie eine Hypothese, wie lange Neutralrotmoleküle beim Versuch *Vakuolenmembran als Sperre für polare Moleküle* in die Zellsaftvakuole der Zwiebelzellen diffundieren.
3. Begründen Sie, warum man beim Kochen von Gemüse dem Kochwasser etwas Salz zufügt.
4. Die Zellmembran von roten Blutzellen ist für Harnstoff permeabel, nicht jedoch für Rohrzucker. Erklären Sie, warum die Blutzellen in 0,3-molarer Rohrzuckerlösung die Form behalten, in gleich konzentrierter Harnstofflösung aber platzen.

Stichworte zu weiteren Informationen

Neutralrot-Test | Vitalfärbung | Osmosekraftwerk | Dialyse | Pökeln

Stofftransport: Kanal- und Carriertransport

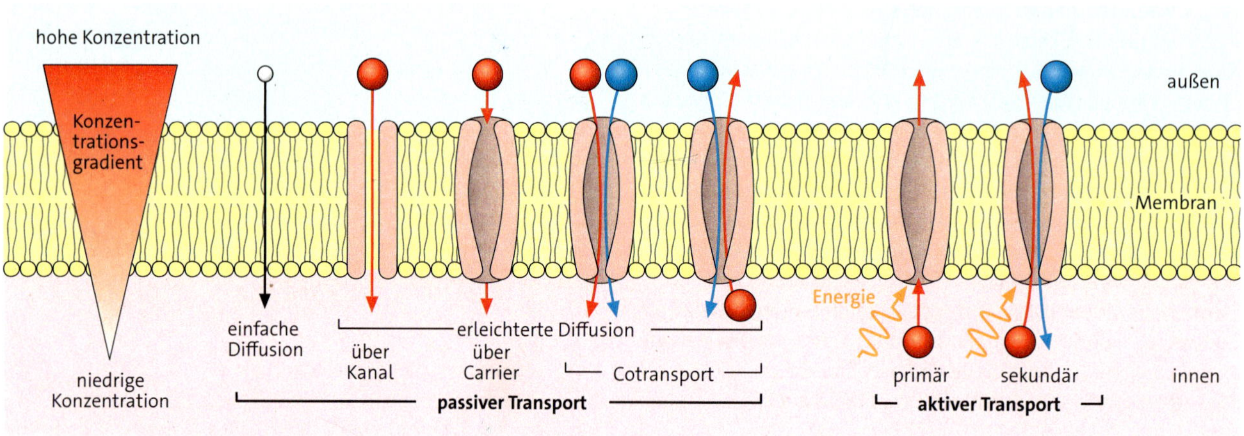

1 *Aktive und passive Transportmechanismen (Schema)*

Jede Zelle reguliert sehr genau die Konzentration einer Vielzahl von Stoffen im Cytoplasma. Dabei kommt der Zellmembran, die den Stoffaustausch zwischen den Zellen oder mit der Umgebung kontrolliert, eine entscheidende Rolle zu.

Für Makromoleküle, also Proteine, Polysaccharide und Nukleinsäuren, aber auch für Ionen und kleine hydrophile Moleküle ist das hydrophobe Innere der Lipiddoppelschicht nahezu unüberwindlich. Sie werden entweder von besonderen *Kanalproteinen* oder aber von *Transportproteinen (Carrier)* durch die Membran geschleust. Jedes dieser Proteine ist für den Transport einer bestimmten Klasse von Stoffen – etwa Ionen, Zucker oder Aminosäuren – zuständig, oft sogar nur für ein bestimmtes Molekül dieser Stoffklasse, beispielsweise für Glucose.

Stofftransport und Energieaufwand Fragt man nach der treibenden Kraft, so lassen sich grundsätzlich zwei verschiedene Transportarten unterscheiden (> Bild 1):

- Bei *passivem Transport* wandert der Stoff von sich aus – ohne dass Energie aus dem Zellstoffwechsel aufgewendet wird – von der Membranseite mit der hohen Konzentration zu der mit niedriger Konzentration. Die treibende Kraft ist also das *Konzentrationsgefälle* (der *Konzentrationsgradient*). Die passiven Transportmechanismen beruhen auf Diffusion (> S. 38): die einfache Diffusion durch die Lipiddoppelschicht und die erleichterte Diffusion über Kanäle oder Carrier.
- Bei *aktivem Transport* wird der Stoff von der Membranseite mit der niedrigeren Konzentration zu der Seite mit höherer Konzentration durch die Membran geschleust – also gegen das Konzentrationsgefälle. Da dieser Transport gewissermaßen „bergauf" erfolgt, benötigt er die Zufuhr von Energie aus dem Stoffwechsel der Zelle. Aktiver Transport ist *nur durch Carrier* möglich.

Einfache Diffusion Sehr kleine oder fettlösliche Moleküle können ohne die Hilfe eines Transportproteins das hydrophobe Innere der Lipiddoppelschicht überwinden. Dazu gehören neben Wasser und Fettsäuren auch amphiphile Moleküle wie Ethanol. Allerdings ist die Geschwindigkeit relativ gering, mit der Wasser durch einfache Diffusion die Zellmembran passieren kann.

Kanaltransport Bei dieser erleichterten Diffusion bilden Kanalproteine eine Art Tunnel aus polaren Aminosäuren. Durch ihn können kleinere polare oder geladene Teilchen in die Zelle oder aus ihr heraus gelangen. Die am besten untersuchten Kanalproteine sind die *Ionenkanäle*, die in den Membranen aller Zellen, besonders aber bei Nervenzellen vorkommen. Ionenkanäle bestehen aus mehreren Untereinheiten von α-Helices. Diese bilden eine zentrale, nur wenige Zehntel Nanometer breite Pore, durch die die Ionen dem Konzentrationsgefälle folgend diffundieren.

Dabei wechseln Ionenkanäle ihre Raumstruktur (Konformation), von denen nur eine durchlässig ist (> S. 43 Bild 1). Diese Konformationsänderung wird durch zwei unterschiedliche Mechanismen bewirkt. So gibt es Kanäle, die durch elektrische Spannung, und andere, die durch Signalmoleküle gesteuert werden. Erstaunlicherweise können Ionenkanäle präzise zwischen ähnlichen Teilchen wie Natrium(Na^+)- und Kalium(K^+)-Ionen unterscheiden. Über die Spezifität entscheidet die engste Stelle des Kanals.

Eine weitere Gruppe hochspezifischer Kanalproteine sind *Aquaporine*, die für den schnellen Transport von Wasser und in speziellen Fällen auch von CO_2, Glycerin oder Harnstoff zuständig sind. Sie kommen in unterschiedlichen Geweben vor und sind dort an einer Vielzahl von physiologischen Prozessen wie der Erzeugung von Flüssigkeiten (Tränen, Kammerwasser in den Augen, Speichel, Schweiß, Gallensaft) oder der Rückgewinnung von Wasser in den Nieren beteiligt. Im Gegensatz zu Ionenkanälen sind Wasserkanäle permanent geöffnet.

Alle Aquaporine sind integrale Membranproteine, deren Polypeptidkette sechsmal als Helix durch die Lipiddoppelschicht gewunden ist. Diese sechs Helices bilden in ihrem Innern einen Kanal, der hochselektiv nur Wassermoleküle durchlässt. Die Selektivität kommt durch eine Besonderheit im molekularen Bau der Aquaporine zustande: In der Mitte des Wasserkanals verengt sich die Pore auf einen Durchmesser von 0,28 nm. Das entspricht etwa dem Durchmesser eines einzelnen Wassermoleküls. Ionen und andere kleine Moleküle können diese Stelle nicht passieren. Obwohl dadurch die Wanderung quasi „im Gänsemarsch" erfolgt, beträgt die Durchflussrate 3 Milliarden Moleküle je Sekunde – erheblich mehr als bei jedem anderen Kanalprotein.

Carriertransport Die Bezeichnung *Carrier* leitet sich von der Art und Weise her, wie diese Transportproteine arbeiten. Im Gegensatz zu Kanalproteinen *binden* sie die zu transportierenden Moleküle kurzzeitig und transferieren sie – wobei sie ihre Konformation ändern – auf die andere Seite der Membran (> Bild 2). Da jedes Carrierprotein eine spezifisch gestaltete Bindungsstelle besitzt, in die das zu transportierende Molekül wie ein Schlüssel in sein Schloss passt, sind Carrier hochspezifisch für bestimmte Moleküle. Sie verhalten sich in dieser Hinsicht wie Enzyme.
Die Transportgeschwindigkeit ist deshalb nicht ausschließlich vom Konzentrationsgradienten abhängig: Je mehr Moleküle transportiert werden, desto mehr Bindungsstellen sind gleichzeitig besetzt. Wenn alle Bindungsstellen besetzt sind, hat das Carrierprotein seine maximale Transportgeschwindigkeit erreicht.

Cotransport Die meisten Carrier transportieren nur ein bestimmtes Molekül in einer Richtung – im *Uniport* – durch eine Membran (> Bild 2). Einige arbeiten hingegen als Cotransport-Systeme, bei denen ein bestimmter Transport nur bei gleichzeitigem Transfer einer anderen Molekülart geschehen kann. Läuft dieser Cotransport in die gleiche Richtung, nennt man ihn *Symport*, anderenfalls *Antiport*.

Aktiver Transport Carrier können Stoffe auch ohne oder sogar gegen ein Konzentrationsgefälle durch die Membran transportieren. Sie nutzen dazu entweder vom Stoffwechsel bereitgestellte Energie in Form des Energieträgers *Adenosintriphosphat* (ATP > S. 107) oder den Cotransport von Ionen, die ihrem Konzentrationsgradienten folgen.
Ist die Spaltung von ATP direkt mit dem Transportprozess gekoppelt, handelt es sich um einen *primär aktiven* Transport. Auf diese Weise werden vor allem Ionen aktiv transportiert. So verfügen fast alle Zellen über Natrium/Kalium-Pumpen (Na^+/K^+-Pumpen), die die Spaltung von ATP mit dem gegenläufigen Transport von Na^+-Ionen nach außen und K^+-Ionen nach innen koppeln. Durch diesen Antiport bleibt eine ungleiche Verteilung von Na^+- und K^+-Ionen zwischen Zellinnerem und Außenmedium erhalten. Auf ihr beruht die Reizbarkeit von Zellen, besonders der Nervenzellen.
Ein Ionengradient, der durch primär aktiven Transport aufgebaut und erhalten wird, kann seinerseits wieder indirekt die Energie für *sekundär aktive Transportvorgänge* liefern. Zu diesen gehört beispielsweise der Cotransport (Symport) von Glucose und Na^+-Ionen in die Epithelzellen des Dünndarms durch einen zum Darminneren hin gelegenen Natrium/Glucose-Carrier (> Bild 3). Das Konzentrationsgefälle der Na^+-Ionen zwischen Darminnerem und Dünndarmzelle ist dabei die treibende Kraft für den Glucoseeinstrom in das Cytoplasma der Zelle. Dieses Gefälle wird durch die Na^+/K^+-Pumpe an der Zellseite zum Blutgefäß aufrechterhalten. Hier transportiert ein spezieller Glucose-Carrier die Glucosemoleküle passiv, also in Richtung ihres Konzentrationsgefälles, aus den Darmzellen ins Blut.

1 Die Transportleistung eines Carriers ist abhängig von der Temperatur und dem pH-Wert. Erklären Sie dies unter Berücksichtigung der Tatsache, dass Carrier Proteine sind.

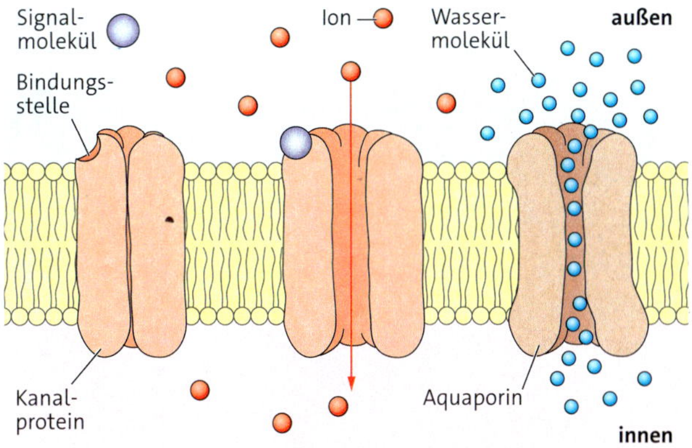

1 *Kanalprotein für Ionen, das durch ein Signalmolekül geöffnet wird (links und Mitte), sowie ein Aquaporin für Wassermoleküle (rechts)*

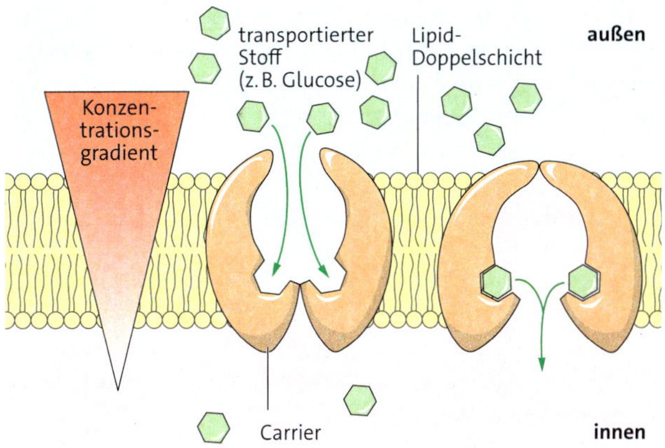

2 *Ein Carrier ändert seine Konformation und schleust so „sein" Molekül durch die Membran.*

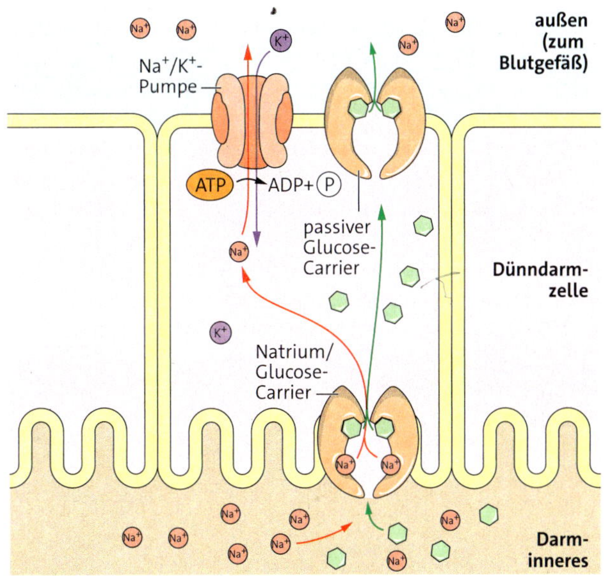

3 *Glucosetransport durch eine Epithelzelle des Dünndarms: Beispiel für aktive Transportvorgänge und verschiedene Carrier*

Stofftransport: Endocytose, Exocytose, Membranfluss

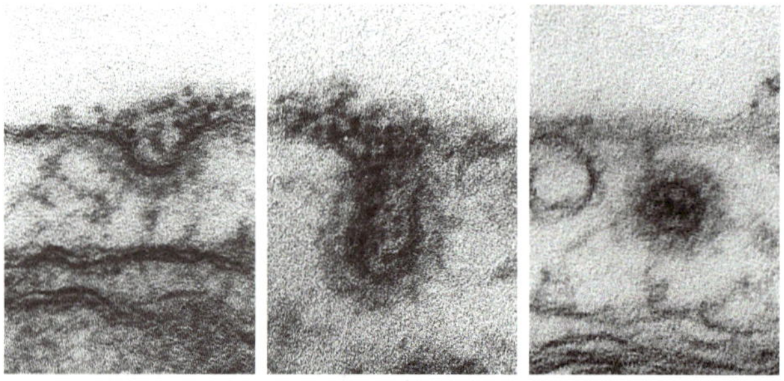

1 *Rezeptorvermittelte Endocytose. Bei dieser Form der Endocytose entstehen von Proteinen ummantelte Vesikel.*

Wasser und kleine Moleküle diffundieren entweder durch die Membran oder werden von Transportproteinen in die Zelle geschleust. Größere Moleküle oder Nahrungspartikel dagegen passieren die Membran, indem sie in Membranbläschen oder *Vesikeln* eingeschlossen werden. Vesikel, die eine bestimmte Größe überschreiten, nennt man *Vakuolen*. Der Vorgang, bei dem Stoffe mithilfe von Vesikeln oder Vakuolen in die Zelle gelangen, heißt *Endocytose*. Der entsprechende Prozess der Stoffausscheidung wird als *Exocytose* bezeichnet.

Endocytose Weiße Blutzellen können Krankheitserreger oder gealterte Blutzellen aufnehmen und verdauen. Dabei senkt sich ihre Zellmembran an der Stelle ein, die mit dem Fremdkörper in Berührung kommt. Ist dieser ganz von der Membran umschlossen, schnürt sich eine Vakuole ab und befördert das aufgenommene Material in die Zelle. Dort verschmilzt die Vakuole meist mit Lysosomen, die Verdauungsenzyme enthalten (> S. 25). Die Form der Endocytose, bei der feste Partikel aufgenommen werden, bezeichnet man als *Phagocytose*. Sie kommt bei Einzellern und tierischen Zellen vor. Gelangt Flüssigkeit mit darin gelösten Stoffen in die Zelle, spricht man von *Pinocytose*.

Sehr spezifisch verläuft die *rezeptorvermittelte Endocytose*. Aus der Membran ragen spezielle *Rezeptorproteine (Rezeptoren)* heraus, an die nur bestimmte Moleküle binden. Die Rezeptoren finden sich gehäuft an leicht eingesenkten Membranstellen, den *coated pits*, die auf der Cytoplasmaseite besondere Proteine tragen. Sobald der Stoff an die Rezeptoren bindet, bilden sich mit Proteinen ummantelte Vesikel, die *coated vesicles*. Mithilfe der rezeptorvermittelten Endocytose können große Mengen eines Stoffs aufgenommen werden, dessen Konzentration in der Umgebung der Zelle sehr gering ist. So gelangt zum Beispiel Cholesterin als Baumaterial für Membranen oder Vorstufe von Hormonen in die Zellen. Die Rezeptoren werden anschließend wieder „recycelt".

Exocytose Abfallstoffe der Zelle, aber auch Sekrete aus Drüsenzellen werden ausgeschieden, indem Vesikel mit der Zellmembran in Kontakt treten. An der Berührungsstelle „verschmelzen" die Membranen, sodass eine Öffnung entsteht. Der Inhalt des Vesikels wird nach außen abgegeben. Auf diese Weise entleeren beispielsweise Einzeller ihre kontraktile Vakuole und stoßen aus den Verdauungsvakuolen unverdauliche Reste aus.

Membranfluss Nicht nur an der Zellmembran werden Stoffe mithilfe von Vesikeln aufgenommen und abgegeben. Auch innerhalb der Zelle finden ständig Endo- und Exocytosen statt. Sie dienen dazu, Substanzen (zum Beispiel verschiedene Proteine aus dem ER) zur Weiterverarbeitung, aber auch Membranstücke von einem Organell zum anderen zu transportieren. Dadurch erneuern sich gleichzeitig auch die Membranen der Zelle. Das ständige Ineinanderübergehen der Membranen wird als *Membranfluss* bezeichnet. Nur die Membranen von Mitochondrien und Plastiden nehmen an diesem Austausch nicht teil.

1. Beschreiben Sie unter Verwendung der Fachsprache die in Bild 2 dargestellten Vorgänge.

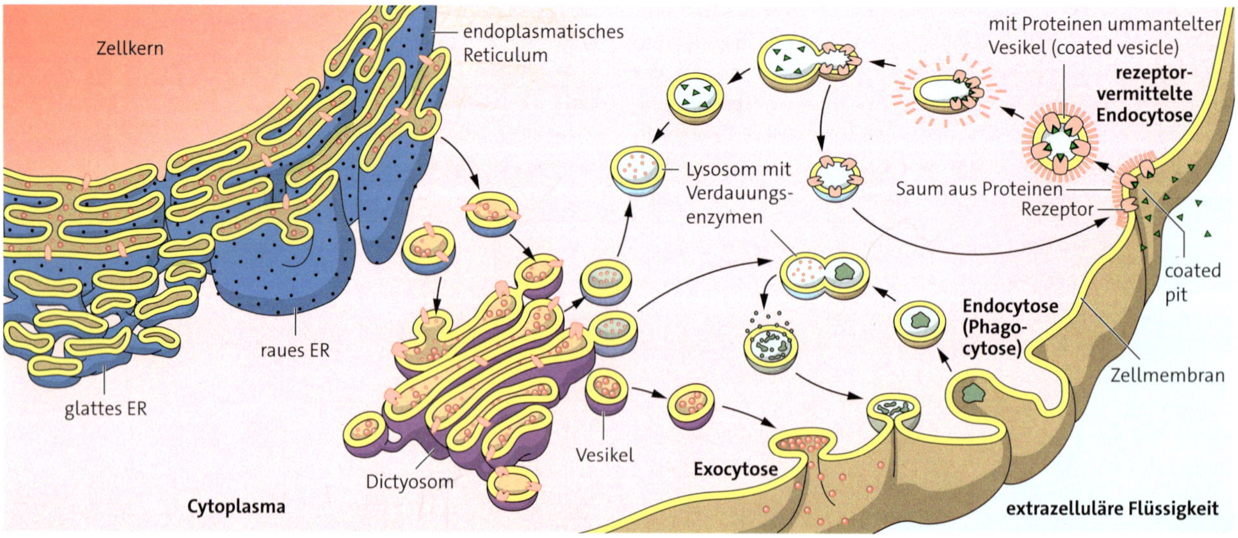

2 *In der Zelle stehen die Membranen vieler Organellen durch Membranfluss miteinander in Kontakt und bilden ein Transportnetz. Endo- und Exocytosen sind ein Teil davon.*

Stofftransport innerhalb der Zelle

Zu den Stoffen, die innerhalb einer Zelle transportiert werden, gehören insbesondere Proteine. Alle Proteine werden an den Ribosomen hergestellt. Ihr weiterer Weg hängt dann davon ab, ob ihre Aminosäuresequenz ein Sortiersignal enthält. Ein solches Sortiersignal besteht normalerweise aus einer Abfolge von 15 bis 60 Aminosäuren. Proteine ohne Sortiersignal verbleiben im Cytoplasma. Tragen sie ein Sortiersignal, werden sie – je nach Art der Sequenz – in den Zellkern, in Mitochondrien, Chloroplasten oder auch Peroxisomen transportiert (> Bild 1). An der Oberfläche des Zielorganells findet sich zu jedem Sortiersignal ein Sortierrezeptor, meist ein Membranprotein, das die Aufnahme des Stoffs veranlasst. Da das Sortiersignal die Funktion des Proteins beeinflussen kann, wird es anschließend durch spezielle Enzyme abgetrennt, die als „molekulare Scheren" wirken.
Beim Transport von Proteinen und anderen Makromolekülen in der Zelle lassen sich drei verschiedene Mechanismen unterscheiden, für die alle das Zusammenspiel von Sortiersignal und Sortierrezeptor erforderlich ist:

Transmembrantransport Sollen Proteine nach ihrer Synthese im Cytoplasma in die Mitochondrien oder das endoplasmatische Reticulum transportiert werden, müssen *Kanalproteine* in der jeweiligen Membran passiert werden. Das Sortiersignal ermöglicht diesen Transport, indem sich die Konformation des Kanals so verändert, dass das Protein passieren kann.

Transport durch die Kernporen Wenn Proteine in den Zellkern transportiert werden sollen, muss dafür die Kernhülle passiert werden. Die *Kernporen* (> S. 55) wirken dabei als „Schleusen", die nur solche Proteine aktiv durch die Kernhülle transportieren, die das entsprechende Sortiersignal aufweisen.

Vesikeltransport Oft werden Proteine und andere Makromoleküle in kleine, kugelförmige oder größere, unregelmäßig geformte *Transportvesikel* verpackt und so von einem Zellkompartiment zum anderen transportiert. Auf diese Weise erfolgt der Transport von Proteinen vom endoplasmatischen Reticulum zum Dictyosom (> S. 44 Bild 2). Die Transportvesikel werden mit der Molekülfracht aus einem Organell beladen, knospen dann durch Abschnürung von diesem Mutterorganell ab und entlassen ihre Fracht beim Verschmelzen mit der Membran des Zielorganells. Auch der Vesikeltransport vollzieht sich nur, wenn die zu transportierenden Moleküle das entsprechende Sortiersignal aufweisen.

Rolle des Cytoskeletts beim Vesikeltransport Der Transport von Vesikeln im Cytoplasma wird von Teilen des *Cytokeletts* dirigiert, das die Zelle netzartig durchspannt und an vielen Stellen in Kontakt mit dem inneren Membransystem steht, vor allem dem endoplasmatischen Reticulum und den Dictyosomen. Hat sich ein Transportvesikel zum Beispiel vom endoplasmatischen Reticulum abgeschnürt, treibt er nicht ungerichtet im Cytoplasma. Er wird vielmehr mithilfe spezieller *Motorproteine* an *Mikrotubuli* (> S. 26/27) befestigt, vergleichbar einem Wagon, der auf Schienen gesetzt wird. Entlang der Mikrotubuli werden Transportvesikel aktiv unter Energieverbrauch zum Zielorganell befördert.

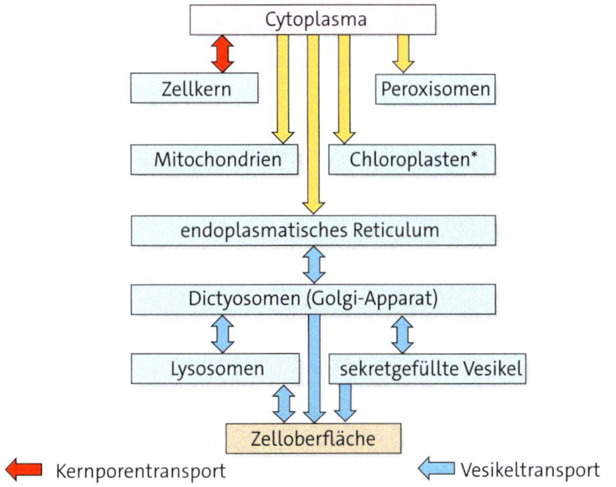

1 *Übersicht über die Transportwege für Proteine in der Zelle*

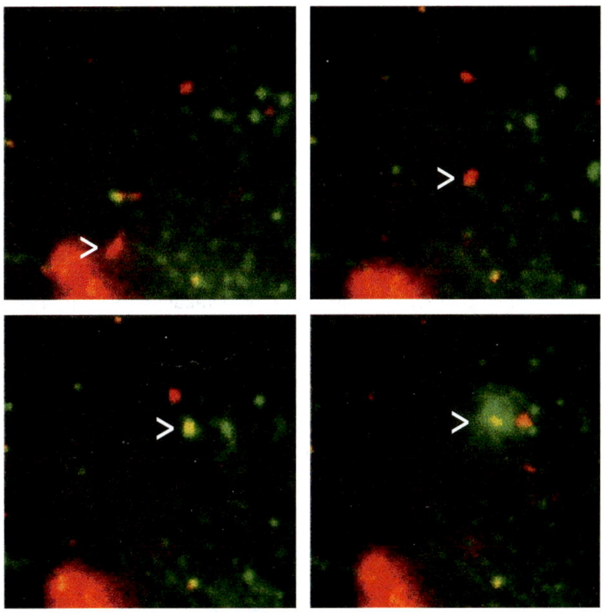
2 *Mit einer speziellen Methode der Laserfluoreszenzmikroskopie lässt sich der Weg eines Vesikels vom Dictyosom zur Zellmembran verfolgen. Dabei ändert sich die Vesikelfarbe von Rot (nahe dem Dictyosom) über Gelb nach Grün (an der Zellmembran).*

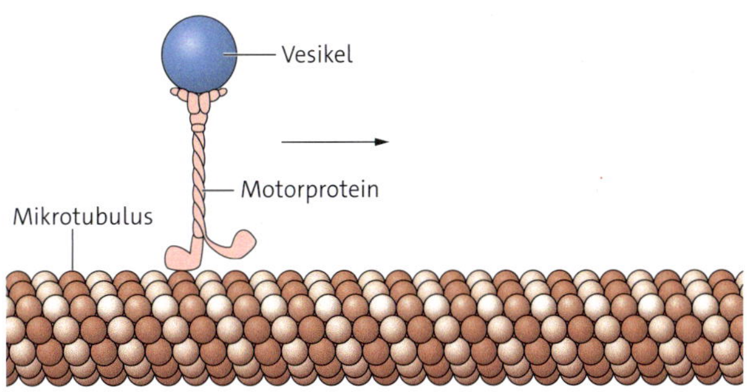

3 *Befestigung eines Vesikels an einem Mikrotubulus (Modell)*

Tracer in der Zellforschung

Das mikroskopische Bild eines Gewebes liefert für sich allein keine Informationen über den Aufenthaltsort bestimmter Moleküle oder über den Weg, den ein Stoff in der Zelle nimmt. Zur Beantwortung solcher Fragen haben sich Methoden etabliert, die es erlauben, Moleküle in oder auf einer Zelle spezifisch nachzuweisen. Die dazu verwendeten Suchinstrumente lassen sich unter dem Begriff Tracer zusammenfassen.

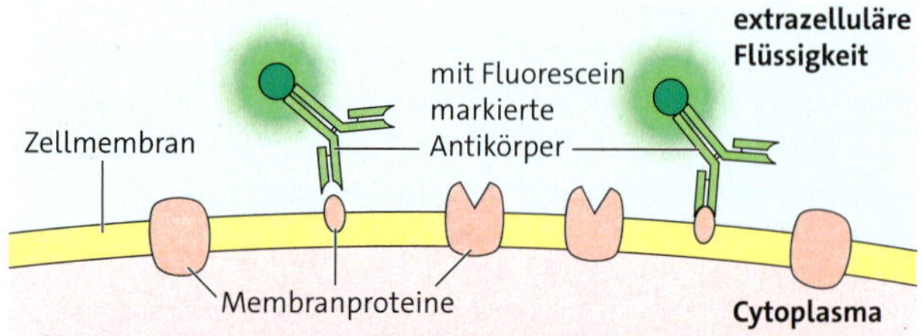

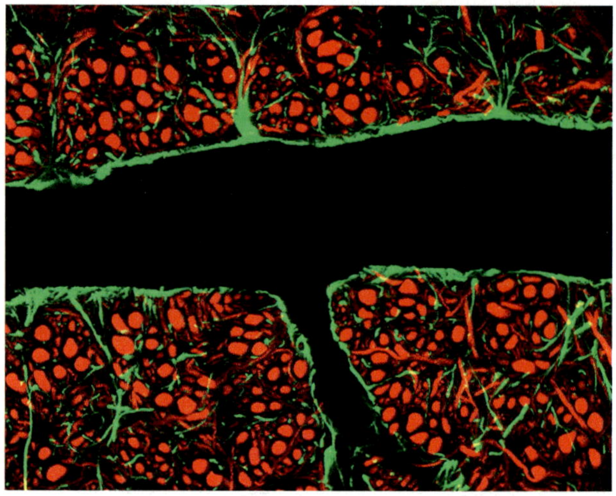

Antikörper als fluoreszierende Sonden

Antikörper sind Proteine, die vom Immunsystem nach einer Infektion zur Abwehr der Erreger gebildet werden. Sie erkennen spezifisch bestimmte Strukturen auf der Oberfläche der Krankheitserreger und können an sie binden – eine Eigenschaft, die sie zu unverzichtbaren Werkzeugen der Zellbiologie gemacht hat: Um beispielsweise Proteine auf der Außenseite einer Zellmembran nachzuweisen, produziert man Antikörper, die selektiv an diese Moleküle binden und zudem mit einem Farbstoff gekoppelt sind (> Bild rechts oben). Zwei häufig verwendete Farbstoffe sind *Fluorescein*, das bei Betrachtung mit einem Fluoreszenzmikroskop (> S. 18) intensiv grün leuchtet, sowie *Rhodamin*, das tiefrot fluoresziert. Verwendet man zwei oder mehr verschiedene Antikörper, die mit unterschiedlichen Farbstoffen gekoppelt sind, kann man die Verteilung verschiedener Moleküle in derselben Zelle oder demselben Gewebe sichtbar machen (> Bild rechts Mitte).

Fluoreszierende Proteine

Markierte Antikörper müssen im Labor hergestellt werden. Sie erreichen viele Strukturen in der Zelle nur unzureichend. Heute verfügt man jedoch über Techniken, mit denen man ein Protein zusammen mit der Markierung von der Zelle selbst herstellen lassen kann. Dazu wird der „Bauplan" für ein fluoreszierendes Protein mit gentechnischen Methoden in die Zelle geschleust. Meist verwendet man das *grüne Fluoreszenzprotein (GFP)*, einen von der Qualle *Aequorea victoria* (> Bild rechts) stammenden Farbstoff. Die Zelle kann so dazu umprogrammiert werden, ein bestimmtes Protein gekoppelt mit dem Fluoreszenzprotein zu bilden. Man spricht dann von *GFP-Fusionsproteinen*. Da GFP relativ klein ist, beeinflusst es die Eigenschaften des gekoppelten Proteins in der Regel nicht. So ist es es möglich, den Ort der Herstellung und den Weg zu ermitteln, den das markierte Protein in der Zelle nimmt.

Radioaktive Markierung

Bei der *Markierung mit radioaktiven Isotopen* ersetzt man künstlich ein Atom des nachzuweisenden Moleküls durch ein radioaktives Atom. Oft nutzt man radioaktive Isotope von Stickstoff, Schwefel oder Phosphor, je nachdem, welche Art von Molekül man markieren möchte. Radioaktive Markierung ist die einzige Methode, mit der man zwischen chemisch identischen Molekülen unterschiedlicher Herkunft unterscheiden kann. Auch lässt sich damit verfolgen, wie ein bestimmtes Molekül in der Zelle chemisch verändert oder abgebaut wird. Um einen radioaktiv markierten Stoff in einem Gewebe nachzuweisen, nutzt man die Methode der *Autoradiographie*, bei der aufgelegte Röntgenfilme die Radioaktivität einer Gewebeprobe durch Schwarzfärbung anzeigen.

1. Antikörper eignen sich sehr gut für den Nachweis von Strukturen auf der Oberfläche einer Zelle. Nennen Sie Gründe dafür, dass es in der Regel nur bedingt möglich ist, mit Antikörpern auch Strukturen innerhalb der Zelle nachzuweisen.
2. Recherchieren Sie in verschiedenen Quellen, welche Bedeutung das grüne Fluoreszenzprotein für die Qualle hat.
3. Erläutern Sie auf Basis Ihres Wissens zum chemischen Aufbau von Proteinen, welche radioaktiven Isotope für einen Nachweis geeignet sind.

Stichworte zu weiteren Informationen
In-situ-Hybridisierung | Quantum Dots | Konfokalmikroskopie

Prokaryoten

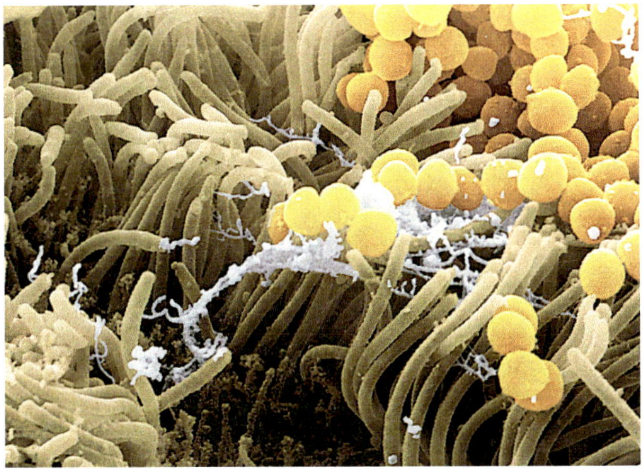

1 *Staphylococcus aureus lebt auf der Nasenschleimhaut.*

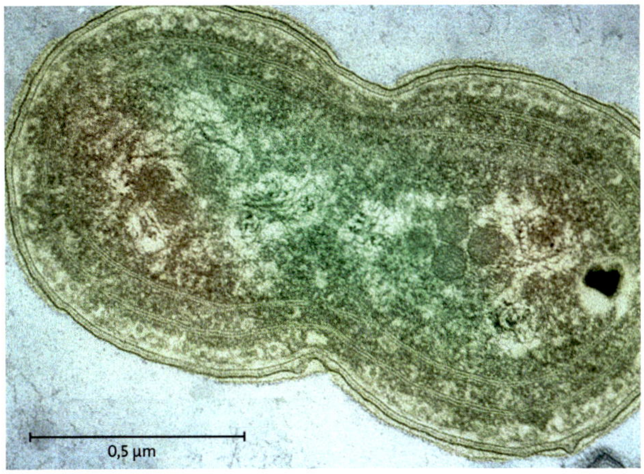

2 *Die Zellmembran des Cyanobakteriums bildet Thylakoide.*

Fast alle für uns sichtbaren Lebewesen in unserer Umgebung – Tiere, Pflanzen und Pilze – sind *Eukaryoten*. Sie bestehen aus Zellen, die sich vor allem durch den Besitz eines Zellkerns auszeichnen. Weitaus häufiger sind jedoch Organismen, deren Zellen keinen Kern haben und die nicht in Kompartimente oder Organellen gegliedert sind: die *Prokaryoten*.

Bakterien Die größte Gruppe unter den bisher bekannten Prokaryoten sind die *Bakterien*. Sie besiedeln in unvorstellbar großer Zahl fast alle Lebensräume der Erde. Im Alltag nehmen wir Bakterien am ehesten als *Verursacher von Infektionen* oder durch verdorbene Lebensmittel wahr. Dabei sind Bakterien für das Leben auf der Erde unentbehrlich. Als *Destruenten* sorgen sie für den Abbau organischer Stoffe. Sie sind verantwortlich dafür, dass Stickstoff, Kohlenstoff und andere Elemente aus der Körpersubstanz der Lebewesen den Stoffkreisläufen in mineralischer Form wieder zugeführt werden. Darüber hinaus spielen sie eine wichtige Rolle als Symbionten beispielsweise im Magen von Wiederkäuern. *Escherichia coli (E. coli)* aus dem Warmblüter-Darm ist als ein Modellorganismus der Biologie besonders gut untersucht.
Die meisten Bakterien sind relativ klein, ihre Länge liegt bei 1 bis 10 µm. Die Zellen sind sehr unterschiedlich geformt. Im Mikroskop lassen sich kugelige, stäbchenförmige und spiralartig gewundene Arten unterscheiden. Die Zellgestalt ist aber nicht typisch für eine bestimmte Bakteriengruppe. Viele Arten bilden zwei- oder mehrzellige Verbände.
Bei fast allen Bakterien ist der Zellmembran nach außen eine *Zellwand* aufgelagert. Deshalb wurden Bakterien früher den Pflanzen zugerechnet. Die Bakterienzellwand unterscheidet sich jedoch grundsätzlich von der der Pflanzen. Sie besteht aus *Murein*, einem Makromolekül aus Zuckerketten, die durch Proteine verbunden sind. Das Mureinmolekül umhüllt die Zelle wie ein festes Netz. Die Erbsubstanz liegt als einziges, ringförmiges Bakterienchromosom im Cytoplasma. Diesen Bereich in der Zellmitte nennt man *Nucleoid*. Weitere kleine DNA-Ringe, die *Plasmide*, tragen meist nur wenige Gene. Diese sind vor allem für „Sonderaufgaben" wie die Resistenz gegen Antibiotika oder den Abbau ungewöhnlicher Substanzen verantwortlich.

Bakterien vermehren sich asexuell durch *Zweiteilung*. Unter günstigen Bedingungen verdoppelt sich die Population bei manchen Arten alle 20 Minuten. Diese extrem kurze Generationsdauer ermöglicht es den Bakterien, sich sehr rasch an veränderte Umweltbedingungen anzupassen. Voraussetzung dafür sind genetische Veränderungen. Bei der *Konjugation* wird durch den Austausch von Plasmiden genetische Information zwischen zwei Baktierienzellen übertragen. Hauptursache für genetische Variabilität sind jedoch Mutationen.
Cyanobakterien sind meist 5- bis 10-mal größer als die übrigen Bakterien. Wegen ihrer oft blaugrünen Färbung und der Fähigkeit, Fotosynthese zu betreiben, bezeichnete man sie früher als *Blaualgen*. Ihre Zellmembran ist – ähnlich wie die innere Membran der Chloroplasten – vielfach eingefaltet, sodass Thylakoide entstehen. Die meisten Arten kommen im Boden und im Süßwasser vor. Sie bilden häufig fadenförmige Zellkolonien. Manche leben in Symbiose mit Pilzen und bilden mit diesen Flechten. Auffällig ist das oft massenhafte Vorkommen von Cyanobakterien an extremen Standorten. Neben der Toleranz vieler Arten gegenüber Kälte und Trockenheit kommt ihnen dabei die Fähigkeit zugute, *Luftstickstoff* für die Proteinsynthese zu nutzen.

Archaeen *Archaeen* (griech. *archeios*: urtümlich) sind einzellige, von einer Zellwand umgebene Organismen, die vor allem extreme Lebensräume besiedeln. Der Name weist darauf hin, dass Archaeen an solche Lebensbedingungen angepasst sind, wie sie vermutlich in der Frühzeit der Erdentwicklung geherrscht haben. Da sie ähnlich gebaut sind, hielt man sie lange Zeit für sehr ursprüngliche Bakterien und bezeichnete sie auch als Archaebakterien. Erst molekulargenetische Untersuchungen zeigten, dass Archaeen zwar wie Bakterien Prokaryoten sind, in bestimmten Merkmalen aber den Eukaryoten näherstehen.

1. Informieren Sie sich über Bakterien in der Biotechnologie, bei der Abwasserreinigung und als Indikatororganismen.
2. Das Cyanobakterium Spirulina wird als Nahrungszusatz angeboten. Informieren Sie sich über seine ernährungsphysiologischen Vorteile und beschreiben Sie diese.

Eucyte, Procyte und Viren

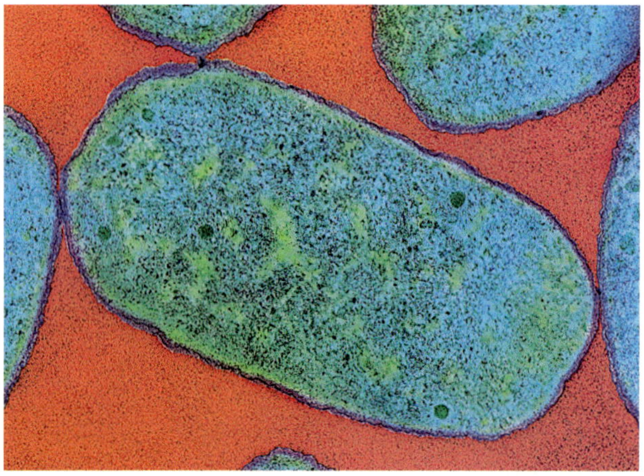

1 *TEM-Aufnahme des Bakteriums Escherichia coli*

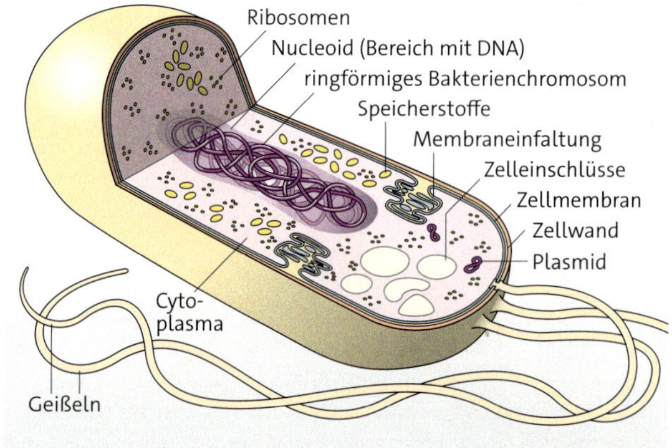

2 *Bakterienzelle (Schema)*

Eucyte Eukaryotische Zellen haben charakteristische Merkmale. Dazu gehören die Kompartimentierung durch Biomembranen und das Cytoskelett. Die Erbsubstanz ist in mehrere Chromosomen gegliedert, deren Anzahl typisch ist für Arten oder Verwandtschaftsgruppen. Bei Vielzellern sind besondere Strukturen ausgebildet, um die einzelnen Zellen miteinander zu verbinden. Der Organisationstyp der eukaryotischen Zelle wird als *Eucyte* bezeichnet. Man nimmt an, dass die Eucyte aus einer Symbiose prokaryotischer Vorläuferorganismen hervorgegangen ist (> S. 49).

Procyte Die *Procyte*, der Organisationstyp der Prokaryoten, ist deutlich einfacher strukturiert. Die Zellen sind im Durchschnitt wesentlich kleiner, die Erbsubstanz ist in einem einzigen Bakterienchromosom konzentriert, dessen DNA-Gehalt nur etwa ein Tausendstel der DNA einer Eukaryotenzelle ausmacht. Von Membranen umgebene Organellen, wie sie für die Eucyte typisch sind, treten nicht auf. An einigen Stellen faltet sich die Zellmembran ins Zellinnere ein. In diesen Bereichen findet die Zellatmung statt. Die Ribosomen der Procyte sind etwas kleiner als die der Eucyte. Ihre Masse wird in Svedberg-Einheiten (abgekürzt S), einem Maß für die Sedimentationsgeschwindigkeit, angegeben. Prokaryotische Ribosomen haben eine Masse von 70 S, während im Cytoplasma der Eucyte 80-S-Ribosomen vorliegen. Echte Vielzelligkeit ist bei den Prokaryoten nicht entstanden. Bei einigen Arten gibt es jedoch Zellverbände, die eine Arbeitsteilung erkennen lassen, wie sie auch bei Einzellerkolonien vorkommt (> S. 51).

Vergleich zwischen Eukaryoten und Prokaryoten

Merkmal	Eukaryoten	Prokaryoten
membranumgrenzte Organellen	+	–
Erbsubstanz	mehrere lineare Chromosomen	1 ringförmiges Bakterienchromosom, Plasmide
genet. Austausch	Geschlechtszellen	Konjugation
Ribosomen	80 S	70 S
Cytoskelett	+	–
Geißeln	Aufbau aus Mikrotubuli (9 · 2 + 2-Muster)	Proteinfilamente, außen an der Zelle befestigt
Zellgröße	2–20(–300) µm	0,2–10(–50) µm
Vielzelligkeit	(+)	–

Viren Im Gegensatz zu Prokaryoten sind *Viren* keine Zellen. Sie bestehen nur aus einem Nukleinsäurefaden, der von einer Eiweißhülle umgeben ist. Komplizierter gebaute Viren sind zusätzlich von einer Membran umhüllt. Der Nukleinsäurefaden enthält die Erbinformation. Da Viren keinen eigenen Stoffwechsel haben, können sie sich nicht selbst vermehren. Indem sie ihre Erbinformation in eine Wirtszelle einschleusen, bringen sie diese dazu, infektiöse Viren herzustellen. Bestimmte Viren, die *Bakteriophagen*, befallen ausschließlich Bakterien. Andere sind auf Pflanzen oder Pilze spezialisiert. Im menschlichen Körper sind sie als Erreger für Krankheiten wie Grippe, Masern und Tollwut verantwortlich. Ihre Größe liegt mit 10–300 nm nochmals deutlich unter der der Prokaryoten.

1 Ergänzen Sie die Tabelle: Vergleichen Sie die entsprechenden Merkmale für Mitochondrien und Plastiden mit denen der Prokaryoten. Ziehen Sie Schlüsse aus dem Vergleich.

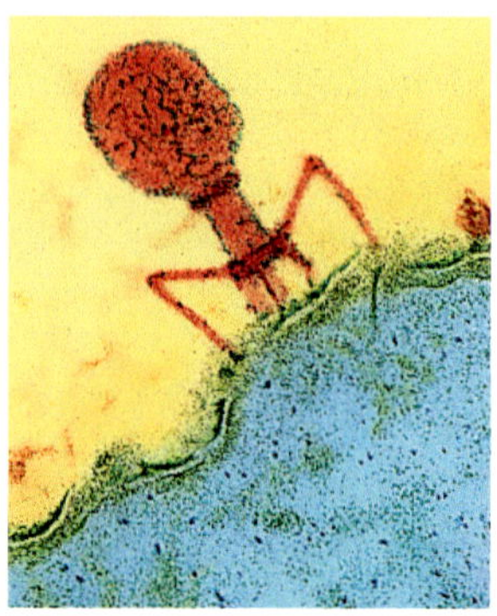

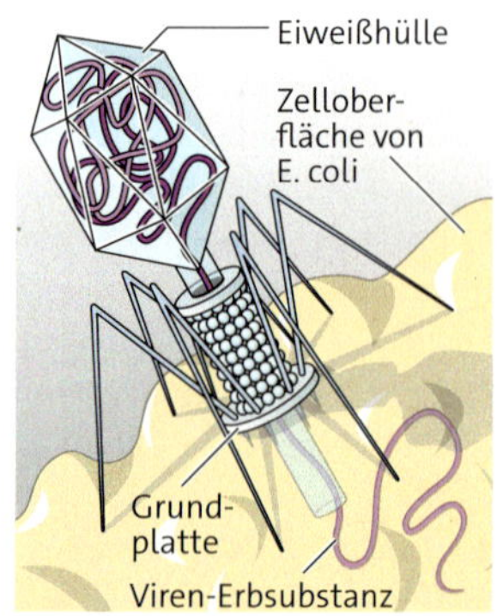

3 und 4 *Ein Bakteriophage befällt ein E.-coli-Bakterium.*

Herkunft der Eucyte

Alle bekannten Lebensformen lassen sich auf die beiden Zelltypen *Procyte* und *Eucyte* zurückführen. Trotz ihrer grundsätzlichen Verschiedenheit weisen Übereinstimmungen wie die einheitliche Verschlüsselung der Erbinformation und die Art der Proteinsynthese auf eine Verwandtschaft von Prokaryoten und Eukaryoten hin. Man nimmt an, dass sich die eukaryotische Zelle aus der wesentlich älteren prokaryotischen Zelle entwickelt hat. Wie dieser Prozess verlaufen sein könnte, ist eine der fundamentalen Fragen der Wissenschaft Biologie.

Endosymbiontentheorie Schon Ende des 19. Jahrhunderts machten Wissenschaftler die Beobachtung, dass sich Mitochondrien und Plastiden unabhängig vom Zellzyklus durch Zweiteilung vermehren. Der Biologe ALTMANN stellte daraufhin die Hypothese auf, die beiden Organellen könnten von ursprünglich frei lebenden Einzellern abstammen.

Aus dieser Hypothese entstand die *Endosymbiontentheorie*. Sie geht davon aus, dass große, organellenfreie Prokaryoten kleinere, bakterienähnliche Organismen durch Phagocytose (> S. 44) – zum Beispiel als Beute – in die Zelle aufnahmen. Diese wurden aber nicht verdaut, sondern lebten im Cytoplasma der Wirtszelle weiter, zunächst vielleicht als Parasiten. Das Verhältnis zwischen den Zellen entwickelte sich jedoch so, dass beide Partner Vorteile daraus zogen. Indem Wirt und Endosymbiont immer stärker voneinander abhängig wurden, entstand ein Organismus, dessen einzelne Bestandteile nicht mehr getrennt voneinander existieren konnten. Als Vorläufer der Mitochondrien werden Prokaryoten angenommen, die mithilfe von Sauerstoff aus organischer Nahrung Energie gewinnen konnten. Die Plastiden könnten dagegen aus Fotosynthese betreibenden, den Cyanobakterien ähnlichen Prokaryoten hervorgegangen sein.

Aus der Vorstellung, dass die Vorläufer von Mitochondrien und Plastiden durch Phagocytose in die Wirtszelle gelangten, ergibt sich, dass die Organellen von einer *doppelten Membran* umgeben sein müssen: Die äußere Membran muss demnach dem Phagocytosevesikel, also der Zellmembran der Wirtszelle, entsprechen, die innere Membran dagegen der Zellmembran des Prokaryoten.

Die Endosymbiontentheorie findet heute breite wissenschaftliche Zustimmung und wird durch zahlreiche Fakten gestützt:

- Die *Proteine der inneren Membranen* von Plastiden und Mitochondrien stimmen mit denen der Zellmembran von Prokaryoten überein. Sie unterscheiden sich dagegen erheblich von allen anderen Membranen der Eucyte.
- Mitochondrien und Plastiden besitzen eine *eigene Erbsubstanz* aus ringförmiger DNA.
- Mitochondrien, Plastiden und heute lebende Prokaryoten stimmen in der *Größe* gut überein.
- Die eigenen *Ribosomen* dieser Organellen entsprechen nach ihrer Masse von 70 S und der Zusammensetzung ihrer RNA den Ribosomen von Prokaryoten.

Symbiosen mit intrazellulären Partnern sind auch zwischen heute lebenden Organismen nicht selten. Sie können als Modell für die Entstehung der Eucyte angesehen werden. Die Amöbe *Pelomyxa palustris* zum Beispiel besitzt keine eigenen Mitochondrien. Sie nimmt stattdessen Bakterien auf, die Zellatmung betreiben und die gewonnene Energie an die Wirtszelle abgeben. Das Grüne Pantoffeltier *Paramecium bursaria* enthält in der Natur stets zahlreiche Zellen der Grünalge *Chlorella* als Endosymbionten. Im Licht kommt das Pantoffeltier so völlig ohne die Aufnahme organischer Stoffe aus.

Offene Fragen Die Endosymbiontentheorie konzentriert sich auf die Entstehung von Mitochondrien und Chloroplasten. Sie reicht daher als Erklärung für die ganze Entwicklung der Eucyte nicht aus. Die Kernhülle, das endoplasmatische Reticulum, der Golgi-Apparat und verwandte Strukturen sind vermutlich durch *Einstülpungen der Zellmembran* entstanden. Dabei wurden Bereiche mit speziellen Aufgaben, also einer bestimmten Enzymausstattung, voneinander abgegrenzt und zum Teil DNA-Ringe und Ribosomen umschlossen. Völlig unklar ist jedoch noch, wie es zur Gliederung der Erbinformation in Chromosomen, zur Entwicklung des Spindelapparats oder auch zu den exakt regulierten Abläufen bei der Zellteilung kam. Derzeit wird versucht diesen Fragen durch weitere Forschungen nachzugehen.

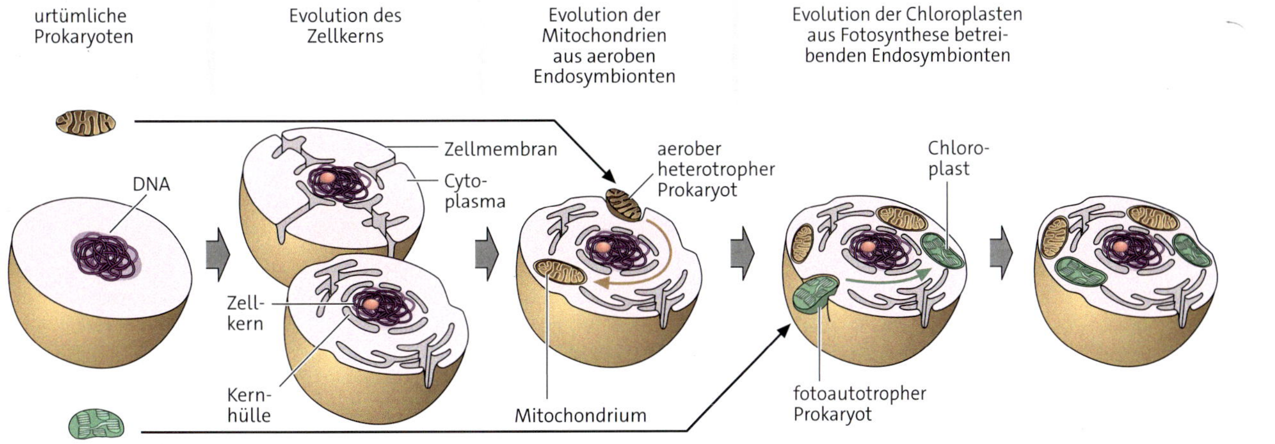

1 *Um die Entstehung der Eucyte zu erklären, müssen verschiedene Vorstellungen herangezogen werden.*

Organisationstyp Einzeller

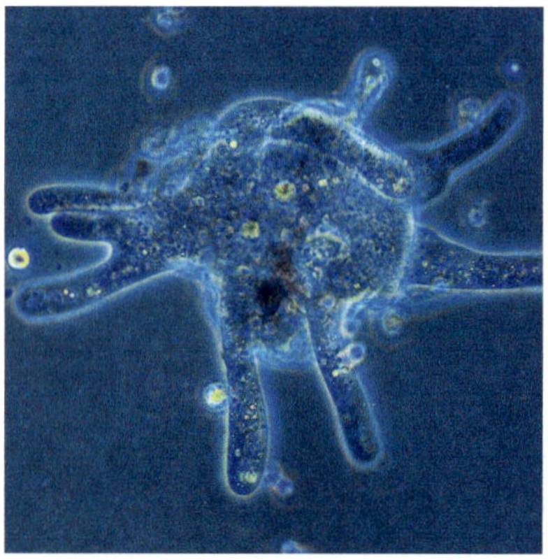

1 *Amoeba proteus bewegt sich mithilfe von Scheinfüßchen fort, den Pseudopodien.*

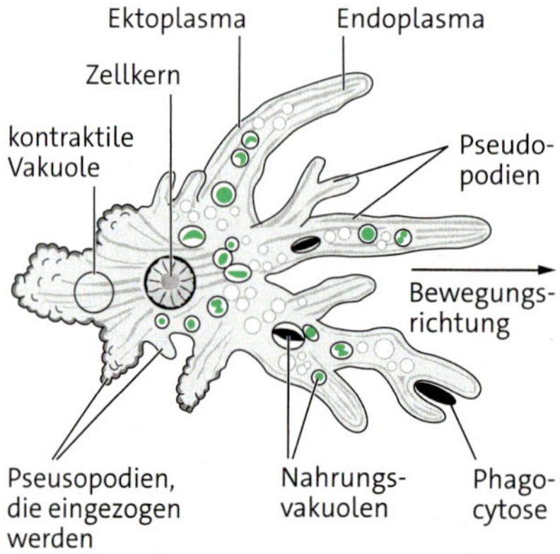

2 *Das Cytoplasma der Amöbe enthält Zellorganellen und Nahrungsvakuolen.*

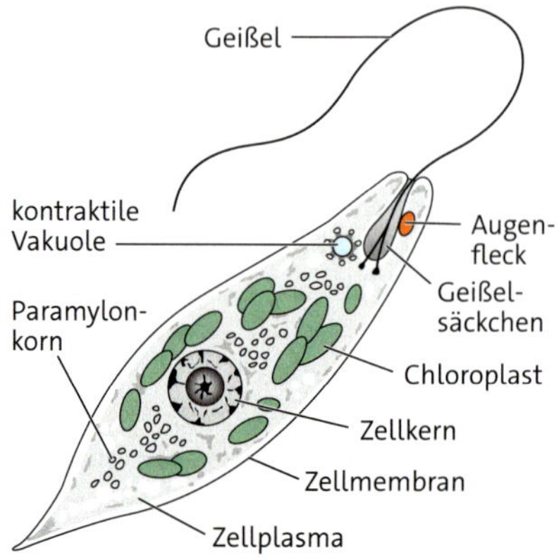

3 *Euglena viridis ist ein fakultativ autotropher Einzeller und besitzt Chloroplasten.*

Die ersten *eukaryotischen Einzeller* haben sich vermutlich schon vor 2 Milliarden Jahren aus Prokaryoten entwickelt (Endosymbiontentheorie > S. 49) und stellen bis heute einen erfolgreichen *Organisationstyp* dar. Sie werden oft unter der Bezeichnung *„Protisten"* zusammengefasst, obwohl sie nach heutiger Auffassung nicht näher miteinander verwandt sind. Verschiedene Einzeller wie Amöbe und Euglena, Kragengeißeltier und Grünalge Chlamydomonas oder Malariaerreger Plasmodium unterscheiden sich daher stark voneinander.

Eukaryotische Einzeller weisen oft besondere *Spezialisierungen innerhalb der Zelle* auf, die so bei Zellen von Vielzellern nicht vorkommen. Sie zeigen aber nicht nur im Bau von Zelle und Zellorganellen eine große Vielfalt, sondern auch in Vorkommen und Lebensweise. Es gibt Gruppen, die ausschließlich oder überwiegend im Meer leben, während andere Einzeller im Süßwasser vorkommen, in Körperflüssigkeiten von Lebewesen, im Boden oder auf sich zersetzender organischer Substanz. *Autotrophe* Einzeller besitzen Chloroplasten und bilden mit ihrer Hilfe organische Stoffe durch Fotosynthese. Andere Einzeller nehmen organische Stoffe auf, ernähren sich also *heterotroph*. Manche Arten können von autotropher auf heterotrophe Lebensweise umstellen.

Beispiel Amöbe Mit 0,5 mm Größe ist *Amoeba proteus* mit bloßem Auge gerade noch erkennbar. Sie verändert ihre Gestalt ständig („Wechseltier"): Die Zellmembran stülpt sich an manchen Stellen zu Fortsätzen aus, den *Pseudopodien*, in die Teile des Cytoplasmas einfließen, während sich anderswo das Cytoplasma zurückzieht. Direkt unter der Zellmembran liegt das klare, durchsichtige *Ektoplasma*. Das zentral gelegene *Endoplasma* erscheint körniger und trüber. Es enthält den Zellkern und die übrigen Zellorganellen.

Mithilfe der Pseudopodien bewegt sich die Amöbe fort. Einzelne Pseudopodien greifen dabei nach vorn und ziehen den übrigen Zellkörper nach. Die amöboide Bewegung wird durch lokale Kontraktion von *Mikrofilamenten* des Cytoskeletts bewirkt (> S. 27), die ein Strömen des Cytoplasmas zur Folge hat.

Zur Nahrungsaufnahme umfließen die *Pseudopodien* kleinere Einzeller, Algen oder Pflanzenreste und schließen diese wie in einer Höhle ein. Diesen Vorgang nennt man *Phagocytose* (> S. 44). Es entstehen dabei von einer Zellmembran umgebene *Nahrungsvakuolen*. Sie wandern ins Zellinnere und verschmelzen dort mit Lysosomen, kleinen Zellorganellen, die Enzyme zur Verdauung von Fett, Eiweiß und Kohlenhydraten enthalten (> S. 25). Die Nährstoffe werden dann über die Vakuolenmembran ins Cytoplasma abgegeben. Die Vakuolen selbst wandern zur Zellmembran und befördern die unverdaulichen Reste nach außen (*Exocytose* > S. 44). Amöben können zwischen Nahrung und anorganischem Material unterscheiden. Sie reagieren auf chemische Reize, Licht-, Berührungs- und Temperaturreize. Durch die *kontraktile Vakuole*, ein besonderes Organell zur *Osmoregulation* bei im Süßwasser lebenden Einzellern, wird eingedrungenes Wasser unter Energieaufwand rhythmisch wieder nach außen gepumpt.

Hat eine Amöbe eine bestimmte Zellgröße erreicht, kugelt sie sich ab. Der Zellkern teilt sich, anschließend schnürt sich der Zellleib durch. Durch ungeschlechtliche Vermehrung sind so zwei Tochteramöben entstanden. Sexuelle Fortpflanzung kommt nur in Ausnahmefällen vor.

Beispiel Euglena *Euglena viridis* lebt normalerweise *autotroph*. Sie besitzt *Chloroplasten* und betreibt Fotosynthese. Dabei entsteht das stärkeähnliche *Paramylon*. Bei längerer Dunkelhaltung im Labor werden die Chloroplasten farblos oder verschwinden ganz. Euglena ernährt sich dann heterotroph wie verwandte begeißelte Einzeller, die keine Chloroplasten besitzen.

Euglena bewegt sich durch den Schlag der *Geißel* vorwärts. Die Geißel entspringt in einer Vertiefung am Vorderende der Zelle, dem Geißelsäckchen. Innerhalb des *Geißelsäckchens* ist die Geißel an einer Stelle verdickt. Dieser Bereich ist *lichtempfindlich*. Ein *Augenfleck* aus Fetttröpfchen, die mit Carotinen rot gefärbt sind, sitzt an der Wand des Geißelsäckchens. Er schirmt Licht ab. Durch den Beschattungsgrad nimmt Euglena die Richtung des einfallenden Lichts wahr. Sie bewegt sich zum Licht hin. Auch sind bei Euglena *kontraktile Vakuolen* zu finden. Euglena vermehrt sich *ungeschlechtlich* durch Längsteilung.

1 Die Zelle ist die kleinste selbstständige Einheit des Lebens. Weisen Sie das für einen von Ihnen gewählten Einzeller nach. Ziehen Sie dazu die Prinzipien des Lebendigen (> S. 6) heran.

Einzeller – Zellkolonie – Vielzeller

Mehrere Tausend Arten Einzeller zeigen, dass die unterschiedliche innere Differenzierung einer Einzelzelle ein erfolgreiches Konzept darstellt.

Die Betrachtung heute lebender Arten aus den Gruppen der *Grünalgen (Chlorophyta)* und der *Kragengeißeltiere* liefert Hinweise, wie man sich die Entwicklung von Einzellern zu vielzelligen Organismen vorstellen kann.

Grünalgen *Chlamydomonas* ist eine *einzellige Grünalge*. Sie hat zwei Geißeln zur Fortbewegung, einen roten Augenfleck und einen becherförmigen Chloroplasten. Ihre Zellwand ist von einer schleimigen Gallertschicht umgeben. Bei der ungeschlechtlichen Vermehrung entstehen in zwei Teilungsschritten vier Zellen. Sie werden kurzzeitig von der gemeinsamen Gallerte zusammengehalten, trennen sich aber dann.

Die Grünalge *Gonium* bildet eine flache Scheibe aus 4–16 chlamydomonasähnlichen Zellen. Die Zellen sind durch eine gemeinsame Gallerthülle dauerhaft zu einer *Zellkolonie* verbunden. Dabei ist jede Zelle weitgehend eigenständig. Werden die Zellen getrennt, ist jede für sich allein lebensfähig. Untereinander zeigen die einzelnen Zellen keine Differenzierung. Zwischen ihnen sind aber Cytoplasmastränge (Plasmodesmen) ausgebildet, sodass sie zu gemeinsamer Leistung fähig sind. Beim Schwimmen schlagen ihre Geißeln synchron.

Die Grünalge *Volvox* kann als Vielzeller angesehen werden. Bei ihr bilden bis zu 20000 chlamydomonasähnliche Zellen einen *Zellverband*. Die innen mit Schleim ausgefüllte Hohlkugel erreicht einen Durchmesser von 0,5 bis 2 mm. Die einzelnen Zellen sind durch Plasmodesmen miteinander verbunden. Zwischen den Zellen besteht eine *Arbeitsteilung*. Die meisten dienen als *Körperzellen* dem Stoffwechsel und der Fortbewegung. Sie sind nicht mehr teilungsfähig und haben eine *beschränkte Lebensdauer*. Wenige Zellen sind deutlich größer und als *Fortpflanzungszellen* zur Teilung fähig. Meist teilen sie sich ungeschlechtlich und wachsen im Innern der Mutterkugel zu neuen Volvoxkugeln heran. Erst wenn die Mutterkugel zerfällt, werden sie frei.

Volvox weist damit bereits einige für Vielzeller typische Merkmale auf:

- Stoffaustausch und Erregungsleitung zwischen den Zellen werden durch Plasmodesmen ermöglicht.
- Eine Differenzierung in Körperzellen und Fortpflanzungszellen ist vorhanden.
- Die Körperzellen sterben den Alterstod.

Kragengeißeltiere Auch in der Gruppe der *Kragengeißeltiere* finden sich sowohl Einzeller als auch Zellkolonien. Die Schwämme, sehr einfach organisierte vielzellige Tiere ohne echte Gewebe und Organe, enthalten in ihrem Innern *Kragengeißelzellen*, die den Kragengeißeltieren sehr ähnlich sehen (> Bild 1). Nach Auffassung vieler Biologen haben die heute lebenden Schwämme und die Kragengeißeltiere gemeinsame Vorfahren, sind also miteinander verwandt.

1. Grenzen Sie Zellkolonien nach Struktur und Funktion von echten Vielzellern ab.
2. Begründen Sie, weshalb man heute lebende Zellkolonien und einfach organisierte Vielzeller nur als Modelle für die Entwicklung zu vielzelligen Pflanzen und Tieren betrachten darf.

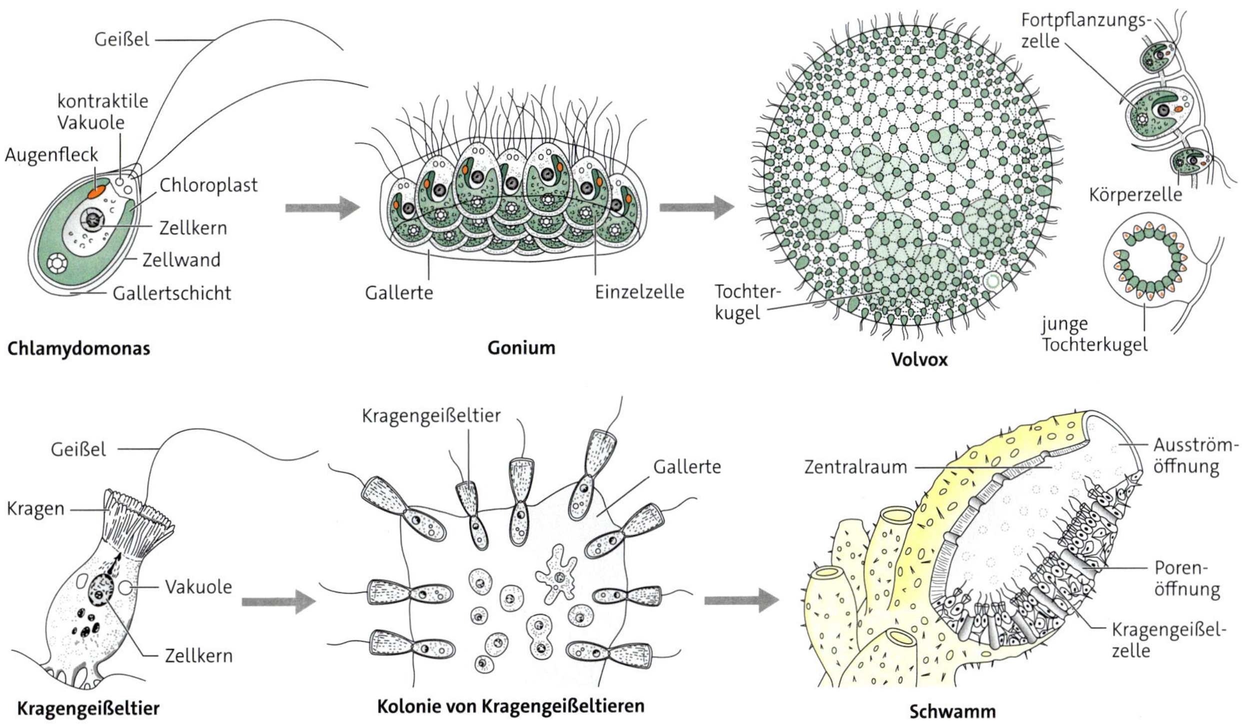

1 *Heute lebende Arten können Modellvorstellungen für die Entwicklung vom Einzeller zum Vielzeller liefern.*

Testen Sie Ihre Kompetenzen

Mithilfe dieses Kapitels können Sie:

- wesentliche Entwicklungsschritte in der Geschichte der Zellbiologie nennen
- die Unterschiede zwischen pflanzlichen und tierischen Zellen angeben und grafisch darstellen
- licht- und elektronenmikroskopische Bilder von Zellen interpretieren
- die wichtigsten Zellorganellen nennen und ihren Bau und ihre Funktion in der Zelle beschreiben
- den Aufbau und die Bedeutung von Lipiden und Proteinen darstellen
- den wissenschaftlichen Erkenntniszuwachs zum Aufbau von Biomembranen darstellen und daran die Veränderlichkeit von Modellen aufzeigen
- die Bedeutung der Kompartimentierung durch Biomembranen für die Zelle erläutern
- Transportvorgänge an Biomembranen beschreiben
- die Organisationsformen Procyte und Eucyte vergleichen
- die Endosymbiontentheorie zur Herkunft der Eucyte erläutern
- die Entwicklung von der Einzelligkeit zur Vielzelligkeit modellhaft darstellen

A Bedeutung von Lipiden für die Zelle

Zellen bestehen zu einem großen Teil aus Lipiden. Diese Makromoleküle stellen nicht nur Baustoffe dar, sondern haben weitere wichtige Aufgaben in der Zelle.

1. Erläutern Sie, welche verschiedenen Funktionen Lipide in Organismen erfüllen.
2. Das Bild unten zeigt den Bau eines Phospholipids. Benennen Sie die charakteristischen Strukturmerkmale von Phospholipiden und erklären Sie daran das typische Verhalten dieser Stoffklasse in wässriger Umgebung.
3. Ersetzt man künstlich einen Teil der Phospholipide in der Zellmembran durch radioaktiv markierte Moleküle, beobachtet man, dass sich nach einiger Zeit auch in Teilen des Golgi-Apparats und des endoplasmatischen Reticulums Radioaktivität nachweisen lässt. Erklären Sie den Sachverhalt.

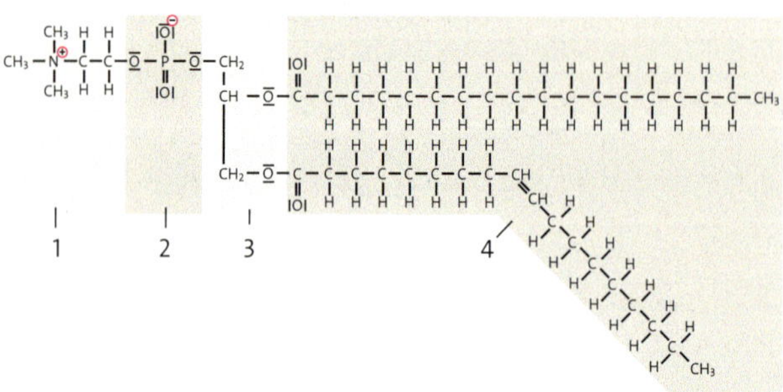

B Vielfalt der Proteine

Proteine sind an fast allen Lebensvorgängen innerhalb der Zelle beteiligt. Obwohl die Vielfalt dieser Makromoleküle riesig ist, zeigen alle Proteine einen grundsätzlich gleichen Bau.

1. Nennen Sie alle Ihnen bekannten Funktionen, die Proteine innerhalb eines Organismus erfüllen.
2. Zeichnen Sie den Grundaufbau einer Aminosäure und erläutern Sie daran, wie es zur Bildung einer Polypeptidkette kommt.
3. Erklären Sie die enorme Vielfalt der Proteine in Anbetracht der Tatsache, dass nur 20 verschiedene Aminosäuren ihre Bausteine darstellen.
4. Erläutern Sie, was man unter der Sekundär- und der Tertiärstruktur eines Proteins versteht. Gehen Sie dabei auch auf die Kräfte ein, die die Strukturen stabilisieren.
5. Nennen Sie die Ihnen bekannten Faktoren, die zur Denaturierung eines Proteins führen können.
6. Je nachdem, welche Aminosäuren in der Primärstruktur eines Proteins aufeinanderfolgen, kann dies einer Proteinregion spezielle Eigenschaften verleihen. Im Bild unten ist ein Transmembranprotein schematisch dargestellt. Bilden Sie eine Hypothese, welche Eigenschaften die verschiedenen Abschnitte des Proteins (Helices und Schlaufen) aufweisen müssen, damit das Protein auf diese Weise in der Membran verankert sein kann.
7. Ricin, das Gift des Wunderbaums Ricinus communis, ist ein Protein, das beim Menschen schon in kleinsten Mengen zum Tod führen kann. Die toxische Wirkung beruht unter anderem darauf, dass das Protein an Ribosomen bindet und diese inaktiviert. Erklären Sie den Zusammenhang.

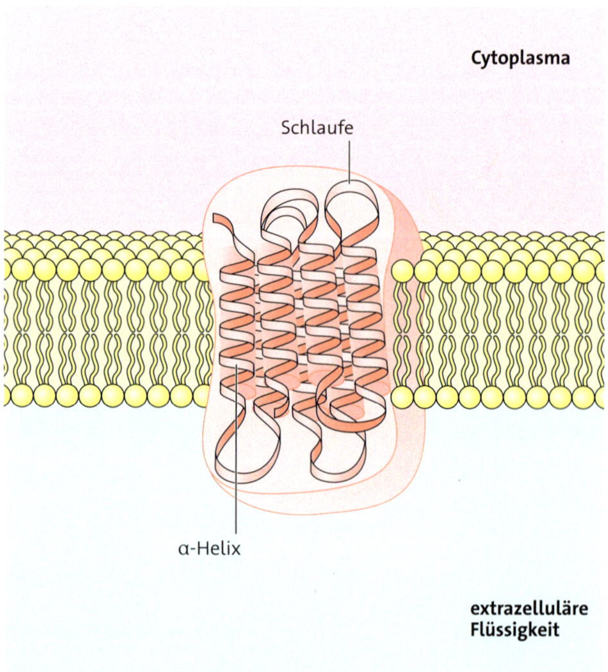

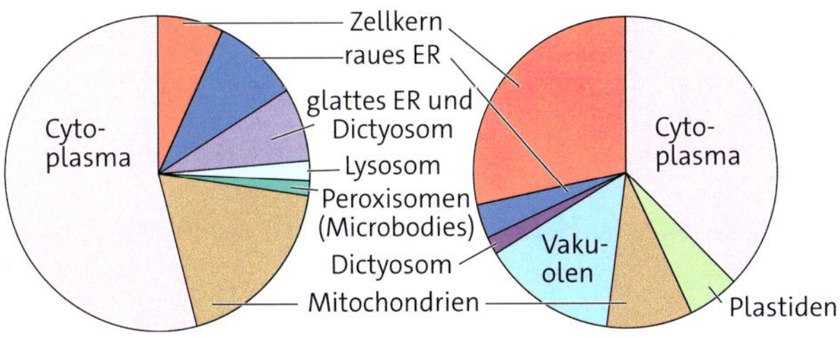

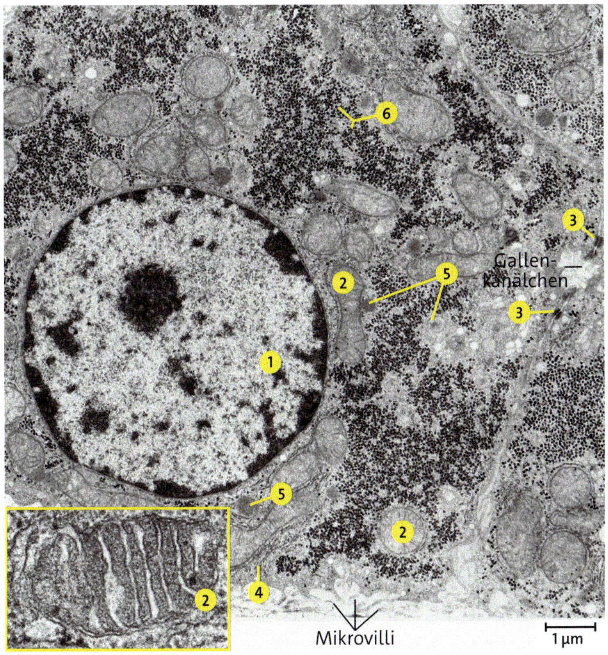

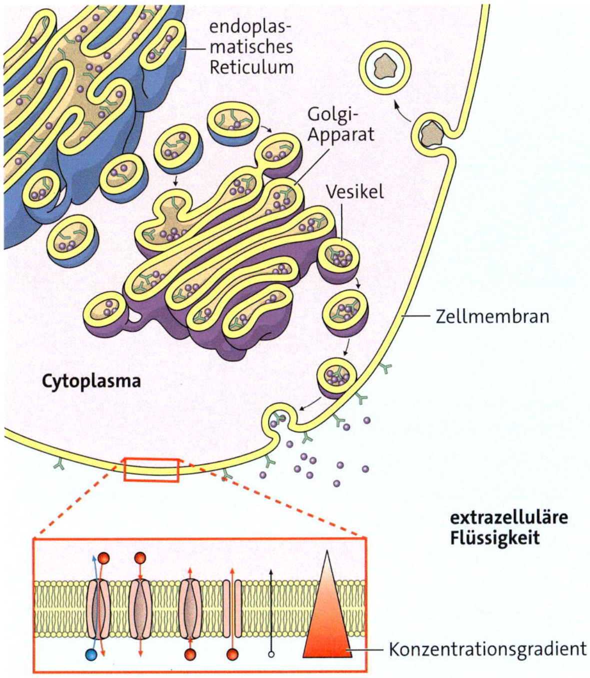

C Vom Einzeller zum Vielzeller

Einzeller sind ideale Modelle für das Verständnis der Lebensvorgänge auf zellulärer Ebene. Der Organisationstyp Einzeller – allerdings nicht die heute lebenden Arten – war in der Evolution auch Ausgangspunkt für die Entwicklung der Vielzelligkeit.

1. Fertigen Sie eine beschriftete Skizze eines Einzellers Ihrer Wahl an und geben Sie die Funktionen der lichtmikroskopisch sichtbaren Strukturen an.
2. Die Grünalge Volvox kann man als einfachen Vielzeller ansehen, dessen Lebensspanne begrenzt ist. Dagegen sind die Zellen der Grünalge Chlamydomonas potenziell unsterblich. Erläutern Sie diesen Befund.
3. Nennen und erläutern Sie weitere Unterschiede zwischen einzelnen Zellen eines vielzelligen Organismus und einem Einzeller.

D Feinbau der Zelle

Eukaryotische Zellen können sich nicht nur in ihrer äußeren Gestalt, sondern auch in der Ausstattung mit Organellen unterscheiden.

1. Die Kreisdiagramme links oben zeigen die Volumenanteile der verschiedenen Zellorganellen in einer Zelle der Ratte und in einer Pflanzenzelle. Vergleichen Sie die unterschiedlichen Volumenanteile der Zellorganellen. Ziehen Sie Schlussfolgerungen zur Funktion der Zellen.
2. Im elektronenmikroskopischen Bild links ist ein Ausschnitt aus einer Rattenzelle zu sehen. Benennen Sie die mit Ziffern versehenen Organellen und Strukturen und geben Sie deren Funktion im Zellstoffwechsel an.
3. Beim Zellorganell 2 lässt sich eine äußere Hüllmembran von einer inneren Membran unterscheiden. Begründen Sie an diesem Beispiel die Bedeutung des biologischen Prinzips der Kompartimentierung.
4. Zellorganellen mit doppelter Membran gehören zu den Fakten, die die Endosymbiontentheorie stützen. Erläutern Sie diese Theorie.

E Transportvorgänge an Biomembranen

Membranen haben für den Stoffaustausch innerhalb und zwischen Zellen große Bedeutung. In der Grafik links sind verschiedene Transportvorgänge schematisch dargestellt.

1. Erläutern Sie den Begriff Konzentrationsgradient.
2. Stellen Sie alle Ihnen bekannten Transportvorgänge an einer Membran übersichtlich in Form einer Tabelle dar. Gehen Sie dabei auch auf den Aspekt ein, ob Energie benötigt wird und ob eine Stoffanreicherung mit dem oder gegen das Konzentrationsgefälle erfolgt.
3. Beschreiben Sie die in der Grafik links dargestellten Transportvorgänge und erläutern Sie begründet, um welchen Transportmechanismus es sich jeweils handelt.
4. Erläutern Sie den Begriff Membranfluss anhand der Grafik links.

Zellkern – Zellvermehrung – Zelldifferenzierung

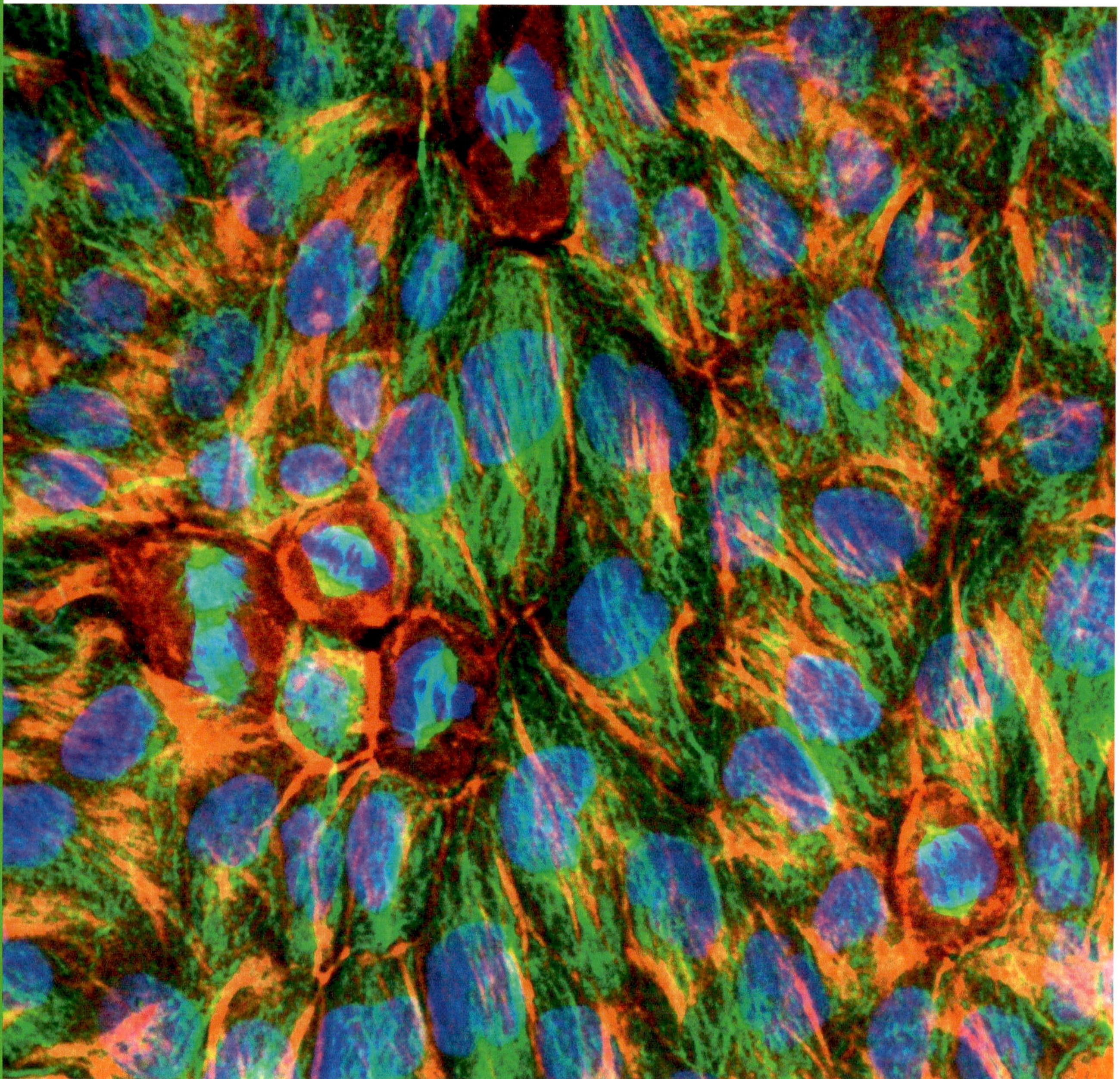

Das Foto oben zeigt einen Verband menschlicher Hautzellen. Hautzellen leben durchschnittlich etwa drei Wochen, danach müssen sie ersetzt werden. Dieser kontinuierliche Ersatz abgestorbener Zellen, aber auch die Vermehrung von Zellen eines wachsenden Organismus geschieht immer durch Zellteilung: Aus einer teilungsfähigen Mutterzelle entstehen zwei Tochterzellen.
Entscheidend ist dabei die als Mitose bezeichnete Teilung des Zellkerns. Währenddessen verliert der Zellkern seine übliche, aus der Beobachtung im Mikroskop bekannte Gestalt.
Die Mitose gewährleistet, dass die Tochterzellen mit der Mutterzelle genetisch identisch sind und sich so differenzieren, dass sie ihre Vorgänger in Bau und Funktion ersetzen.

1. Interpretieren Sie das Bild und erklären Sie das dabei angewandte mikroskopische Verfahren.
2. Fassen Sie zusammen, was Sie bereits über Kern- und Zellteilung wissen.
3. Nehmen Sie Stellung zu der Aussage: „Der Zellkern hat eine zentrale Bedeutung für die Vererbung und die Steuerung von Wachstum und Stoffwechsel einer Zelle."
4. Zellen vielzelliger Organismen sind unterschiedlich differenziert: Sie entsprechen in Gestalt und Aufbau ihrer jeweiligen Funktion. Beschreiben Sie Beispiele für verschieden differenzierte tierische und pflanzliche Zellen.

Zellkern: Steuerzentrum der Eucyte

Werden Zellen im Experiment kernlos gemacht oder verlieren sie wie die roten Blutzellen der Säugetiere während der Differenzierung ihren Zellkern, sterben sie bald ab. Solche Beobachtungen lassen die Lebenswichtigkeit des *Zellkerns* für die Eucyte erkennen. Genaueren Aufschluss über die zentrale Funktion des Zellkerns lieferten Experimente von JOACHIM HÄMMERLING um 1930 mit der zu den Grünalgen zählenden Schirmalge *Acetabularia*.

Pfropfungsexperimente mit Acetabularia Schirmalgen der Gattung Acetabularia sind einzellig, werden aber bis zu 10 cm groß. Sie gliedern sich in ein *Rhizoid*, das der Verankerung am Meeresboden dient und den großen Zellkern enthält, einen *Stiel* und einen gekammerten *Schirm*, der für die Fortpflanzung notwendig ist. Die verschiedenen Schirmalgenarten unterscheiden sich deutlich in der Ausgestaltung ihres Schirms.
Pfropft man den Stiel von *Acetabularia acetabulum* auf das Rhizoid von *Acetabularia wettsteinii*, so entwickelt sich eine Zelle, deren Schirm das Aussehen von Acetabularia wettsteinii hat. Wird der Stiel von *Acetabularia wettsteinii* auf das Rhizoid von *Acetabularia acetabulum* verpflanzt, entwickelt sich ein für Acetabularia acetabulum typischer Schirm. Nach dem Ergebnis der Experimente bestimmt also der Zellkern, welche Merkmale die Zelle ausbildet.

Bau und Funktion des Zellkerns Der Zellkern oder Nucleus (> S. 24) enthält den Großteil der Erbinformation der Zelle. Die Erbinformation besteht aus *DNA (Desoxyribonukleinsäure)*. Sie bildet zusammen mit Proteinen einen als *Chromatin* bezeichneten Komplex, der im wässrigen *Nucleoplasma* eingebettet ist. An der Innenseite der Kernhülle ist das Chromatin mit einem Proteinnetzwerk verankert, das dem Cytoskelett (> S. 26) zugerechnet wird. Es stabilisiert auch die Kernhülle.
Über die *Kernporen* in der Kernhülle ist das Nucleoplasma mit dem Cytoplasma verbunden. Die Kernporen sind nicht einfach Löcher, sondern kompliziert gebaute Kanäle mit 60–100 nm Durchmesser, durch die kleine Ionen und Moleküle frei diffundieren können. Die Aufnahme größerer Moleküle wird dagegen reguliert. Proteine benötigen beispielsweise ein *Sortiersignal* (> S. 45), um die Kernporen zu passieren.
In Jahrzehnte späteren Experimenten mit Acetabularia zeigte sich, dass es im Zellkern gebildete Botenmoleküle aus *Ribonukleinsäure (RNA)* sind, die zur Schirmbildung führen. Heute weiß man, dass die Steuerung von Stoffwechselprozessen in der Zelle regelmäßig so erfolgt: Im Zellkern wird entsprechend der genetischen Information der DNA *messenger-RNA (mRNA)* synthetisiert *(Transkription)*, die dann durch die Kernporen ins Cytoplasma geschleust wird. Hier werden mit der Information der mRNA an den Ribosomen aus Aminosäuren Proteine hergestellt *(Translation)*. Die Proteine schließlich greifen in Stoffwechselprozesse und deren Regulation ein. Einige von ihnen beinflussen im Zellkern die Transkription. Da die Herstellung der Proteine von der genetischen Aktivität des Zellkerns abhängt, muss man den Zellkern als *Steuerzentrum der Eucyte* betrachten.

❶ Erklären Sie die Versuchsergebnisse HÄMMERLINGS.

1 *Acetabularia acetabulum am natürlichen Standort*

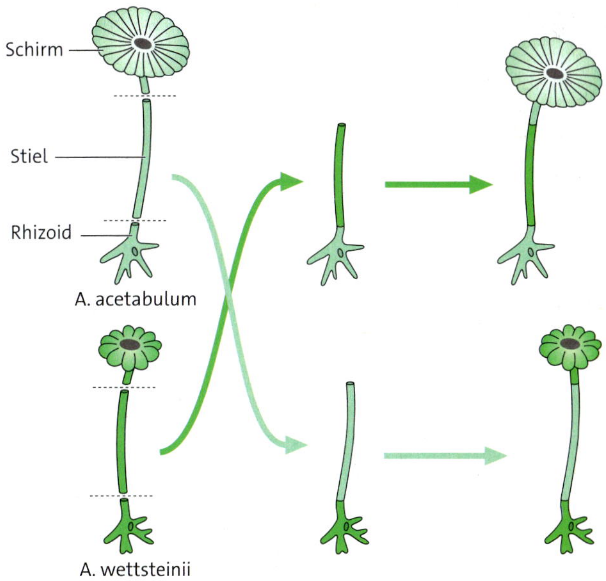

2 *Pfropfungsexperimente von HÄMMERLING*

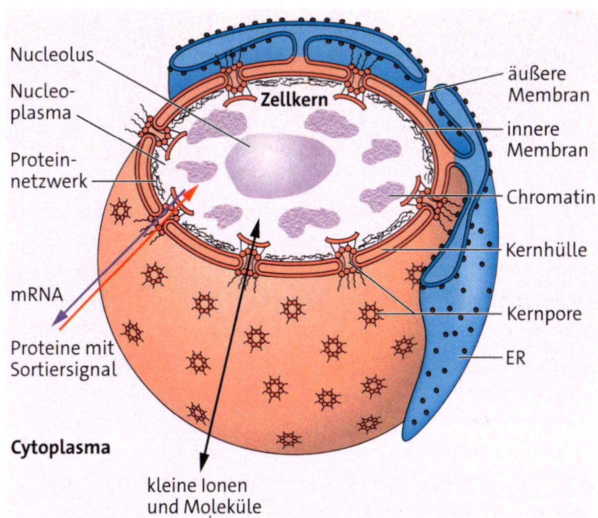

3 *Bau des Zellkerns*

Kerntransplantation und Stammzellen

Eine differenzierte Zelle, zum Beispiel eine Hautzelle, ist durch Gestalt und Ausstattung auf eine bestimmte Funktion festgelegt. Lange nahm man an, dass ihr Zellkern nur noch die dafür erforderliche Erbinformation verwirklichen kann. 1975 gelang jedoch dem britischen Entwicklungsbiologen JOHN GURDON ein aufsehenerregendes Experiment mit dem Krallenfrosch *Xenopus laevis*, das diese Vorstellung widerlegte. Sein Experiment zeigt, dass der Zellkern einer einzelnen differenzierten Körperzelle (somatische Zelle; griech. *soma*: Körper) alle nötigen Informationen für die Entwicklung eines vollständigen Organismus besitzt.

Kerntransplantation GURDON zerstörte mit UV-Licht die Zellkerne und damit die Erbinformation unbefruchteter Xenopus-Eizellen. Aus einem Individuum einer Albinovariante von Xenopus, die keine Farbpigmente und rote Augen besitzt, isolierte er Hautzellen und kultivierte sie auf einem Nährmedium. Dann entnahm er aus den Hautzellen Zellkerne und pflanzte sie in die kernlosen Eizellen ein. Aus den Eiern schlüpften Kaulquappen, die sich zu farblosen Albinofröschen entwickelten. Ihre Zellkerne enthielten alle dieselbe Erbinformation. Da solche erbgleichen Abkömmlinge eines Individuums oder einer Zelle als *Klon* bezeichnet werden, beschreibt man das Verfahren GURDONS auch als *Klonierung durch somatischen Kerntransfer*.

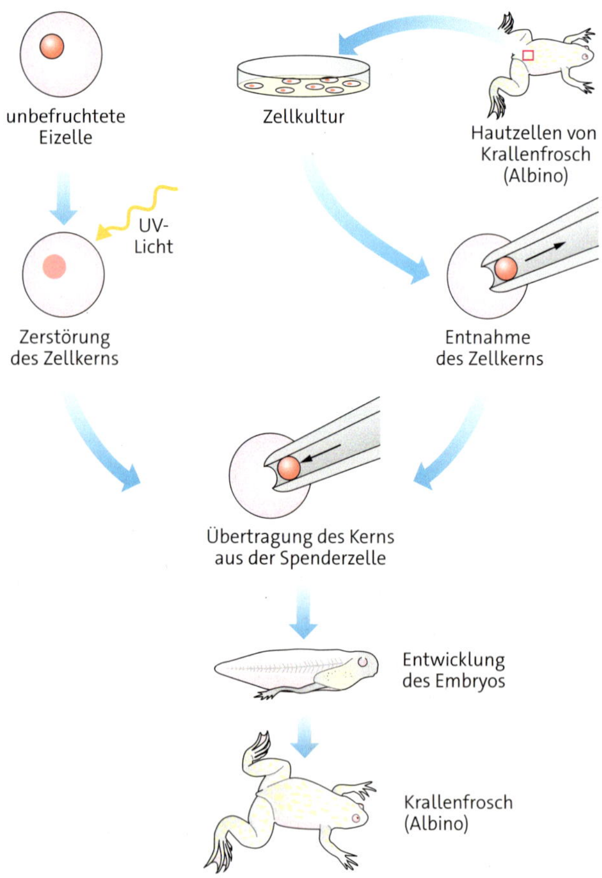

1 *Kerntransplantation bei Xenopus. Die unbefruchtete Eizelle stammt von einem normal gefärbten Krallenfroschweibchen.*

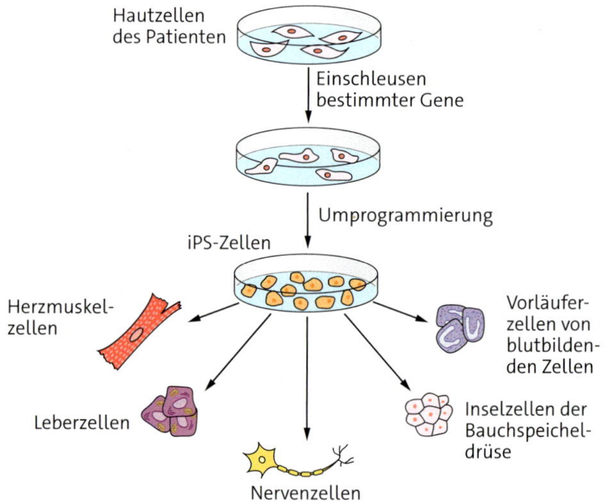

2 *Differenzierung von induzierten pluripotenten Stammzellen (iPS-Zellen)*

Stammzellen GURDON hat mit seinen Experimenten gezeigt, dass sich vollständig differenzierte Körperzellen in den undifferenzierten, zur Teilung fähigen Zustand von *Stammzellen* zurückverwandeln lassen. Bei diesen Vorläuferzellen von differenzierten Zellen unterscheidet man verschiedene Entwicklungsmöglichkeiten *(Entwicklungspotenzen)*:

- *Embryonale Stammzellen (ES)* sind bis zum Acht-Zell-Stadium des Embryos *totipotent*. Jede dieser Zellen kann sich zu einem vollständigen Organismus entwickeln, wie bei eineiigen Mehrlingen. Aus den nächsten drei bis vier Zellteilungen des Embryos hervorgehende Zellen sind *pluripotente* Stammzellen. Sie können sich zu allen Zelltypen des Organismus differenzieren.
- Die nach der Geburt noch vorhandenen *adulten Stammzellen (AS)* erfüllen wichtige Aufgaben bei der Regeneration oder Reparatur von Geweben, beispielsweise in der Haut oder im Knochenmark. Diese Stammzellen sind *multipotent* und können sich „nur" noch zu Zellen eines Gewebetyps entwickeln.

2006 gelang es SHINYA YAMANAKA, Hautzellen einer Maus durch Einschleusung bestimmter Gene zu *induzierten pluripotenten Stammzellen (iPS-Zellen)* umzuprogrammieren, die sich fast wie embryonale Stammzellen verhielten. Inzwischen ist dies auch mit menschlichen Zellen gelungen.
Embryonale Stammzellen des Menschen sind für die medizinische Forschung von großem Interesse. Da sie in Zellkultur unbegrenzt teilungsfähig sind, könnten sie in Zukunft die Möglichkeit eröffnen, kranke oder verletzte Zellen oder Gewebe zu ersetzen.

1. Erklären Sie, warum GURDON für sein Kerntransplantationsexperiment Albinovarianten von Xenopus verwendete.
2. Beschreiben Sie mit eigenen Worten die zwei Methoden, mit denen sich im Labor Stammzellen herstellen lassen.
3. Nehmen Sie Stellung zu folgender Aussage: „Die Potenz einer Zelle ist größer als ihr Schicksal."
4. Recherchieren Sie im Internet, was man unter „tissue engineering" versteht.

Zellkulturen in den Biowissenschaften

Viele Erkenntnisse der Biologie und Medizin werden heute an Zellen und Geweben gewonnen, die außerhalb des Organismus *(in vitro)* kultiviert werden. Auch die Fortschritte in der Stammzellbiologie sind mit der Entwicklung dieser Technologie eng verknüpft.

Zellkulturen Unter einer *Zellkultur* versteht man die Anzucht menschlicher, tierischer oder pflanzlicher Zellen in einer künstlichen Umgebung. Zu ihrer Herstellung entnimmt man einem Organismus Gewebestücke und zerschneidet sie fein. Zellen im Gewebeverband werden meist mithilfe von Enzymen vereinzelt, in geeignete Nährmedien überführt und so am Leben erhalten. Durch Zugabe spezieller Proteine, der Wachstumsfaktoren, können manche Typen tierischer Zellen zur Teilung angeregt werden. Pflanzliche Gewebe oder einzelne Zellen bilden in Kultur zunächst einen Komplex aus undifferenzierten, totipotenten Zellen, der als *Kallus* bezeichnet wird. Behandelt mit Pflanzenhormonen, kann sich aus ihm eine vollständige Pflanze entwickeln.
Da sich tierische Zellen nur 50- bis 70-mal teilen können, ist die Lebensdauer einer Kultur aus tierischen Zellen begrenzt. Tumorzellen können sich in Kultur allerdings unbegrenzt vermehren. Dann spricht man von einer *Zelllinie*.
Auch Stammzellen werden in Zellkultur gehalten. Hier bewirkt die Zugabe von Wachstumsfaktoren je nach Stammzelltyp die Differenzierung in unterschiedliche Zelltypen, beispielsweise blutbildende Zellen, Nervenzellen oder Muskelzellen.

HeLa-Zellen *HeLa-Zellen* sind die ersten menschlichen Zellen, aus denen eine permanente Zelllinie hergestellt werden konnte. Es handelt sich hierbei um Tumorzellen eines Gebärmutterhalskrebses der Amerikanerin HENRIETTA LACKS. Sie wurden der Krebspatientin im Jahr 1951 entnommen und vermehren sich seitdem in Zellkultur. Im Lauf der Jahrzehnte bildeten die HeLa-Zellen die Grundlage für wichtige medizinische Forschungen. Sie wurden zum Beispiel eingesetzt, um einen Impfstoff gegen Kinderlähmung, Medikamente gegen die Parkinson-Krankheit und Leukämie zu entwickeln.

Zellkulturen in der Forschung In vielen Zweigen der Biowissenschaften wird mithilfe der Zellkulturtechnik geforscht:
- Sie ist heute eine der am weitesten verbreiteten Ersatztechniken für Tierversuche. Weil sich Kulturbedingungen wie pH-Wert und Temperatur dabei sehr genau kontrollieren lassen, ist sichergestellt, dass sich die Versuchsergebnisse wiederholen lassen.
- Die Zellbiologie untersucht damit Transport- und Signalwege in der Zelle oder Zelldifferenzierungsprozesse.
- In der biomedizinischen Forschung können mit Zellkulturen Stoffe auf ihre Heilwirkung, aber auch auf ihre toxische Wirkung hin geprüft werden.

Trotz ihrer Bedeutung für die biologische Forschung findet die Verwendung der Zellkulturtechnik dort ihre Grenzen, wo Vorgänge untersucht werden sollen, die sich auf der Organisationsebene von Organen, Organsystemen oder dem vielzelligen Organismus als Ganzes abspielen.

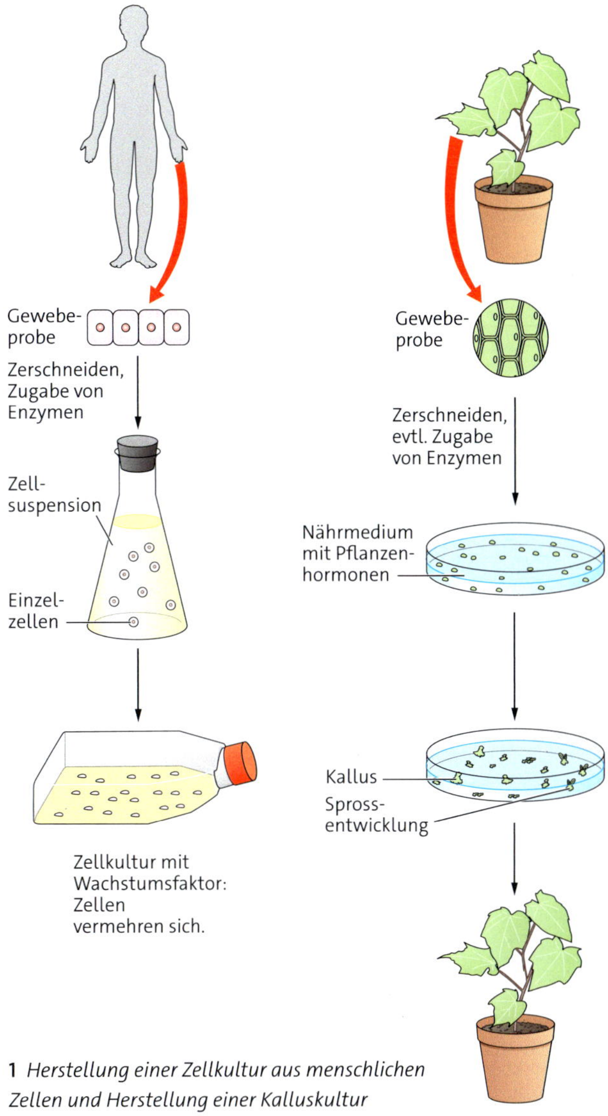

1 *Herstellung einer Zellkultur aus menschlichen Zellen und Herstellung einer Kalluskultur*

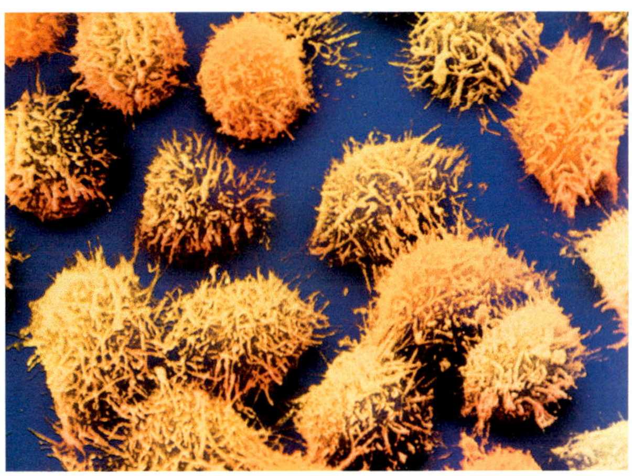

2 *HeLa-Zellen in Zellkultur, REM. Aus diesen Tumorzellen entstand die erste menschliche Zelllinie.*

Chemische Grundlagen: Nukleinsäuren

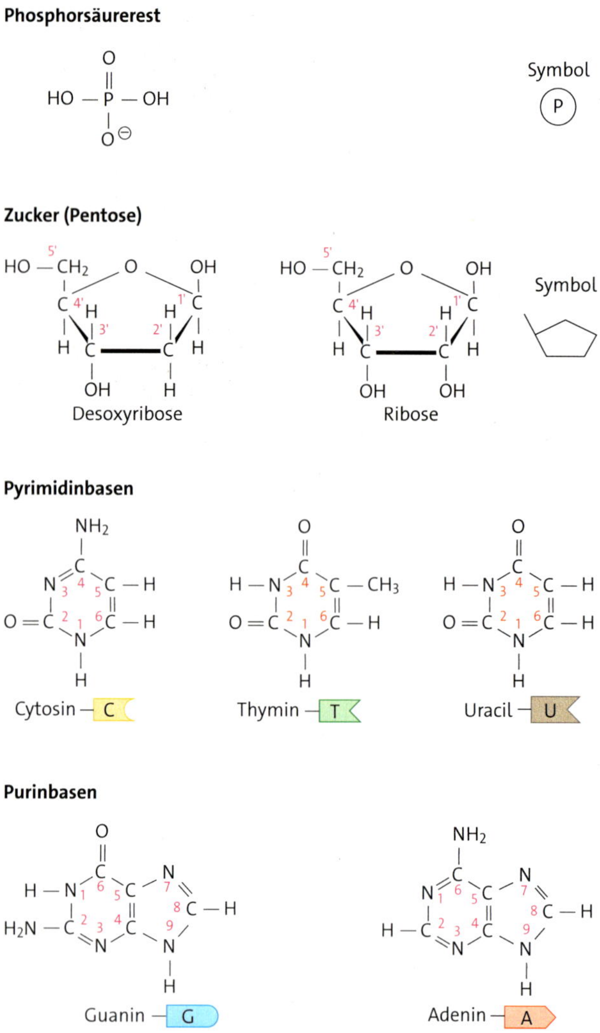

1 *Die Bausteine der Nukleinsäuren*

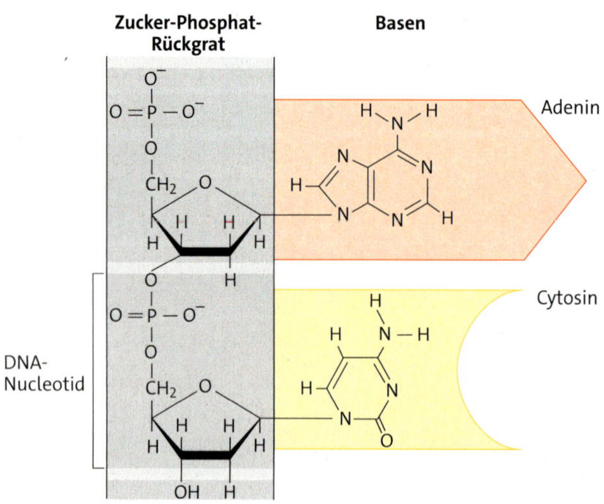

2 *Anordnung der Nucleotide in einem Nukleinsäuremolekül*

Neben Lipiden, Proteinen und Kohlenhydraten gehören *Nukleinsäuren* zu den charakteristischen Makromolekülen der Zelle. Entdeckt wurden sie von dem Schweizer Chemiker J. F. MIESCHER. Er isolierte 1869 aus den Zellkernen weißer Blutzellen eine Substanz, die sich durch ihren hohen Phosphorgehalt deutlich von Proteinen unterschied, und nannte sie *Nuclein* (lat. *nucleus*: Kern). Zwanzig Jahre später – die Substanz war mittlerweile auch aus Pflanzenzellen isoliert worden – wurde das Nuclein aufgrund seiner chemischen Eigenschaften in *Nukleinsäure* umbenannt.
Erst um die Mitte des 20. Jahrhunderts erkannte man die biologische Bedeutung der Nukleinsäuren: dass sie Information – die Erbinformation – speichern und von Generation zu Generation weiterreichen können.

Bausteine der Nukleinsäuren Es existieren zwei Arten von Nukleinsäuren: *Desoxyribonukleinsäure (DNA)* und *Ribonukleinsäure (RNA)*. Beide sind kettenförmige Makromoleküle aus gleichartigen, sich wiederholenden Einheiten, die als *Nucleotide* bezeichnet werden. Ein Nucleotid besteht aus je einem Molekül *Zucker* (*Desoxyribose* in der DNA, *Ribose* in der RNA; beides Pentosen mit 5 C-Atomen im Molekül), *Phosphorsäure* und einer von fünf verschiedenen organischen Basen. Es gibt zwei Typen dieser stickstoffhaltigen Basen:

- *Pyrimidine* sind durch einen einfachen Ring aus sechs Atomen gekennzeichnet. Zu ihnen zählen *Cytosin*, *Thymin* und *Uracil*. Dabei kommt Thymin nur in DNA, Uracil nur in RNA vor.
- *Purine* sind die Basen *Adenin* und *Guanin*. Ihre Moleküle bestehen aus einem Doppelringsystem, wodurch sie etwas größer sind als die der Pyrimidine.

Häufig kürzt man die Basen mit ihren Anfangsbuchstaben A, C, G, T und U ab. Verbindungen aus Pentose und einer der fünf Basen nennt man *Nucleoside*.

Anordnung der Bausteine Sowohl in einem DNA-Molekül als auch in einem RNA-Molekül sind die Nucleotide so aneinandergereiht, dass die Zuckerreste der Nucleoside jeweils über eine Phosphatgruppe miteinander verbunden sind. Auf diese Weise entsteht eine *Zucker-Phosphat-Kette*, die man auch als „Rückgrat" des Moleküls bezeichnet. An jedes Zuckermolekül ist eine der stickstoffhaltigen Basen gebunden.
Um die Verbindung genauer beschreiben zu können, werden die C-Atome der Zuckermoleküle von 1' bis 5' durchnummeriert. (Die hochgestellten Striche an den Ziffern dienen dazu, die C-Atome von denen der Basen zu unterscheiden.) Es steht immer das 5'-C-Atom eines Zuckermoleküls über eine Phosphatgruppe mit dem 3'-C-Atom des nächsten Zuckermoleküls in Verbindung. Mithilfe dieser Zählung wird auch deutlich, dass die Nucleotidkette eine Polarität aufweist. An ihrem sogenannten 5'-Ende trägt sie eine Phosphatgruppe, am 3'-Ende eine OH-Gruppe.
Die meisten RNA-Moleküle bestehen aus einer einzelnen Polynucleotidkette. DNA liegt dagegen gewöhnlich doppelsträngig vor (> S. 59).

1 Geben Sie die Unterschiede im Aufbau eines DNA- und eines RNA-Moleküls an.

Bau der DNA

Nachdem um 1950 durch Experimente bewiesen wurde, dass die Desoxyribonukleinsäure (DNA) Träger der Erbinformation ist, versuchten zahlreiche Wissenschaftler ihren Bau aufzuklären.

Basenzusammensetzung Der Biochemiker ERWIN CHARGAFF bestimmte in DNA-Proben verschiedener Organismen die molare Menge, also die Anzahl der Moleküle der vier Basen. Anhand seiner Ergebnisse formulierte er dann die folgenden Regeln *(Chargaff-Regeln)*:

- Die Gesamtmenge der Purinbasen (A + G) entspricht der Gesamtmenge der Pyrimidinbasen (C + T) in einer Probe.
- Die Menge an Adenin stimmt mit der von Thymin überein, Cytosin ist stets in derselben Menge vorhanden wie Guanin.
- Das Verhältnis von (A + T) zu (C + G) ist in den DNA-Proben aus verschiedenen Organismen unterschiedlich.

Watson-Crick-Modell der DNA JAMES WATSON und FRANCIS CRICK veröffentlichten 1953 als Erste ein Strukturmodell, das mit allen bekannten Eigenschaften der DNA in Einklang stand. Dabei gelang es ihnen, die Ergebnisse anderer Forscher richtig miteinander in Verbindung zu bringen.

WATSON und CRICK kannten die Beugungsmuster, die Röntgenstrahlen beim Durchdringen kristallisierter DNA auf Röntgenfilm erzeugen. Aus ihnen kann man auf die räumliche Struktur des Moleküls schließen. WATSON und CRICK erkannten, dass die DNA eine *helicale Struktur* (griech. *helix*: Wendel) haben musste und aus zwei gleichartigen Strängen besteht. Diese sollten schraubig umeinandergewunden sein, also eine *Doppelhelix* bilden, deren Durchmesser sie zu 2 nm berechneten.

Mit maßstabsgetreuen Molekülmodellen versuchten sie die Daten der Röntgenstrukturanalyse mit dem Wissen über die chemischen Eigenschaften der DNA zu verbinden. Nach anfänglichen Fehlversuchen ordneten sie die Zucker-Phosphat-Ketten antiparallel an und so, dass die Basen ins Innere der Doppelhelix gerichtet waren. Aus den Arbeiten von CHARGAFF schlossen die Forscher, dass sich von vier Basen stets nur zwei zu Paaren zusammenschließen: *Adenin* mit *Thymin* und *Cytosin* mit *Guanin*. Dafür sprachen starke Argumente: Zum einen können sich zwischen den Molekülen *Wasserstoffbrücken* ausbilden. Zum anderen ergab sich der berechnete Durchmesser der Doppelhelix nur, wenn stets eine – kleinere – Pyrimidinbase mit einer – größeren – Purinbase gepaart wurde. Dabei bilden sich zwischen Adenin und Thymin zwei und zwischen Guanin und Cytosin drei Wasserstoffbrücken aus. WATSON und CRICK bezeichneten die jeweils zueinander passenden Basen als *komplementär*. Da die Basenpaarungen chemisch festgelegt sind, bestimmt die Reihenfolge der Basen, die *Basensequenz*, in dem einen Strang auch die im zweiten, komplementären Strang.

Heute weiß man, dass in der Basensequenz der DNA die Erbinformation codiert ist.

1 Beschreiben Sie den Bau der DNA mit eigenen Worten.

2 Erläutern Sie, welche der Aussagen über die molaren Mengen der Basen in einem DNA-Molekül korrekt sind:
a) A = C; b) A + T = C + G; c) A + G = C + T; d) G = C.

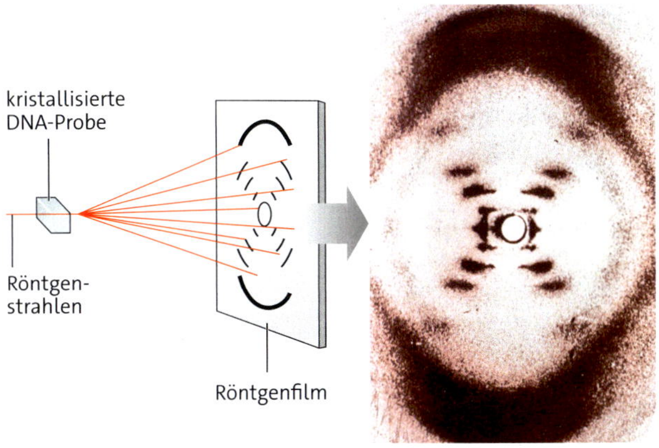

1 *Röntgenstrukturanalyse der DNA*

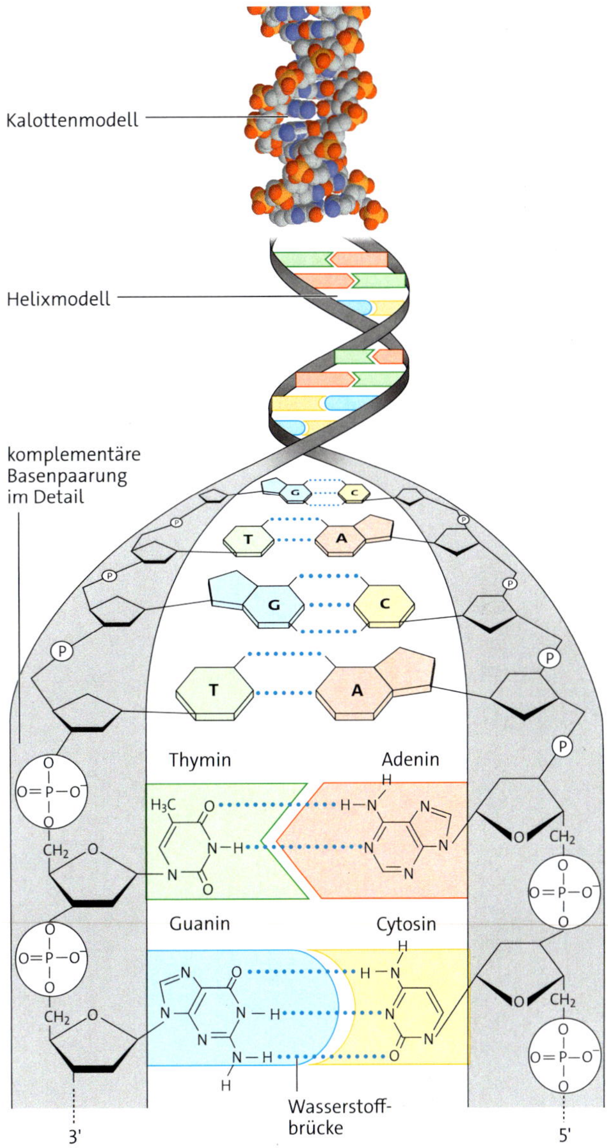

2 *Die Doppelhelix: das Watson-Crick-Modell der DNA*

Replikation der DNA

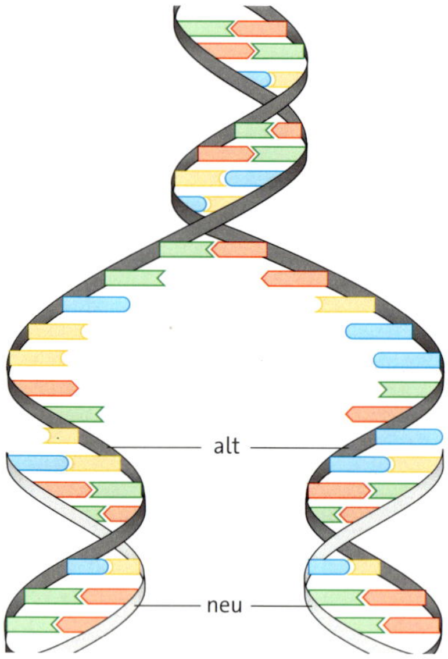

1 *Das Grundprinzip der DNA-Replikation*

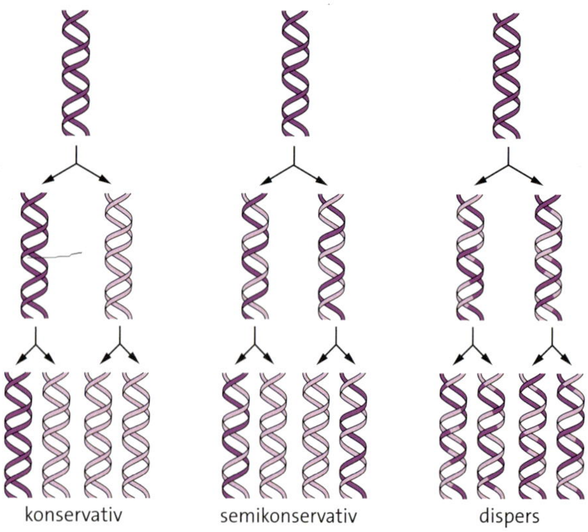

2 *Modelle der DNA-Replikation*

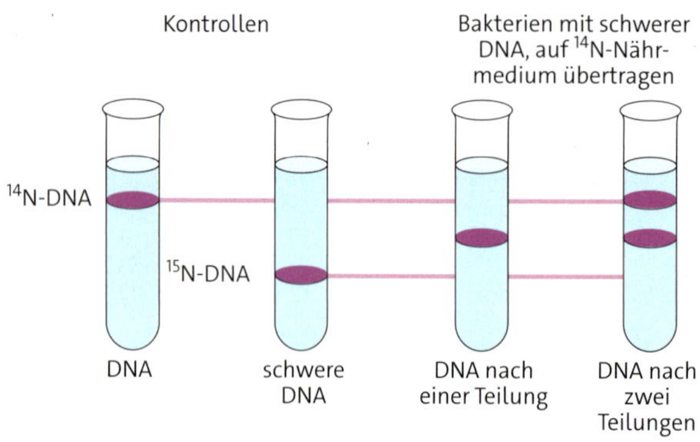

3 *Das Ergebnis des Meselson-Stahl-Experiments*

Bei einer Zellteilung wird die Erbinformation der Zelle an die nächste Zellgeneration weitergegeben. Damit dabei keine Information verloren geht, wird die DNA – ähnlich wie bei einem Kopiervorgang – vorher verdoppelt. Den Prozess bezeichnet man als *identische Verdopplung* oder *Replikation* der Erbinformation.

Das Grundprinzip der Replikation Die Vervielfältigung der DNA beruht auf dem Prinzip der komplementären Basenpaarung. Das hatten WATSON und CRICK bereits 1953 erkannt. Da sich Adenin immer nur mit Thymin und Cytosin mit Guanin paart, kann ein DNA-Einzelstrang als Vorlage für die Bildung des komplementären Strangs dienen. Die beiden komplementären DNA-Stränge trennen sich voneinander, vergleichbar mit dem Öffnen eines Reißverschlusses. An die nun frei liegenden Basen jedes Einzelstrangs lagern sich Nucleotide (genauer: Nucleosidtriphosphate, > S. 58) mit komplementären Basen an. Sie werden miteinander zu Ketten verknüpft. Dadurch entstehen zwei Doppelstränge, deren Basensequenzen *völlig identisch* sind.

Replikationsmodelle Da die beiden Doppelstränge aus je einem alten und einem neuen Einzelstrang bestehen, wird dieser Replikationsmechanismus als *semikonservativ* bezeichnet. Er entspricht der Modellvorstellung von WATSON und CRICK. Bis allerdings 1957 der Beweis dafür gelang, wurden zwei weitere Modelle diskutiert (> Bild 2). Man könnte sich ebenso eine *konservative* Replikation vorstellen, bei der das ursprüngliche DNA-Molekül komplett erhalten bleibt. Das Tochtermolekül bestünde dann aus zwei neu gebildeten Strängen. Eine weitere Denkmöglichkeit wäre, dass jeder Strang der beiden neuen Doppelhelices eine Mischung aus alter und neu synthetisierter DNA enthält. In diesem Fall müsste man eine *disperse* Replikation annehmen, bei der die beiden ursprünglichen DNA-Stränge in Bruchstücke zerfallen und nach der Replikation wieder verbunden werden.

Das Meselson-Stahl-Experiment Um den Replikationsmechanismus zu untersuchen, ließen MATTHEW MESELSON und FRANKLIN STAHL Escherichia-coli-Bakterien auf einem Nährboden wachsen, der anstelle von gewöhnlichem Stickstoff (^{14}N) das schwere Isotop ^{15}N enthielt. Die Bakterien bildeten aus diesem Stickstoff ^{15}N-haltige Nucleotidbasen, die bei jeder Replikation in die DNA eingebaut wurden. Auf diese Weise entstanden Bakterien mit schwerer DNA. Danach übertrugen die Forscher die Bakterien auf normales Nährmedium mit ^{14}N. Nach jeder Zellteilung extrahierten sie aus einem Teil der Bakterien die DNA und untersuchten sie mithilfe der *Dichtegradientenzentrifugation* (> S. 29). Mit dieser Methode lassen sich die verschieden schweren DNA-Sorten unterscheiden. Moleküle derselben, also gleich schweren Sorte lagern sich in derselben Höhe ab und sind als Banden sichtbar.

1. Erläutern Sie, welche DNA-Sorten nach den ersten beiden Teilungen im Meselson-Stahl-Experiment vorliegen und welche Banden und DNA-Sorten Sie nach der dritten Teilung der Bakterien erwarten.
   Begründen Sie, weshalb das Ergebnis gegen ein konservatives Replikationsmodell spricht.

DNA und Chromosom

Die Erbsubstanz eines Bakteriums wie *Escherichia coli* besteht aus einem einzigen ringförmigen DNA-Molekül mit etwa 5 Millionen Nucleotidpaaren. Die Erbsubstanz einer Eucyte ist dagegen im Zellkern in *Chromosomen* organisiert und ihre genetische Information ist wesentlich umfangreicher. Beim Menschen umfasst sie etwa 3 Milliarden Nucleotidpaare. Zum Vergleich: Auf eine Seite dieses Buchs passen rund 6000 Buchstaben. Bei einem Band von 500 Seiten wären das 3 Millionen Buchstaben. Die Basensequenz der menschlichen DNA würde also 1000 solcher Bände füllen. Im Zellkern ist diese Informationsmenge auf 46 Chromosomen unterschiedlicher Größe verteilt. Lägen die DNA-Moleküle in gestreckter Form vor, wären sie zwischen 1,7 cm und 8,5 cm lang. Für alle Chromosomen zusammen ergibt das eine Strecke von über 2 m. Wie können diese 2 m DNA im Innern eines Zellkerns mit nur etwa 5 µm Durchmesser Platz finden?

Chromatin Die DNA aller Eukaryoten ist mit einer Vielzahl von Proteinen verbunden. Dieser DNA-Protein-Komplex wird als *Chromatin* bezeichnet. Bei Präparation mit einem *Streckungsmittel* erscheint im elektronenmikroskopischen Bild als Grundelement des Chromatins eine 10 nm dicke Fibrille, die mit perlschnurartig aufgereihten Nucleosomen besetzt ist (> Bilder 2 und 3). Nucleosomen bestehen aus DNA und bestimmten Proteinen, den *Histonen*. Die DNA ist dabei um einen Proteinkern aus Histon-Untereinheiten gewunden. Durch diese Art der Verpackung wird die DNA um den Faktor 7 verdichtet. Die Nucleosomenkette ist in Form eines Hohlzylinders so aufgewickelt, dass immer sechs Nucleosomen in einer Ebene liegen. Das sorgt für eine etwa 40-fache Verdichtung des Chromatins.

Wie dicht das Chromatin tatsächlich verpackt ist, hängt von der Aktivität der Zelle ab. Die Chromatinstruktur ist aufgelockerter, wenn die Zelle ihrer „Alltagsarbeit" nachgeht *(Arbeitsform)*. Dabei befinden sich aktive Chromatinabschnitte, deren Information gerade abgelesen wird, im Kernzentrum, wo bestimmte Proteine die Transkription steuern (> S. 55). Chromatinabschnitte, die genetisch inaktiv sind, liegen dagegen dichter verpackt am Rand des Zellkerns. Welche Chromatinabschnitte jeweils aktiv oder inaktiv sind, ändert sich während der Entwicklung eines Organismus und ist vom Zelltyp abhängig. Damit ist die räumliche Anordnung des Erbguts im Zellkern ein Hinweis darauf, welche Aufgabe eine Zelle zu einem konkreten Zeitpunkt erfüllt.

Vom Chromatin zum Chromosom Vor der Teilung stellt eine Zelle ihre genetische Aktivtät weitestgehend ein und das Chromatin wird noch wesentlich dichter verpackt (> Bild 3): Die Chromatinfilamente heften sich an ein Gerüst aus Nicht-Histon-Proteinen im Zellkern an und bilden Schleifen. Durch weiteres Verdrillen und Auffalten werden die *Chromosomen* in ihrer typischen X-förmigen *Transportform* unter dem Mikroskop sichtbar. In diesem Zustand hat ein Chromatinfaden einen Durchmesser von etwa 700 nm. Seine Länge hat sich von durchschnittlich 5 cm auf nur noch 50 µm verringert. Er wurde also 10 000-fach verdichtet.

1 Nennen Sie die verschiedenen Organisationsebenen des Chromatins und erklären Sie, wie sie zustande kommen.

1 *DNA aus einer aufgebrochenen Escherichia-coli-Zelle*

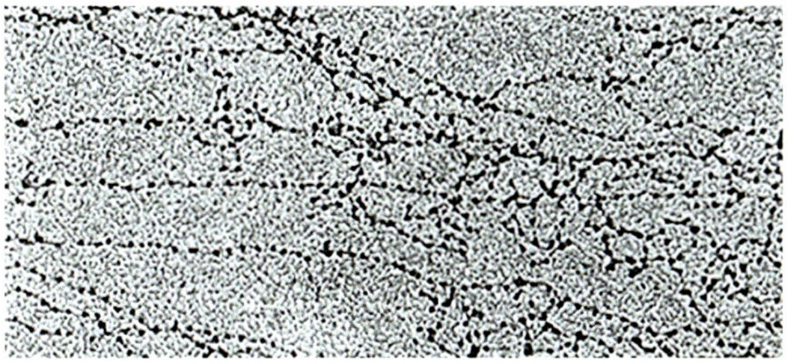

2 *EM-Bild der Perlschnurstruktur der DNA mit Nucleosomen in 325 000-facher Vergrößerung*

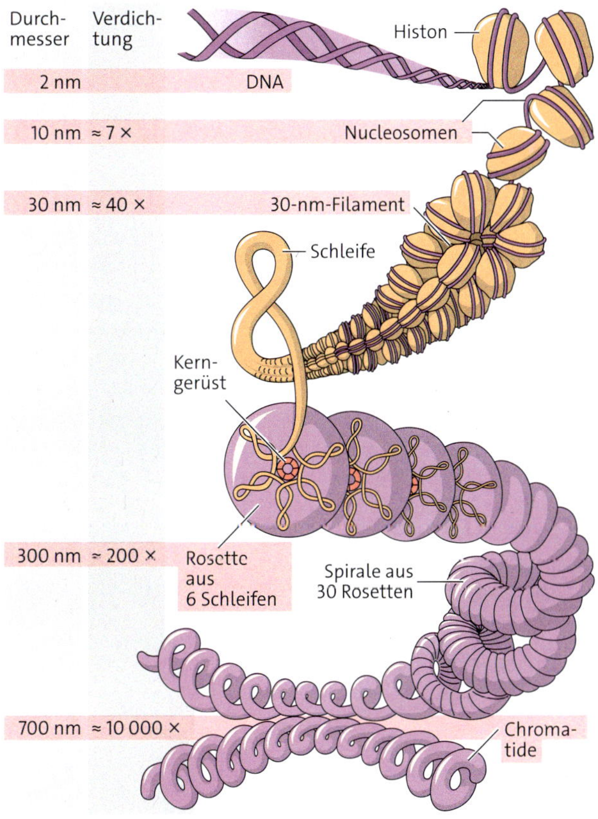

3 *Organisationsebenen des Chromatins*

Der Zellzyklus

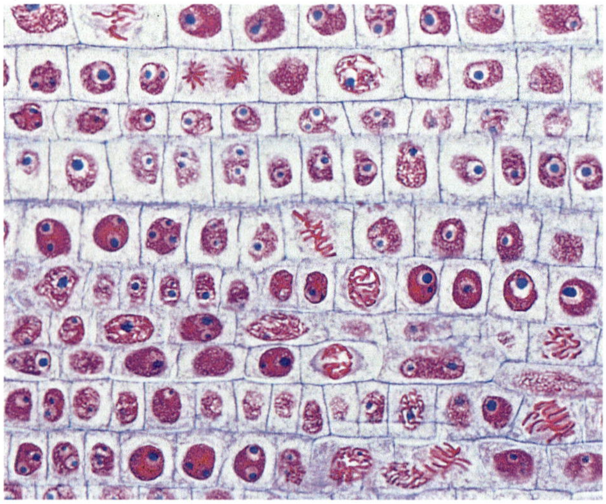

1 *Zellen in verschiedenen Phasen des Zellzyklus*

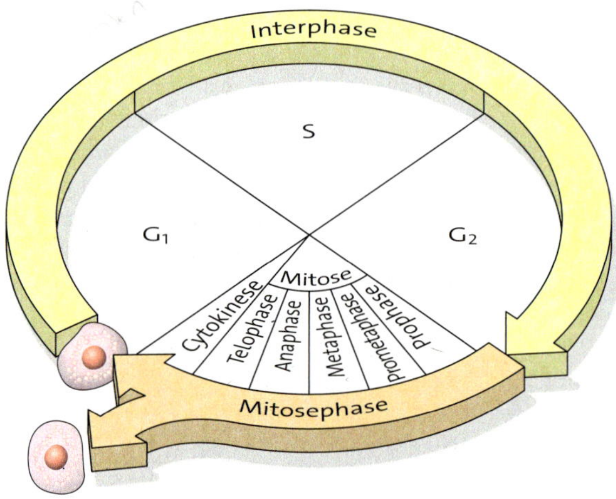

2 *Die Phasen des Zellzyklus*

Vielzellige Lebewesen entwickeln sich in der Regel aus einer einzigen Zelle, der befruchteten Eizelle. Während des Wachstums läuft eine Vielzahl von Zellteilungen ab. Im ausgewachsenen Organismus dient die Zellteilung zur Erneuerung und Reparatur von Geweben und Organen. Der Körper eines erwachsenen Menschen beispielsweise besteht aus etwa 60 Billionen Zellen, von denen täglich rund 2 % absterben und wieder ersetzt werden. Ohne die Fähigkeit zur Zellteilung wären Organismen nicht in der Lage, sich zu vermehren, zu wachsen und sich zu regenerieren.

Teilungsfähigkeit verschiedener Zellen Im Labor können Zellen unter idealen Wachstumsbedingungen auf Nährmedien kultiviert werden. Mithilfe solcher Zellkulturen lässt sich die *Teilungsfähigkeit* verschiedener Zellen gut untersuchen und vergleichen. Einzeller teilen sich sehr schnell, sie verdoppeln ihre Anzahl innerhalb von 1 bis 2 Stunden. Bei Säugetierzellen dauert die Zellteilung dagegen zwischen 10 und 24 Stunden. Die *Zellteilungsaktivität* verschiedener Gewebe eines Organismus ist sehr unterschiedlich. Leberzellen des Menschen zum Beispiel teilen sich nur sehr selten, sie werden in der Regel erst durch eine Schädigung zur Teilung angeregt. Manche Darmepithelzellen, die einem hohen Verschleiß unterliegen, teilen sich dagegen mehrmals pro Tag. Die Zellen des Herzmuskels sowie Gehirnzellen mit Ausnahme neuronaler Stammzellen haben ihre Teilungsfähigkeit nahezu verloren.

Ungefähre Dauer der Phasen des Zellzyklus bei menschlichen Körperzellen (in Stunden)

Zelltyp	Gesamtzyklus	G_1	S	G_2	M
Knochenmark (Bildung der Blutzellen)	13	2	8	2	1
Dünndarm	17	6	8	2	1
Dickdarm	33	22	8	2	1
Haut	1000	989	8	2	1
Leber	10000	9989	8	2	1

Der Zellzyklus Aus der Zellteilung gehen zwei *genetisch identische* Zellen hervor. Dazu werden die Zellbestandteile zusammen mit dem Cytoplasma gleichmäßig auf die Tochterzellen verteilt. Die DNA (> S. 61) nimmt hierfür eine *Transportform* ein, sodass sie bei der Aufteilung auf die Tochterzellen weniger leicht beschädigt werden kann. Die Moleküle kondensieren dabei so stark, dass die genetische Information nicht mehr abgelesen werden kann. Damit jedoch überhaupt genetisch identische Zellen entstehen können, muss die Erbsubstanz zuvor verdoppelt werden. Dies setzt eine intensive Stoffwechselaktivität der Zelle voraus. Die Verdopplung der DNA ist ebenso wie Zellwachstum nur dann möglich, wenn die im Zellkern enthaltene genetische Information abgelesen werden kann, die DNA also in ihrer Arbeitsform, nicht in der Transportform vorliegt.
Wachstum und Teilung von Zellen erfordern unterschiedliche Prozesse. Die regelmäßige Abfolge dieser Prozesse wird als *Zellzyklus* bezeichnet, der sich in zwei Abschnitte gliedert: die Wachstums- oder *Interphase* und die Teilungs- oder *Mitosephase*. In der Mitosephase lässt sich die Kernteilung (Mitose) von der eigentlichen Zellteilung *(Cytokinese)* unterscheiden (> S. 65 Bild 1).

Interphase Die weitaus längste Zeit liegen Zellen in der Interphase vor, die im lichtmikroskopischen Bild ruhig und ereignislos erscheint. Tatsächlich ist die Zeit zwischen zwei Zellteilungen eine „Arbeitsphase" mit intensiver Stoffwechselaktivität. In einem mittleren Zeitabschnitt der Interphase wird die Erbinformation verdoppelt. Dieser Abschnitt heißt *S-Phase* (S für Synthese, gemeint ist die Synthese von DNA). Die direkt vor und nach der S-Phase liegenden Abschnitte werden als *G_1-* und *G_2-Phase* bezeichnet (G für engl. *gap*: Lücke). Während dieser Zeit wachsen die Zellen stark. Hierfür wird die genetische Information abgelesen und in Proteine umgesetzt.
Bei teilungsaktiven Zellen macht die Interphase zeitlich oft mehr als 90 % des Zellzyklus aus (> Tabelle). Im vielzelligen Organismus haben viele Zellen ihre Teilungsaktivität eingestellt und verharren in der Arbeitsphase. Dieser Zustand wird als G_0-Phase bezeichnet.

Mitosephase In der Mitosephase entstehen durch Kern- und Zellteilung zwei neue Zellen. Der lichtmikroskopisch scheinbar strukturlose Kerninhalt verdichtet sich, sodass die Chromosomen sichtbar werden. Die Schwesterchromatiden jedes Chromosoms, die genetisch identische Informationen tragen, werden auf die entgegengesetzten Zellpole verteilt (> S. 64).

Cytokinese Nach der Kernteilung findet die eigentliche Zellteilung oder Cytokinese statt (> Bild 1). *Tierische Zellen* werden im Bereich der Zellmitte durchgeschnürt. Hierfür sind *kontraktile* Fasern aus *Aktin* und *Myosin* verantwortlich (> S. 27). Aktin- und Myosinfilamente bilden unter der Zellmembran einen Ring, der die Membran nach innen zieht, bis die Tochterzellen vollständig getrennt sind.
In *Pflanzenzellen*, die von einer festen Zellwand umgeben sind, teilt sich das Cytoplasma, indem senkrecht zwischen den entstehenden Tochterzellen eine Zellwand aufgebaut wird. Hierbei lagern sich im Innern der Ursprungszelle membranumhüllte Bläschen zusammen, die „Baumaterial" für die neue Zellwand enthalten, und verschmelzen zu einer Platte. Aus den Membranbestandteilen der Zellplatte gehen die Zellmembranen hervor, zwischen denen die neue Zellwand entsteht.
Kern- und Zellteilung sind normalerweise gekoppelte Vorgänge. Nicht immer jedoch folgt auf die Kernteilung unmittelbar eine Zellteilung. Während der Embryonalentwicklung der Fruchtfliege Drosophila zum Beispiel besteht der Embryo aus einer Zelle mit bis zu 6 000 Kernen; erst danach teilt sich das Cytoplasma.

Steuerung und Regelung des Zellzyklus Ein vielzelliger Organismus kann nur bestehen, wenn der Zellzyklus einer Kontrolle unterliegt. Dies bedeutet, dass die *Vermehrung der einzelnen Zellen eingeschränkt* ist und nur *bei Bedarf aktiviert* wird. In Experimenten mit Zellkulturen wurde eine Reihe von Faktoren ermittelt, die den Zellzyklus beeinflussen.
Fehlen zum Beispiel wichtige *Nährstoffe*, erfolgt keine Zellteilung. Aber auch bei optimaler Nährstoffversorgung teilen sich die Zellen nur, wenn zusätzlich ein als *Wachstumsfaktor* bezeichneter Regulatorstoff vorhanden ist. Ein solcher Wachstumsfaktor wird zum Beispiel von Blutplättchen freigesetzt, die in der Nähe einer Wunde zerfallen. Dieser löst bei den Zellen, die den Wundverschluss bilden, Zellteilungen aus.
Auch eine zu hohe *Zelldichte* hemmt die Zellteilung, was dazu beiträgt, dass in Geweben die Anzahl der Zellen einer Sorte annähernd konstant bleibt. Umgekehrt regt die Abnahme der Zelldichte die Teilung an. Starker Blutverlust hat zum Beispiel zur Folge, dass verstärkt Blutzellen gebildet werden.
Der korrekte Ablauf des Zellzyklus ist für das Überleben eines Organismus von entscheidender Bedeutung. In der Zelle finden offenbar am Übergang von einer Phase zur nächsten „Qualitätsprüfungen" statt. Diese *Kontrollpunkte* werden nur dann passiert, wenn der vorhergehende Arbeitsschritt vollständig und korrekt ausgeführt wurde. Als Taktgeber für diese Übergänge dienen molekulare „Schalter". Dabei handelt es sich um spezielle *Enzyme* (> S. 78), die in einer inaktiven Form in der Zelle vorliegen. Sie werden durch Regulatorstoffe aktiviert, die jeweils in der vorhergehenden Phase des Zyklus entstehen. Erst dann setzen die Enzyme den nächsten Arbeitsschritt in der Zelle in Gang. Durch die Kontrollpunkte ist sichergestellt, dass die einzelnen Prozesse korrekt und in ihrer festgelegten Reihenfolge ablaufen.
Ein solcher Kontrollpunkt befindet sich am Ende der G_1-Phase. Hier wird „geprüft", ob das Zellvolumen groß genug ist. Die Zelle nimmt ihre Größe offenbar indirekt über das Mengenverhältnis von Cytoplasma zu Zellkern wahr. Erreicht dieses Verhältnis einen bestimmten Schwellenwert, überschreitet die Zelle den *Restriktionspunkt* und tritt dann in die S-Phase ein. Die DNA wird verdoppelt und die Zelle teilt sich. Entspricht die Zelle jedoch nicht den für eine Teilung notwendigen Kriterien, verlässt sie am Restriktionspunkt den Zellzyklus und tritt in den G_0-Zustand ein.
Ein weiterer „Schalter" liegt am Ende der G_2-Phase. Die Zelle kann nur dann in die Mitosephase eintreten, wenn zuvor die gesamte DNA verdoppelt wurde.

Zellalterung In Zellkulturen setzen die Körperzellen von Tieren ihre Vermehrung nicht unbegrenzt fort, selbst wenn das Medium genügend Nährstoffe und Wachstumsfaktoren enthält. Dabei ist die Zahl der Teilungen von der Art und vom Alter des Tiers abhängig, dem die Zellen entnommen wurden. Menschliche Bindegewebszellen aus einem Embryo durchlaufen in Kultur etwa 60 Zellzyklen, diejenigen eines 80-Jährigen teilen sich nur noch rund 30-mal. Die Zyklen verlaufen immer langsamer und kommen schließlich zum Stillstand. Dieses Phänomen wird als Zellalterung bezeichnet.
Bei Tumorzellen sind die *Regulationsmechanismen des Zellzyklus außer Kraft* gesetzt. Sie reagieren nicht mehr auf äußere und innere Signale, die normalerweise die Zellteilung unterbinden. In Kultur teilen sie sich unbegrenzt weiter. Tumorzellen sind *potenziell unsterblich*.

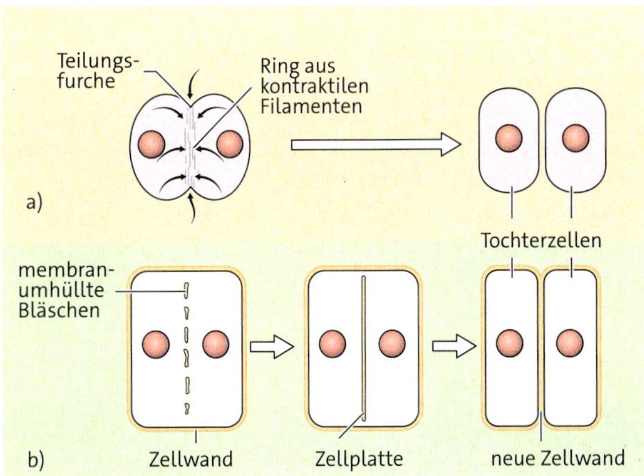

1 *Die Cytokinese verläuft bei tierischen Zellen (a) und pflanzlichen Zellen (b) unterschiedlich.*

1. Beschreiben Sie diejenigen Faktoren, die für das Überschreiten der Kontrollpunkte im Zellzyklus verantwortlich sind.
2. Erstellen Sie ein Schema, das verdeutlicht, welche Einflussgrößen an der Steuerung des Zellzyklus beteiligt sind.

Der Ablauf der Mitose

Der Ablauf der Mitose lässt sich anhand lichtmikroskopischer Aufnahmen gut rekonstruieren (> S. 65 Bild 1). Der an sich kontinuierliche Prozess wird in die Abschnitte *Prophase, Prometaphase, Metaphase, Anaphase* und *Telophase* unterteilt.

Prophase In der Prophase beginnt sich das Chromatin zu verdichten, sodass einzelne fadenartige Strukturen, die *Chromosomen*, erkennbar werden. Ihre Anzahl ist typisch für die jeweilige Art. Nach Verdopplung der DNA in der S-Phase besteht jedes Chromosom nun aus zwei identischen Hälften, den *Chromatiden*. Ihre Verbindungsstelle wird als *Centromer* bezeichnet.
Da das Chromatin stets in der gleichen Weise „aufgewickelt" wird, sind alle Chromosomen gleich dick. Ihre Längen unterscheiden sich allerdings – sie sind dem DNA-Gehalt proportional. Durch die Kondensation der Chromosomen entstehen kompakte, gut zu transportierende Einheiten. Dadurch wird die Gefahr, dass bei der Kernteilung Teile des DNA-Moleküls abreißen, so gering wie möglich gehalten. Im Verlauf der Prophase lösen sich außerdem die Nucleoli und die Kernhülle auf.

Prometaphase Während der Prometaphase treten die Chromosomen allmählich deutlicher hervor. Oft sind heftige, unregelmäßige Bewegungen zu beobachten. Dabei werden die Centromere zur Zellmitte hin verlagert.

Metaphase Die Metaphase ist ein bewegungsarmes Stadium. Alle Chromosomen sind in der Zellmitte in einer Ebene, der *Äquatorial-* oder *Metaphaseplatte*, angeordnet. Die Chromatiden haben ihre maximale Verkürzung erreicht. Der Chromosomenbestand kann jetzt gut untersucht werden, indem man den weiteren Ablauf zum Beispiel durch Colchicin blockiert (> S. 66).

Anaphase Auf ein Signal hin – wahrscheinlich handelt es sich dabei um einen Anstieg der Ca^{2+}-Konzentration – löst sich gleichzeitig bei allen Chromosomen die Verbindung der identischen Chromatiden am Centromer. Die Chromatiden bewegen sich auf die entgegengesetzten Pole der Zelle zu. Dabei beträgt ihre Geschwindigkeit etwa 1 µm pro Minute.

Telophase Die Chromatiden sind an den Zellpolen angekommen. An jedem Pol liegt nun der *vollständige Satz Ein-Chromatid-Chromosomen* vor. Die Chromosomen entspiralisieren sich und gehen von der lichtmikroskopisch erkennbaren Transportform wieder in die scheinbar unstrukturierte Arbeitsform des Chromatins über. Die beiden neuen Kernhüllen bilden sich, nach und nach werden die Nucleoli wieder sichtbar. Die Telophase entspricht also weitgehend einer Umkehrung der Prophase.
Gleichzeitig bildet sich zwischen den beiden neu entstandenen Tochterzellen eine neue Zellmembran aus – ein Prozess, der im Lauf der Cytokinese (> S. 63) abgeschlossen wird. Damit ist die Zellteilung beendet.

Mechanik der Chromosomenbewegung Für den Transport der Chromatiden bei der Mitose ist der *Spindelapparat* verantwortlich (> Bilder 1 und 2). Diese Struktur aus Proteinfasern (*Mikrotubuli* > S. 27) bildet sich zu Beginn der Prophase und wird nach Beendigung der Kernteilung wieder abgebaut. Die Fasern gehen von einem Organisationszentrum aus, dem *Centrosom*. Noch während der Interphase teilt sich das Centrosom. Mit Beginn der Prophase rücken die Tochtercentrosomen auseinander und bewegen sich zu den Zellpolen hin. Von dort aus „wachsen" die Spindelfasern in Richtung Zellmitte und heften sich an die Centromere an. Andere, als *Polfasern* bezeichnete Mikrotubuli verbinden sich im Bereich der Zellmitte mit Fasern vom gegenüberliegenden Pol. Die Trennung der Schwesterchromatiden in der Anaphase kommt dadurch zustande, dass sich die Spindelfasern verkürzen; die Chromatiden werden zu den Zellpolen hingezogen. Gleichzeitig „schieben" die überlappenden Fasern die Pole auseinander.

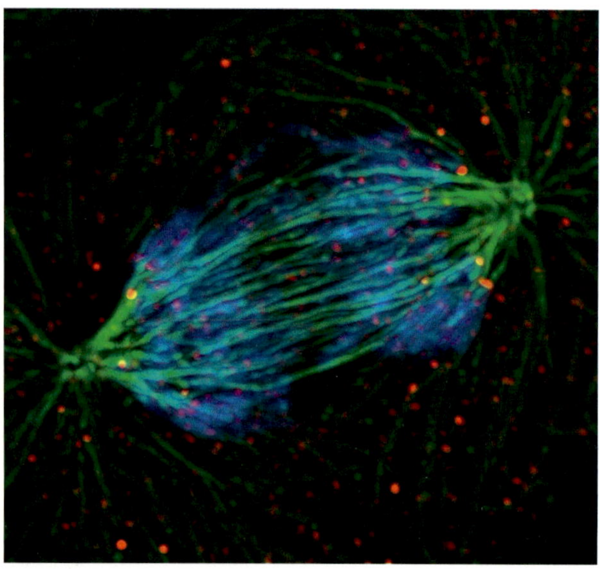

1 *Fluoreszenzaufnahme des Spindelapparats*

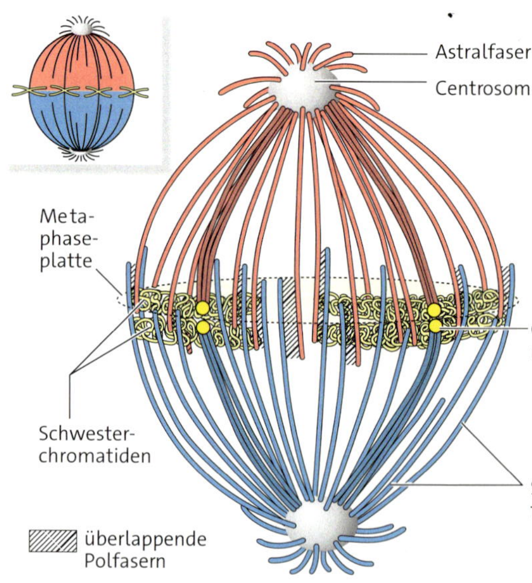

2 *Aufbau des Spindelapparats*

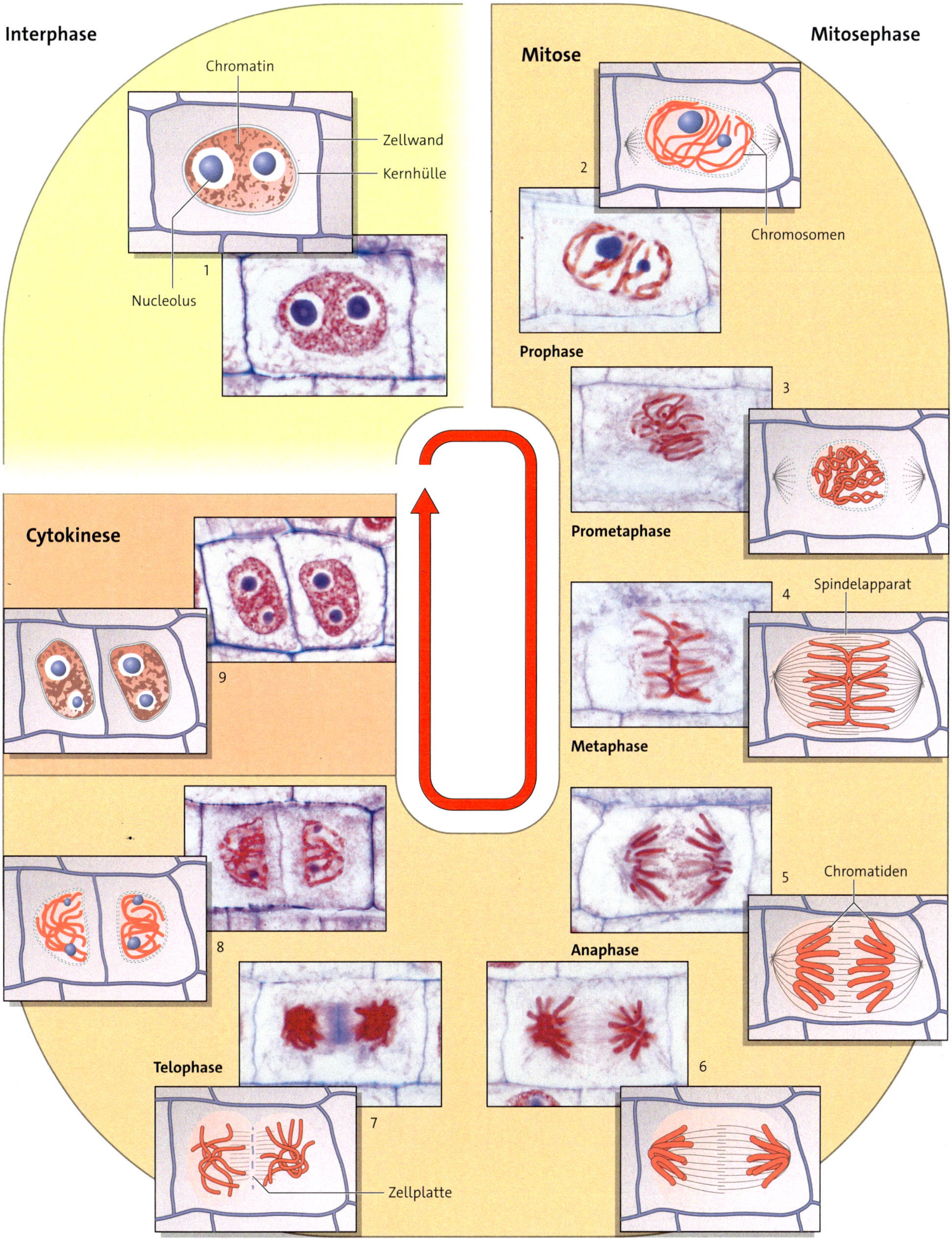

1 *Die Phasen des Zellzyklus in der Übersicht am Beispiel der Küchenzwiebel Allium cepa. Die Darstellung berücksichtigt nicht die Zeitdauer der einzelnen Stadien.*

Untersuchung von Mitosestadien

Zellteilungen lassen sich besonders gut in denjenigen Teilen eines Organismus beobachten, die durch ständiges Wachstum gekennzeichnet sind. Bei Pflanzen sind dies zum Beispiel die *Vegetationspunkte*, die Spitzen von Spross und Wurzel. Hier findet man nebeneinander Zellen in den unterschiedlichsten Stadien der Zellteilung. Als Untersuchungsobjekte sind die Wurzeln der gewöhnlichen Küchenzwiebel sehr geeignet, da Küchenzwiebeln leicht zu beschaffen sind, ihre Wurzeln schnell wachsen und einfach zu präparieren sind.

Mitosestadien im Wurzelgewebe der Küchenzwiebel

Material: mehrere Küchenzwiebeln, Bechergläser, Reagenzgläser mit Stopfen, Karmin- (GHS05) oder Orcein-Essigsäure (GHS02, GHS05), Essigsäure 50 % (GHS05), Mikroskop und Zubehör (Fotoaufsatz, falls vorhanden)

Durchführung: Sie erfolgt in mehreren Schritten.

Anzucht: Von mehreren Küchenzwiebeln werden die trockenen Hüllblätter entfernt. Die Zwiebeln werden anschließend so auf wassergefüllte Bechergläser gesetzt, dass die Wurzelscheiben gerade die Wasseroberfläche erreichen. Bei Zimmertemperatur haben sich bereits nach 3 oder 4 Tagen einige Zentimeter lange Wurzeln gebildet.

Vorbereitung: Schneiden Sie an jeder Zwiebel die Wurzeln ab. Behandeln Sie im Folgenden jede Zwiebel als einzelne Probe. Verwenden Sie jeweils mehrere Wurzeln.

Färbung: Trennen Sie zunächst mit einer Rasierklinge die äußersten 1–2 mm der Wurzelspitzen ab. Entnehmen Sie weitere 1–2 mm lange Stückchen in der Wurzelmitte und am Wurzelansatz. Bringen Sie jeweils mehrere Stücke getrennt nach Wurzelspitze, -mitte und -ansatz in verschiedene Reagenzgläser. Jedes Glas wird mit einem Tropfen Färbelösung (Karmin- oder Orcein-Essigsäure) versehen und verschlossen.

Nach etwa 24 Stunden wird die Lösung einmal kurz aufgekocht. Achten Sie dabei unbedingt darauf, dass die ätzende Färbelösung nicht herausspritzt! Verwenden Sie Siedesteinchen. Arbeiten Sie mit Schutzbrille, atmen Sie keine Dämpfe ein. Benutzen Sie Reagenzglashalter und achten Sie darauf, die Reagenzglasöffnung vom Körper weg und nicht auf einen Mitschüler oder eine Mitschülerin zu richten!

Präparation: Die gefärbten Wurzelspitzen werden mit einer Pipette (nicht mit dem Mund pipettieren!) aus den Reagenzgläsern entnommen und zu mehreren – 3–4 pro Objektträger – auf einen sauberen Objektträger aufgebracht. Legen Sie dann ein Deckglas auf. Die Färbelösung wird jetzt möglichst vollständig abgesaugt und durch einen Tropfen Essigsäure ersetzt. Decken Sie das Präparat mit mehreren Lagen Filterpapier ab und zerquetschen Sie die Wurzelspitzen durch einen kräftigen Daumendruck. Deckglas dabei nicht verschieben! Herausgequetschte Flüssigkeit absaugen und gegebenenfalls neue Essigsäure hindurchziehen.

Untersuchung im Mikroskop: Betrachten Sie die Präparate zunächst bei 100-facher Vergrößerung. Suchen Sie Zellen mit Mitosestadien. Zeichnen Sie für jedes Stadium eine Zelle bei 400-facher Vergrößerung.

Karyogramme

Zellen, die sich in Teilung befinden, werden auch zum Herstellen von *Karyogrammen* benötigt. Dafür eignen sich besonders die Metaphasechromosomen. Sich teilende Zellen werden dazu mit Colchicin behandelt, dem Gift der Herbstzeitlose. Da *Colchicin* den Aufbau des Spindelapparats hemmt, kommt es nicht zur Trennung der Chromatiden. Die Chromosomen liegen in der typischen X-Form vor. Anhand von Mikrofotos des Chromosomensatzes werden die Chromosomen zu Paaren geordnet und nach Größe und Gestalt sortiert. Das Bild unten zeigt das Karyogramm der Pferdebohne.

Karyogramme werden zum Beispiel in der Pflanzengenetik dazu verwendet, den Erfolg bei der Züchtung von Pflanzen mit vervielfachtem Chromosomensatz zu überprüfen. Anhand menschlicher Karyogramme lassen sich Erbkrankheiten feststellen, die auf Veränderungen der Anzahl oder in der Struktur von Chromosomen beruhen.

Karyogramm der Küchenzwiebel

Material: wie oben, 0,1%ige 8-Hydroxychinolin-Lösung (GHS07, als Ersatzstoff für das stark giftige Colchicin)

Durchführung: Ziehen Sie mehrere Zwiebeln an wie links angegeben. Wenn die Wurzeln 1–3 cm lang sind, setzen Sie die Zwiebeln für 24 Stunden auf Bechergläser mit Hydroxychinolin-Lösung. Fertigen Sie von den äußersten 1–2 mm der Wurzelspitze wie links beschrieben Quetschpräparate an.

Untersuchen Sie zunächst bei 100-facher Vergrößerung. Versuchen Sie dann zu ermitteln, wie groß der Chromosomensatz ist. Falls möglich, fotografieren Sie Ihr Präparat und fertigen Sie anhand des Fotos ein Karyogramm an.

1 Erläutern Sie, in welchem Stadium der Mitose die Zellen nach einer Behandlung mit Colchicin verharren.

Stichworte zu weiteren Informationen

Meristem | Zellkultur | mikroskopische Färbemethoden | Hemmung der Chromosomenbewegung

Karyogramm der Pferdebohne

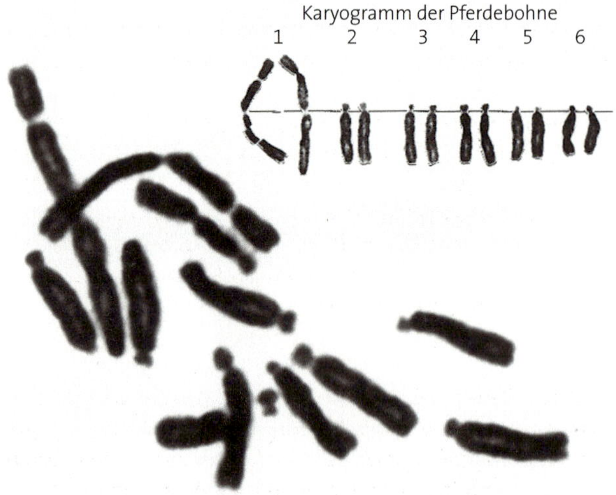

Genetisch programmierter Zelltod – Apoptose

Im Körper eines Erwachsenen sterben in jeder Sekunde Millionen von Zellen und ebenso viele entstehen durch Mitose neu. Damit die Gewebe ihren jeweiligen Funktionen gerecht werden, muss zwischen Zellsterben und Zellneubildung ein Gleichgewicht herrschen. Dabei spielt der genetisch programmierte Zelltod, auch *Apoptose* genannt, eine entscheidende Rolle.
Im Verlauf der Evolution hat er eine wichtige Regelfunktion im zellulären Geschehen der Vielzeller übernommen und ist an Entwicklungsvorgängen beteiligt, wenn in der Embryonal- oder Larvalentwicklung vorübergehend ausgebildete Gewebe wieder beseitigt werden (> Bilder 1 und 2).

1 und 2 *Der Schwanz der Froschlarve (links) wird bei der Entwicklung zum Jungfrosch durch Apoptose eingeschmolzen.*

Apoptosevorgang Entdeckt wurde der programmierte Zelltod bei der mikroskopischen Untersuchung von Tierzellen. Die dramatischen Ereignisse, die man sah, nannte man Apoptose (griech. *apoptosis*: Abfallen). Zellplasma, Zellkern und Mitochondrien schrumpfen, die Zellen verlieren den Kontakt zu ihren Nachbarzellen, spezifische Enzyme zerlegen DNA und Proteine in Bruchstücke. Allerdings bleibt die Zellmembran intakt und schnürt membranumschlossene Vesikel – sogenannte apoptotische Körperchen – von der Zelle ab. Sie werden von Nachbarzellen oder von Makrophagen, das sind große Fresszellen des Immunsystems, aufgenommen, bis die gesamte Zelle aufgelöst ist (> Bild 3).
Die Aktivierung bestimmter *Enzyme*, der *Caspasen*, leitet unumkehrbar den programmierten Zelltod ein. Sie unterliegt deshalb in allen Zellen einer strengen Kontrolle durch Proteine einer „übergeordneten Ebene". Ein fein abgestimmtes Gleichgewicht zwischen hemmenden und fördernden *Kontrollproteinen* sorgt dafür, dass die Caspasen inaktiv bleiben oder – wenn nötig – aktiviert werden. Eine Verschiebung des Gleichgewichts zugunsten der hemmenden Proteine kann zu unkontrollierter Zellteilung und damit zur *Krebsentstehung* beitragen.

Kontrolle Eine wichtige Rolle spielt hierbei das Protein p53, ein Kontrollprotein im Zellzyklus (> S. 62), das die in der S-Phase verdoppelte DNA auf Vollständigkeit überprüft. Bei Schäden an der DNA wird vermehrt p53 hergestellt, das den Übergang in die Mitosephase blockiert und die Synthese von Proteinen veranlasst, die den programmierten Zelltod einleiten. Dadurch wird normalerweise verhindert, dass sich Zellen mit veränderter DNA, beispielsweise Krebszellen, weiter teilen und vermehren.

Apoptose und Krankheiten Ein zu geringer Umfang an Apoptose scheint für etwa die Hälfte aller menschlichen Krebserkrankungen – in Brust, Lunge und Dickdarm – mitverantwortlich zu sein. Mit einem Übermaß an Apoptose werden dagegen Gewebezerstörung bei Virusinfektionen, das Absterben von Nervenzellen bei degenerativen Gehirnerkrankungen wie *Alzheimer* oder *Parkinson*, *Arteriosklerose* sowie manche *Erkrankungen des Herzmuskels* in Verbindung gebracht.

Nekrose Gehen Zellen durch äußere Einflüsse wie Verbrennungen, Vergiftungen, Verletzungen, Sauerstoffmangel oder Strahlung „unprogrammiert" zugrunde, spricht man von *Nekrose* (> Bild 3). Ein typisches Beispiel ist das Absterben von Hautzellen bei einem *Sonnenbrand*. Dabei schwillt die gesamte Zelle an, bis sie platzt. Die aus dem Cytoplasma freigesetzten Stoffe werden von Makrophagen und anderen Zellen des Immunsystems erkannt. Diese rufen – anders als beim programmierten Zelltod – eine Entzündungsreaktion hervor.

Wie entsteht Hautkrebs? Normalerweise sterben Hautzellen, deren DNA durch Sonnenstrahlung geschädigt wurde, durch *Nekrose* und *Apoptose* ab. Zellen, in denen zum Beispiel durch einen früheren Sonnenbrand das Gen für das Protein p53 verändert ist, bleiben allerdings vom programmierten Zelltod verschont. Da nur die Zellen, die das Protein p53 enthalten, auf die übermäßige Strahlendosis mit Absterben reagieren, entstehen Gewebslücken, die durch die zur Apoptose unfähigen Zellen aufgefüllt werden. Dadurch begünstigt jeder Sonnenbrand zugleich auch die Vermehrung von Zellen, die zu Hautkrebs führen können.

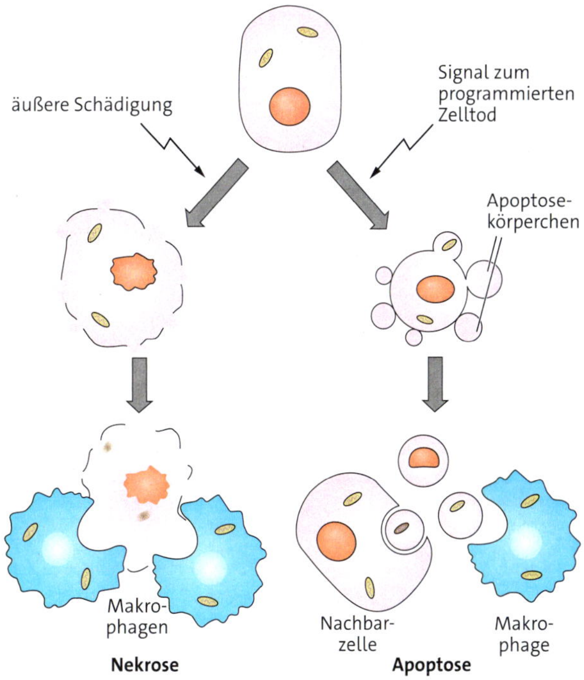

3 *Zellen können programmiert durch Apoptose oder unprogrammiert durch Nekrose zugrunde gehen.*

Zelldifferenzierung: Zell- und Gewebetypen

In der Regel entstehen bei einer Zellteilung zwei identische Tochterzellen. Anders bei den Zellteilungen, die in der frühen Embryonalentwicklung stattfinden: Aus der befruchteten Eizelle, der Zygote, gehen durch rasche Teilungen Zellen hervor, die bereits Unterschiede in der Größe aufweisen. Dies ist der erste Schritt einer *Differenzierung*: Die Zellgestalt entwickelt sich so, dass sie der Funktion der Zelle entspricht. Durch weitere *asymmetrische Zellteilungen* entstehen Zellen, die sich in ihrer Gestalt und Struktur stark unterscheiden. Aus diesen unterschiedlich differenzierten Zellen gehen die verschiedenen *Gewebe* eines Organismus hervor. Als Gewebe bezeichnet man einen Verband von Zellen mit ähnlicher Größe, Form und Funktion.

Zelltypen Die Gestalt einer Zelle ist ihrer spezifischen Leistung angepasst: Pflanzenzellen, die der *Wasserleitung* dienen, haben zum Beispiel einen deutlich größeren Durchmesser als andere Gewebezellen. Sie sind extrem lang gestreckt, oft verbinden sich sogar viele Zellen zu Gefäßen. Ihre Zellwände sind an bestimmten Stellen verstärkt. In voll funktionsfähigen Gefäßen sind die Querwände der aneinanderstoßenden Zellen durchbrochen. Die Zellen sterben dann ab.
Auch *Faserzellen*, die dem Pflanzenkörper Festigkeit verleihen, haben eine lang gestreckte Form. Ihre Zellwand ist so stark verdickt, dass der Zellinnenraum im Vergleich zum Gesamtdurchmesser der Zelle winzig erscheint.
Fotosynthese betreibende Zellen in den Blättern sind durch eine Vielzahl an Chloroplasten charakterisiert. *Speicherzellen* in der Wurzel weisen dagegen vermehrt Leukoplasten zur Stärkespeicherung auf.
Nervenzellen, die nur bei Tieren vorkommen, haben lange, vielfach verzweigte Ausläufer. Über diese *Dendriten* nehmen sie von anderen Nervenzellen oder Sinneszellen Informationen auf. Der längste dieser Ausläufer, das *Axon*, steht mit anderen Nervenzellen, Drüsen und Muskeln in Verbindung.
Rote Blutzellen (Erythrocyten) sind im reifen Zustand durch eine abgeflachte Form charakterisiert. Sie enthalten weder einen Zellkern noch andere Organellen. Ihr Hauptbestandteil ist Hämoglobin, was sie für die Funktion des Sauerstofftransports optimiert. Da Erythrocyten plastisch verformbar sind, können sie selbst durch die engsten Kapillaren „schlüpfen".
Bestimmte Zellen aus dem *Dünndarm* erfüllen andere Transportaufgaben. Sie sind asymmetrisch gebaut: Die Zellmembran bildet auf der dem Darm zugewandten Seite Tausende fingerförmige Ausstülpungen, die *Mikrovilli*. Dadurch wird die Zelloberfläche etwa 30-fach vergrößert, was die Transportkapazität für Moleküle aus dem Dünndarm erheblich erhöht.

Gewebetypen bei Pflanzen Anders als Tiere zeigen Pflanzen ein lebenslanges Wachstum. Allerdings behalten nur die Zellen bestimmter Gewebe dauerhaft ihre Teilungsfähigkeit. Diese Gewebe heißen *Meristeme*. Sie befinden sich unter anderem in den Spitzen von Wurzel und Spross (> S. 66). Die Zellen sind annähernd würfelförmig (isodiametrisch), haben nur dünne Zellwände und kaum Vakuolen. Oft lassen sich in ihnen Zellteilungen beobachten. Entstehende Tochterzellen können sich zu den ausdifferenzierten Zellen der *Dauergewebe* entwickeln.
Grundgewebe oder *Parenchyme* sind die am wenigsten spezialisierten pflanzlichen Gewebe. Sie finden sich in allen Organen der Pflanze. Die anderen Gewebe sind in das Parenchym eingebettet.
Vor allem bei ausdauernden, großen Pflanzen spielen *Festigungsgewebe* eine wichtige Rolle. Sie verleihen dem Pflanzenkörper Stabilität gegenüber Zug- und Druckbelastung. Festigungsgewebe bestehen aus Zellen mit stellenweise oder

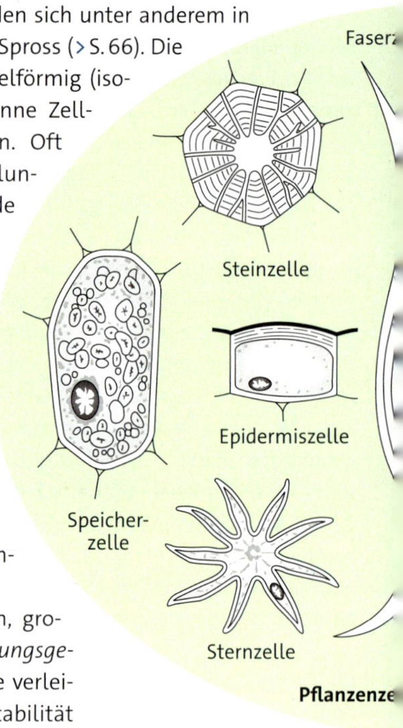

1 *Differenzierung von Pflanzen- und Tierzellen (nicht maßstäblich)*

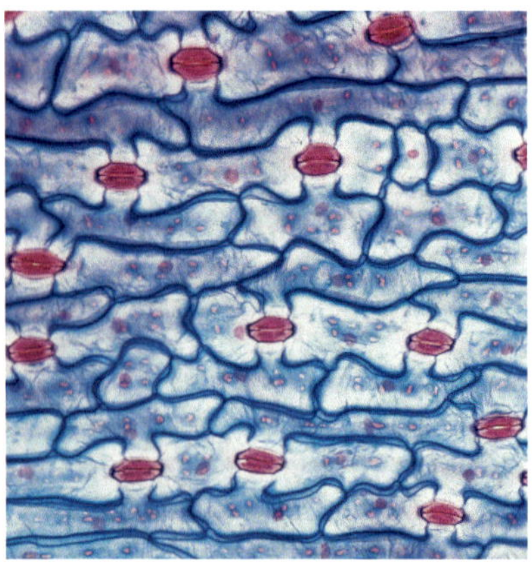
2 *Blattepidermis der Tulpe mit Spaltöffnungen (Aufsicht)*

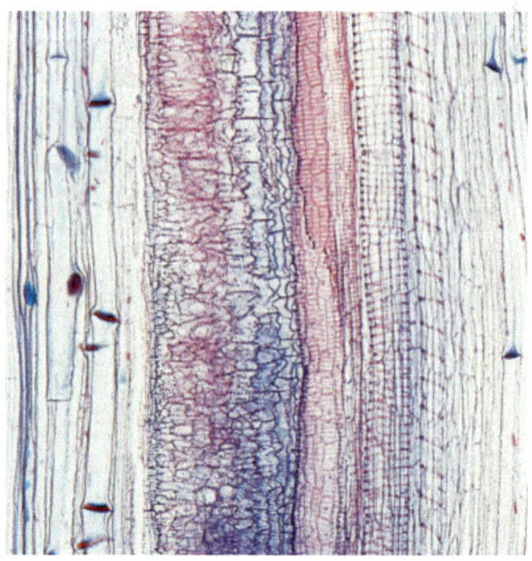
3 *Leitgewebe im Stängel des Kürbis (Längsschnitt)*

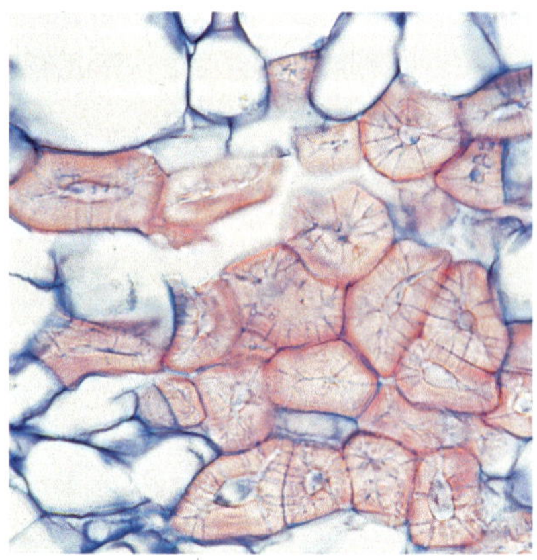
4 *Steinzellen im Fruchtfleisch der Birne haben Festigungsfunktion.*

vollständig verdickten Wänden. Häufig sind die Zellen abgestorben, vor allem wenn die Zellwände durch Einlagerung des Holzstoffs Lignin zusätzlich verfestigt sind. Sie bilden zum Beispiel die harte Schale von Nüssen und Samen.

Festigungselemente wie beispielsweise Faserzellen sind jedoch auch im *Leitgewebe* enthalten, das den gesamten Pflanzenkörper durchzieht. Es dient zum einen der Versorgung der Pflanze mit Wasser und darin gelösten Mineralstoffen, zum anderen dem Transport von Fotosyntheseprodukten.

Die *Abschlussgewebe* begrenzen den Pflanzenkörper nach außen. Zu ihnen zählt die *Epidermis*. Die Außenwände der Zellen sind oft deutlich verdickt und mit einem zusätzlichen Verdunstungsschutz, einer *Cuticula* aus wachsartiger Substanz, versehen. Epidermiszellen der Wurzelhaarzone sind dagegen dünnwandig und ermöglichen so die Aufnahme von Wasser und darin gelösten Mineralstoffen.

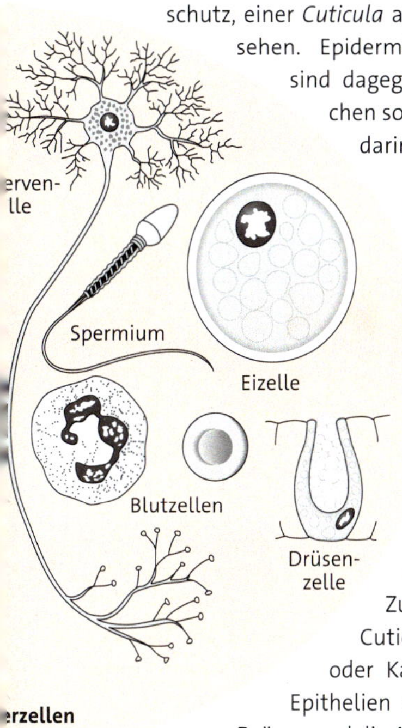

Gewebetypen bei Tieren Die Vielfältigkeit der Zellen und Gewebe bei höheren Tieren ist deutlich größer als bei den Pflanzen. Dennoch lassen sich die Gewebe wenigen Grundtypen zuordnen:

Die Organe des tierischen Organismus sind durch ein- oder mehrschichtige *Deckgewebe* oder *Epithelien* begrenzt. Zur Außenwelt hin ist häufig eine Cuticula in Form einer Hornschicht oder Kalkschale aufgelagert. Zu den Epithelien zählen neben der Haut auch Drüsen und die Auskleidung der Blutgefäße.

Dem *Bindegewebe* kommen vielfältige Aufgaben zu, entsprechend verschiedenartig kann es ausgeprägt sein. Meist enthält es in unterschiedlichen Anteilen Zellen und Fasern, die in eine Grundsubstanz eingebettet sind. Zum Bindegewebe zählen Bänder und Sehnen, die auf Zugfestigkeit und Elastizität hin ausgelegt sind, aber auch Knorpel- und Knochengewebe.

Das *Muskelgewebe* besteht aus lang gestreckten Muskelzellen, die in ihrem Cytoplasma eine Vielzahl von kontraktilen Fasern aufweisen. In glatter Muskulatur, wie sie in der Haut oder in den inneren Organen vorkommt, finden sich einzelne, oft verzweigte Zellen. Bei der quer gestreiften Skelettmuskulatur dagegen spricht man von Muskelfasern; die Zellen sind zu einem vielkernigen Gebilde „verschmolzen".

Nervengewebe dient der Signalübermittlung. Während die Nervenzellen auf Erregungsleitung spezialisiert sind, dienen andere Zellen deren Schutz und Versorgung mit Nährstoffen.

Spezialisierung und Arbeitsteilung Die Ausbildung verschiedener Zell- und Gewebeformen ermöglicht dem Organismus eine effektive Arbeitsteilung. Beim Menschen unterscheidet man zum Beispiel mehrere Hundert Zelltypen. Insgesamt nimmt mit der Organisationshöhe der Organismen auch die Vielfalt der Gewebetypen zu. Diese Verschiedenartigkeit bei gleicher genetischer Ausstattung kommt dadurch zustande, dass bei verschiedenen Zellen jeweils andere Gene aktiv sind; die restlichen Gene bleiben passiv. Ab einem bestimmten Differenzierungsgrad können tierische Zellen nicht mehr in den embryonalen Zustand zurückkehren und verlieren ihre Teilungsfähigkeit.

1. Im Bild links sind neben den oben beschriebenen Zelltypen weitere Zellen dargestellt. Beschreiben Sie ihre spezifischen Merkmale und versuchen Sie diese mit der Funktion der Zellen im Organismus in Zusammenhang zu bringen.
2. Beschreiben Sie Unterschiede bezüglich der Zelldifferenzierung zwischen pflanzlichen und tierischen Vielzellern.
3. Nennen Sie Merkmale der Zellen, auf die sich die wesentlichen Unterschiede zwischen pflanzlichen und tierischen Vielzellern zurückführen lassen.
4. Informieren Sie sich, welche Zellen und Gewebe pflanzlicher und tierischer Herkunft als natürliche Rohstoffe Verwendung finden.

1 *Quer gestreiftes Muskelgewebe (Längsschnitt)*

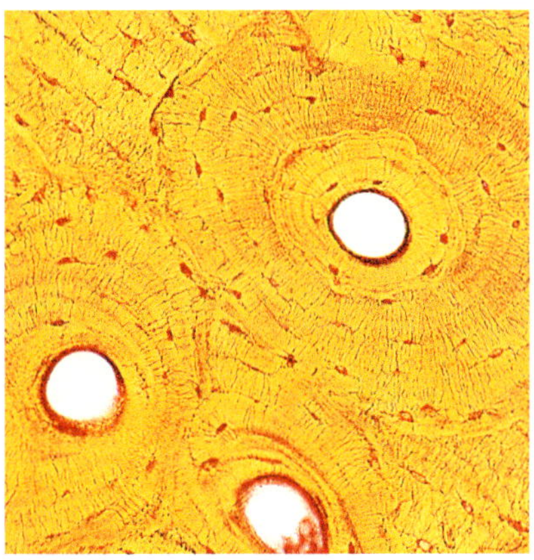

2 *Knochenzellen in einem Röhrenknochen, umgeben von Grundsubstanz*

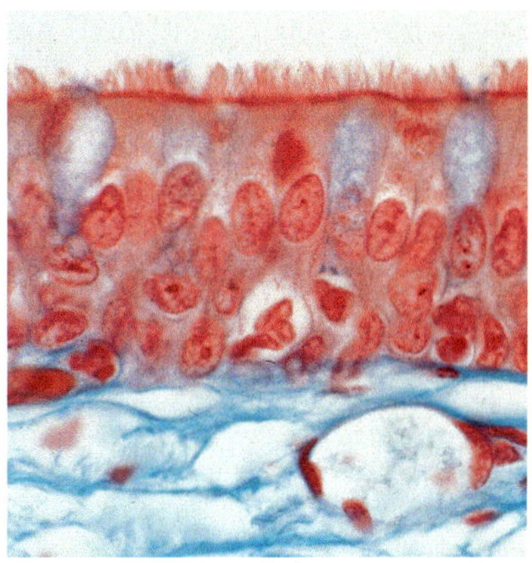

3 *Beim Frosch ist der Gaumen mit einem Flimmerepithel ausgekleidet.*

Testen Sie Ihre Kompetenzen

Mithilfe dieses Kapitels können Sie:

- den Aufbau des Zellkerns und seine Funktion als Steuerzentrum der Eucyte beschreiben
- Fragestellungen historischer Versuche zur Funktion des Zellkerns benennen und die Versuchsdurchführungen und den Erkenntniszuwachs darstellen
- Kerntransplantationsexperimente auswerten und ihre Bedeutung für die Stammzellforschung begründen
- Möglichkeiten und Grenzen der Zellkulturtechnik in der Biotechnologie und Biomedizin aufzeigen
- Nukleinsäuren als biologisch bedeutsame Moleküle verschiedenen zellulären Strukturen und Funktionen zuordnen und ihre wesentlichen chemischen Eigenschaften erläutern
- den Aufbau der DNA mithilfe eines Strukturmodells erklären
- den semikonservativen Mechanismus der DNA-Replikation beschreiben
- die biologische Bedeutung der Mitose auf der Basis der Zelltheorie begründen
- differenzierte Zellen aufgrund ihrer Strukturen spezifischen Geweben und Organen zuordnen und den Zusammenhang zwischen Struktur und Funktion erläutern

A Historische Experimente mit Acetabularia

HÄMMERLING führte neben Pfropfungsexperimenten mit Acetabularia-Arten auch Teilungs- und Transplantationsexperimente durch, um die Funktion des Zellkerns zu erforschen.

Transplantationsexperiment

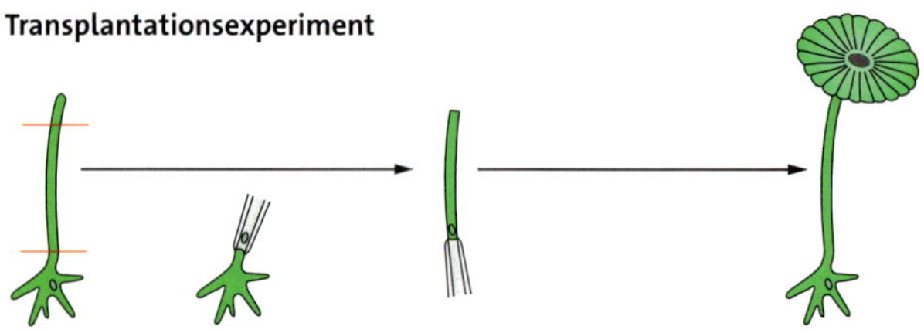

Teilungsexperiment 1

Kultivierung in Nährmedium

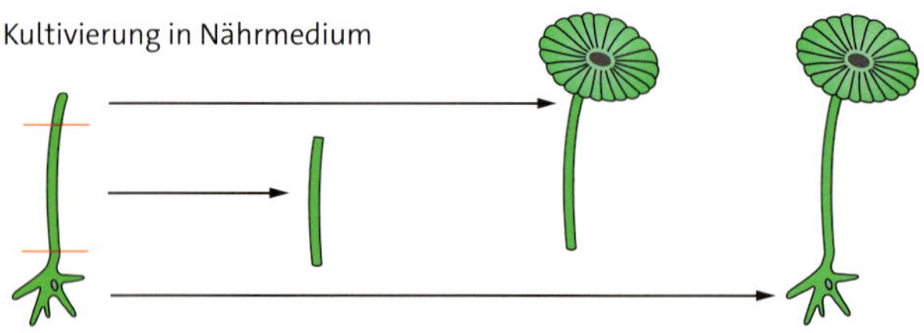

Teilungsexperiment 2

Kultivierung für einige Tage in Nährmedium

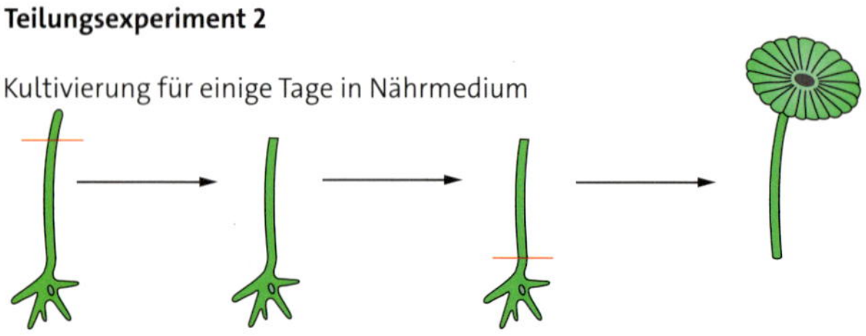

1. Beschreiben Sie das im Bild links unten dargestellte Transplantationsexperiment mit Acetabularia.
2. Erklären Sie das Versuchsergebnis. Beziehen Sie Ihre Kenntnisse über die Funktion des Zellkerns als Steuerzentrum der Eucyte mit ein.

HÄMMERLING nahm die Existenz sogenannter „morphogenetischer Substanzen" bei Acetabularia an. Dabei sollte es sich um Stoffe handeln, die aus dem Zellkern ins Cytoplasma abgegeben werden und die Entwicklung eines Organismus steuern.

3. Beschreiben Sie die im Bild links unten dargestellten Teilungsexperimente mit Acetabularia.
4. Interpretieren Sie die Versuchsergebnisse im Hinblick auf die Existenz morphogenetischer Substanzen.
5. Stellen Sie eine Hypothese auf, mit der sich erklären ließe, worum es sich aus heutiger Sicht handeln könnte.

B Aufbau der DNA

Als WATSON und CRICK versuchten, alles, was man über die DNA wusste, zu einem stimmigen Modell zu vereinen, nahmen sie Folgendes an:

- Die Basen der beiden Stränge sind nach innen gerichtet, das Zucker-Phosphat-Rückgrat liegt an der Außenseite.
- Das Modell muss den Chargaff-Regeln genügen.
- Die Stränge der Doppelhelix müssen nach den Daten der Röntgenstrukturanalyse immer denselben Abstand haben.

1. Begründen Sie, welche der im Bild unten dargestellten Modelle zum Aufbau der DNA nach den Annahmen von WATSON und CRICK als richtig bezeichnet werden können.
2. Erklären Sie, warum man die Chargaff-Regeln auch als Schlüssel für das Verständnis der DNA-Replikation betrachten kann.

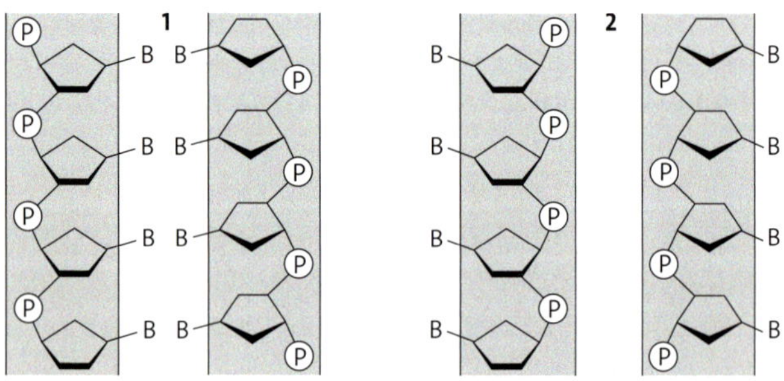

B = Base

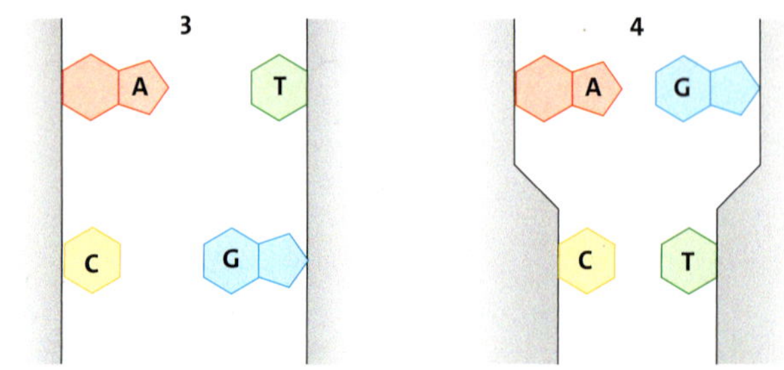

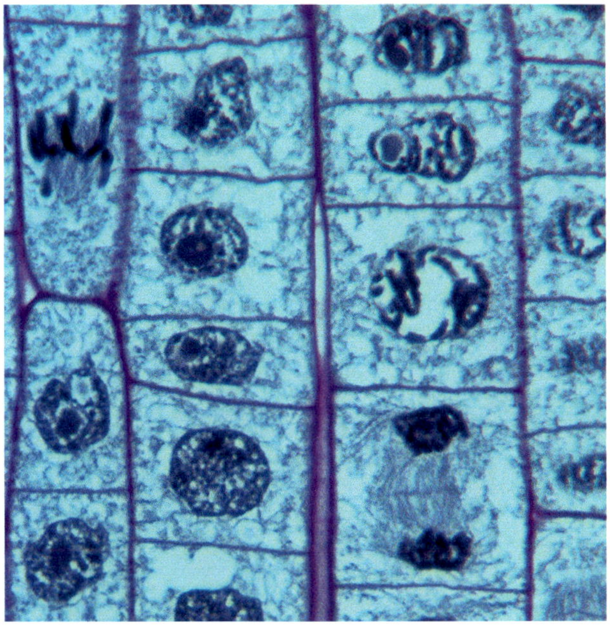

C Ablauf und Bedeutung der Mitose

Die Mitose ist für alle Eukaryoten, also für Lebewesen, deren Zellen einen Zellkern besitzen, ein charakteristischer Vorgang.

1. Fassen Sie kurz zusammen, welche Funktion die Mitose bei Einzellern hat und welche bei Vielzellern.
2. Die lichtmikroskopische Aufnahme oben zeigt einen Ausschnitt aus der Wurzelspitze einer Zwiebel. Analysieren Sie das Bild im Hinblick auf die Mitosephasen. Beschreiben Sie die für jedes Mitosestadium wichtigsten Vorgänge.
3. In der Grafik unten sind typische Abschnitte des Zellzyklus mit Buchstaben bezeichnet. Ordnen Sie diese Abschnitte den Phasen des Zellzyklus zu, ermitteln Sie deren ungefähre Dauer und beschreiben Sie, wodurch die einzelnen Phasen gekennzeichnet sind. Entscheiden Sie mithilfe der Tabelle rechts oben, um welchen Zelltyp es sich hier handelt.

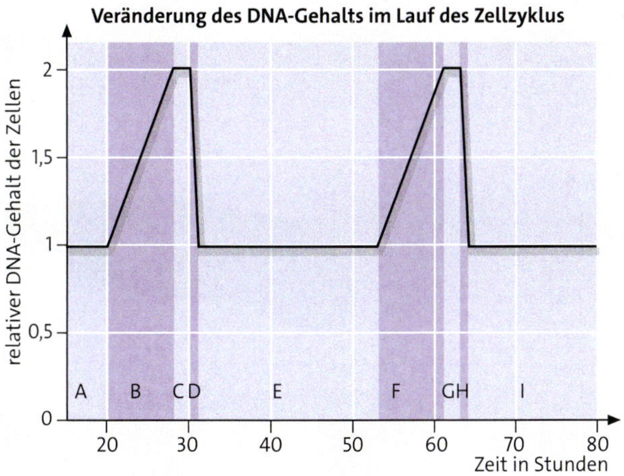

Ungefähre Dauer der Phasen des Zellzyklus bei menschlichen Körperzellen (in Stunden)

Zelltyp	Gesamtzyklus	G_1	S	G_2	M
Knochenmark (Bildung der Blutzellen)	13	2	8	2	1
Dünndarm	17	6	8	2	1
Dickdarm	33	22	8	2	1
Haut	1000	989	8	2	1
Leber	10 000	9 989	8	2	1

D Klonierung einer Pflanze

Mit dem im Bild unten dargestellten Klonierungsexperiment überprüfte der Botaniker FREDERICK C. STEWARD im Jahr 1958 folgende Hypothese:
„Differenzierte Pflanzenzellen können totipotent sein und lassen sich zur Bildung aller Typen von Pflanzenzellen anregen."

1. Beschreiben Sie die Durchführung des Klonierungsexperiments mit einer Möhre im Bild unten.
2. Geben Sie das Ergebnis des Experiments an und erklären Sie es.
3. Beurteilen Sie die Gültigkeit der von STEWARD aufgestellten Hypothese.
4. Begründen Sie, warum es sich bei der neuen Möhrenpflanze um einen Klon handelt.

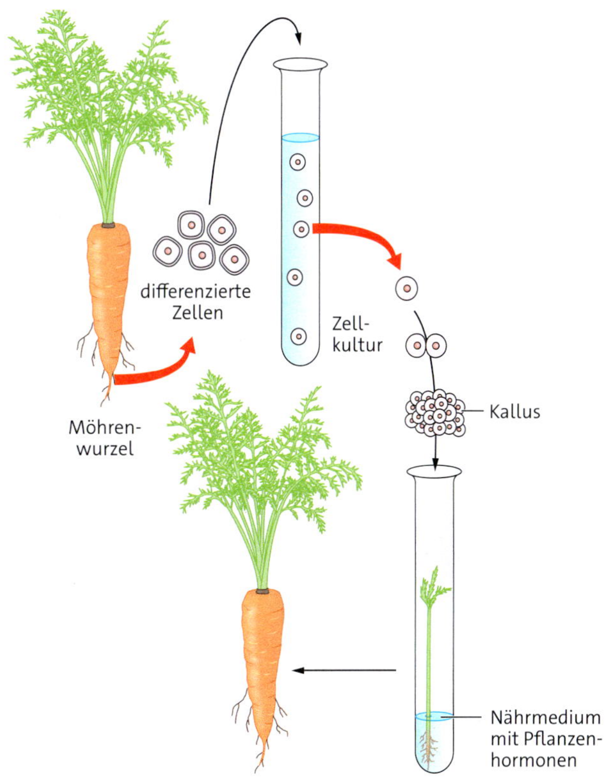

Biologische Prinzipien: Zellbiologie

Kompartimentierung

Die Zelle ist die Baueinheit aller Lebewesen, ob Einzeller oder Vielzeller. Zellen untergliedern zum einen den vielzelligen Organismus vieltausendfach, zum anderen sind in der eukaryotischen Zelle selbst membranumhüllte Räume als Zellkompartimente abgegrenzt. Beide Ebenen der Kompartimentierung hängen mit dem Prinzip der Arbeitsteilung zusammen.

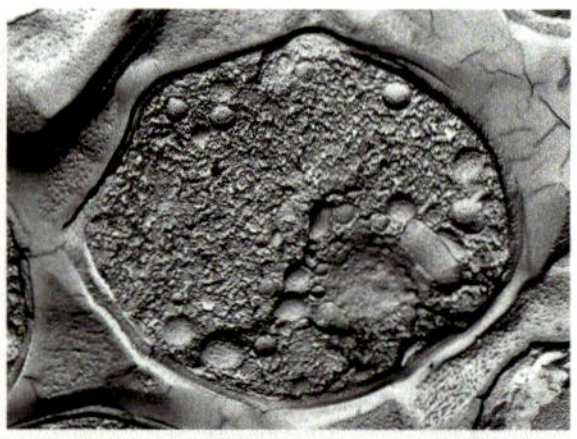

Hefezelle, Gefrierbruch. Die Kompartimentierung ist deutlich zu erkennen.

1. Erläutern Sie an jeweils zwei Beispielen das Prinzip der Arbeitsteilung bei verschiedenen Zelltypen (> S. 68/69) und Zellorganellen (> S. 24–27).
2. Stellen Sie die Bedeutung der Membranen für die Kompartimentierung heraus (> S. 30).
3. Beschreiben Sie mitmilfe der Endosymbiontentheorie, wie die Kompartimentierung der Eucyte entstanden sein könnte (> S. 49).

Reproduktion

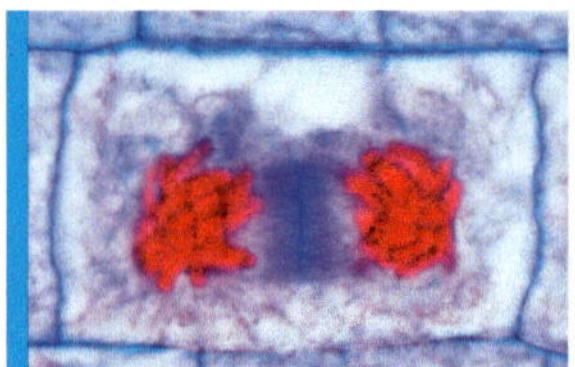

Reproduktion einer Pflanzenzelle. Die Kernteilung (Mitose) ist fast beendet, die Zellwand bildet sich aus.

Zellen vermehren sich durch Teilung. Bei dieser Reproduktion entstehen zwei kleinere Tochterzellen, die durch Wachstumsprozesse schließlich das Volumen der Ausgangszelle erreichen und sich dann ihrerseits teilen. Jede Zelle durchläuft so einen charakteristischen Zellzyklus.

1. Stellen Sie den Ablauf und die Bedeutung des Zellzyklus für die Weitergabe der genetischen Information dar (> S. 62/63).
2. Beschreiben Sie den Vorgang der Replikation und deren Bedeutung für die Lebewesen (> S. 60/61).
3. Die Investition in Nachkommen zeigt sich auch bei der Bildung von Eizellen. Belegen Sie dies aufgrund der besonderen Merkmale der Eizellen (> S. 68/69).

Stoff- und Energieumwandlung

Zellen sind offene Systeme, die auf die Zufuhr von Stoffen angewiesen sind. Jede stellt eine biochemische Fabrik im Miniaturformat dar, in der unzählige Stoffe mithilfe von Enzymen abgebaut, umgebaut und aufgebaut werden. Fast alle Zellen besitzen die erforderlichen Enzyme, um sich durch Abbau von Stoffen mit Energie zu versorgen.

1. Beschreiben Sie die verschiedenen Transportmechanismen zur Aufnahme und Abgabe von Stoffen durch die Zellmembran (> S. 42/43).
2. Zeigen Sie an verschiedenen Beispielen die Notwendigkeit der Energiebereitstellung (> S. 26/27, S. 42/43, S. 45, S. 64).

Struktur und Funktion

Alle eukaryotischen Zellen verfügen grundsätzlich über die gleichen Zellbestandteile, doch können sich verschieden differenzierte Zellen in ihrer Struktur und im Anteil der verschiedenen Zellbestandteile stark unterscheiden. Bei vielen Zelltypen ist der Zusammenhang von Struktur und Funktion schon bei mikrokopischer Betrachtung gut erschließbar. Dabei lassen sich die Zellfunktionen auf die biologisch bedeutsamen Makromoleküle Proteine, Fette, Nukleinsäuren und Kohlenhydrate zurückführen.

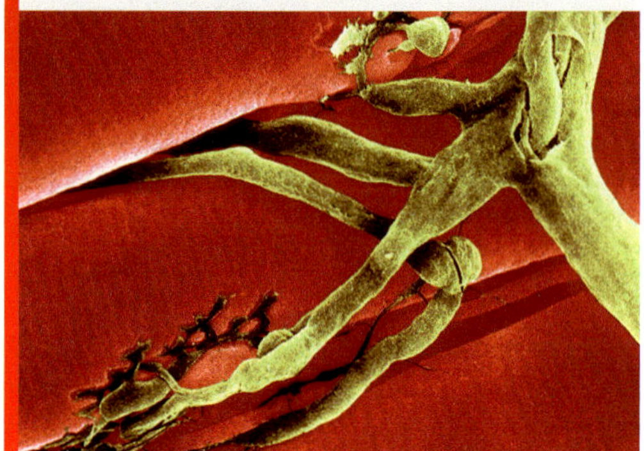

Muskelfaser und Endigungen einer Nervenzelle. Von der Nervenzelle sieht man nur einen kleinen Ausschnitt, dennoch ist die unterschiedliche Struktur unverkennbar.

1. Zeigen Sie den Zusammenhang von Struktur und Funktion am Beispiel verschiedener Zelltypen (> S. 68/69).
2. Geben Sie an, welche Organellen bei Zellen, die viel Energie benötigen, Drüsensekrete produzieren oder Bewegung ermöglichen, besonders ausgeprägt sein müssen (> S. 24–27).
3. Beschreiben Sie die wesentlichen Eigenschaften der genannten Makromoleküle und erläutern Sie deren Bedeutung für die Zellen (> S. 31–33, S. 36/37, S. 58/59).

Wie Pflanzen besitzt der Einzeller Euglena Chloroplasten und betreibt Fotosynthese. Dabei entsteht das stärkeähnliche Paramylon, dessen Abbau Euglena mit Energie für die Lebensvorgänge versorgt.

Steuerung und Regelung

Viele Stoffe, die in einer Zelle entstehen, dienen der Steuerung und Regelung des Zellgeschehens. Es handelt sich größtenteils um Proteine, vor allem Enzyme, deren Bauanleitungen in der DNA gespeichert sind und die bei Bedarf abgerufen werden. Die Signale können aus der Zelle selbst, von anderen Zellen oder aus der Umwelt des Organismus kommen.

1. Stellen Sie am Beispiel der Kanalproteine dar, wie die Stoffaufnahme reguliert werden kann (> S. 42).
2. Zeigen Sie am Beispiel des Zellzyklus die Bedeutung von Steuerungs- und Regelungsmechanismen (> S. 62/63).
3. Erklären Sie die Bedeutung der Osmoregulation für Lebewesen (> S. 38/39).

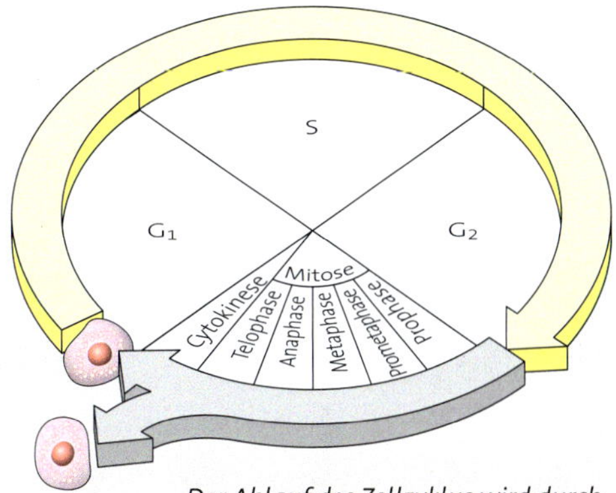

Der Ablauf des Zellzyklus wird durch Enzyme streng geregelt.

Information und Kommunikation

Zellen stehen mit ihrer Umgebung und mit anderen Zellen in einem Informationsaustausch. Sie geben selbst Botenstoffe ab und empfangen Signale anderer Zellen, etwa in Form von Hormonen oder Neurotransmittern. Entscheidend für die Kommunikation zwischen Zellen ist die Zellmembran.

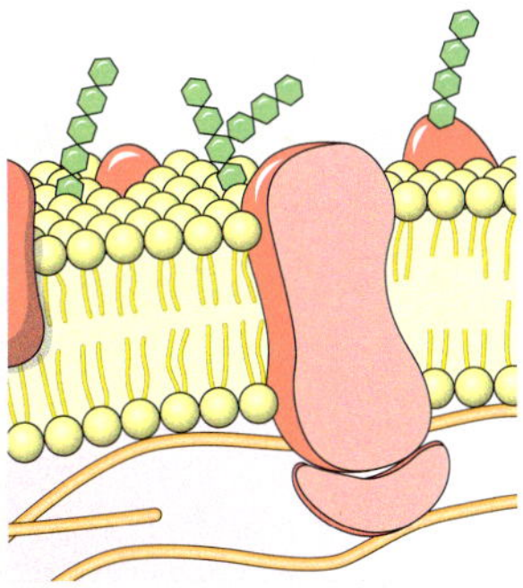

Die Bestückung der Zellmembran mit Rezeptorproteinen entscheidet darüber, welche Informationen eine Zelle empfangen kann.

1. Geben Sie an, über welche Strukturen der Membranaußenseite die Kommunikation zwischen Zellen erfolgt (> S. 36/37).
2. Beschreiben Sie am Beispiel der rezeptorvermittelten Endocytose die Bedeutung von Rezeptorproteinen (> S. 44).
3. Erklären Sie die Funktionsweise von Tracern im Hinblick auf Kommunikation (> S. 46).
4. Beschreiben Sie, welche Bedeutung der Zellkulturtechnik für die Erforschung von Signalwegen in der Zelle zukommt (> S. 57).

Variabilität und Angepasstheit

Zellen und zelluläre Strukturen können sich veränderten Umweltbedingungen oder Anforderungen bis zu einem gewissen Grad anpassen. So ist beispielsweise bei Ausdauersportlern die Anzahl der Mitochondrien in den Muskelzellen erhöht. In diesen Fällen beruht die Variabilität auf Modifikation und wird nicht vererbt. Auf der Basis genetischer Variabilität ist es im Verlauf der Evolution zu immer neuen Varianten zellulärer Strukturen und Funktionen gekommen.

1. Die Vielfalt existiert schon bei prokaryotischen Zellen. Belegen Sie diese Aussage (> S. 47).
2. Belegen Sie das Prinzip der Variabilität und Angepasstheit anhand der Entwicklung der Vielzelligkeit (> S. 51, S. 68).

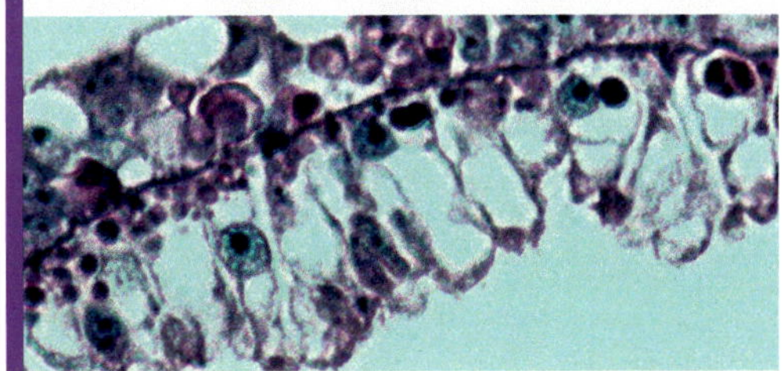

Schnitt durch die zweischichtige Körperwand des Süßwasserpolypen Hydra. Trotz seiner relativ einfachen Organisation weist Hydra eine Reihe verschiedener Zelltypen auf.

Geschichte und Verwandtschaft

Die heute bestehende Vielfalt zellulärer Strukturen, Funktionen und Organisationsformen ist das Ergebnis einer etwa 3,5 Milliarden Jahre dauernden Evolution.
Die ersten Zellen waren einfache, unkompartimentierte Gebilde, die den heutigen Bakterien ähnelten. Vor etwa 2 Milliarden Jahren entstanden daraus die ersten Eukaryoten, die sich in der Folge zu vielzelligen Organismen weiterentwickelten. Alle heute existierenden Organismen haben somit einen gemeinsamen Ursprung und sind miteinander verwandt.

1. Stellen Sie Gemeinsamkeiten und Unterschiede von prokaryotischen und eukaryotischen Zellen dar (> S. 47/48).
2. Beschreiben Sie die Entstehung der Eukaryoten aus bereits spezialisierten Prokaryoten mithilfe der Endosymbiontentheorie (> S. 49).

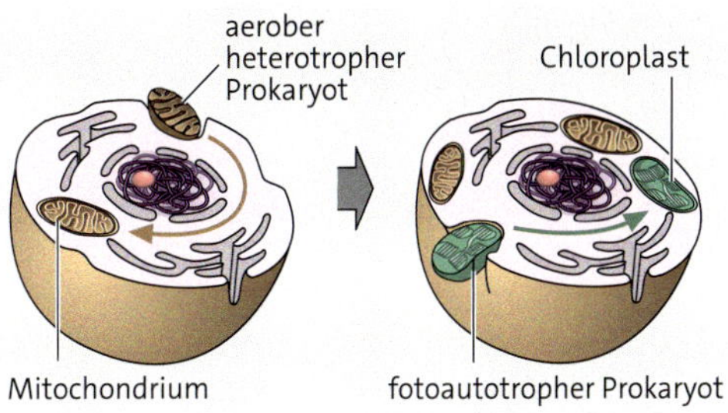

Entstehung der Eucyte nach der Endosymbiontentheorie

Stoffwechsel

Alles Lebendige ist auf den lebenslangen Austausch von Stoffen und Energie mit seiner Umwelt angewiesen. Dieser Austausch macht jedoch nur einen kleinen Teil des Stoffwechsels aus. Sein weitaus umfangreicherer Teil besteht aus Stoff- und Energieumwandlungen im Inneren von Zellen, Organen und Organsystemen. Eine fundamentale Voraussetzung dafür ist die **Biokatalyse** durch Enzyme: Diese Wirkstoffe sorgen als Biokatalysatoren dafür, dass Stoffwechselreaktionen unter den von lebenden Systemen tolerierten Bedingungen schnell genug ablaufen. Organisation und Leistungen lebender Systeme erfordern Energie. Deren Bereitstellung geschieht im **Energiestoffwechsel**, der auch Betriebsstoffwechsel genannt wird. In ihm werden organische Stoffe mit hohem Energiegehalt – vor allem Kohlenhydrate, aber auch Fette – stufenweise abgebaut. Die dabei freigesetzte Energie wird in kleinen Beträgen auf Transport- und Trägerstoffe übertragen. Unter diesen ist ATP (Adenosintriphosphat) am wichtigsten, das für die verschiedensten Lebensvorgänge die Energie liefert.

Übersicht zu wichtigen Enzymen

Enzyme sind Proteine ...

... oft ergänzt um andere Wirkgruppen

Wie Enzyme gebaut sind und wirken

Biokatalysatoren heißen Enzyme

Kein Stoffwechsel ohne Katalyse

Biokatalyse

Einflüsse auf die Enzymwirkung

Stoffwechsel wird vor allem durch Enzyme geregelt

Enzyme im Experiment

Viele Medikamente wirken auf Enzyme ein

Biologie angewandt
Enzyme im Alltag

Kohlenhydrate spielen die Hauptrolle im Energiestoffwechsel

Verdauung: Auftakt des Stoffwechsels

Wie sich Energieumsatz messen lässt

Biologie angewandt
Sport und Stoffwechsel

Muskeln arbeiten als „chemische Motoren"

Energiestoffwechsel

Energiewährung ATP

In drei Stufen zu nutzbarer Energie: Glykolyse, Citratzyklus, Atmungskette

Kohlenhydratabbau Glykolyse

Stoffwechsel-„Drehscheibe" Citratzyklus

Biologie angewandt
Die Hefe – ein besonderer Nutzpilz

Zellatmung – die effektivste Form der Energiebereitstellung

Wenn es auch ohne Sauerstoff gehen muss: Gärung

Biokatalyse

In warmen Sommernächten finden Weibchen und Männchen der Leuchtkäfer zueinander, indem sie Lichtsignale aussenden. Das Foto zeigt ein Weibchen des einheimischen Großen Leuchtkäfers.
Die Lichtsignale sind für jede Art der Leuchtkäfer oder „Glühwürmchen" kennzeichnend. Dabei wird in besonderen Leuchtorganen das Leuchtmittel Luciferin mithilfe des Enzyms Luciferase so umgesetzt, dass 96 % der aufgewendeten Energie in Form von „kaltem" Licht abgestrahlt werden.
Enzyme sind nicht nur in diesem spektakulären Fall beteiligt: Als Biokatalysatoren sorgen sie vielmehr dafür, dass alle Lebensvorgänge schnell und regulierbar verlaufen.

1. Leuchterscheinungen sind auch bei anderen Organismen zu beobachten. Nennen Sie Beispiele und erläutern Sie die jeweilige Funktion des Leuchtens.
2. Geben Sie an, in welchem Zusammenhang Ihnen Enzyme bekannt sind und was Sie bereits über sie wissen.
3. Enzyme werden als Biokatalysatoren bezeichnet, da ihnen das gleiche Prinzip zugrunde liegt wie technischen Katalysatoren. Beschreiben Sie das Prinzip.

Enzyme sind Biokatalysatoren

Im Jahr 1897 entdeckte der Chemiker EDUARD BUCHNER, dass ein Saft aus gepresster Hefe, der keine lebenden Hefezellen mehr enthält, trotzdem die alkoholische Gärung einer Zuckerlösung bewirkt. Diese Entdeckung revolutionierte die bis dahin verbreitete Ansicht, dass die für das Leben typischen Vorgänge nur innerhalb lebender Zellen möglich sind. Auch die Unterscheidung zwischen mikroskopisch sichtbaren „geformten Fermenten", zu denen man Bakterien und Hefe rechnete, und „löslichen Fermenten oder Enzymen" erwies sich als unhaltbar. Immer mehr solcher Enzyme wurden gefunden. Zu Beginn des 20. Jahrhunderts erkannte man dann ihre zentrale Bedeutung als *Katalysatoren nahezu aller Stoffwechselreaktionen*.

Aktivierungsenergie Wie alle chemischen Reaktionen sind auch die Reaktionen im Stoffwechsel mit *Energieumwandlungen* verknüpft: Erfordern sie – wie die Synthese großer Moleküle aus einfachen Bausteinen – die Zufuhr von Energie, spricht man von *endergonischen Reaktionen*. Wird Energie frei, wie beim Stoffabbau durch Zellatmung (> S. 106), handelt es sich um *exergonische Reaktionen*.
Höchst selten laufen aufbauende oder abbauende Reaktionen im Stoffwechsel von selbst ab: Aus Glucose entsteht spontan weder Stärke noch reagiert sie mit Sauerstoff zu Kohlenstoffdioxid und Wasser. Stoffgemische, die unter gegebenen Bedingungen nicht spontan miteinander reagieren, nennt man metastabil. Sie benötigen eine „Starthilfe", um eine für jede Reaktion spezifische Energiebarriere zu überwinden. Diese von außen zuzuführende Energiemenge wird als *Aktivierungsenergie* bezeichnet. Sie ist notwendig, um bestehende chemische Bindungen in den Ausgangsstoffen zu lösen und neue Bindungen zur Bildung der Reaktionsprodukte zu knüpfen.
Als Beispiel kann das Reiben eines Streichholzes an der Streichholzschachtel dienen: Ohne Aktivierungsenergie, die hier durch den Reibungsvorgang zugeführt wird, kommt die Reaktion nicht in Gang und das Streichholz entzündet sich nicht.

Herabsetzung der Aktivierungsenergie Ein Weg, um die Energiebarriere zu überwinden, die die Aktivierungsenergie darstellt, besteht darin, die Ausgangsstoffe zu erhitzen. Dies lässt sich auch am Streichholzbeispiel zeigen: Ein Streichholz kann sich bei entsprechend hoher Temperatur selbst entzünden.
Eine Temperatur deutlich über 40 °C wird jedoch nur von wenigen Organismen toleriert. Die benötigte Aktivierungsenergie kann in lebenden Zellen also nur in geringem Umfang als Wärme zugeführt werden. Stattdessen wird die Aktivierungsenergie durch Enzyme herabgesetzt (> Bild 1): Als Katalysatoren sind sie in der Lage, chemische Bindungen in Molekülen auch bei niedrigen Temperaturen zu lockern und in veränderter Form neu zu bilden.

Beschleunigung von Reaktionen Wird die Aktivierungsenergie einer Reaktion herabgesetzt, läuft die Reaktion bedeutend schneller ab. Zwar werden bei einer katalysierten Reaktion im Endeffekt nicht mehr Produkte erzeugt, die Zeit bis zum Ende der Reaktion ist aber deutlich kürzer. Schon eine geringfügige Herabsetzung der Aktivierungsenergie bewirkt eine enorme Beschleunigung der Reaktion. So braucht eine Reaktion mit einer Aktivierungsenergie von 125 kJ/mol rund 12 Jahre, um die Hälfte der Moleküle umzusetzen, mit 63 kJ/mol nur 5 Millisekunden.

Zentrale Bedeutung im Stoffwechsel Innerhalb einer Zelle sind die Umwandlungen von chemischen Verbindungen schrittweise aneinandergekoppelte Reaktionen, eine Reaktionskette (> Bild 2). Jeder Umbau am Molekül stellt dabei eine eigene Reaktion dar, die von einem ganz bestimmten Enzym katalysiert wird. Enzyme sind demnach hochspezifisch. Kleinste Veränderungen in der Molekülstruktur eines Enzyms oder gar sein Fehlen können für die katalysierte Reaktion, für eine Reaktionskette oder den gesamten Stoffwechsel weitreichende Folgen haben.

1 Begründen Sie, weshalb die Aussage missverständlich ist, dass ein Enzym einen Stoff spaltet oder herstellt.

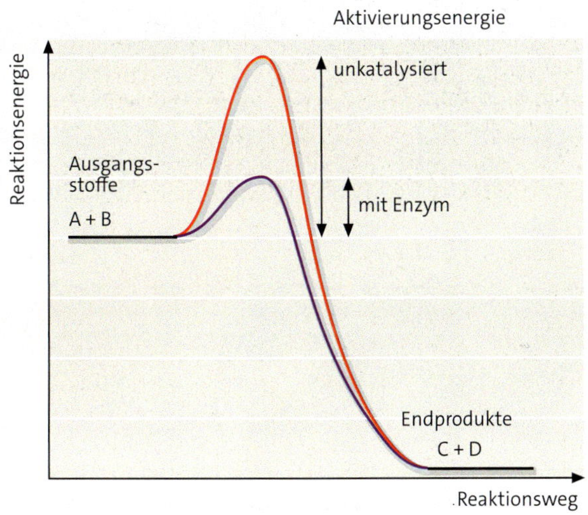

1 *Enzymatisch katalysierte Reaktionen benötigen eine geringere Aktivierungsenergie als unkatalysierte Reaktionen.*

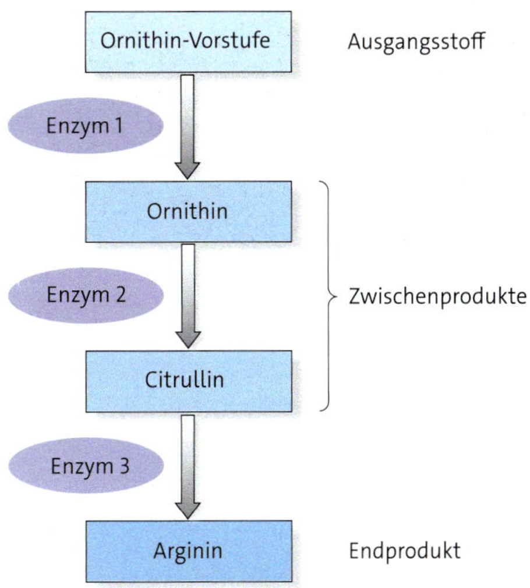

2 *Im Stoffwechsel sind enzymatisch katalysierte Reaktionen meist Teil einer als Enzym-Wirkkette bezeichneten Reaktionsfolge.*

Struktur und Wirkungsweise von Enzymen

Enzyme sind fast immer *Proteine*, die noch durch weitere Bestandteile ergänzt sein können. Dieselben Kräfte, auf denen die *Konformation* eines Proteins beruht – also Wasserstoffbrücken, hydrophobe Wechselwirkungen sowie Ladungen einzelner Aminosäuren (> S. 33) –, sind auch für die Struktur eines Enzyms und die Bindung seines *Substrats* maßgeblich. Als Substrat bezeichnet man den Stoff, dessen Moleküle durch das Enzym spezifisch gebunden und chemisch verändert werden können.

Aktives Zentrum Die räumliche Struktur eines Enzyms ist für dessen katalytische Funktion entscheidend. In einer taschen- oder spaltenförmigen Einbuchtung des Proteinmoleküls, dem *aktiven Zentrum*, spielt sich die Reaktion ab, nachdem das Substrat hier gebunden wurde.

Das aktive Zentrum ist so geformt, dass Moleküle des Substrats hineinpassen wie ein Schlüssel in ein Schloss. Dieses *Schlüssel-Schloss-Prinzip* hatte der Chemiker EMIL FISCHER bereits 1894 als Grundlage der enzymatischen Katalyse erkannt. In einigen Fällen wird die Passform des aktiven Zentrums allerdings erst dadurch bewirkt, dass das Substrat bei seiner Bindung die Konformation des Enzymproteins verändert. Man spricht dann vom *Induced-fit-Mechanismus.*

Aus dem Schlüssel-Schloss-Prinzip ergibt sich auch die hohe *Substratspezifität* der Enzyme: Die meisten binden nur einen einzigen Stoff als Substrat oder wenige eng verwandte Stoffe mit sehr ähnlicher chemischer Struktur.

Enzym-Substrat-Komplex Das Substrat wird vorübergehend in einer für die Reaktion günstigen Position im aktiven Zentrum an das Enzym gebunden. Es entsteht ein *Enzym-Substrat-Komplex (ES-Komplex).* Dieser Komplex ist energetisch begünstigt und bildet sich in der Regel spontan. Ist ein Molekül im aktiven Zentrum des Enzyms gebunden, kann bis zum Ende der Reaktion kein weiteres Molekül mehr binden. Das Enzym ist gesättigt. Sind alle aktiven Zentren der vorhandenen Enzymmoleküle besetzt, hat die Reaktion ihre *Maximalgeschwindigkeit* erreicht.

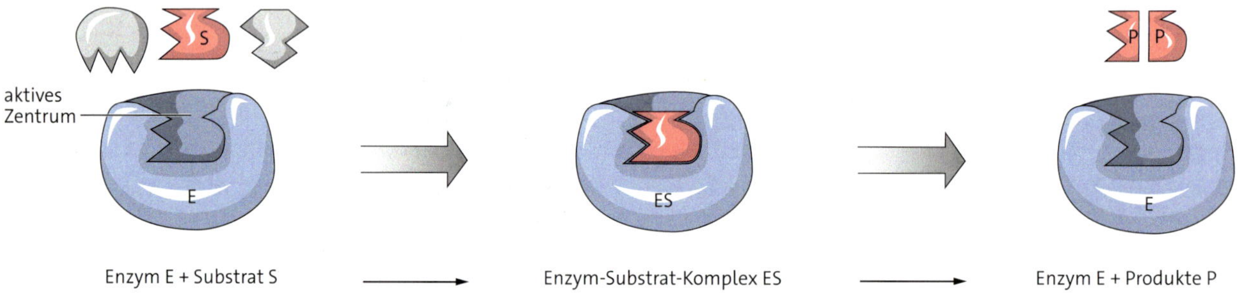

1 *Modellvorstellung vom Ablauf einer enzymatisch katalysierten Reaktion*

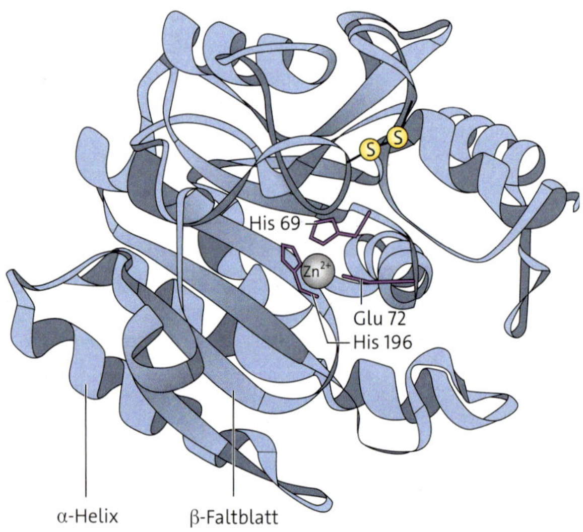

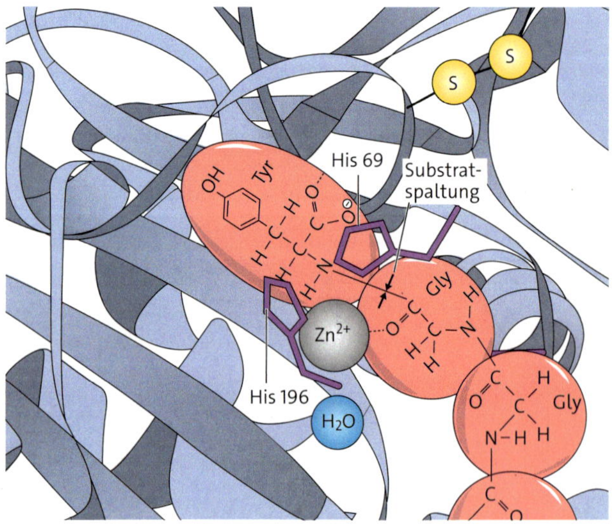

2 und 3 *Aufbau und Funktion des Verdauungsenzyms Carboxypeptidase. Teil des Enzyms ist ein Zinkion, das von der Peptidkette, hier als Band dargestellt, umgeben ist. In beiden Grafiken sind die für die Spaltung notwendigen Aminosäuren Histidin und Glutaminsäure an den Positionen 72, 69 und 196 der Aminosäuresequenz des Enzyms hervorgehoben. Diese Aminosäuren sind Teil des aktiven Zentrums.*

Übergangszustand mit verringerter Aktivierungsenergie Bei einer chemischen Reaktion müssen sich Bindungen in der Molekülstruktur der Ausgangsstoffe lösen, bevor sich neue Bindungen bilden können. Das Erreichen dieses *Übergangszustands* erfordert Aktivierungsenergie. Der „Trick" der Enzyme besteht darin, dass die Bildung des Enzym-Substrat-Komplexes praktisch einen neuen Reaktionsweg eröffnet, dessen Übergangszustand mit deutlich weniger Aktivierungsenergie erreicht wird als bei der unkatalysierten Reaktion. Das geschieht zum Beispiel dadurch, dass beim Binden an das aktive Zentrum im Substratmolekül Bindungen gestreckt und so instabil werden oder dass vom Enzym hinzugefügte Ladungen bestehende Bindungen instabil machen (> Bild 1). Verantwortlich für den energieärmeren Übergangszustand – und damit für die Wirkungsspezifität des Enzyms, das nur eine ganz bestimmte Reaktion zu katalysieren vermag – sind die Ladungseigenschaften der Aminosäurereste im aktiven Zentrum, zum Teil auch weitere Wirkgruppen des Enzyms wie das Zinkion der Carboxypeptidase (> S. 78 Bild 2).

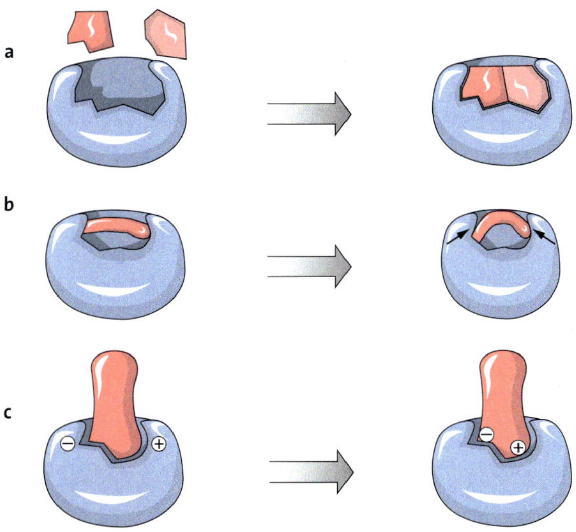

1 *Enzyme versetzen ihr Substrat in einen Übergangszustand mit verringerter Aktivierungsenergie. Das kann durch passende räumliche Ausrichtung (a), physikalische Spannung (b) oder Hinzufügen von Ladungen erfolgen (c).*

Coenzyme, Cofaktoren und prosthetische Gruppen Viele Enzyme sind reine Proteine. Andere bestehen aus einem Proteinanteil, den man dann als *Apoenzym* bezeichnet, und anderen Wirkgruppen. Solche *zusammengesetzten Enzyme* sind nur funktionsfähig, wenn beide Anteile zusammen als *Holoenzym* vorliegen. Man unterscheidet drei Wirkgruppen:

- *Coenzyme* sind kleine organische Moleküle und nur lose mit dem Apoenzym verbunden. Sie übertragen während der Katalyse bestimmte Molekülgruppen wie Wasserstoff, Phosphat- oder Acetylgruppen, werden wie das Substrat verändert und daher oft auch *Cosubstrat* genannt (> Bild 2). Dabei können unterschiedliche Enzyme das gleiche Coenzym verwenden.
- *Prosthetische Gruppen* sind dauerhaft an das Apoenzym gebunden. Die meisten von ihnen übertragen Wasserstoff und Elektronen.
- *Cofaktoren* sind mit dem Apoenzym fest verbundene Metallionen wie das Zinkion der Carboxypeptidase. Viele lebenswichtige *Spurenelemente* sind Cofaktoren von Enzymen.

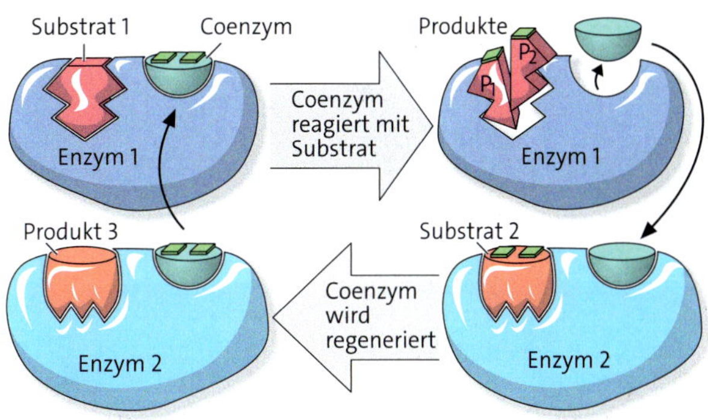

2 *Wirkungsweise von Coenzymen*

1. Erklären Sie die Wirkungsweise von Enzymen als Katalysatoren biologischer Reaktionen.
2. Erklären Sie, unter welchen Umständen schon die Veränderung einer einzigen Aminosäure die Wirkungsweise eines Enzyms enorm beeinträchtigen kann.
3. Beschreiben Sie die Wirkungsweise von Coenzymen (> Bild 2).
4. Recherchieren und berichten Sie, in welchem Zusammenhang Coenzyme und manche Vitamine stehen (> Tabelle unten).

Wirkgruppen zusammengesetzter Enzyme		
Coenzyme	NAD^+	Übertragung von Elektronen und Wasserstoff (> S. 108); Vitaminbestandteil: Niacin
	FAD	Übertragung von Elektronen und Wasserstoff (> S. 110); Vitaminbestandteil: Vitamin B_2
	Coenzym A	Übertragung der Acetylgruppe (> S. 110); Vitaminbestandteil: Pantothensäure
	ATP	Übertragung von Phosphat (> S. 107)
prosthetische Gruppen	Häm	Übertragung von Elektronen in Cytochrom (> S. 102) Katalyse der Wasserstoffperoxidspaltung in Katalase (> S. 25)
	Retinal	Lichtabsorption in Rhodopsin
Cofaktoren	Zn^{2+}	in Carboxypeptidase, Carboanhydrase, Alkoholdehydrogenase
	Ni^{2+}	in Urease (> S. 84)

Enzyme als Werkzeuge der Zellen

Ungefähr 5 000 Enzyme sind der Wissenschaft heute bekannt. Wie viele in den Zellen aller Arten als chemische Werkzeuge tatsächlich im Einsatz sind, weiß niemand. Man schätzt, dass schon eine einzelne lebende Zelle mindestens 100, meist aber mehrere Tausend verschiedene Enzyme besitzt. Da praktisch jeder einzelne Stoffwechselschritt enzymatisch katalysiert wird und Enzyme meist sehr spezifisch wirken, verwundert die große Zahl nicht.
Um jedes Enzym eindeutig identifizieren zu können, werden Enzyme entsprechend einer internationalen Übereinkunft benannt und in Gruppen geordnet.

Systematische Benennung Enzyme werden wissenschaftlich nach ihrer Substrat- und Wirkungsspezifität benannt. Danach setzt sich der Name eines Enzyms zusammen aus
- der Bezeichnung des Substrats,
- der Bezeichnung der Reaktion, die das Enzym katalysiert,
- der Endung -ase, die allen Enzymnamen gemeinsam ist.

Es entstehen so zwar zungenbrecherische, aber kennzeichnende Namen. Zum Beispiel wird mithilfe des Enzyms *Succinatdehydrogenase* im Citratzyklus (> S. 110) das Substrat *Succinat dehydrogeniert*, also Wasserstoff von ihm abgespalten.

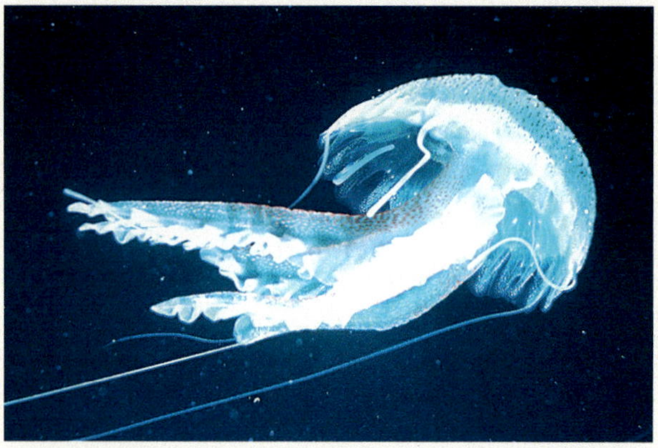

Oxidoreduktasen
katalysieren *Oxidationen* und *Reduktionen* chemischer Verbindungen. Hierbei kommt es zu einer Übertragung von Sauerstoff, Wasserstoff oder Elektronen, die dem Substrat entzogen oder hinzugefügt werden.
Ein Beispiel für eine Oxidoreduktase stellt das Enzym *Luciferase* dar, das für das biologische Leuchten von Tiefsee- und anderen Meeresbewohnern oder Leuchtkäfern (> S. 76) verantwortlich ist. Dabei wird Sauerstoff auf Leuchtstoffe übertragen.

1 *Die Leuchtqualle Pelagia noctiluca wird auch Feuerqualle genannt, da sie stark nesselt. Sie kommt im Mittelmeer vor und leuchtet nachts bläulich weiß.*

Transferasen
katalysieren die *Übertragung chemischer Gruppen* wie Methyl-, Amino- oder Phosphatgruppen.
Beispielsweise wird bei der Bildung von Milchzucker (Lactose) in den Milchdrüsen der Säugetiere der Einfachzucker Galaktose auf den Einfachzucker Glucose übertragen. Diese Reaktion wird durch eine Transferase katalysiert.

2 *Ein Schaf säugt sein Lamm. Die Lactose der Muttermilch, die unter der katalytischen Wirkung einer Transferase gebildet wurde, wird im Darm des Lamms wieder hydrolytisch zu Glucose und Galaktose abgebaut.*

Hydrolasen
katalysieren die Spaltung eines Substrats durch *Hydrolyse*, also unter Verwendung von Wasser. Dabei wird für jede chemische Spaltung ein Wassermolekül benötigt.
Fast alle Verdauungsenzyme sowohl von Wirbeltieren als auch von Wirbellosen gehören zu dieser Enzymklasse.

3 *Die Krabbenspinne hat eine Schwebfliege erbeutet und injiziert einen Verdauungssaft aus verschiedenen Hydrolasen in den Körper ihrer Beute.*

Historische Namen Neben den wissenschaftlichen Namen existieren gerade für verbreitete und schon lange bekannte Enzyme auch noch *historische Bezeichnungen*. Wegen ihrer Kürze werden sie – selbst in Lehrwerken der Biochemie – nach wie vor neben den wissenschaftlichen Bezeichnungen verwendet. Die Verdauungsenzyme *Pepsin* (griech. *pepsis*: das Kochen), *Trypsin* (griech. *tryein*: aufreiben) und *Chymotrypsin* (griech. *chymos*: Saft, Speisebrei) sind dafür Beispiele. Auch *Katalase*, *Luciferase* oder *Lysozym* sind solche historischen Bezeichnungen, die noch immer häufig in Gebrauch sind.

Einteilung Nach einer internationalen Klassifikation der *Enzyme Commission (EC)* werden alle Enzyme, dem Typ der katalysierten Reaktion entsprechend, in *sechs Hauptgruppen* zusammengefasst. Die Hauptgruppen werden nach bestimmten Merkmalen der Reaktionen noch weiter unterteilt. Mithilfe eines vierstelligen Ziffernsystems lässt sich dann jedem Enzym eine eindeutige EC-Codenummer zuweisen. Die Bilder und Texte dieser Doppelseite zeigen jeweils ein Beispiel für Enzyme der sechs Klassen.

1 Recherchieren Sie weitere Beispiele zu den Enzymklassen.

Lyasen
katalysieren Spaltungen von chemischen Bindungen durch *Addition von bestimmten Atomen an Doppelbindungen*, wobei aber – anders als bei den Hydrolasen – keine Wassermoleküle umgesetzt werden.
Ein Beispiel findet sich bei der alkoholischen Gärung der Hefe, bei der letztlich Kohlenstoffdioxid und Ethanol entstehen: Dabei katalysiert die Lyase Pyruvatdecarboxylase als ersten Schritt die Abspaltung des Kohlenstoffdioxids (> S. 114).

1 *Gärbecken einer Brauerei. Der Schaum geht auf das Kohlenstoffdioxid zurück, das bei der alkoholischen Gärung entsteht.*

Isomerasen
katalysieren *Umlagerungen* von chemischen Gruppen *innerhalb eines Moleküls*.
Beispielsweise wird beim Sehvorgang der Sehfarbstoff *Retinal* in den Fotorezeptoren (Lichtsinneszellen) der Netzhaut durch das Enzym Retinal-Isomerase regeneriert, sodass die Fotorezeptoren stets lichtempfindlich bleiben.

2 *Mit einem solchen Dunkeladaptometer wird getestet, wie Sehfarbstoff durch die Retinal-Isomerase regeneriert wird.*

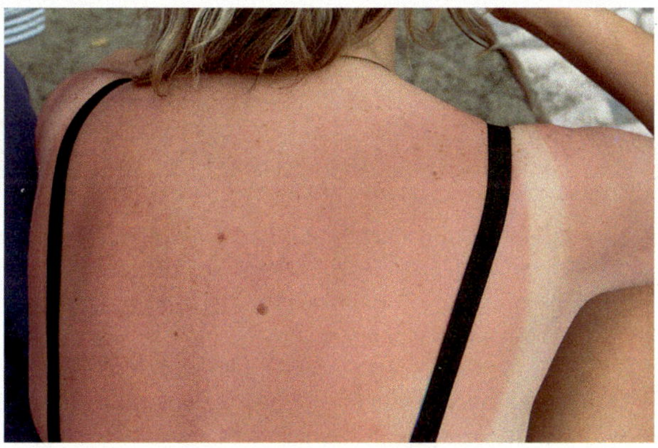

Ligasen
katalysieren die *Ausbildung neuer Bindungen* und verknüpfen dadurch kleinere Bausteine zu größeren Molekülen.
Ligasen sind zum Beispiel daran beteiligt, wenn DNA im Zellzyklus verdoppelt wird und dabei einzelne Bausteine verknüpft werden. Auch bei der Beseitigung von DNA-Schäden, wie sie durch UV-Strahlung entstehen können, sind diese Enzyme beteiligt.

3 *Bei einem Sonnenbrand entstehen unter anderem Schäden an der DNA, die durch die DNA-Ligase – zusammen mit anderen Enzymen – oft wieder repariert werden können.*

Einflüsse auf die Enzymwirkung

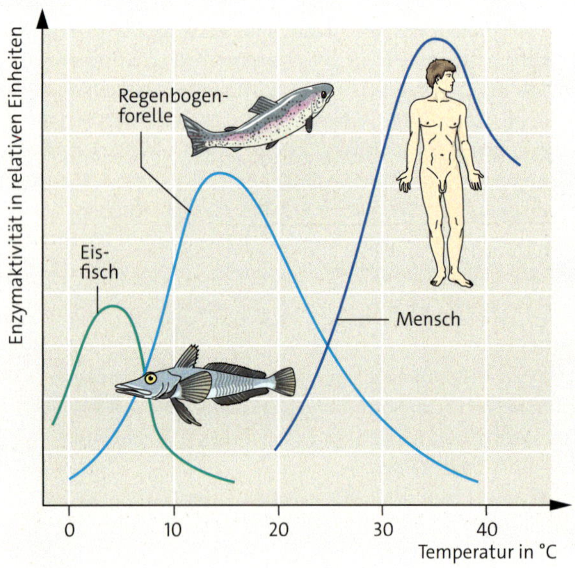

1 *Temperaturabhängigkeit der Pyruvatkinase*

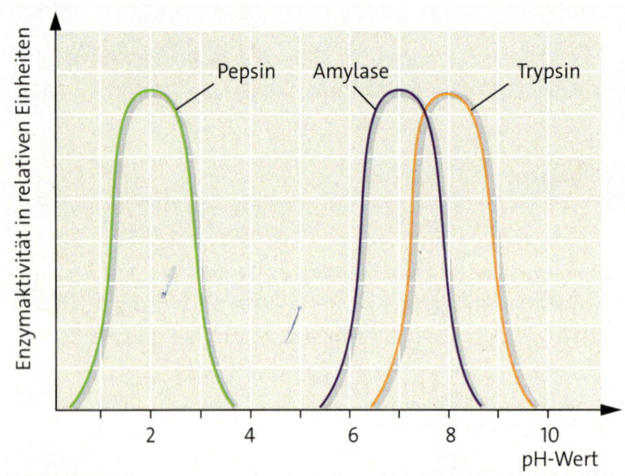

2 *pH-Abhängigkeit menschlicher Verdauungsenzyme*

3 *Grüner Knollenblätterpilz. Sein Gift blockiert die RNA-Polymerase.*

Welche Faktoren die Wirkung von Enzymen beeinflussen, lässt sich am besten aus der Tatsache ableiten, dass Enzyme Proteine sind: Alle Bedingungen, die auf die Struktur von Proteinen wirken, nehmen auch Einfluss auf Enzyme.

Temperatur Enzyme sind komplexe Makromoleküle. Daher beeinflusst eine *Temperaturänderung* nicht nur ihre Reaktionsgeschwindigkeit, sondern auch ihre *Konformation*, also ihre räumliche Gestalt: Die Tertiär- und Quartärstruktur von Proteinen wird vor allem durch schwache Bindungen wie Wasserstoffbrücken aufrechterhalten (> S. 33). Wärmezufuhr kann diese Bindungen schwächen oder gar zerstören. Im Extremfall – meist oberhalb 70 °C – kommt es zur irreversiblen *Denaturierung* der Enzyme, sie verlieren ihre Funktion. Doch selbst geringe Temperaturänderungen können zu graduellen Veränderungen der Enzymaktivität führen. Da sich Enzyme mit gleicher Funktion in ihrer Aminosäuresequenz von Art zu Art unterscheiden – man spricht in diesem Fall von *Isoenzymen* –, sind diese Temperaturgrenzen artspezifisch. Für Menschen ist zum Beispiel Fieber mit einer Körpertemperatur von 40 °C sehr gefährlich, für Vögel ist es die Normaltemperatur. Ein antarktischer Eisfisch, der bei einer Wassertemperatur von konstant −1,9 °C lebt, stirbt schon bei 6 °C den Wärmetod.

pH-Wert Die Tertiärstruktur der Enzyme kann vom *pH-Wert* ihrer Umgebung beeinflusst werden. Einige Aminosäurereste in Proteinen reagieren nämlich als schwache Säuren oder Basen. So ist ein Glutaminsäurerest in neutralem oder alkalischem Milieu negativ geladen, in saurem Milieu dagegen ungeladen. Solche Ladungsunterschiede wirken sich auf die Konformation aus. Enzyme sind deshalb dem pH-Wert des Milieus, in dem sie Reaktionen katalysieren, jeweils angepasst. Sie haben nicht nur ein Temperatur-, sondern auch ein *pH-Optimum*, bei dem die Enzymaktivität – und damit auch die Reaktionsgeschwindigkeit – am größten ist.

Enzymgifte Neben Wasserstoffionen können auch andere Ionen die Konformation eines Enzyms und damit seine Wirkung beeinflussen. Ionen, die sich so an das Enzym binden, dass es dadurch vollkommen inaktiviert wird, bezeichnet man als *Enzymgifte*. Viele *Schwermetallionen* wie Blei-, Cadmium-, Arsen- oder Quecksilberionen sind solche Gifte. Sie reagieren bevorzugt mit den für die Molekülgestalt wichtigen *Schwefelbrücken* der Enzymproteine. Damit deformieren sie auch das aktive Zentrum, sodass das Substrat nicht mehr gebunden und umgesetzt werden kann.
Auch andere Stoffe wirken als Enzymgifte:
- *Amanitin*, das Hauptgift des Knollenblätterpilzes, blockiert die RNA-Polymerase und damit den Start der Proteinbiosynthese. 0,1 mg Amanitin, enthalten in 0,5 Gramm des Pilzes, sind für einen Menschen tödlich.
- *Cyanide* inaktivieren irreversibel, also unumkehrbar das Enzym *Cytochromoxidase*. Da dieses Enzym eine Schlüsselfunktion in der Atmungskette (> S. 112) einnimmt, führen Cyanidvergiftungen sehr schnell zu innerem Ersticken.
- *E 605*, ein inzwischen verbotenes Insektizid, bindet sich an das aktive Zentrum von *Acetylcholinesterase* und blockiert dieses wichtige Enzym der Nervenzellen.

Substratkonzentration Je mehr Substrat zur Verfügung steht, desto wahrscheinlicher wird es, dass sich Enzym- und Substratmoleküle treffen und eine Katalyse stattfinden kann. Daher wird die Reaktionsgeschwindigkeit der enzymatischen Katalyse von der *Substratkonzentration* beeinflusst. Ein linearer Zusammenhang besteht aber nur bei geringen *Substratkonzentrationen*. Sind alle Enzymmoleküle mit Substrat gesättigt, haben also jeweils ein Substratmolekül gebunden, hat eine Erhöhung der Substratkonzentration keinen Einfluss mehr auf die Reaktionsgeschwindigkeit. Dann wird eine Maximalgeschwindigkeit V_{max} gemessen, die nicht mehr von der Substratkonzentration abhängt (> Bild 1).

Nach LEONOR MICHAELIS und MAUD MENTEN, die 1913 diesen Zusammenhang untersuchten, wird diejenige Substratkonzentration, bei der die halbe Maximalgeschwindigkeit erreicht ist, *Michaelis-Menten-Konstante* K_m genannt. Sie lässt sich im Unterschied zur Sättigungskonzentration genau bestimmen und ist charakteristisch für jedes Enzym-Substrat-System. Je kleiner K_m, umso stärker nimmt die Reaktionsgeschwindigkeit mit der Substratkonzentration zu.

Als Maß für die Aktivität von Enzymen lässt sich jedoch die *Wechselzahl* leichter vorstellen. Sie gibt die Anzahl von Substratmolekülen an, die von einem Enzymmolekül in der Sekunde umgesetzt werden kann, wenn das Enzym vollständig mit Substrat gesättigt ist. Eine besonders hohe Wechselzahl hat Katalase, deren Substrat das Zellgift Wasserstoffperoxid ist (> Tabelle rechts).

Inhibitoren und Aktivatoren Manche Stoffe hemmen durch ihre Anwesenheit die Enzymaktivität. Bei diesen *Inhibitoren* oder *Hemmstoffen* unterscheidet man zwei verschiedene Wirkungstypen:

- Bei der *kompetitiven Hemmung* tritt der Inhibitor mit dem Substrat in einen „Wettbewerb“ um die Bindung am aktiven Zentrum. Seine Hemmwirkung nimmt daher mit zunehmender Substratkonzentration ab, während die Maximalgeschwindigkeit V_{max} unverändert bleibt (> Bild 2).
- Bei der *nichtkompetitiven Hemmung* bindet der Inhibitor an einer anderen Stelle als dem aktiven Zentrum des Enzyms. In diesem Fall wird die Maximalgeschwindigkeit V_{max} kleiner. Diese Form der Hemmung tritt nur bei bestimmten Enzymen mit einer zweiten Bindungsstelle auf.

Andere Enzyme mit zweiter Bindungsstelle benötigen bestimmte Ionen wie K^+, Ca^{2+}, Mg^{2+} oder Mn^{2+} als *Aktivatoren*, um ihre maximale Aktivität zu erreichen. Neben Ionen können auch manche Aminosäuren, AMP (Adenosinmonophosphat) oder ATP als Aktivatoren wirken.

Sowohl Aktivierung als auch Hemmung von Enzymen sind von großer Bedeutung für die Regulation der Enzymaktivität (> S. 86) und liegen vielfach auch der Wirkung von Arzneimitteln zugrunde (> S. 87).

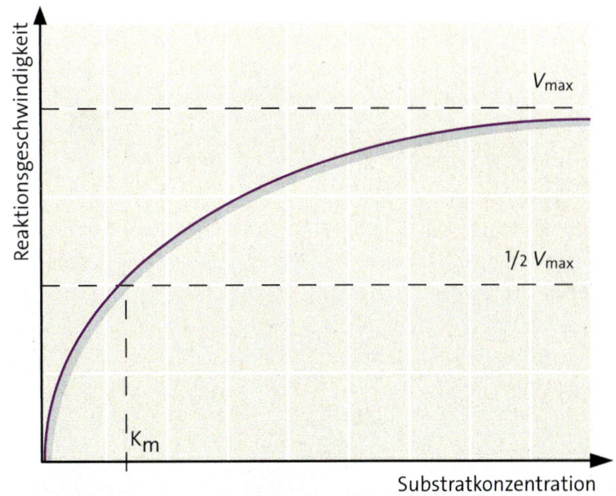

1 *Abhängigkeit der Reaktionsgeschwindigkeit von der Substratkonzentration*

Maximale Wechselzahlen einiger Enzyme

Enzym	Wechselzahl [s^{-1}]
Katalase	40 000 000
Carboanhydrase	600 000
Lactatdehydrogenase	1000
Lysozym	0,5

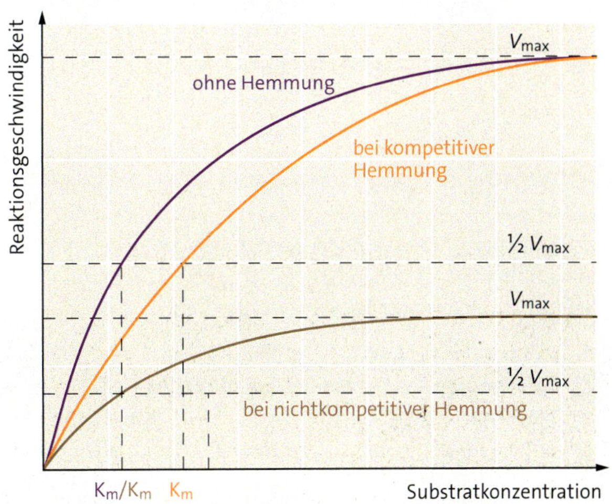

2 *Reaktionsgeschwindigkeit und Substratkonzentration mit und ohne Hemmwirkung*

1. Erläutern Sie, weshalb Konformationsänderungen eines Enzyms in jedem Fall seine Aktivität beeinflussen.
2. Isoenzyme kommen nicht nur bei verschiedenen Arten vor, sondern auch bei verschiedenen Individuen derselben Art und in unterschiedlichen Geweben desselben Individuums. Erklären Sie Ursachen und Bedeutung dieser Tatsache.
3. Schwermetalle binden in Enzymen bevorzugt an schwefelhaltige Aminosäuren. Erklären Sie die Folgen.
4. Belegen Sie mit Bild 2 auf der linken Seite, dass Enzyme dem pH-Wert des Milieus angepasst sind, in dem sie Reaktionen katalysieren.
5. Informieren Sie sich über Amanitin und seine Wirkungsweise.

Urease – ein Enzym im Experiment

Im Jahr 1926 gelang es dem amerikanischen Chemiker JAMES B. SUMNER (Nobelpreis 1946), das Enzym *Urease* aus dem Mehl der in Afrika und Asien angebauten Schwertbohne in reiner Form zu gewinnen und zu kristallisieren. Er konnte so zum ersten Mal schlüssig beweisen, dass ein Enzym ein Protein ist. Dies wurde bis dahin nach allgemeiner Lehrmeinung als abwegig angesehen.

Auch heute noch ist die Kristallisation von Proteinen eine anspruchsvolle Aufgabe. Sie ist von großer Bedeutung, da die Aufklärung der Molekülstruktur durch Röntgenstrahlenbeugung nur mit kristallinen Substanzen möglich ist (> Bild unten: Urease eines Bakteriums, Bändermodell).

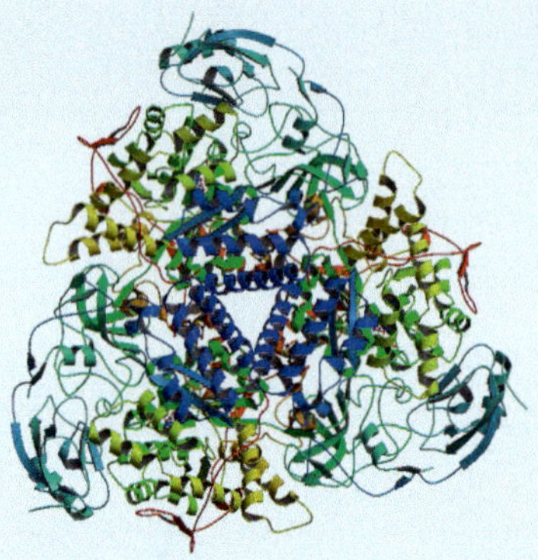

Urease ist eine Hydrolase (> S. 80), die die Hydrolyse der C-N-Bindung in Harnstoff katalysiert und dadurch den Harnstoff in Ammoniak NH_3 und Kohlenstoffdioxid CO_2 spaltet. NH_3 bildet in Wasser NH_4^+- und OH^--Ionen:

$$O{=}C(NH_2)_2 + H_2O \xrightarrow{\text{Urease}} 2\,NH_3 + CO_2 \xrightarrow{2\,H_2O} 2\,NH_4^+ + OH^- + HCO_3^-$$

Das Enzym kommt in Pflanzen, Pilzen, Krebstieren, Muscheln und Bakterien vor. Es spielt insbesondere bei der Tätigkeit von Bodenbakterien im Stickstoffkreislauf eine wichtige Rolle.

Für Experimente ist Urease gut geeignet, da das Enzym nicht sehr empfindlich ist und sich seine Katalyse an der Bildung von OH^--Ionen in Wasser leicht verfolgen lässt.

Gewinnung von Urease aus Sojabohnen

Material: Sojabohnenmehl oder 2–4 Tage angekeimte Sojabohnen, Mörser, Reibesand, Filtertrichter und Filtrierpapier oder Zentrifuge, Becherglas

Durchführung: Zerreiben Sie Sojabohnen bzw. Sojabohnenmehl in Portionen mit wenig Sand und Wasser. Filtrieren oder zentrifugieren Sie den Brei. Das Filtrat bzw. der Überstand enthält Urease und kann für die weiteren Versuche verwendet werden (Wirksamkeit zuvor prüfen!).

Wirkung von Urease auf Harnstoff

Material: Reagenzgläser, Ureaselösung (bei Einsatz käuflicher Urease: 1 Spatel in 5 ml Wasser), Harnstofflösung (ca. 1%ig), Phenolphthaleinlösung (GHS02), gekochte Ureaselösung

Durchführung: Befüllen Sie 4 Reagenzgläser nach der Tabelle.

Glas-Nr.	1	2	3	4
Ureaselösung	1 ml	1 ml	–	1 ml gekocht
Phenolphthaleinlsg.	2 Tr.	2 Tr.	2 Tr.	2 Tropfen
Harnstofflösung	5 ml	–	5 ml	5 ml

Protokollieren Sie das Experiment. Erklären Sie jeweils das Ergebnis und begründen Sie die Versuche in Glas 2 und 3.

Wirkung von Urease auf Stoffe mit ähnlicher Molekülstruktur wie Harnstoff

Das Bild unten zeigt Versuche mit demselben Ansatz wie im Versuch oben in Glas 1. Die Gläser 2–4 enthalten statt des Harnstoffs die angegebenen Stoffe. Erklären Sie die Versuchsergebnisse.

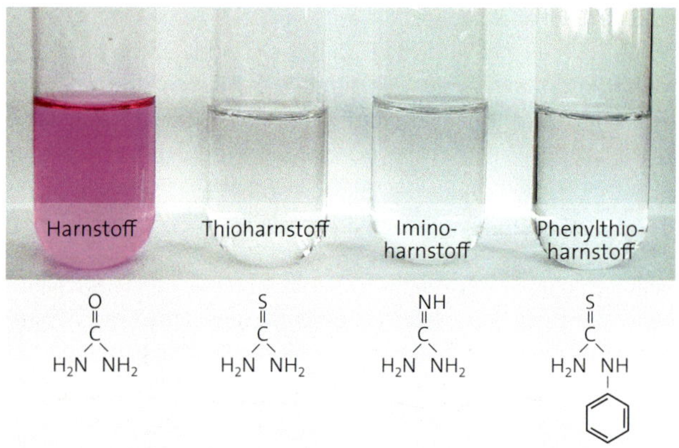

Urease und Schwermetallionen

Material: Reagenzgläser, Tropfpipetten, destilliertes Wasser, Kupfersulfatlösung (1%ig), Harnstofflösung (5%ig), Phenolphthaleinlösung (GHS02), Salzsäure (0,01 mol/l), EDTA-Lösung (0,1 mol/l; GHS07), Ureaselösung (bei Einsatz käuflicher Urease: 1 Spatel in 5 ml Wasser), Indikatorpapier

Durchführung: Befüllen Sie 3 Reagenzgläser nach der Tabelle.

Glas-Nr.	1	2	3
Harnstofflösung	5 ml	5 ml	5 ml
Phenolphthaleinlsg.	2 Tropfen	2 Tropfen	2 Tropfen
dest. Wasser	1 ml	1 ml	–
EDTA-Lösung	–	–	1 ml *

(* Vorsichtig mit Salzsäure neutralisieren, bis farblos!)

Geben Sie in 3 weitere Reagenzgläser (Nr. 4–6) je 1 ml Ureaselösung und in Glas 5 und 6 je 5 Tropfen Kupfersulfatlösung. Lassen Sie die Kupfersulfatlösung 2–3 Minuten auf die Ureaselösung einwirken. Vereinigen Sie dann den Inhalt der Gläser 1 und 4, 2 und 5, 3 und 6. Erklären Sie die Versuchsergebnisse.

Verlauf der Harnstoffspaltung durch Urease

Material: Leitfähigkeitsmessgerät, Magnetrührer mit Rührstab, Stoppuhr, Becherglas (250 ml), Messzylinder (100 ml), Pipette (1 ml), Harnstofflösung (1%ig), Ureaselösung (bei Einsatz käuflicher Urease: 1 Spatel in 5 ml Wasser), Kupfersulfatlösung (1%ig), dest. Wasser

Durchführung: Bauen Sie die Messgeräte auf (> Bild unten). Füllen Sie 100 ml Harnstofflösung in das Becherglas und schalten Sie den Rührer mit kleiner Drehzahl ein. Messen Sie die Leitfähigkeit der Lösung und verwenden Sie diesen Wert als Ausgangswert („Nullwert"). Fügen Sie nun 1 ml Ureaselösung zu, starten Sie die Stoppuhr und lesen Sie 15 Minuten lang jede Minute die Leitfähigkeit ab. (Messgerät immer nur zur Messung kurz einschalten!)

Wiederholen Sie den Versuch, wobei Sie aber nach 5 Minuten einmalig 1 ml Kupfersulfatlösung hinzufügen.

Zeichnen Sie aus den Messwerten Diagramme. Erklären Sie deren Verlauf.

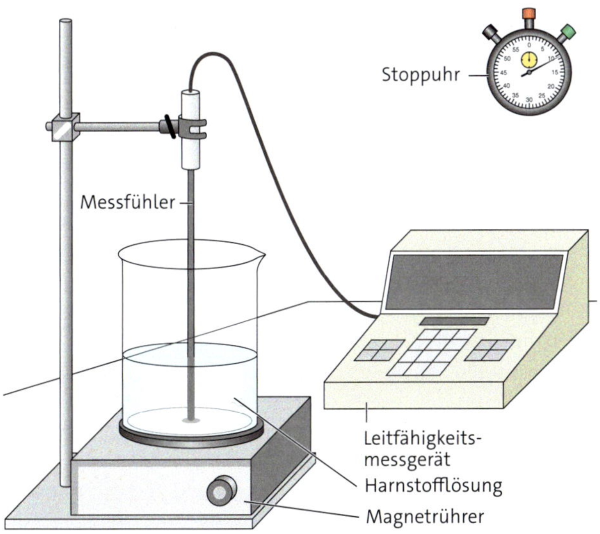

Ureasewirkung und Substratkonzentration

Material: Wasserbad (auf 40 °C vorgewärmt), Waage, Stoppuhr, 6 Bechergläser (50 ml), Spatel, Glasstäbe, dest. Wasser, Harnstoff, Ureaselösung (bei Einsatz käuflicher Urease: 2 Spatel in 10 ml dest. Wasser), Bromthymolblaulösung (20 mg in 50 ml dest. Wasser)

Durchführung: Geben Sie in 6 Bechergläser jeweils 20 ml dest. Wasser und dann zum ersten 0,05 g Harnstoff, zum zweiten 0,1 g, zum dritten 0,2 g, zum vierten 0,4 g, zum fünften 0,8 g und zum sechsten 1,6 g. Rühren Sie um, bis der Harnstoff jeweils vollständig aufgelöst ist. Geben Sie nun in jedes Glas einen Tropfen Bromthymolblaulösung.

Pipettieren Sie zu jedem Ansatz 1 ml der Ureaselösung. Stellen Sie die Ansätze in das vortemperierte Wasserbad. Schütteln Sie die Gläser alle 60 Sekunden und messen Sie die Zeit bis zum Farbumschlag des Indikators in den 6 Gläsern.

Stellen Sie das Ergebnis des Experiments in geeigneter Form dar und erklären Sie es.

Urease in der Medizin

Obwohl Urease kein Enzym ist, das beim Menschen oder allgemein bei Säugetieren vorkommt, hat es Bedeutung in der Medizin. Schon länger wird das aus Pflanzen oder Bakterien gewonnene Enzym verwendet, um bei Urinuntersuchungen die Menge des ausgeschiedenen Harnstoffs zu bestimmen.

In neuerer Zeit ist der Helicobacter-Urease-Test (HUT) wichtig geworden. Mit ihm wird geprüft, ob sich das für das Entstehen von Entzündungen und Geschwüren im Magen verantwortliche Bakterium Helicobacter pylori in der Magenschleimhaut angesiedelt hat. Das Bakterium spaltet Harnstoff mithilfe seiner zelleigenen Urease. Darauf beruht auch der Test: Das bei der Biopsie der Magenschleimhaut gewonnene Gewebe wird direkt in ein Proberöhrchen gegeben, das bereits Harnstoff und einen Indikator enthält. Bei Anwesenheit von Helicobacter in der Gewebeprobe verfärbt sich der Indikator von Gelb nach Rot. Der Farbumschlag zeigt Ammoniak an.

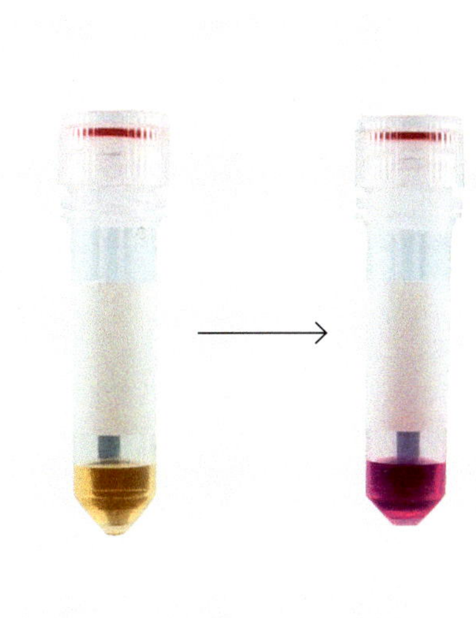

Positiver HU-Test

1. Planen Sie ein Experiment zur Abhängigkeit der Ureasewirkung von der Enzymkonzentration und führen Sie das Experiment durch.
2. Begründen Sie, warum man statt der Leitfähigkeit (> Experiment oben links) auch den pH-Wert messen kann, um den Verlauf der Harnstoffspaltung durch Urease zu ermitteln.
3. Urease ist ein Metalloenzym mit Nickelionen als Cofaktor. Untersuchen Sie in einem Experiment, ob das Enzym damit unempfindlich gegenüber Nickelsalzen ist.
4. EDTA (> Experiment S. 84 unten) ist ein Chelatbildner. Informieren Sie sich über Chelatbildner und ihre Verwendung bei der Behandlung von Schwermetallvergiftungen.
5. Die Harnstoffspaltung bewirkt einen basischen „Schutzmantel" um die Helicobacter-Zelle. Erklären Sie mithilfe der durch Urease katalysierten Reaktion, wie er entsteht.

Stichworte zu weiteren Informationen

Enzymes Structures Database | Proteinkristallisation | Enzymtests | Metalloenzyme

Enzymregulation

In jeder Zelle laufen zur gleichen Zeit mehrere Tausend Stoffwechselprozesse ab. Um sie zu steuern und zu regeln, sind Enzyme die idealen Werkzeuge:

- Praktisch jeder Stoffwechselschritt erfordert ein spezifisches Enzym.
- Enzyme bestehen im Wesentlichen aus Proteinen, die entsprechend der Erbinformation hergestellt werden.
- Die Aktivität der Enzyme ist in vielfältiger Weise regulierbar.

Regulation durch Auf- und Abbau von Enzymen Wie alle Proteine werden Enzyme ständig neu synthetisiert und wieder abgebaut. Ihre „Lebensdauer" liegt bei Vielzellern zwischen wenigen Stunden und einigen Wochen. Da die Enzymsynthese nur über die Erbinformation – genauer das An- und Abschalten von Genen – unterbrochen werden kann, benötigt diese Form der Stoffwechselregulation einige Zeit und ist für schnelle Anpassungen zu träge.
Nicht mehr benötigte Enzyme können in Lysosomen abgebaut werden oder besonders schnell und gezielt direkt im Cytoplasma durch das *Proteasom*. Das ist ein großer Enzymkomplex aus zu den Hydrolasen (> S. 80) zählenden Enzymen. Er erkennt zum Abbau bestimmte und durch spezielle Aminosäureketten entsprechend markierte Enzyme, bindet an sie und zerlegt sie.
Viel flexibler als durch ihren Auf- und Abbau können Enzyme durch reversibel gebundene *Effektoren* in ihrer Aktivität reguliert werden: *Aktivatoren* begünstigen die Bindung und Umsetzung des Substrats, *Inhibitoren* wirken hemmend auf das Enzym (> S. 83).

Regulation durch kompetitive Hemmung Substratähnliche Inhibitoren binden an das aktive Zentrum, ohne umgesetzt zu werden. Sind solche Hemmstoffe in viel höherer Konzentration vorhanden als das eigentliche Substrat, kommt die Reaktion weitgehend zum Erliegen, da fast nur noch Hemmstoff an die Enzymmoleküle gebunden ist. Bei genügend hoher Substratkonzentration wird dagegen der Inhibitor vom Substrat verdrängt und das Substrat kann umgesetzt werden.

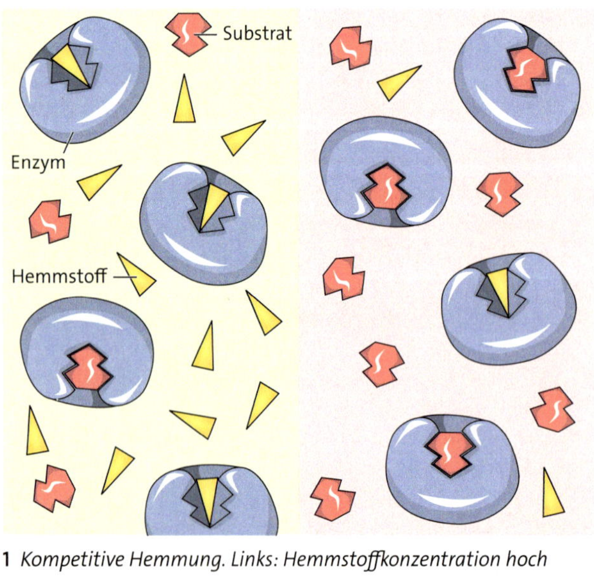

1 *Kompetitive Hemmung. Links: Hemmstoffkonzentration hoch*

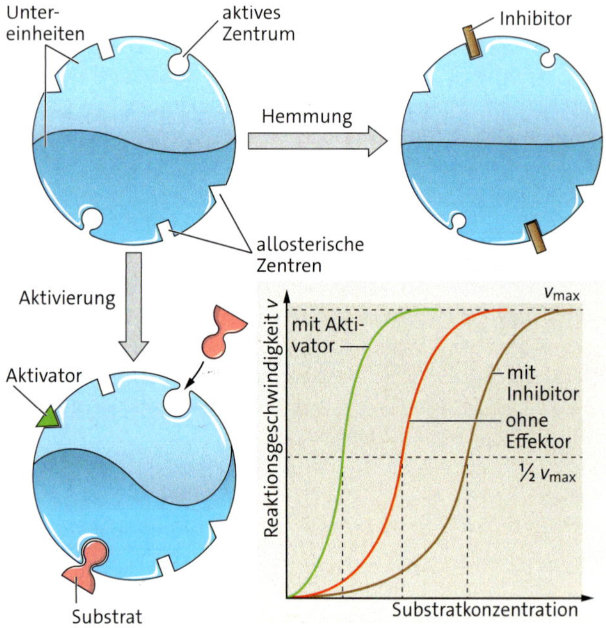

2 *Modell eines allosterischen Enzyms aus zwei Untereinheiten*

Allosterische Regulation Viele Enzyme besitzen an einer vom aktiven Zentrum räumlich getrennten („allosterischen") Stelle ein regulatorisches Zentrum – auch *allosterisches Zentrum* genannt – für Inhibitoren oder Aktivatoren. Diese binden nach dem Schlüssel-Schloss-Prinzip an das allosterische Zentrum und verändern dadurch die Enzymstruktur mitsamt dem aktiven Zentrum – und damit auch die Enzymaktivität.
Allosterische Enzyme können mehrere allosterische Zentren haben und auf verschiedene Effektoren zugleich reagieren. Vor allem aber bestehen sie aus mehreren Untereinheiten, die sich gegenseitig „kooperativ" beeinflussen: Wird eine Untereinheit durch einen Effektor aktiviert oder gehemmt, überträgt sich diese Wirkung auch auf andere Untereinheiten. So wirkt die Verdopplung der Inhibitorkonzentration bei einem allosterischen Enzym aus vier Untereinheiten etwa ebenso stark wie deren Erhöhung um den Faktor 100 bei einem „normalen" Enzym aus einer Untereinheit.
Der Vorteil der allosterischen Enzyme liegt vor allem darin, dass sie die Reaktionsgeschwindigkeit der Katalyse sehr empfindlich regeln können, wenn sich die Substratkonzentration ändert. Sie finden sich daher als *„Schlüsselenzyme"* dort im Stoffwechsel, wo Stoffwechselwege beginnen, sich verzweigen oder enden.

Regulation durch Endprodukthemmung Diese Form der Regulation findet sich oft bei Stoffwechselabschnitten aus mehreren aufeinanderfolgenden Reaktionen. Ihre Enzyme sind häufig in *Multienzymkomplexen* organisiert, wobei das Produkt einer Reaktion das Substrat der nachfolgenden Reaktion ist. Das Endprodukt des Stoffwechselabschnitts wirkt dabei als Hemmstoff auf eines der beteiligten Enzyme, meist ein allosterisches Enzym am Beginn der Reaktionskette (> S. 87 Bild 1). Die Reaktion wird so durch *negative Rückkopplung* reguliert: Je mehr Produkt, umso weniger aktive Enzymmoleküle, umso weniger Produkt und so weiter. Die Endpro-

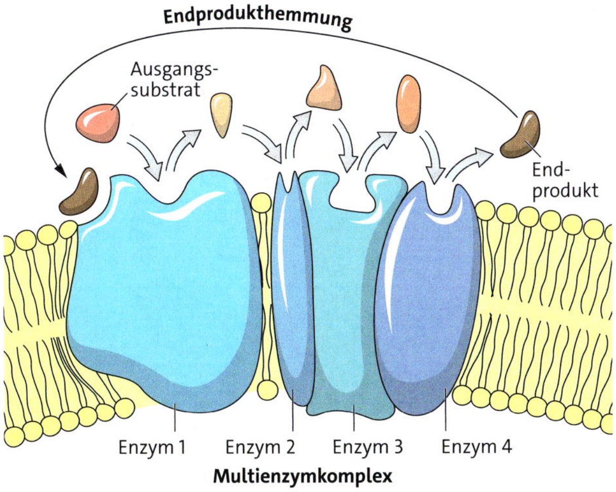

1 *Negative Rückkopplung über das Endprodukt bei einem Multienzymkomplex (Schema)*

2 *Das Gift der Lanzenotter (Foto) wirkt als Inhibitor des Enzyms ACE. Es war Vorbild für blutdrucksenkende Medikamente.*

dukthemmung sorgt dafür, dass ein Stoff im Organismus nur so lange synthetisiert wird, bis er sich ansammelt. Das erspart dem Organismus unnötigen Rohstoff- und Energieaufwand. Ein Beispiel ist der Abbau der Glucose zur Bereitstellung von Energie in Form des Energieträgers ATP (> S. 100): Hat sich im Stoffwechsel der Zelle genügend ATP gebildet, wird ein Schlüsselenzym der Reaktionskette allosterisch durch ATP gehemmt.

Regulation durch Phosphorylierung Bei dieser häufigen Aktivierungsart reagieren bestimmte Aminosäurereste eines Enzyms mit dem Energieträger ATP und übernehmen von ihm ein Phosphat. Die Phosphorylierung ist reversibel: Wird der Phosphatrest wieder abgespalten, verliert das Enzym seinen aktiven Zustand. Da für jede Aktivierung eines Enzymmoleküls ein ATP-Molekül gebraucht wird, ist diese Form der Enzymregulation sehr energieaufwendig.

Enzymregulation in der Medizin Die Wirkung vieler Medikamente beruht darauf, dass sie die Aktivität von Enzymen beeinflussen.

- Blutdrucksenkende Medikamente sind die ACE-Hemmer, deren Wirkprinzip in Schlangengift entdeckt wurde. Dabei handelt es sich um kompetitive Hemmstoffe des *Angiotensin-Converting Enzymes ACE*. Das Enzym katalysiert die Bildung des blutdrucksteigernden Hormons Angiotensin (> Bild 2).
- Die Wirkung wichtiger *Antibiotika* beruht darauf, dass sie Enzyme beeinflussen, die nur bei Bakterien vorkommen. Penicillin zum Beispiel tötet Bakterien bei der Teilung, indem es irreversibel das aktive Zentrum des Enzyms blockiert, das für die Quervernetzung der Polysaccharidketten (Murein) in der Bakterienzellwand verantwortlich ist. Wirksame Komponente des Penicillins ist der β-Lactamring. Gegen Penicillin resistente Bakterien zerstören ihn mit ihrem Enzym *β-Lactamase* und heben so die Wirkung des Medikaments auf. Penicillinderivate gegen resistente Bakterien erhält man, indem man mit dem Enzym *Penicillinacylase* eine Seitengruppe des Penicillinmoleküls abspaltet und durch andere Reste ersetzt. Das in seiner räumlichen Gestalt veränderte Substrat kann von der β-Lactamase nicht umgesetzt werden, die Penicillinwirkung bleibt erhalten (> Bild 3).
- *Statine* sind kompetitive Hemmstoffe des Schlüsselenzyms der Cholesterol-Synthese. Sie werden zur Senkung des Cholesterinspiegels im Blut häufig eingesetzt.
- Viele Schmerz- und Fiebermittel hemmen das Enzym *Cyclooxygenase* und damit die Bildung von Prostaglandinen, die bei Entzündungen als Signalstoffe wirken (> S. 91).
- Als Gerinnungshemmer dienen Wirkstoffe, die mit dem *Cumarin* verschiedener einheimischer Pflanzen verwandt sind. Die *Cumarinderivate* haben eine dem Vitamin K ähnliche Struktur. Wie dieses binden sie an das aktive Zentrum von Enzymen, die in der Leber an der Bildung der Gerinnungsfaktoren beteiligt sind. Sie werden zum Beispiel nach Operationen eingesetzt, um Blutgerinnseln (Thrombosen) vorzubeugen.

1 Erklären Sie mit Bild 3, warum Penicillinderivate auch gegen penicillinresistente Bakterien wirken.

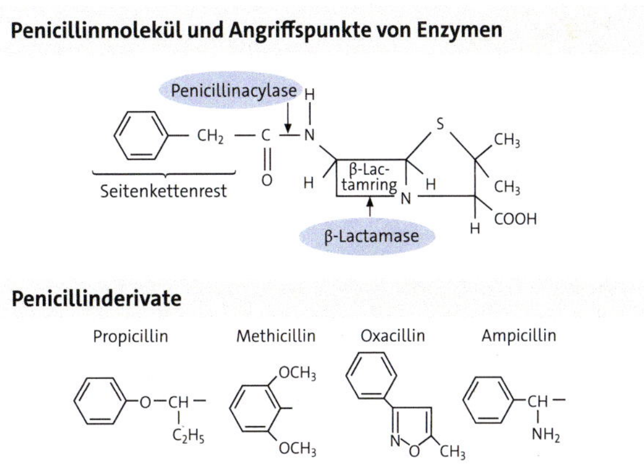

3 *Penicillin: Bau des Moleküls und der Derivate sowie Angriffspunkte von Enzymen*

Testen Sie Ihre Kompetenzen

Mithilfe dieses Kapitels können Sie:

- begründen, warum Enzyme zu den wichtigsten Wirkstoffen der belebten Natur zählen
- die Funktion der Enzyme als Biokatalysatoren erläutern
- den Aufbau von Enzymen beschreiben
- die typischen Eigenschaften der Enzyme nennen und aus ihrem Bau begründen
- die Bildung eines Enzym-Substrat-Komplexes und seine Bedeutung erklären
- Beispiele für Enzyme sowie ihre Benennung und Einteilung angeben
- Einflüsse auf die Enzymaktivität beschreiben und mithilfe von Modellen und Diagrammen erklären
- die Giftigkeit von Schwermetallen für Lebewesen aus ihrer Wirkung auf Enzyme begründen
- Experimente zur Abhängigkeit der Enzymwirkung von verschiedenen Faktoren planen, durchführen, auswerten und in geeigneter Form darstellen
- die Verwendung von Enzymen in der Medizin an Beispielen erläutern

A Aufbau und Funktion von Enzymen

Chymotrypsin ist ein Verdauungsenzym, das von der Bauchspeicheldrüse als inaktives Chymotrypsinogen produziert und in den Dünndarm ausgeschieden wird. Hier, an seinem Wirkungsort, wird es zu Chymotrypsin (> Bild oben rechts) aktiviert, indem eine einzige Peptidbindung im Chymotrypsinogen-Molekül durch Trypsin, ein anderes Verdauungsenzym, gespalten wird.
Chymotrypsin katalysiert die hydrolytische Spaltung von Peptidbindungen in Proteinen. Produkte dieser Hydrolyse sind Peptide unterschiedlicher Kettenlänge mit den Aminosäuren Phenylalanin (Phe) oder Tyrosin (Tyr) am Ende:

(H_2N)Val-Glu-Ala-Ala-Lys-Tyr(COOH)
(H_2N)Glu-Leu-Cys-Ser-Asp-Tyr(COOH)
(H_2N)Leu-Gly-Gly-Ser-Phe(COOH)
(H_2N)Ile-Glu-Glu-Arg-Phe(COOH)
(H_2N)Gly-Leu-Phe(COOH)

1 Erklären Sie an diesem Beispiel die Funktionsweise eines Enzyms.

2 Die Reaktionsprodukte der Chymotrypsinkatalyse sind vor allem Peptide mit Tyrosin oder Phenylalanin am Ende. Erklären Sie diesen Sachverhalt mit einer typischen Enzymeigenschaft. Ziehen Sie dazu auch Bild 3 auf Seite 32 sowie Aufgabe 6 heran.

3 Chymotrypsin wird erst im Dünndarm aus einer inaktiven Vorstufe aktiviert. Erläutern Sie, welche Bedeutung diese Tatsache hat.

4 Erklären Sie, warum eine kleine strukturelle Veränderung, wie sie beispielsweise bei der Aktivierung von Chymotrypsin vorliegt, für ein Enzym große Bedeutung haben kann.

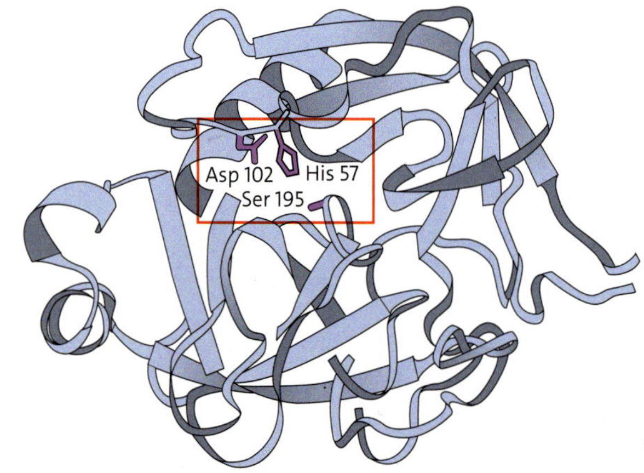

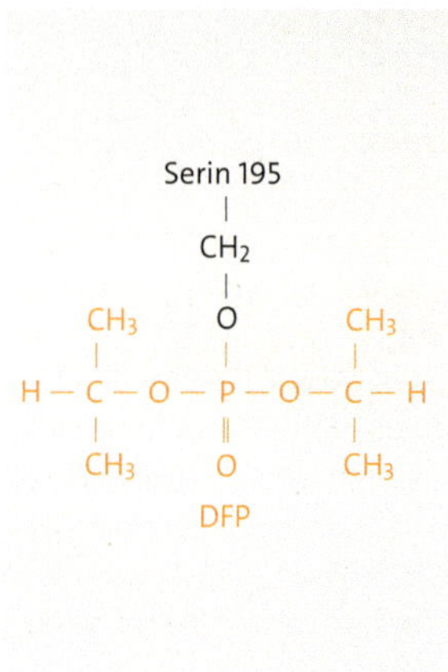

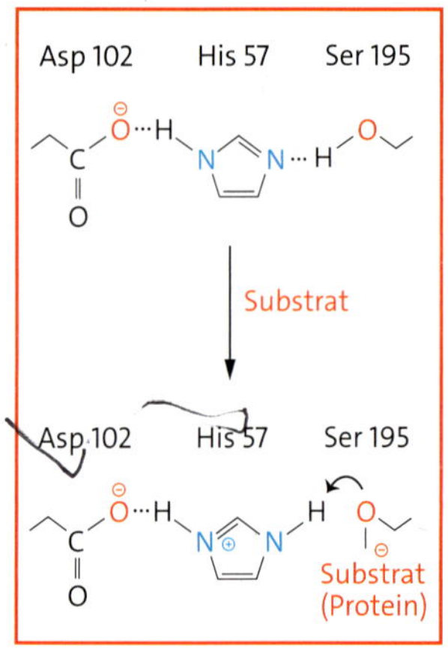

5 Das Chymotrypsinmolekül enthält 28 Aminosäurereste der Aminosäure Serin. Die Substanz Diisopropylfluorophosphat (DFP) bindet speziell an den Serinrest in Position 195 (> kleines Bild oben links) und macht das Enzym dadurch unwirksam. Entwickeln Sie eine begründete Hypothese zur Funktion dieses Serinrests und seiner Nachbarschaft Asparaginsäure (Asp) 102 und Histidin (His) 57 in der Tertiärstruktur des Enzyms (> Bild ganz oben und kleines Bild oben rechts).

6 Interpretieren Sie den im Diagramm unten dargestellten Einfluss des Stoffs Benzamidin auf Chymotrypsin.

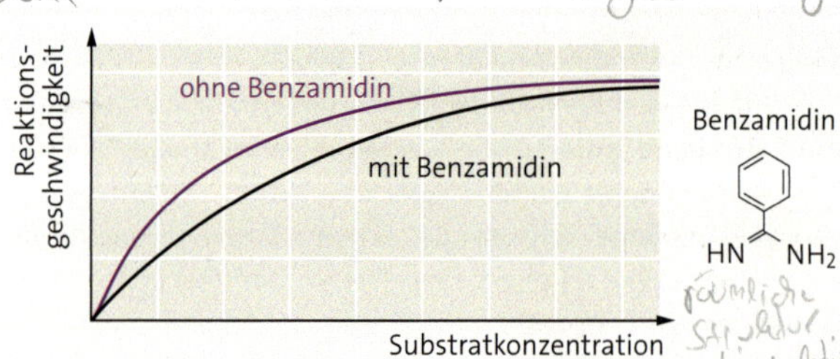

7 Fassen Sie zusammen, wie sich kompetitive und nichtkompetitive Hemmung eines Enzyms unterscheiden. Gehen Sie auch darauf ein, wie sich die Hemmung jeweils auf die Reaktionsgeschwindigkeit auswirkt.

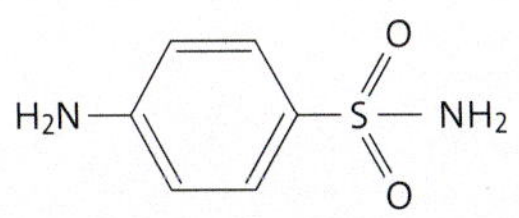

Sulfanilamid,
ein Sulfonamid

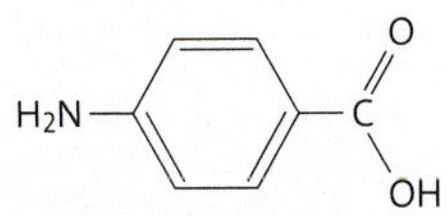

p-Aminobenzoesäure,
die Vorstufe der Folsäure

B Sulfonamide wirken auf ein Bakterienenzym ein

Zur Bearbeitung der Aufgaben mit rot unterlegten Nummern benötigen Sie auch Kompetenzen aus dem Kapitel Zellbiologie.

1932 entdeckte der spätere Nobelpreisträger GERHARD DOMAGK die bakterienhemmende Wirkung der Sulfonamide (chemisch korrekt: Sulfanilamide), die bis heute bei bestimmten bakteriellen Infektionen als Wirkstoffe eingesetzt werden. Sie müssen zwar in hoher Dosis und relativ lange eingenommen werden, sind für den menschlichen Organismus jedoch ungiftig.

Sulfonamide, zum Beispiel Sulfanilamid (> Bild oben), hemmen in Bakterienzellen die Bildung der lebenswichtigen Folsäure (mit dem Anion Folat). Folsäure wird mithilfe des Enzyms Dihydropteroinsäure-Synthetase (DHPS) aus p-Aminobenzoesäure (> Bild oben) erzeugt und weiter zu Tetrahydrofolsäure (THF) umgewandelt. THF wird als Coenzym bei der Synthese von Bausteinen der DNA benötigt.

Der Mensch kann Folsäure selbst nicht herstellen, sondern muss sich diesen zu den Vitaminen der B-Gruppe gerechneten Stoff mit der Nahrung zuführen. Die Folsäure wird dann durch spezielle Carrier (Folat-Transporter) in die Zellen aufgenommen. Ihr im Körper gespeicherter Vorrat reicht für etwa 3 Monate.

1. Nennen Sie Gründe dafür, dass Enzyme häufig das Wirkungsziel von Medikamenten sind.
2. Stellen Sie eine Hypothese zum Wirkmechanismus der Sulfonamide auf.
3. Erklären Sie, warum Sulfonamide bakteriostatisch wirken, also die Vermehrung der Bakterien zwar hemmen, sie aber nicht abtöten.
4. Geben Sie an, was man unter Coenzymen versteht und welche Funktion sie haben.
5. Begründen Sie die Unempfindlichkeit menschlicher Zellen gegenüber Sulfonamiden.
6. Folsäuremangel führt beim Menschen zu Störungen der Zellteilung, beispielsweise bei der Bildung von Blutzellen. Erklären Sie diesen Befund.
7. Eine Voraussetzung für die Wirksamkeit der Sulfonamide als Medikamente liegt darin, dass Bakterien die in den Wirtszellen vorhandene Folsäure nicht nutzen können, weil ihnen der dafür notwendige Mechanismus der Stoffaufnahme fehlt. Beschreiben Sie diese Form des Stofftransports durch die Zellmembran.

C Multienzymkomplexe

Obwohl Enzyme meist als einzelne Moleküle dargestellt werden, sind sie oftmals Teil eines Multienzymkomplexes, bei dem mehrere verschiedene Enzyme in einer Membran dicht nebeneinander vorkommen oder sogar miteinander verbunden sind.

1. Bilden Sie eine Hypothese, welche Vorteile es hat, wenn Enzyme in Multienzymkomplexen organisiert sind.
2. Beschreiben Sie den in der Grafik unten dargestellten Vorgang.
3. Nennen und erläutern Sie sämtliche Faktoren, die die tatsächlich gebildete Menge an Endprodukt P in der Grafik unten beeinflussen. Berücksichtigen Sie hierbei auch die Konzentrationen der einzelnen Stoffe.
4. Erklären Sie, wie sich der Vorgang verändern würde, wenn P auf Enzym 1 als Inhibitor wirksam wäre. Unterscheiden Sie dabei verschiedene Formen der Hemmung.

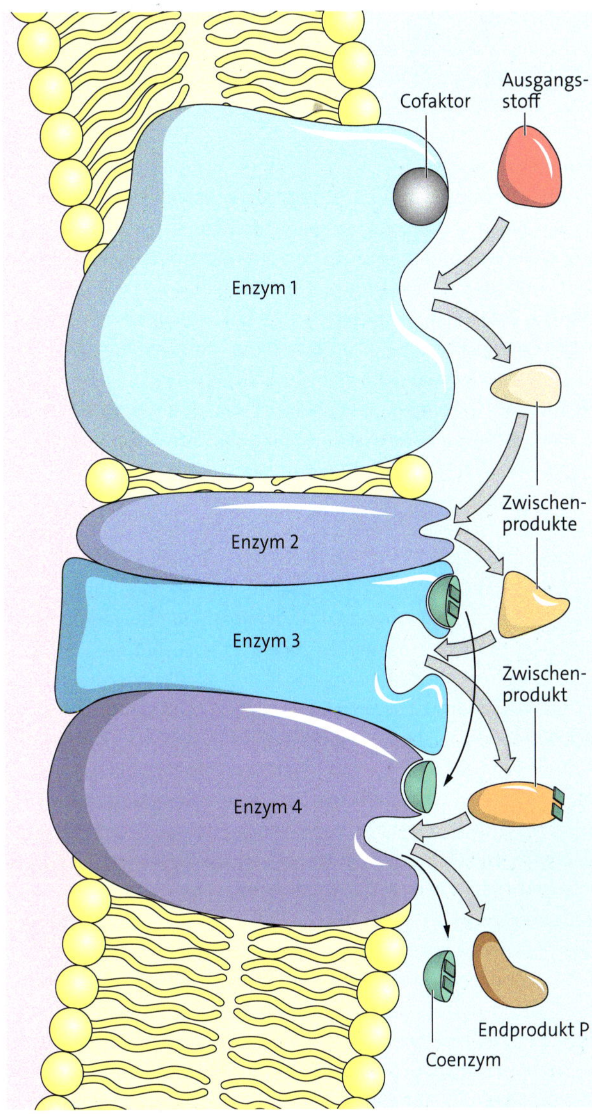

Enzyme im Alltag

Max kommt in die Küche gestürmt. „Eine Katastrophe", ruft er seiner Mutter zu. „Das T-Shirt wollte ich morgen auf der Fete anziehen, aber jetzt habe ich es mir beim Eisessen gründlich bekleckert. Kannst du schnell die Waschmaschine anstellen?" „Nicht für das eine Shirt!", erhält er als Antwort. „Das kannst du einfach mit der Hand waschen. Die Finger wirst du dir nicht verbrennen! Die Zeiten, als man Flecke oft nur mit kochender Seifenlauge entfernen konnte, sind lange vorbei. Schau dir an, wie Waschmittel heutzutage wirken." Ein Blick auf die Verpackung des Feinwaschmittels zeigt, dass darin Enzyme enthalten sind, zum Beispiel Proteasen, die Eiweiß abbauen, und das schon bei niedrigen Temperaturen. Die Fete ist mithilfe von Verdauungsenzymen gerettet.
Doch sind die heutigen Methoden tatsächlich völlig unproblematisch?

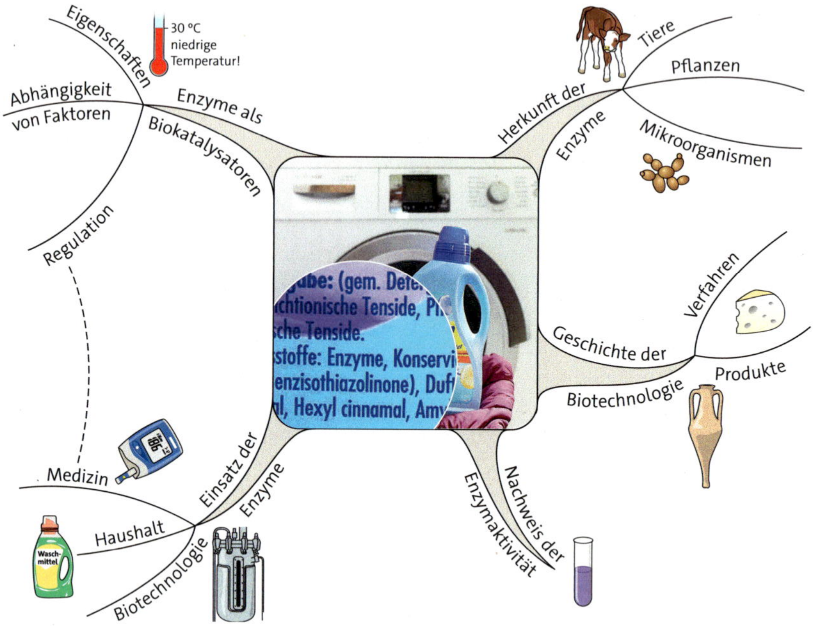

Grundlagen

Waschmittel stellen nur ein Einsatzgebiet dar, bei dem uns Enzyme im täglichen Leben begegnen und helfen.

Schon die uralten Kulturtechniken, mit denen Wein, Brot, Essig, Käse und vieles andere hergestellt wurden, machten sich Enzyme zunutze, ohne deren Existenz und Wirkungsweise zu kennen. Heute wissen wir, dass diese klassische Biotechnologie auf der Leistung von Mikroorganismen beruht, genauer auf deren Ausstattung mit Enzymen. In vielen biotechnologischen Verfahren werden jetzt die aus den Organismen gewonnenen Enzyme direkt eingesetzt. Und dabei sind deren Eigenschaften von Vorteil. Da Mikroorganismen die gewünschten Stoffe durch enzymatisch katalysierte Reaktionen herstellen, läuft die Reaktion bei niedrigen Temperaturen ab, während unkatalysierte Synthesereaktionen oft hohe Temperaturen benötigen. Ebenso werden dabei aggressive Säuren oder Laugen eingesetzt. Enzyme arbeiten dagegen meist im neutralen Bereich. Sie wirken zudem äußerst spezifisch. Es werden nur bestimmte Stoffe umgesetzt, und da alle Ausgangsstoffe fast ausschließlich zu dem gewünschten Produkt verarbeitet werden, beträgt die Ausbeute fast 100 %.

Mithilfe der Gentechnik werden auch zunehmend Mikroorganismen durch das Einbringen fremder Gene so verändert, dass ihre Enzymsysteme erwünschte Produkte in großen Mengen erzeugen.

Im medizinischen Bereich können Enzyme sowohl zur Diagnose als auch bei der Therapie von Krankheiten verwendet werden. Außerdem setzen viele medizinische Tests Enzyme als hochspezifische Reagenzien auf Teststreifen oder in Messgeräten ein.

Die Wirkung zahlreicher Medikamente beruht auf der Beeinflussung der Enzymaktivität. Dabei werden substratähnliche Stoffe eingesetzt, die entsprechende Enzyme kompetitiv hemmen oder ihre Aktivität steigern. Auch die Wirkung sogenannter Lifestylepräparate beruht darauf und verspricht so „Genuss ohne Reue".

Basisinformationen

Enzyme sind Biokatalysatoren (> S. 77) | Struktur und Wirkungsweise von Enzymen (> S. 78/79) | Einflüsse auf die Enzymwirkung (> S. 82/83) | Enzymregulation (> S. 86/87)

Anwendungsbereiche von Enzymen

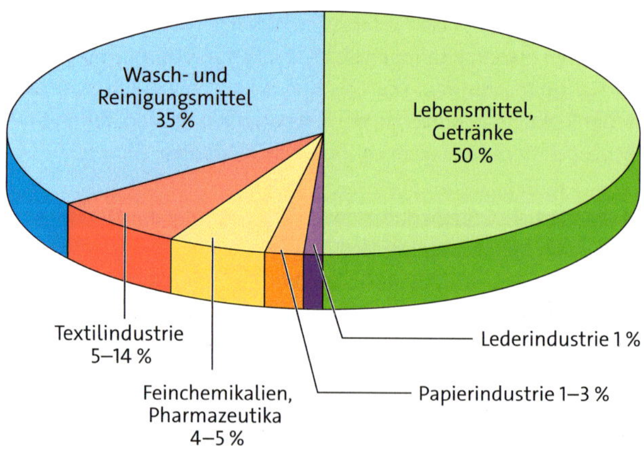

1 *Verteilung der Anwendungsbereiche auf dem Weltmarkt*

1. Werten Sie Bild 1 aus.
2. Viele Enzyme, die in der Biotechnologie Anwendung finden, werden durch gentechnisch veränderte Organismen produziert. Geben Sie an, weshalb die Erzeugung von Enzymen auf diese Art möglich ist.
3. Vergleichen Sie die Angaben über den Zusatz von Enzymen bei verschiedenen Produkten. Geben Sie deren Bedeutung an.
4. Informieren Sie sich über die Regelungen zur Zulassung und Kennzeichnung von Enzymen in Lebens- und Futtermitteln in der Europäischen Union.

Enzyme im Einsatz

Wenn wir erkranken, sind fast immer Stoffwechselprozesse betroffen. Als Folge krankhafter Prozesse können Enzyme aus geschädigten Zellen in Körperflüssigkeiten wie das Blutserum gelangen. Da verschiedene Organe unterschiedliche Enzyme besitzen, kann deren Nachweis im Blut zur *Diagnose* von Krankheiten dienen. So weist Lipase auf eine Erkrankung der Bauchspeicheldrüse, Kreatinkinase auf einen Herzinfarkt hin.

Viele *medizinische Tests* verwenden Enzyme als hochspezifische Reagenzien auf Teststreifen oder in Messgeräten. Bei Diabetikern muss der Blutzuckerspiegel laufend kontrolliert werden, um die Menge des zu spritzenden Insulins bestimmen zu können. Dazu wird in Blutzuckermessgeräten das Enzym Glucoseoxidase verwendet. Mit seiner Hilfe kann man die Glucosekonzentration sehr genau messen. Das Enzym ist zur Immobilisierung fest an eine Membran gebunden und somit lange einsetzbar.

Zu geringe oder zu hohe Aktivität bestimmter Enzyme kann selbst *Ursache von Krankheiten* sein. Daher kommen Medikamente zum Einsatz, die darauf Einfluss nehmen. Bei Personen mit Nahrungsmittelintoleranz gegen Histamin oder Lactose fehlen die Enzyme, die zum Abbau dieser Stoffe notwendig sind. Um den Blutzucker bei Diabetikern nach einer Mahlzeit nicht zu schnell ansteigen zu lassen, werden *Hemmstoffe* des Enzyms Glucosidase eingesetzt. Dabei handelt es sich um kurzkettige Kohlenhydrate, die mit den in der Nahrung enthaltenen Zuckern in Konkurrenz um das aktive Zentrum der Glucosidase treten. In ähnlicher Weise wirken sogenannte Fettpillen, die bei Adipositas (Fettleibigkeit) verabreicht werden. Durch die Hemmung der Lipase im Darm werden Fette unverdaut wieder ausgeschieden, wodurch eine Gewichtsreduktion erreicht wird. Die Nebenwirkungen müssen dabei immer mit dem medizinischen Nutzen abgeglichen werden. Gebräuchliche *Schmerzmittel* wie Acetylsalicylsäure hemmen das Enzym Cyclooxygenase, das für die Bildung von Signalstoffen für Entzündungsprozesse entscheidend ist.

Bei der *Lebensmittelproduktion* spielen Enzyme inzwischen eine wichtige Rolle.

- Fruchtsäfte und Fruchtaromen werden durch Pektinasen, die den Abbau der Mittellamellen zwischen den pflanzlichen Zellwänden bewirken, mit höherer Ausbeute hergestellt.
- In Backmischungen optimieren Amylasen Zubereitungs- und Backeigenschaften des Teigs.
- Süßungsmittel können heute durch Amylasen und Glucoseisomerasen preiswert und in großen Mengen aus dem Abbau von Mais-, Kartoffel- oder Weizenstärke gewonnen werden.
- Formfleisch erhält man mithilfe von Transglutaminasen, durch die Reststücke aus der Fleischverarbeitung miteinander verklebt werden und somit wie „normales" Fleisch erscheinen.
- Bei der Käseherstellung muss durch den Abbau von Proteinen zunächst die Milch „dickgelegt" werden. Dies geschieht natürlicherweise durch Labferment, das in Mägen junger Kälber oder Ziegen zur Verdauung der Muttermilch vorkommt. Lab stellt eine Mischung aus den Enzymen Chymosin und Pepsin dar, die heute alternativ gentechnisch erzeugt werden.

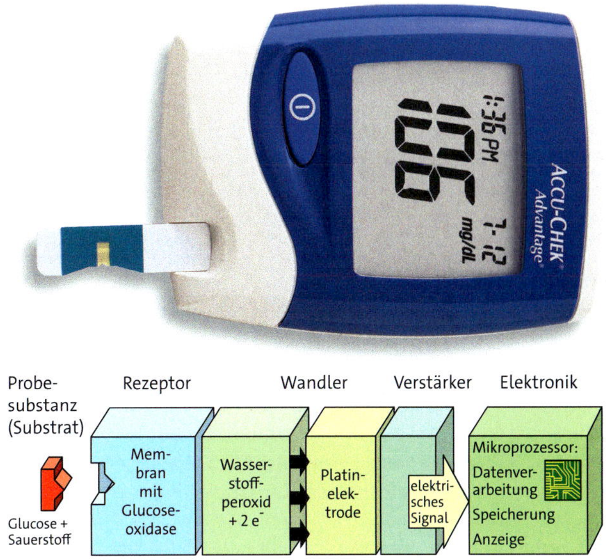

1 *Blutzuckermessgerät und Funktionsschema*

2 *Dicklegung bei der Käseherstellung*

Basisinformationen

Enzymregulation (> S. 86/87) | Verdauungsenzyme (> S. 100/101)

1. Entwickeln Sie einen Versuchsaufbau zum Nachweis einer Bauchspeicheldrüsenerkrankung.
2. Beschreiben Sie die Funktionsweise eines Blutzuckermessgeräts mithilfe von Bild 1.
3. Veranschaulichen Sie durch ein Modell die Wirkungsweise eines Glucosidasehemmstoffs.
4. Informieren Sie sich über den Prozess der Stärkeverzuckerung und stellen Sie ihn in einem Schema dar.
5. Recherchieren Sie weitere Beispiele für den Einsatz von Enzymen und stellen Sie diese vor.

Enzyme im Test

Enzyme sind im Haushalt unentbehrliche Hilfsmittel. Verdauungsenzyme helfen beim Abbau von Fett-, Blut- und anderen problematischen Flecken. Die Bedingungen in der Waschtrommel sind jedoch extrem. Enzyme in Waschmitteln stammen aus Archaeen, die in heißen Quellen aktiv sind und somit hohe Temperaturen in Waschgängen aushalten. Inzwischen werden auch Proteasen aus kälteresistenten Organismen eingesetzt, die schon bei 20 °C aktiv sind.

Basisinformationen

Verdauungsenzyme (> S. 100/101) | Archaeen (> S. 47)

Nachweis von Enzymen in Waschmitteln

Material: ein Esslöffel Wollwaschmittel (ohne Enzym – beachten Sie die Angaben auf der Packung), ein Esslöffel Vollwaschmittel (mit Enzym), jeweils aufgelöst in 50 ml Wasser, ein Päckchen Götterspeise, zwei Petrischalen, Glasstäbe, Brenner, Dreifüße, Keramikdrahtnetze

Durchführung: Die Götterspeise wird nach Anleitung zubereitet und zum Erstarren in die Petrischalen gegossen. Geben Sie auf die Götterspeisenproben einen Esslöffel von einer der beiden Waschmittellösungen. Schließen Sie den Deckel und beobachten Sie nach einiger Zeit die Konsistenz der Götterspeise.

Erweiterung: Wiederholen Sie den oben beschriebenen Versuch mit anderen Substraten als Götterspeise. Auch aus Stärke und Agar-Agar (einem aus Algen gewonnenen Stoff) lassen sich feste Gele gießen.

Finden Sie heraus, welche Enzyme in der Waschmittellösung vorhanden waren und woraus die jeweiligen Gele bestehen. Erklären Sie die Ergebnisse.

Temperaturoptimum von Waschmittelenzymen

Material: Wasserbad mit Thermometer, Iod-Kaliumiodid-Lösung, Speisestärke, enzymhaltiges Vollwaschmittel, Reagenzgläser, Bechergläser, Messpipetten, Stoppuhr

Durchführung: Stellen Sie in einem Becherglas eine 1%ige Stärkelösung her, indem Sie Speisestärke in kochendes Wasser einrühren. Versetzen Sie die abgekühlte Stärkelösung mit einem Tropfen Iod-Kaliumiodid-Lösung, sodass sich eine tiefe Blaufärbung ergibt. Lösen Sie in einem zweiten Becherglas Vollwaschmittel in destilliertem Wasser auf. Die Konzentration der Lösung sollte nicht unter 5 % liegen.

Die Bechergläser mit der gefärbten Stärkelösung und der Waschmittellösung werden nun im Wasserbad temperiert. Der Versuch sollte im Temperaturbereich zwischen 10 °C und 90 °C in 10-Grad-Schritten durchgeführt werden.

Pipettieren Sie bei Erreichen der gewünschten Temperatur je 2 ml der beiden Lösungen in ein Reagenzglas. Schwenken Sie das Reagenzglas leicht im Wasserbad und stoppen Sie die Zeit, die bis zur völligen Entfärbung des Reagenzglasinhalts verstreicht. Die Zeit wird protokolliert.

Stellen Sie Ihre Messergebnisse grafisch dar, indem Sie die Geschwindigkeit der Entfärbung über der Temperatur auftragen.

Vergleichen Sie Ihr Ergebnis mit der Abbildung rechts. Stellen Sie Vermutungen an hinsichtlich der Herkunft der Enzyme.

Bedingungen für die Denaturierung von Eiweiß

Material: Eiklar, Salzsäure 5%ig, Natronlauge 1%ig, Kochsalz, pH-Teststreifen oder pH-Meter, Pipetten, Bechergläser, Reagenzgläser, Wasserbad mit Thermometer

Durchführung: Stellen Sie eine wässrige Eiweißlösung her, die völlig klar und durchsichtig ist. Verteilen Sie diese Lösung auf vier Reagenzgläser. Pipettieren Sie in eines der Gläser so lange tropfenweise die Salzsäure, bis die Eiweißlösung deutlich trüb wird. Schütteln Sie nach jedem Tropfen den Inhalt des Reagenzglases gründlich. Anschließend wird der pH-Wert der Lösung ermittelt. Verfahren Sie in einem zweiten Ansatz analog mit Natronlauge.

Pipettieren Sie in ein drittes Reagenzglas gesättigte Kochsalzlösung, bis es zur Trübung kommt. Erhitzen Sie in einem vierten Ansatz die Eiweißlösung im Wasserbad bis zur Trübung und ermitteln Sie die hierfür notwendige Temperatur.

Erklären Sie die Strukturveränderungen durch die Denaturierung.

Viele Medikamente beeinflussen die Aktivität körpereigener Enzyme und können so krankhafte Veränderungen ausgleichen. Am Beispiel des Enzyms Urease (> S. 84/85) kann die Wirkung eines solchen Hemmstoffs (hier: Iminoharnstoff) nachgewiesen werden.

Basisinformationen

Substratkonzentration, Inhibitoren und Aktivatoren (> S. 82/83)

Nachweis der Hemmung von Urease

Material: Wasserbad (auf 40 °C vorgewärmt), Waage, Stoppuhr, Bechergläser (50 ml), Spatel, Glasstäbe, dest. Wasser, Harnstoff, Iminoharnstoff, Ureaselösung (bei Einsatz käuflicher Urease: 2 Spatel in 10 ml dest. Wasser), Bromthymolblaulösung (20 mg in 50 ml dest. Wasser)

Durchführung: In einer ersten Versuchsreihe führen Sie das Experiment entsprechend der Anleitung auf Seite 85 *Ureasewirkung und Substratkonzentration* durch.

In einer zweiten Versuchsreihe geben Sie zu jedem Ansatz zusätzlich 0,2 g Iminoharnstoff. Die Versuchsdurchführung erfolgt in der gleichen Weise.

Stellen Sie die Ergebnisse des Experiments in geeigneter Form dar.

Beschreiben und erklären Sie die Wirkung von Iminoharnstoff.

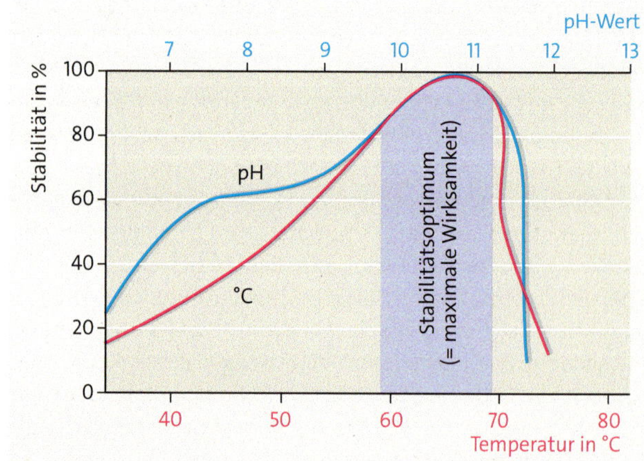

... und die Kehrseite?

1 *Pflanzenschutzmitteleinsatz auf einem Rapsfeld*

Biokraftstoffe

Erdölvorkommen werden immer knapper und daher wird es zunehmend wichtiger, Bioenergie aus *pflanzlichen Rohstoffen* zu gewinnen. Dabei bedient man sich der enzymatischen Ausstattung von Bakterien und Hefen. Jedoch werden bei den bisher eingesetzten Technologien zur Gewinnung von *Biokraftstoffen* wie Biodiesel und Bioethanol nur *Kulturpflanzen* genutzt, die auch in der Nahrungsmittelindustrie benötigt werden: Für Biodiesel wird in Europa überwiegend Öl aus Rapssamen verwendet. Bioethanol entsteht aus der Vergärung von Zuckern, die aus verschiedenen Rohstoffen gewonnen werden, vor allem aus Zuckerrohr, Zuckerrüben, Mais und Getreide. Er kann normalem Benzin beigemischt werden. Bei diesen Kraftstoffen der ersten Generation kommen als zusätzliche Probleme der hohe Flächenverbrauch sowie der intensive Einsatz von Dünger und Pflanzenschutzmitteln hinzu. Diese Faktoren sind bei der *Energiebilanz* mitzuberücksichtigen. Der Energiegehalt des Kraftstoffs muss den Energieaufwand zu seiner Herstellung übertreffen, um effektiv zu sein. Die zweite Generation der Biokraftstoffe beruht auf *Pflanzenresten* wie Stroh oder Holz. Zentral für die Gewinnung von Cellulose-Bioethanol ist ein Enzymcocktail aus Mikroorganismen und einem speziellen Hefestamm.

Heizwertbestimmung von Ethanol

Material: Ethanol (GHS02), Wasser, Porzellantiegel, Waage, Erlenmeyerkolben, Thermometer, Stativmaterial, Stoppuhr

Durchführung: Stellen Sie den leeren Porzellantiegel auf die Waage und tarieren Sie diese. Füllen Sie in den Erlenmeyerkolben 0,25 kg Wasser und befestigen Sie ihn am Stativ über dem Tiegel. Füllen Sie den Tiegel zur Hälfte mit Ethanol und notieren Sie die Masse sowie die Temperatur des Wassers. Entzünden Sie das Ethanol vorsichtig und drücken Sie die Stoppuhr. Rühren Sie das Wasser regelmäßig um. Messen Sie die Temperatur über 10 Minuten im Abstand von 2 Minuten.

Berechnen Sie den Heizwert nach der Formel: $E = c_w \cdot m \cdot \Delta T$
(E: Energie in kJ; c_w: spez. Wärmekapazität von Wasser = 4,2 kJ/kg · K; m: Masse des erwärmten Wassers in Kilogramm, ΔT: Temperaturänderung). Bilden Sie den Mittelwert aus allen Ihren Messungen. Vergleichen Sie ihn mit dem Wert von 27 kJ/g, der in der Fachliteratur angegeben wird.

Waschmittelallergien und ihre Ursachen

Proteasen in Waschmitteln spalten Peptide und erhöhen dadurch deren Wasserlöslichkeit. Doch greifen die verwendeten Enzyme nicht nur Eiweißflecke an, sondern unter Umständen auch die Haut des Menschen. Die Enzyme werden häufig aus Bakterien gewonnen und sind mit Bestandteilen der Bakterienwand verunreinigt. Diese können bei sensiblen Personen und unzureichend gespülter Wäsche allergische Reaktionen auslösen. Wissenschaftlich nachgewiesen sind solche Nebenwirkungen bisher nicht. So sind Warnhinweise noch nicht vorgeschrieben. Um die Gefahren so gering wie möglich zu halten, gingen die Herstellerfirmen dazu über, die Enzympartikel mit wachsartigen Substanzen zu ummanteln. Diese Pearls verhindern den direkten Hautkontakt und verbessern die Lagerfähigkeit des Produkts.

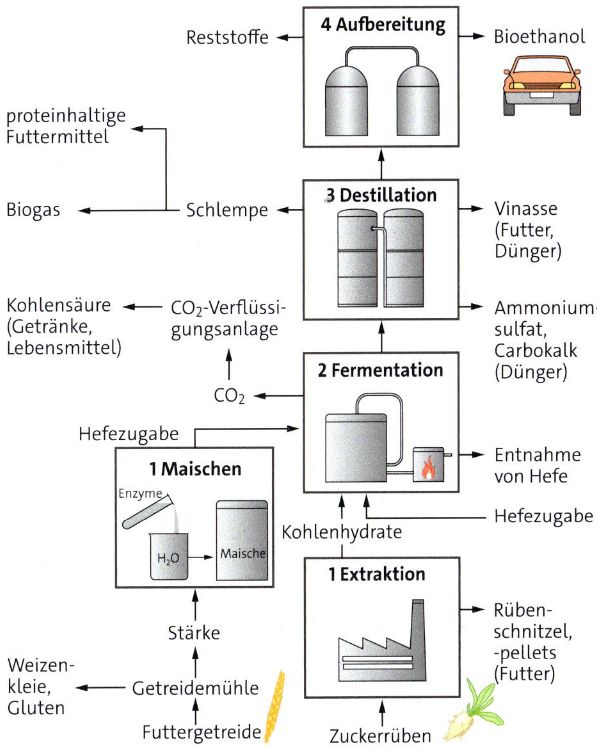

2 *Herstellung von Bioethanol*

Basisinformationen

Alkoholische Gärung (> S. 114)

1. Recherchieren Sie Probleme der Waschmittelunverträglichkeit.
2. Beschreiben Sie mithilfe des Bilds oben den Herstellungsprozess von Ethanol in einer Bioraffinerie.
3. Der Heizwert von Benzin beträgt 40 kJ/g. Leiten Sie mögliche Folgen des geringeren Heizwerts von Ethanol ab.
4. Informieren Sie sich über die Anbauflächen für Energiepflanzen in Deutschland und weltweit.
5. Stellen Sie die sozialen und ökologischen Aspekte des Energiepflanzenanbaus dar.

Die Hefe – ein besonderer Nutzpilz

Hefen der Gattung Saccharomyces gehören zu den Hunderttausenden von verschiedenen Mikroorganismen, die im Kreislauf der Natur unersetzlich sind – und zugleich zu den wenigen Hundert, die vom Menschen nutzbar gemacht wurden.
Seit Jahrtausenden werden Hefen bei der Herstellung von Nahrungsmitteln und Getränken verwendet. Bereits vor 8 000 Jahren stellten die in Mesopotamien siedelnden Sumerer und Babylonier mit ihrer Hilfe alkoholische Getränke her: das erste Bier. 2 000 Jahre später entdeckten die Ägypter, wie unter Mitwirkung der Hefe Brot gesäuert und aufgelockert wurde. Die technologischen Kenntnisse des Brauens und Backens gelangten nach Griechenland und Rom, ja offenbar bis Nordeuropa. Während Griechen und Römer Wein bevorzugten, galt Bier zu Tacitus' Zeiten als das Getränk der Barbaren.

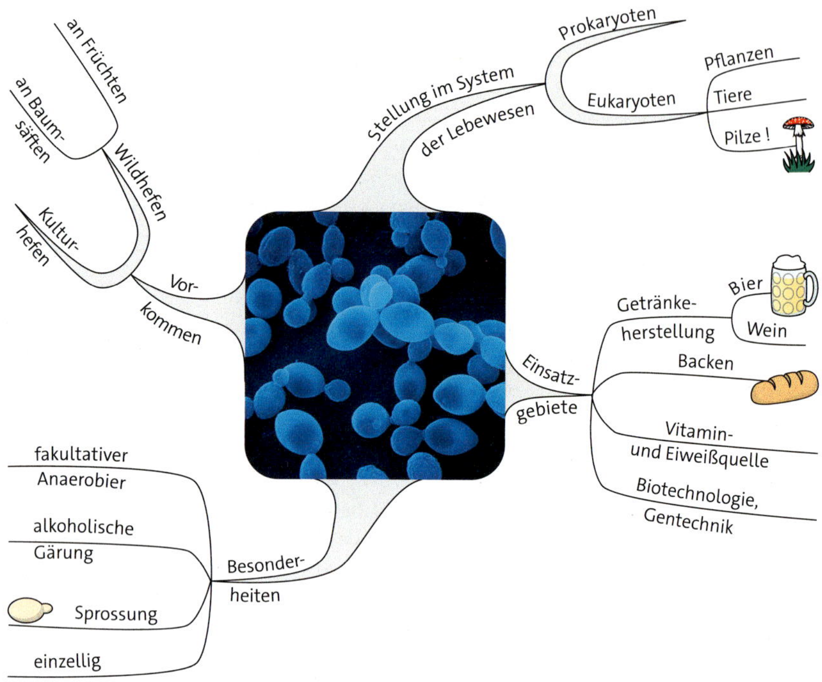

Grundlagen

Die Wirkung der Hefeaktivität auf die Lebensmittel wurde vermutlich durch Zufall entdeckt. Ihre Vorteile – der Konservierungseffekt und die Qualitätsverbesserung – waren aber so offenkundig, dass sie schon sehr früh in allen Kulturkreisen eingesetzt wurde. Doch blieb jahrtausendelang unklar, was im Brot, Wein und Bier vor sich ging.
Erst 1680 sah der niederländische Forscher ANTONI VAN LEEUWENHOEK (> S. 17) als erster Mensch Hefezellen unter dem Mikroskop. Und erst 200 Jahre später gelang dem französischen Chemiker LOUIS PASTEUR der Nachweis, dass diese mikroskopisch kleinen Lebewesen für die Bildung der Gärungsprodukte Ethanol und Kohlenstoffdioxid verantwortlich waren.
In den letzten Jahren erschließt sich für die Hefe ein neues Anwendungsgebiet: Als einzelliger Pilz zählt sie zu den Eukaryoten. Damit weist sie viele Baumerkmale auf, die sie mit höheren Organismen gemeinsam hat. Das ermöglicht ihren Einsatz als Zellmodell in der medizinischen Forschung, zum Beispiel zur Erforschung von Krankheitsursachen beim Menschen sowie für Arzneimitteltests.
Daneben gibt es noch einen ganz praktischen Einsatzbereich für die Hefe: als Eiweiß- und Vitaminquelle für Mensch und Tier. Vor allem ihr Gehalt an Vitamin B_1, dem Thiamin, macht sie wertvoll. Thiamin spielt als Vorstufe eines Coenzyms der Pyruvat-Decarboxylase eine wichtige Rolle im Stoffwechsel der Hefe. Die Pyruvat-Decarboxylase katalysiert die Abspaltung von CO_2 vom Pyruvat. Es entsteht Acetaldehyd, der dann durch ein zweites Enzym zum Ethanol umgesetzt wird.

Basisinformationen

Gärung (> S. 114) | eukaryotische Zelle (> S. 48) | Coenzyme (> S. 79) | Vitamine (> S. 79)

1 *Schon im alten Ägypten wurde Bier gebraut. Dabei besorgten Wildhefen das Vergären. Das Bild zeigt einen Soldaten beim Biertrinken mit einem Trinkhalm.*

1. Ihre Zugehörigkeit zu den Eukaryoten macht Hefe zu einem sehr beliebten Forschungsobjekt. Vergleichen Sie Kennzeichen einer eukaryotischen Zelle mit einer Prokaryotenzelle.
2. Thiamin, die Vorstufe des Coenzyms Thiaminpyrophosphat, ist ein Vitamin, das wir mit der Nahrung aufnehmen müssen. Informieren Sie sich über die Folgen eines Thiaminmangels. Recherchieren Sie weitere Thiaminquellen neben der Hefe.
3. Wenn Sie einen Hefekuchen backen, müssen Sie den Teig erst „gehen lassen". Erklären Sie die Bedeutung dieses Vorgangs. Geben Sie die Bedingungen an, die dabei eingehalten werden müssen, und begründen Sie diese.

Biologie der Hefen

Bäckerhefe *(Saccharomyces cerevisiae)* ist eine Sammelbezeichnung für die sogenannten obergärigen Kulturheferassen. Dabei handelt es sich um einzellige, kugelige Pilze von 5 bis 15 µm Größe. Im Lichtmikroskop lassen sie kaum Details erkennen. Erst durch Anfärben mit spezifischen Farbstoffen werden Zellwand, Zellkern und die große Vakuole sichtbar. Hefezellen vermehren sich durch *Sprossung*. Dabei bildet die Mutterzelle durch Ausstülpung der Zellwand eine Knospe. Es folgt eine Kernteilung *(Mitose)*. Einer der Tochterkerne wandert in die Knospe ein, die sich ablöst und dabei eine Bildungsnarbe hinterlässt. Aus der Zahl solcher Narben kann man auf das Alter einer Hefezelle schließen. Einzelne Zellen können bis zu 32 Narben aufweisen. Danach gehen sie zugrunde. Die durch Sprossung entstandene Tochterzelle wächst zur Größe der Mutterzelle heran.

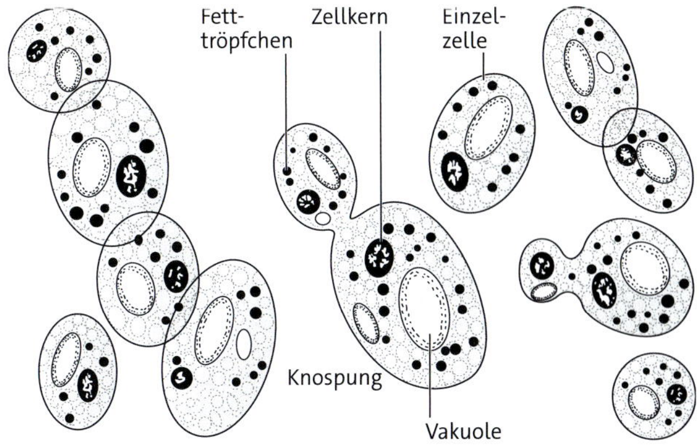

Die Energie für Wachstum und Vermehrung gewinnen Hefen aus dem Abbau von Stoffen, die sie aus der Umgebung aufnehmen. Sie sind *fakultative Anaerobier*, das heißt, sie können sowohl unter aeroben Bedingungen (mit Sauerstoff) als auch anaerob (ohne Sauerstoff) existieren. Steht Sauerstoff zur Verfügung, veratmen sie das Substrat, zum Beispiel Glucose. Der Zucker wird *vollständig zu Kohlenstoffdioxid und Wasser abgebaut*. Ohne Sauerstoff erfolgt nur ein *unvollständiger Abbau zu Alkohol*. Er kann von den Hefezellen nicht weiter verarbeitet werden und wird ausgeschieden. Dabei können sie nur einen Alkoholgehalt von maximal 19 % vertragen, da Alkohol auch für Hefezellen giftig ist. Der Energiegewinn bei diesem Gärungsprozess ist verglichen mit der Atmung sehr gering und wird durch *hohen Stoffumsatz* ausgeglichen.
In einem *Fermenter*, der alle für das Wachstum der Hefe notwendigen Stoffe enthält, lassen sich verschiedene Versuchsbedingungen erzeugen und quantitativ erfassen. Bei diesen Versuchen (> Bild 1 und 2) lässt sich ein Effekt beobachten, der nach seinem Entdecker *Pasteur-Effekt* genannt wird.

Basisinformationen

Zellatmung (> S. 109–112) | Gärung (> S. 114) | Mitose (> S. 64) | Zellzyklus (> S. 62)

Mikroskopische Untersuchung von Hefezellen

Material: ein Stück Bäckerhefe, 10%ige Glucoselösung, stark verdünnte Methylenblaulösung, Wärmeschrank, Mikroskop und Zubehör, Pipette

Durchführung: Geben Sie das Stück Hefe in die Zuckerlösung und verteilen Sie sie darin gleichmäßig. Stellen Sie die Lösung für 2 bis 3 Tage in den Wärmeschrank. Lassen Sie sie bei 25 bis 30 °C bebrüten. Entnehmen Sie dann mit der Pipette eine Probe und geben Sie sie auf einen Objektträger. Fügen Sie einen Tropfen Methylenblaulösung hinzu. Lebende Zellen erscheinen hellblau, abgestorbene Zellen kräftig blau gefärbt. (Enzyme in den lebenden Zellen wandeln Methylenblau in die farblose Leukoform um.)

Auswertung: Mikroskopieren Sie und fertigen Sie eine beschriftete Zeichnung an.

1. Vergleichen Sie den Verlauf der Kurven für aerobe und anaerobe Bedingungen in den Diagrammen unten. Erläutern Sie anhand der Diagramme den Pasteur-Effekt.
2. Der geringe Energiegewinn bei der Gärung bringt Vorteile für den biotechnischen Einsatz von Hefe, wie beim Bierbrauen, oder für stoffwechselphysiologische Versuche. Erklären Sie den Sachverhalt.

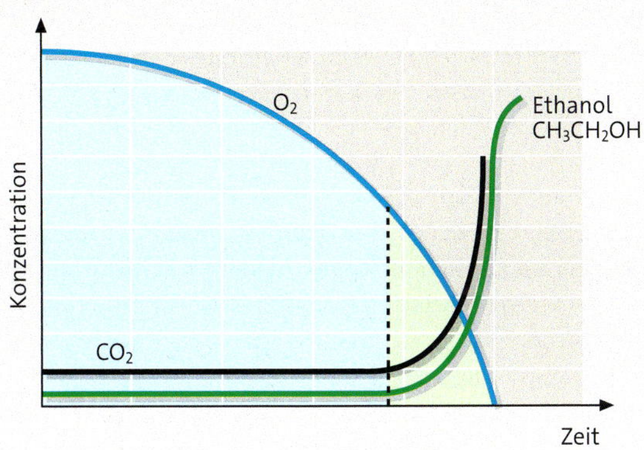

1 *Zusammenhang zwischen Sauerstoffgehalt und Alkoholproduktion in einem Hefefermenter*

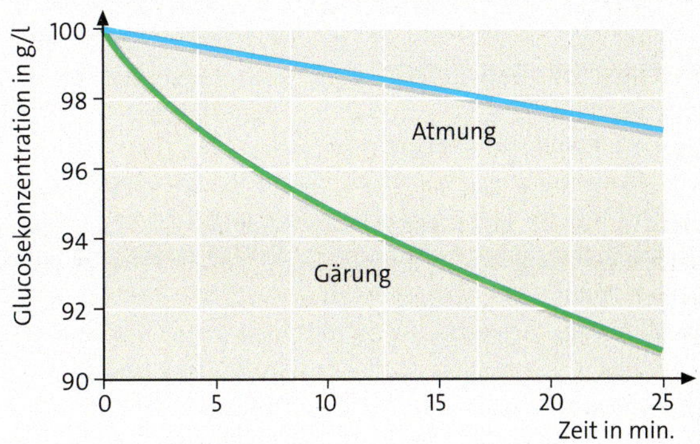

2 *Verlauf der Glucosekonzentration in einem Hefefermenter unter aeroben und anaeroben Bedingungen*

Versuche zur Gärung

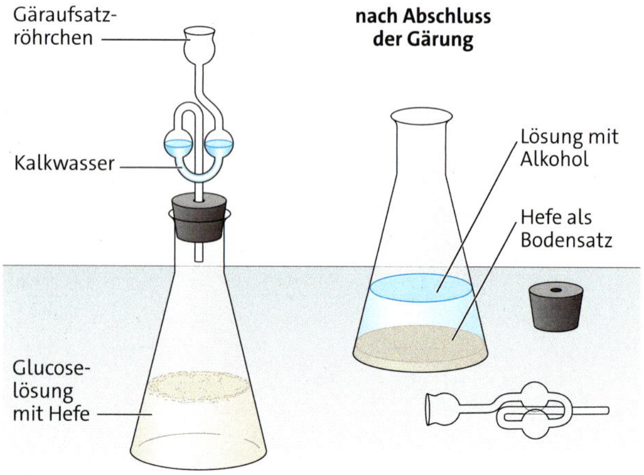

Nachweis der alkoholischen Gärung

Material: 40 g Bäckerhefe, zwei 1-Liter-Erlenmeyerkolben, Gäraufsatzröhrchen, durchbohrter Stopfen, Wasserbad von etwa 80 °C, Kalkwasser (GHS05, GHS07) Alkoholteströhrchen, 10%ige Glucoselösung

Durchführung: Füllen Sie 600 ml der Glucoselösung in einen Erlenmeyerkolben. Geben Sie die Bäckerhefe dazu und suspendieren Sie sie gleichmäßig durch Umschwenken. Verschließen Sie den Kolben durch das Gäraufsatzröhrchen, das mit Kalkwasser gefüllt ist (> Bild oben). Nach Abschluss des Gärvorgangs setzt sich die Hauptmasse der Hefe als Bodensatz am Grund des Kolbens ab. Dekantieren Sie die Gärflüssigkeit in einen weiteren Kolben. Erhitzen Sie sie bei etwa 80 °C. Setzen Sie dabei das Alkoholteströhrchen auf den Kolben.

Protokollieren Sie Ihre Versuchsergebnisse.

Bestimmen des Temperaturoptimums für die Gärung

Material: 10 g Bäckerhefe, 100 ml 10%ige Glucoselösung, mehrere Garröhrchen

Durchführung: Die Hefe wird in der Glucoselösung suspendiert. Geben Sie davon jeweils 10 ml in Reagenzgläser und temperieren Sie diese bei verschiedenen Temperaturen etwa 10 Minuten vor. Füllen Sie die Suspension in die Gärröhrchen um. Lesen Sie nach 5, 10 und 15 Minuten die Menge an gebildetem Kohlenstoffdioxid ab. Stellen Sie das Versuchsergebnis grafisch dar. Bestimmen Sie danach das Temperaturoptimum.

Nachweis des Energiebedarfs

Material: 20 g Bäckerhefe, 250 ml 30%ige Glucoselösung, Kunststoffflasche (zum Beispiel Wasserspritzflasche) mit Gäraufsatzröhrchen oder Pasteurpipette, Waage (Messgenauigkeit: 0,01 g), Stoppuhr

Durchführung: Suspendieren Sie die Hefe in der Zuckerlösung. Füllen Sie die Suspension in die Kunststoffflasche und verschließen Sie diese mit dem Gäraufsatz. Der Gäransatz wird nun 1 Stunde lang in einem Wärmeschrank bei 40 °C erwärmt. Stellen Sie ihn danach auf eine Waage und bestimmen Sie den Massenverlust über 10 Minuten jeweils im Minutenabstand (Stoppuhr).

Stellen Sie die Messwerte gegen die Zeit grafisch dar und berechnen Sie die durchschnittliche CO_2-Abgabe pro Minute. Unter Einbeziehung der Molmasse des CO_2 (44 g/mol) lässt sich daraus durch Division die CO_2-Produktion in mol/min berechnen.

Bei der alkoholischen Gärung gewinnt die Hefe Energie in Form von ATP. Der Energiebedarf der Hefe während der Gärung kann indirekt über die Menge des abgegebenen Kohlenstoffdioxids berechnet werden. Aus der Gärungsgleichung ergibt sich, dass die molaren Mengen von CO_2 und ATP gleich sind. Der Energiegehalt des ATP beträgt ungefähr 30 kJ/mol.

Berechnen Sie mit diesen Angaben die freigesetzte Energiemenge pro Minute und pro Tag.

Prüfung verschiedener Zucker auf ihre Vergärbarkeit

Material: Bäckerhefe, 10%ige Lösungen verschiedener Zucker (zum Beispiel Glucose, Fructose, Galactose, Lactose, Saccharose, Maltose, Dextrin), mehrere Gärröhrchen nach EINHORN (> Bild unten), Wärmeschrank (30 °C)

Durchführung: Mischen Sie jeweils eine frisch angerührte Hefesuspension 1 : 1 mit den verschiedenen Zuckerlösungen und füllen Sie diese in die Gärröhrchen. Lesen Sie nach einigen Stunden die jeweils gebildete Kohlenstoffdioxidmenge ab. Sie gilt als Maß für die Gärungsintensität.

Tragen Sie Ihre Versuchsergebnisse als Blockdiagramm auf. Vergleichen Sie die Ergebnisse.

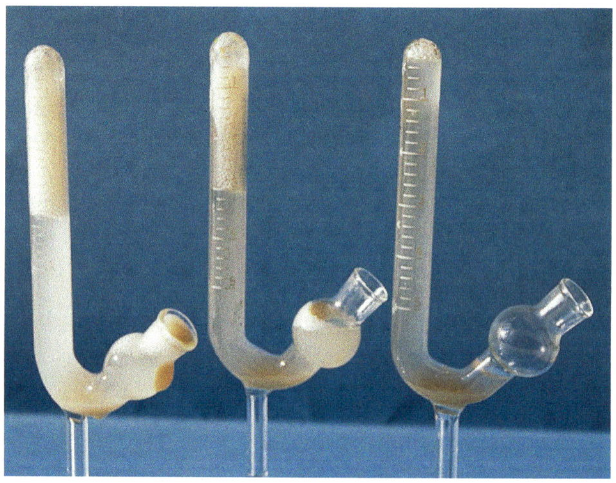

1. Von der Bierhefe existieren zwei Formen: die obergärige – das heißt beim Gärvorgang an die Oberfläche treibende – Saccharomyces cerevisiae und die untergärige Saccharomyces carlsbergensis. Sie unterscheiden sich nicht nur dadurch, dass die erste Zellverbände aus mehreren Zellen bildet, die zweite dagegen stets einzeln bleibt, sondern auch durch verschiedene Temperaturoptima für die Gärung (15 bis 25 °C beziehungsweise 5 bis 10 °C).
Versuchen Sie eine Erklärung für die unterschiedlichen Temperaturoptima zu geben.
2. Informieren Sie sich im Anschluss an den Versuch zur Vergärbarkeit verschiedener Zucker über deren Aufbau. Ziehen Sie dazu die Seiten 102 und 103 heran.

Bierbrauen – eine alte Biotechnologie

Nach dem *Reinheitsgebot* von 1516 dürfen in Deutschland nur Gerste, Hopfen, Wasser und Hefe zum Bierbrauen verwendet werden. In anderen Ländern wird Bier auch aus Weizen, Mais oder Kartoffeln hergestellt, da der eigentliche Rohstoff die *Stärke* ist.

Da Hefe Stärke nicht spalten kann, bringt man Gerste durch Anfeuchten zum Keimen. Durch den Keimvorgang werden *Enzyme* im Gerstenkorn aktiviert. Diese spalten dann die Stärke in *Maltose* bzw. *Glucose*. Die gekeimte Gerste, das Malz, wird getrocknet, in der Sprache der Brauer gedarrt. Dem zerkleinerten Malz wird Wasser zugefügt, sodass die *Maische* entsteht. Während des Sudvorgangs wird die Maische stufenweise auf 60 bis 70 °C erhitzt. Die verschiedenen Enzyme der Gerste können so jeweils bei ihrer Optimaltemperatur wirken. Beim Erhitzen gehen die Zucker in Lösung und die *Bierwürze* erhält ihre endgültige Konzentration *(Stammwürze)*.
Jetzt wird auch der Hopfen zugesetzt, dem durch Kochen die Bitterstoffe entzogen werden. Sie verleihen dem Bier nicht nur den typischen Geschmack, sondern zugleich auch eine gewisse Haltbarkeit.
Nach dem Abkühlen und Filtrieren der Würze setzt man dem Ansatz im Gärkeller bei 5 bis 10 °C die *Bierhefe* zu, die nun den Zucker in Alkohol und Kohlenstoffdioxid vergärt. Nach Abschluss der Gärung wird das Bier noch mehrere Wochen gelagert, geklärt und schließlich abgefüllt.
Bier hat normalerweise einen Alkoholgehalt von 3 bis 5 %. Die biochemischen Vorgänge bei der *Weinherstellung* sind im Prinzip identisch, hier werden jedoch Alkoholkonzentrationen bis zu 15 % erreicht. Zur Herstellung noch höherer Konzentrationen, zum Beispiel bei Branntwein, ist zusätzlich eine *Destillation*, also ein physikalischer Trennvorgang, erforderlich.

Basisinformationen

Enzyme und ihre Wirkungsweise (> S. 77–82)

Herstellen von Apfelmost

Material: Weinballon, 2-Liter-Haushaltstrichter, Gummistopfen mit Gäraufsatz, zwei Flaschen naturtrüber Apfelsaft, 250 g Haushaltszucker (Saccharose), eine Portion Weinhefe (aus der Drogerie)
Durchführung: Füllen Sie den Zucker mit dem Trichter in den Weinballon. Gießen Sie eine Flasche Apfelsaft dazu. Durch Schwenken löst sich der Zucker. Fügen Sie dann die Weinhefe sowie die zweite Flasche Apfelsaft dazu und schwenken Sie um. Der Weinballon wird nun durch den Gummistopfen mit dem wassergefüllten Gäraufsatz verschlossen und an einem ruhigen Ort aufgestellt.
Nach etwa 2 Monaten ist der Gärvorgang abgeschlossen. Messen Sie den Alkohol wie im Versuch zum Nachweis der alkoholischen Gärung beschrieben.
Nach weiteren 4 Monaten ist die Hefe abgesunken, der Jungwein erscheint klar.

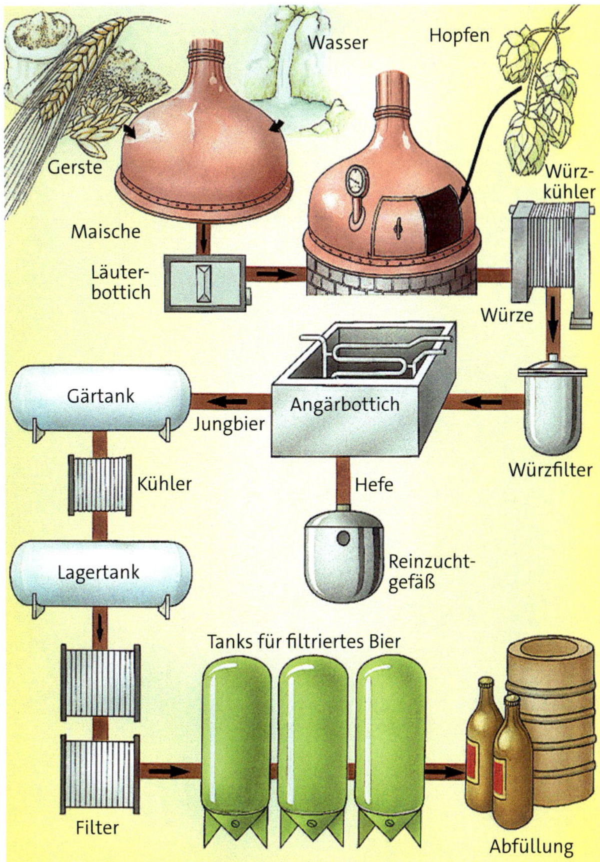

1 *Zur Bierherstellung sind viele Einzelschritte nötig.*

In der Maische wirksame Enzyme der Gerste

Enzym	Wirkung	Temperatur	pH
Glucanasen	Polysaccharidabbau	40–50 °C	4,8–5,0
Proteasen	Eiweißabbau	50–60 °C	4,5–4,7
β-Amylase	Maltosebildung	60–64 °C	5,3
α-Amylase	Stärkeabbau	70–74 °C	5,8

1. Stellen Sie tabellarisch die Bedingungen dar, die durch die verschiedenen Schritte des Brauvorgangs erreicht werden.
2. Der vernünftige Umgang mit dem Genussmittel Alkohol stellt ein gesellschaftliches Problem dar, da die Gefahr des Alkoholmissbrauchs und der Alkoholabhängigkeit besteht. Nach Angaben der Bundeszentrale für gesundheitliche Aufklärung haben 9,5 Millionen Menschen zwischen 18 und 65 Jahren Alkoholprobleme, 1,3 Millionen gelten als alkoholabhängig. Zwar hat der Alkoholkonsum in den letzten Jahren leicht abgenommen, jedoch gilt das nicht für das Rauschtrinken. Die Zahl der Krankenhausbehandlungen von Alkoholvergiftungen steigt permanent.
Informieren Sie sich über die Wirkungen von Alkohol auf den menschlichen Organismus. Erklären Sie die Ursache der gesundheitsschädlichen Wirkung von Ethanol.

Energiestoffwechsel

Besonders bei körperlicher Anstrengung wird uns deutlich, dass im Körper Energie umgesetzt wird. Aber nicht nur sportliche Höchstleistung wie der Lauf der Sprinterin im Bild erfordert Energie, sondern jede Lebenstätigkeit. Ständig – selbst dann, wenn wir ruhen oder schlafen – müssen sich die Zellen mit Energie versorgen. Dazu werden Nährstoffe so abgebaut, dass möglichst viel der in ihnen gespeicherten Energie in eine für die Lebensvorgänge nutzbare Form überführt wird.
Dieser als Energiestoffwechsel bezeichnete zentrale Teil des Stoffwechsels hat sich schon früh in der Evolution entwickelt und verläuft daher in allen lebenden Zellen in sehr ähnlicher Weise.

1. Nennen Sie Anzeichen dafür, dass im Körper Energie umgesetzt wird.
2. Zeigen Sie auf, woran man auf einen Zusammenhang zwischen Energieumsatz und Stoffwechsel schließen kann.
3. Erklären Sie, in welcher Form dem Körper von Mensch und Tier Energie zugeführt wird und woher diese Energie ursprünglich stammt.
4. Aktivieren Sie Ihr Vorwissen über Energie, Energieumwandlung und den Energieumsatz bei chemischen Reaktionen und fassen Sie Ihre Kenntnisse darüber kurz zusammen.

Grundmuster des Stoffwechsels und Untersuchungsmethoden

Alle chemischen Reaktionen, die im Körper ablaufen, fasst man als Stoffwechsel zusammen. Um in dieser verwirrenden Vielfalt von Vorgängen den Überblick zu behalten, sind Gliederungs- und Orientierungshilfen unverzichtbar.
Beim *anabolen Stoffwechsel*, auch *Baustoffwechsel* oder *Assimilation* genannt, werden körperfremde in körpereigene Stoffe umgebaut, sei es beim Aufbau von Körpersubstanz aus Nahrungsbestandteilen oder bei der Fotosynthese der Pflanzen.
Zum *katabolen Stoffwechsel*, auch *Energiestoffwechsel*, *Betriebsstoffwechsel* oder *Dissimilation* genannt, rechnet man alle Stoffwechselwege, bei denen Stoffe abgebaut werden, um so Energie für alle Lebensvorgänge bereitzustellen.

Grundmuster im Stoffwechselgeschehen Man kennt heute rund 4000 verschiedene Reaktionen im Stoffwechsel der Zellen. In diesem kaum überschaubaren Geschehen finden sich jedoch immer wieder gleiche Grundmuster (> Bild 1).

- *Energetische Kopplung.* Bei einer chemischen Reaktion wird entweder Energie frei oder es wird Energie benötigt. Diese chemische Energie wird fast immer durch energiereiche Phosphatgruppen übertragen. Am wichtigsten ist hierbei *Adenosintriphosphat (ATP)*, das durch Hydrolyse zu Adenosindiphosphat (ADP) 29 kJ je mol Energie freisetzt oder bei seiner Bildung aus ADP speichert (> S. 107). So kann eine Energie erfordernde Reaktion mit der Hydrolyse von ATP genauso gekoppelt sein wie eine Energie freisetzende Reaktion mit der ATP-Bildung.
- *Kleinschrittigkeit.* Bei jeder Reaktion im Stoffwechsel wird nur wenig Energie übertragen. Daher bestehen Stoffwechselwege aus vielen kleinen Schritten. Das hat den Vorteil, dass auch die Regulation des Stoffwechsels an vielen Stellen möglich ist, dass Stoffwechselwege sich verzweigen und dass sie in verschiedenen Kompartimenten der Zelle stattfinden können.
- *Regelung durch Enzyme.* Nahezu jeder Stoffwechselschritt wird durch ein eigenes Enzym katalysiert, das je nach Bedarf durch Umsetzung der Erbinformation gebildet wird. Damit unterliegt der Stoffwechsel der Kontrolle durch die Gene. Da sich außerdem die Aktivität vieler Enzyme wirksam regeln lässt, sind sie die entscheidenden „Stellschrauben" des Stoffwechsels (> S. 86).
- *Bausteinprinzip.* Im Stoffwechsel finden sich immer wieder die gleichen Moleküle. So ist *Adenin* Bestandteil des Energieüberträgers ATP, des Wasserstoff übertragenden NAD^+ (> S. 108), des Coenzyms A (CoA) und der Erbsubstanz DNA. Während der Evolution haben Stoffe immer wieder neue Aufgaben übernommen, sodass sich der Stoffwechsel vielseitig entwickeln konnte.

Untersuchungsmethoden Zahlreiche Methoden zur Untersuchung des Stoffwechsels wurden bis heute entwickelt:

- Durch Messung der Zufuhr und Abgabe von Stoffen und Energie lässt sich deren Umsatz bilanzieren, ohne die Vorgänge im Organismus zu betrachten *(Blackbox-Methode)*.
- Funktionen werden an isolierten Organen, Geweben, Zellen oder Zellorganellen (> S. 29) gezielt überprüft.
- Die Hemmung einzelner Enzyme (> S. 87) kann Stoffwechselschritte blockieren und so Stoffwechselwege aufdecken.
- Genetisch bedingte Stoffwechselkrankheiten, aber auch die gezielte gentechnische Ausschaltung einzelner Erbanlagen geben Aufschluss über den normalen Stoffwechsel.
- Markiert man Stoffe mit Isotopen, also Atomen eines Elements mit abweichender Masse, kann man sie anhand ihrer abweichenden physikalischen Eigenschaften im Stoffwechsel wieder aufspüren *(Tracer-Methode)*: Stabile Isotope (zum Beispiel ^{18}O, ^{15}N) verraten sich durch ihre Atommasse, radioaktive Isotope oder Radionuklide (zum Beispiel ^{14}C, ^{3}H) durch ihre Strahlung (> Bild 2).

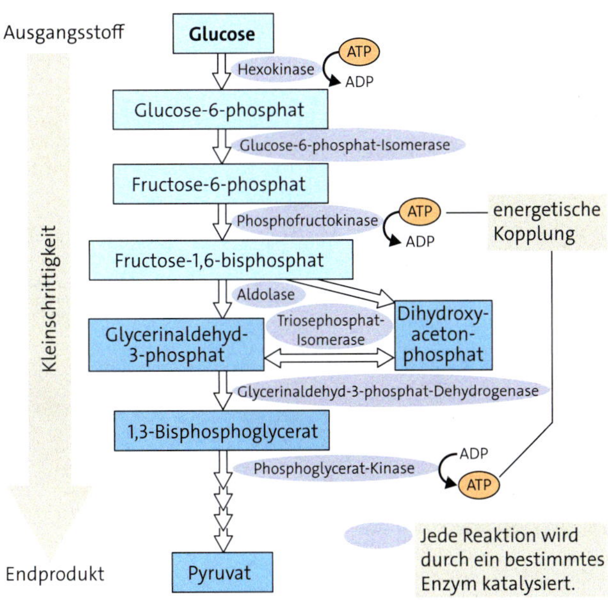

1 *Grundmuster des Stoffwechsels am Beispiel des Abbaus von Glucose, der Glykolyse (> S. 109)*

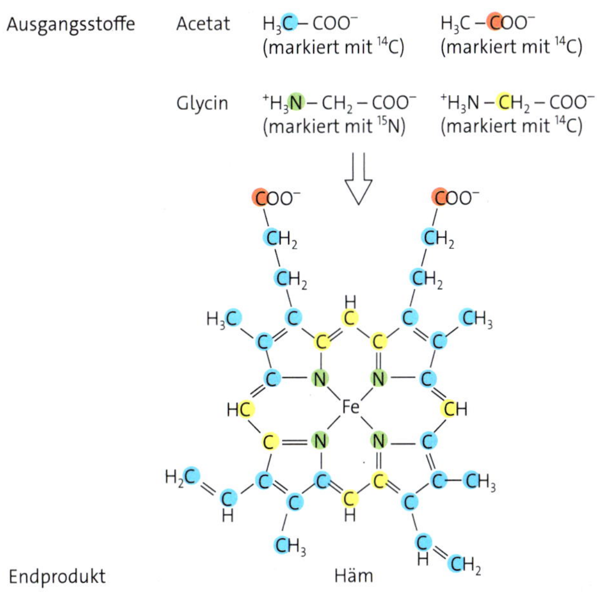

2 *Durch die Tracer-Methode ließ sich die Biosynthese des Blutfarbstoffs Häm aus seinen Ausgangsstoffen aufklären.*

Bereitstellung von Stoffen aus der Nahrung: Verdauung

Die *Verdauung* gilt als Inbegriff des Stoffwechsels. Eigentlich ist sie aber nur der Auftakt, um an körperfremde Stoffe zu gelangen und sie sich einzuverleiben.

Verdauungsorgane Bei *Einzellern* verläuft die Verdauung *intrazellulär* in Nahrungsvakuolen und Lysosomen (> S. 50/51). Tiere haben eine *extrazelluläre Verdauung* durch spezialisierte Organe. Bei den meisten Tierarten erfolgt sie in einem *Darmrohr* mit Mund- und Afteröffnung. Der Vorteil eines Darmrohrs liegt vor allem darin, dass in einzelnen Abschnitten, unterstützt durch *Darmanhangsdrüsen*, unterschiedliche Stufen des Verdauungsvorgangs „fließbandartig" aufeinanderfolgen können (> Bild 1). Zudem bleiben die körperfremden Stoffe während der Verdauung im Darmkanal genau genommen außerhalb des Körpers. Nur die erwünschten Stoffe passieren die Zellmembranen und werden *resorbiert*, also in den Körper aufgenommen, die übrigen als Kot ausgeschieden.
Die Gliederung des Darmkanals in einzelne Abschnitte und Funktionen ist bei den meisten Tieren ähnlich. Typisch sind:
- eine *große innere Oberfläche* für den Stoffaustausch, zum Beispiel durch Falten, Zotten und Mikrovilli;
- *Transporteinrichtungen* für den Darminhalt, die aus Flimmerhärchen wie bei Muscheln oder aus darmeigener Muskulatur wie bei Gliederfüßern und Wirbeltieren bestehen können;
- *Schutz gegen Selbstverdauung*, zum Beispiel durch eine Schutzmembran bei Wirbellosen, durch die Glykokalyx (> S. 35, 36) der Darmschleimhautzellen bei Wirbeltieren oder durch die Bildung inaktiver, erst zur Verdauung aktivierter Enzyme.

Bei *Ernährungsspezialisten* gibt es zudem in Sonderbildungen des Darms (Wiederkäuermagen, Blinddarm bei Pferd und Kaninchen) *Mikroorganismen*, die als *Symbionten* die Verdauung unterstützen.

Nahrung Die Stoffe der Nahrung bestehen hauptsächlich aus großen Molekülen und sind in Wasser nicht löslich. *Kohlenhydrate, Fette* und *Proteine* müssen daher durch die Verdauung in kleine, resorbierbare und wasserlösliche Bestandteile zerlegt werden. Das ist für die einzelnen Stoffe unterschiedlich schwierig. Beispielsweise ist Cellulose aufgrund ihrer enorm großen, meist mit dem Holzstoff Lignin verknüpften Moleküle schwer anzugreifen. Letztlich widersteht zwar kein Naturstoff dem Abbau, doch ist er als *Nährstoff* für ein Lebewesen nur dann von Bedeutung, wenn seine Verdauung rasch und effizient verläuft. Ohne die katalytische Wirkung von *Enzymen* ist das nicht möglich.

Verdauungsenzyme Alle *Verdauungsenzyme* gehören zu den *Hydrolasen* (> S. 80). Sie werden nach den Stoffgruppen ihrer Substrate zusammengefasst als *Carbohydrasen* (Abbau von Kohlenhydraten), *Lipasen* (Abbau von Fetten), *Proteasen* (Abbau von Proteinen) und *Nucleasen* (Abbau von Nukleinsäuren).
Die Grundausstattung mit Verdauungsenzymen ist bei allen Tiergruppen ähnlich. Bei verschiedenen Arten zeigen sich jedoch – als Anpassung an das jeweilige Nahrungsspektrum – große Unterschiede in der Menge und Aktivität der Enzyme.
Die Verdauungsenzyme werden von *Drüsenzellen der Darmwand*, vor allem aber von den Darmanhangsdrüsen gebildet, bei Wirbeltieren von der *Bauchspeicheldrüse (Pankreas)*.
Wenn Symbionten an der Verdauung beteiligt sind – wie fast immer bei Cellulosenahrung –, steuern sie die Enzyme zum Celluloseabbau bei: Ihre spezielle Enzymausstattung ist die Grundlage für die Symbiose.

Verdauungsverlauf Verfolgt man den Ablauf der Verdauung, wird der Zusammenhang zwischen den Teilschritten deutlich:
- Die mechanische *Zerkleinerung* durch Mundwerkzeuge, der jeweiligen Nahrung angepasst, *vergrößert die Oberfläche* der Nahrung, an der dann die Enzyme angreifen können.
- In jedem Abschnitt des Verdauungskanals herrschen *spezifische Bedingungen*, zum Beispiel ein bestimmter *pH-Wert*, die für die hier verlaufenden Abbauprozesse der Nährstoffe günstig sind.
- *Vorbehandlung* der Nahrung, wie *Einweichen, Proteindenaturierung* durch Magensäure oder *Emulgierung der Fette* zu kleinsten Tröpfchen durch Gallensekret, verbessert den sich anschließenden enzymatischen Abbau.

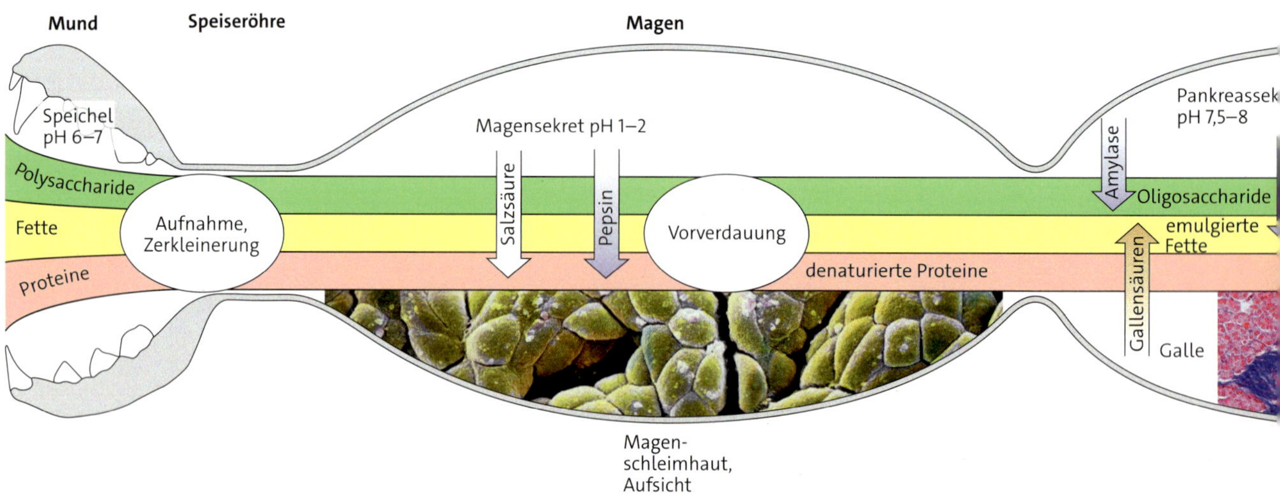

1 *Verdauungssystem und Verdauungsverlauf bei Säugetieren, stark vereinfachtes Schema*

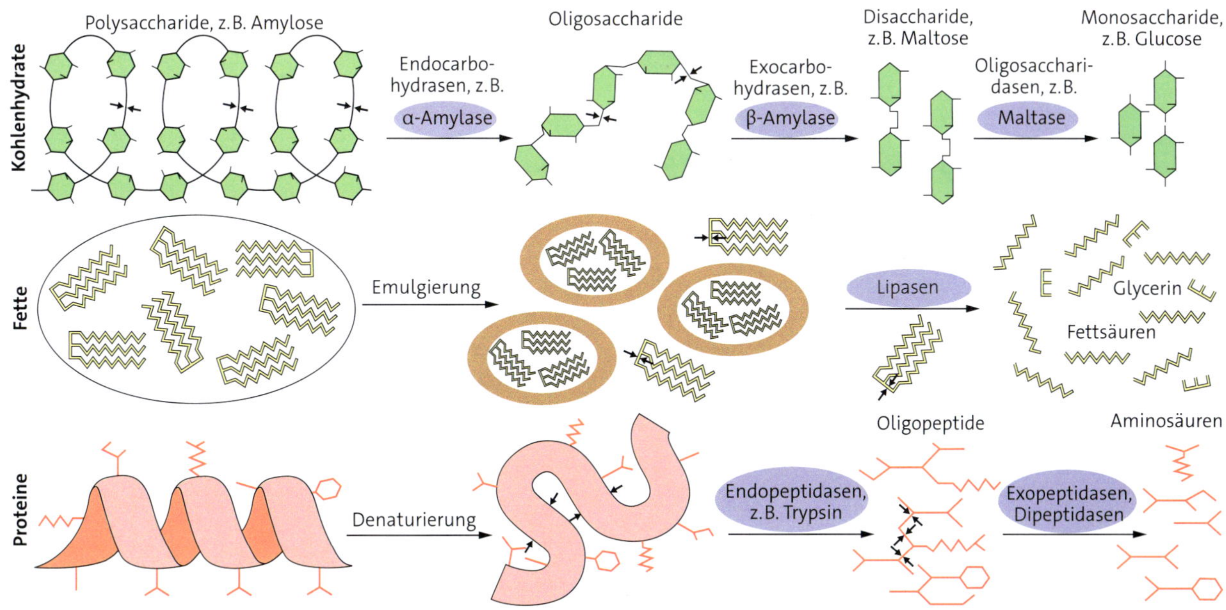

1 *Enzymatischer Abbau der Grundnährstoffe als Stufenprozess*

- Der *enzymatische Abbau* selbst, die *Endverdauung*, ist ein *Stufenprozess*, bei dem mehrfach hintereinander die *Produkte* vorangegangener Reaktionen als Substrate nachfolgender Reaktionen weiterverarbeitet werden (> Bild 1).
- Die *Endprodukte* der Verdauung sind *Monosaccharide*, *Aminosäuren*, *Glycerin* und *Fettsäuren*. Sie werden durch passive und aktive Transportmechanismen (> S. 42) in die Zellen des Dünndarms aufgenommen und über Blut (Monosaccharide, Aminosäuren) oder Lymphe (Glycerin, Fettsäuren) weitertransportiert. Diese *Resorption* (lat. *resorbere*: wieder aufschlürfen) umfasst auch große Mengen Wasser, die im Verlauf der Verdauung dem Speisebrei zugesetzt wurden und im letzten Abschnitt des Dünndarms und im Enddarm zurückgewonnen werden.

1. Die Verdauung im Darm wird manchmal als intraintestinale Verdauung bezeichnet. Es gibt im Tierreich auch extraintestinale Verdauung. Recherchieren Sie und nennen Sie Beispiele.
2. Bei Pflanzenfressern stellt man eine hohe Aktivität von Amylase fest, beim Maulwurf von Chitinase, beim Pfauenauge von Saccharase, bei Schmeißfliegenlarven von Proteasen und Lipasen, bei erwachsenen Schmeißfliegen von Saccharase und Maltase. Erklären Sie die hohe Enzymaktivität jeweils aus der Lebensweise der Tiere.
3. Immer häufiger werden im Supermarkt lactosefreie Lebensmittel angeboten (Lactose: Milchzucker). Informieren Sie sich über den Zusammenhang von Milch als Nahrungsmittel und der Aktivität des Enzyms Lactase.

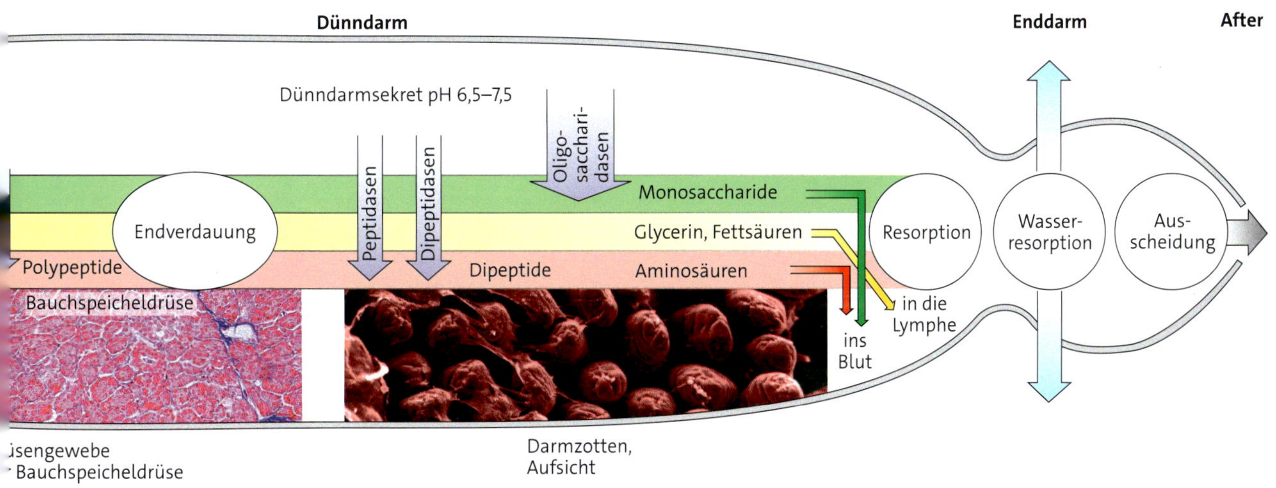

Chemische Grundlagen: Kohlenhydrate

1 *Kohlenhydratreiche Pflanzen und Pflanzenteile: Zuckerrohr und Zuckerrübe, Maiskolben und Kartoffelknolle*

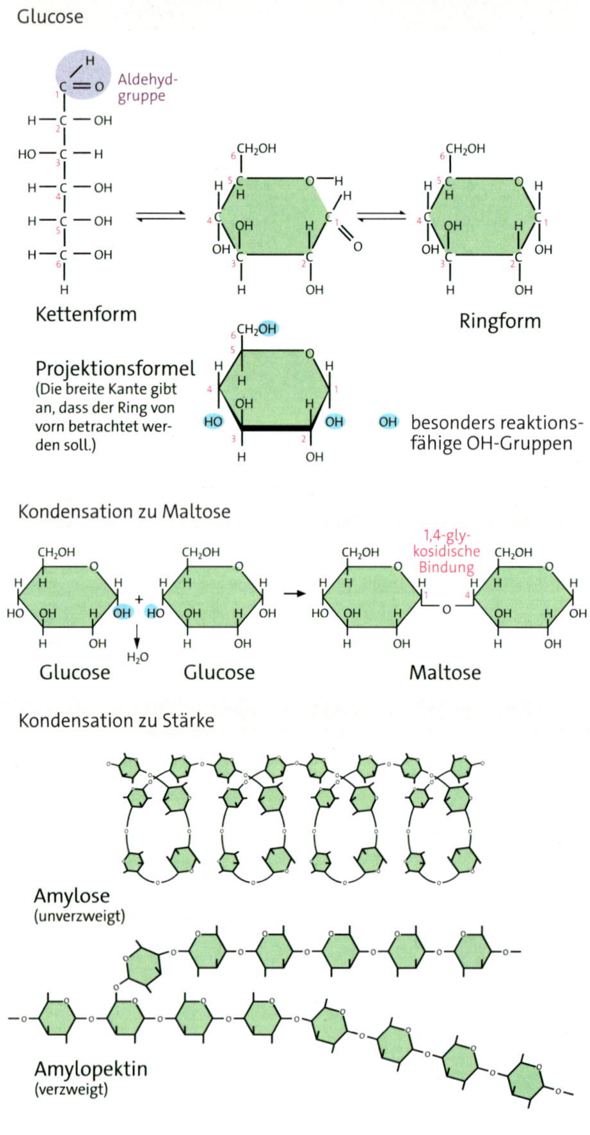

2 *Vom Monosaccharid Glucose zum Polysaccharid Stärke*

Kohlenhydrate sind als Reservestoffe und als Grundlage des Energiestoffwechsels in der Natur weit verbreitet. Dabei handelt es sich um Aldehyde und Ketone mit zahlreichen Hydroxylgruppen. Viele Kohlenhydrate schmecken süß („Zucker").

Monosaccharide Die einfachsten Zucker sind die *Monosaccharide*. Ihr Molekülgerüst besteht aus 3–7 C-Atomen, wonach sie zum Beispiel als *Triosen* (C_3), *Pentosen* (C_5) oder *Hexosen* (C_6) benannt werden. Biologisch wichtig sind die Pentosen *Ribose* und *Desoxyribose* als Bestandteil der Nukleinsäuren RNA bzw. DNA und die Hexosen *Fructose* (Fruchtzucker) und *Glucose* (Traubenzucker). Die Glucose ist Endprodukt der Fotosynthese und kann von den Zellen der Lebewesen direkt zur Energieversorgung genutzt werden.
Die C-Atome im Glucosemolekül sind als Kette angeordnet oder bilden eine Ringstruktur aus, indem die Aldehydgruppe (–CHO) am C_1-Atom mit der Hydroxylgruppe (–OH) am C_5-Atom reagiert. Dabei können zwei unterschiedliche Glucosemoleküle entstehen, je nachdem, ob die Hydroxylgruppe am C_1-Atom von der Ringebene aus nach unten (α-Glucose) oder nach oben weist (β-Glucose). In der Kettenform wirkt die freie Aldehydgruppe reduzierend, worauf Nachweisreaktionen für Glucose und ähnlich gebaute Zucker beruhen.
Monosaccharide können sich zu Di-, Tri- usw., schließlich zu Polysacchariden verbinden. Dabei ist stets die reaktionsfähigste OH-Gruppe am C_1-Atom beteiligt. Sie reagiert mit einer OH-Gruppe eines anderen Zuckermoleküls unter Wasserabspaltung, wobei eine *glykosidische Bindung* über ein Sauerstoffatom entsteht.
Große Bedeutung im Stoffwechsel haben phosphorylierte Zucker mit einer oder mehreren Phosphatgruppen (> S. 109).

Disaccharide *Disaccharide* (Zweifachzucker) bestehen aus zwei Monosacchariden, verbunden über ein Sauerstoffatom. Bei zwei α-Glucosemolekülen erfolgt die Bindung zwischen dem C_1-Atom des einen und dem C_4-Atom des anderen Moleküls. Man spricht daher von einer *α-1,4-glykosidischen Bindung*. Das entstandene Disaccharid ist *Maltose* (Malzzucker). *Saccharose* (Rohrzucker) ist ein Disaccharid aus Glucose und Fructose in einer α-1,2-Bindung.

Polysaccharide Polysaccharide sind Makromoleküle aus vielen Monosaccharidmolekülen. Sie bilden verzweigte oder unverzweigte Ketten. Viele dienen als Reservestoffe, aus denen sich die Monosaccharide leicht wieder mobilisieren lassen. Wichtigster Reservestoff bei Pflanzen ist die *Stärke*, die als Amylose und Amylopektin vorkommt. Beide bestehen aus α-Glucose-Bausteinen, unterscheiden sich aber in Molekülgröße und -struktur: *Amylose* besteht aus einigen Hundert Glucose-Bausteinen, ist unverzweigt und schraubig gewunden. *Amylopektin* hat eine 10-fach größere Molekülmasse und ist über α-1,6-Bindungen zusätzlich verzweigt. Noch stärker verzweigt ist *Glykogen* aufgebaut, der Reservestoff tierischer Zellen. *Cellulose*, der Hauptbestandteil pflanzlicher Zellwände, besteht aus β-Glucose-Molekülen, die in 1,4-Bindung zu langen Ketten verknüpft sind. Da die Bindung nur mithilfe von Enzymen gespalten werden kann, die Säugetiere nicht haben, ist Cellulose der Hauptballaststoff in unserer Nahrung.

Monosaccharide

Triosen

Glycerinaldehyd
(wichtig in Glykolyse und Calvinzyklus)

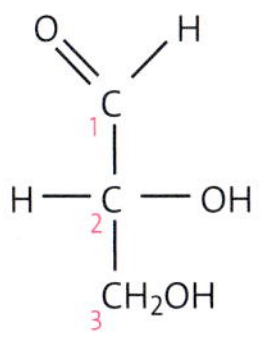

Pentosen

β-Ribose
(Bestandteil der RNA)

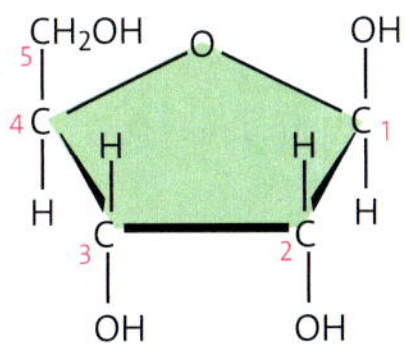

β-Desoxyribose
(Bestandteil der DNA)

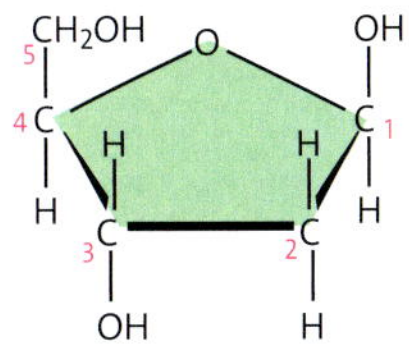

Ribulose
(wichtige Verbindung im Calvinzyklus der Fotosynthese)

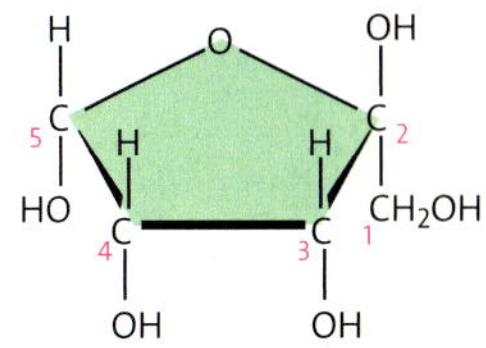

Hexosen

β-Fructose
(Fruchtzucker; in süßen Früchten, Honig, Baustein von Saccharose)

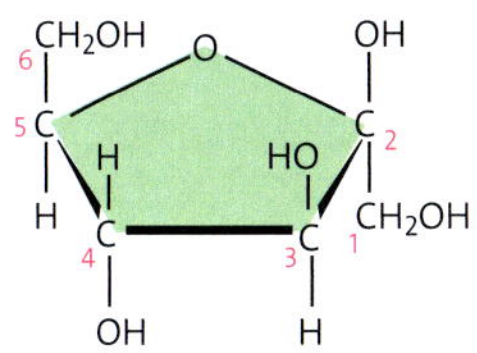

α-Glucose β-Glucose
(Traubenzucker; Endprodukt der Fotosynthese und Ausgangsstoff für die Zellatmung; in süßen Früchten; Baustein von Di- und Polysacchariden)

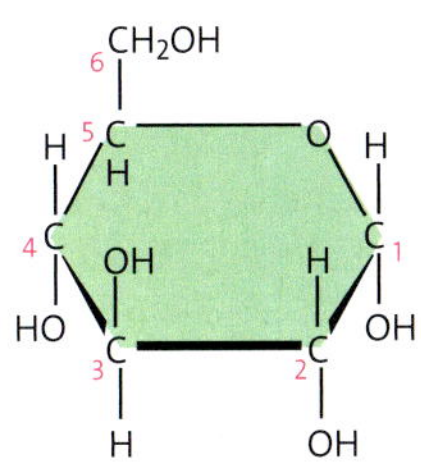

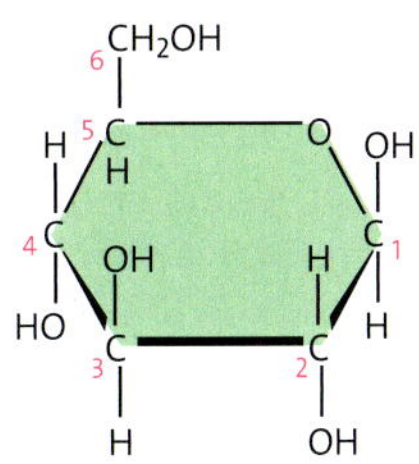

β-Galactose
(in Milch; Baustein von Lactose)

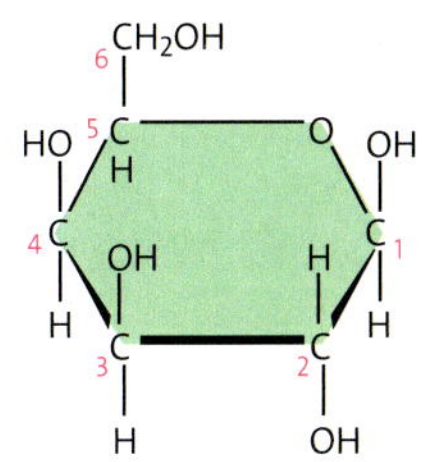

Disaccharide

Saccharose
(Rohrzucker, Haushaltszucker; Reservestoff bei Zuckerrohr und -rübe)

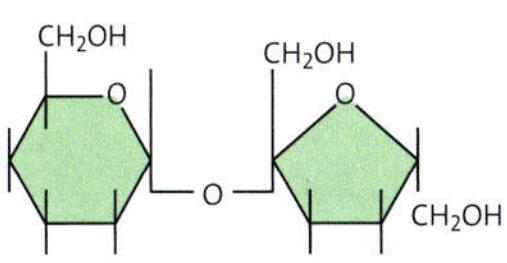

α-1,2-Bindung

Maltose
(Malzzucker; Abbauprodukt bei der Stärkespaltung durch Amylase)

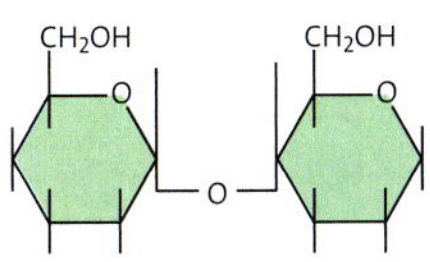

α-1,4-Bindung

Cellobiose
(Abbauprodukt bei der Cellulosespaltung)

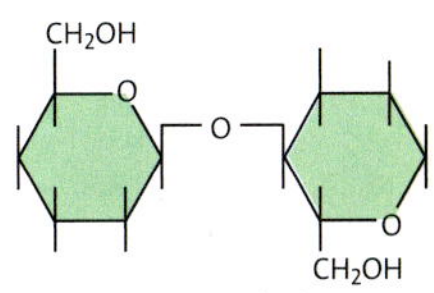

β-1,4-Bindung

Lactose
(Milchzucker; Hauptkohlenhydrat der Milch)

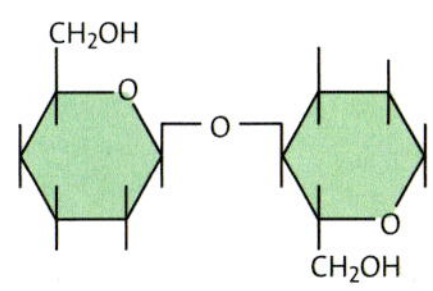

β-1,4-Bindung

Polysaccharide

Amylose Amylopektin
(Bestandteile der Stärke)

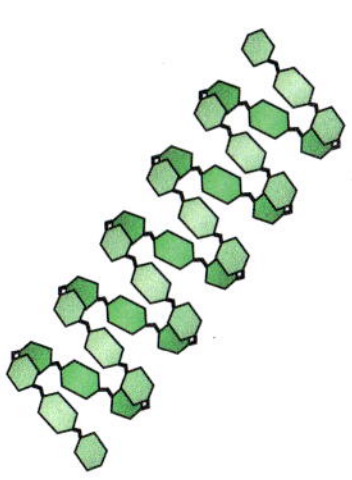

α-1,4-Bindung

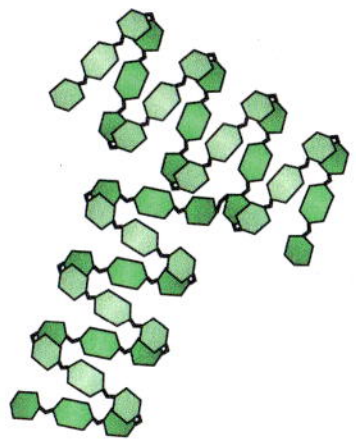

α-1,4- und α-1,6-Bindung

Glykogen
(tierische Stärke; Reservestoff in Leber und Muskel)

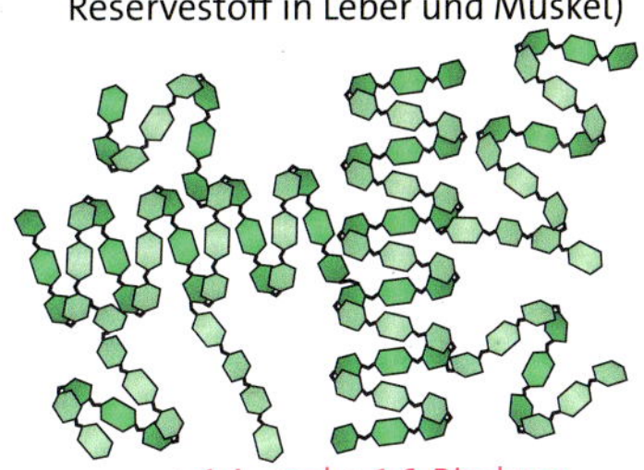

α-1,4- und α-1,6-Bindung

Cellulose
(Gerüstsubstanz pflanzlicher Zellwände)

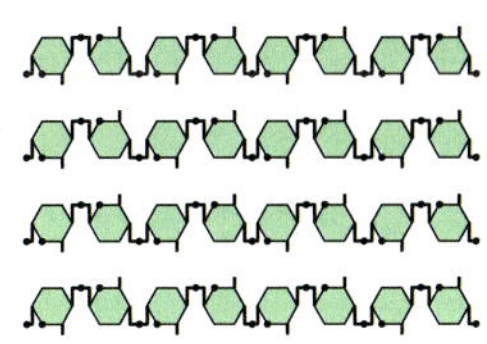

β-1,4-Bindung

Äußere Atmung: Transportsysteme und Gasaustausch

Einzeller sind so klein, dass die Diffusion (> S. 38) zur Versorgung mit Stoffen und zur Entsorgung von Abfällen völlig ausreicht. Bei größeren Vielzellern aber liegen die meisten Zellen so weit von der Körperoberfläche entfernt, dass eine Versorgung über Diffusion allein zu langsam wäre. Daher ist bei den meisten Tieren ein *kombiniertes Transportsystem* entstanden, mit dem Atemgase, Nährstoffe, Hormone, Ionen, Wasser, Stoffwechselprodukte, Abfallstoffe und Wärme transportiert werden: der *Blutkreislauf*.

Blutgefäßsystem und Herz Das Kreislaufsystem der *Wirbeltiere* geht auf einen gemeinsamen Ursprung zurück, ist aber bei verschiedenen Tierklassen unterschiedlich entwickelt. *Säugetiere* verfügen über einen doppelten Blutkreislauf aus *Körperkreislauf* und *Lungenkreislauf*. Die beiden Kreisläufe werden durch zwei Herzhälften, die synchron arbeiten, in Gang gehalten: Die rechte Herzhälfte pumpt das Blut in den Lungenkreislauf, die linke in den Körperkreislauf.

Stoffaustausch Wie alle Austauschvorgänge vollzieht sich der Austausch zwischen Blut und Gewebe über Oberflächen. Da ein solcher Stoffaustausch umso effektiver verläuft, je größer die zur Verfügung stehende Oberfläche ist, kann man leicht nachvollziehen, weshalb bei manchen Tierklassen, beispielsweise den *Insekten*, ein *offenes Blutkreislaufsystem* existiert. Hier umspült das Blut jede Körperzelle direkt, sodass ein maximaler Kontakt möglich wird.
Bei Wirbeltieren ist der Blutkreislauf geschlossen. Das Blut verlässt die Adern nirgendwo. Der Stoffaustausch geschieht hier an den *Kapillaren*. Diese kleinsten, nur 3–8 µm dünnen Blutgefäße sind sehr fein verzweigt. Beim Menschen schätzt man ihre Zahl auf 40 Milliarden und ihre gesamte Oberfläche auf 600 m². Für den Energiestoffwechsel sind die Kapillargefäße der Atmungsorgane besonders wichtig. In ihnen spielt sich die als *äußere Atmung* bezeichnete Aufnahme von Sauerstoff und Abgabe von Kohlenstoffdioxid ab (> Bild 1). Beim Menschen werden sie bereits im Ruhezustand in jeder Minute von 5 bis 6 Liter Blut durchströmt – also vom gesamten Blutvolumen –, bei starker körperlicher Anstrengung sogar von nahezu der vierfachen Blutmenge.

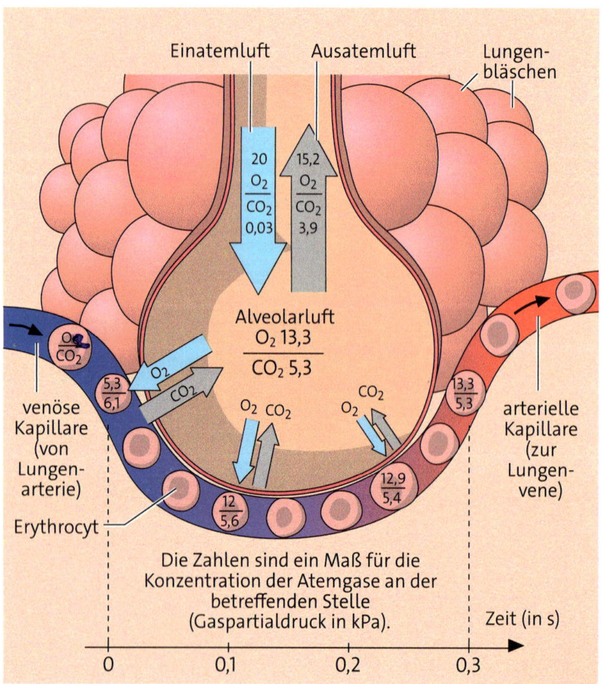

1 *Austausch der Atemgase in den Alveolen. Die Zahlen geben den Partialdruck von O_2 und CO_2 an.*

Bau der Lunge Bei der *Lungenatmung* der *Landwirbeltiere* wird die Atemluft durch besondere Ventilationsbewegungen zwischen Nase, Luftröhre, Bronchien, Bronchiolen und den beiden Lungenflügeln hin und her befördert. In der Lunge erfolgt der Austausch der Atemgase. Die innere, dem Gasaustausch dienende Lungenoberfläche hat sich im Lauf der Evolution der Wirbeltiere stark vergrößert. Am größten ist sie bei Vögeln und Säugetieren, die zur Aufrechterhaltung ihrer Körpertemperatur einen sehr intensiven Stoffwechsel haben und daher ein besonders leistungsfähiges Atmungssystem brauchen. Beim Menschen kann die innere Oberfläche der Lunge 90 m² erreichen. Über diese Diffusionsfläche können bei Bedarf große Volumina der Atemgase ausgetauscht werden. Bei körperlicher Anstrengung kann die Atemleistung des Menschen von 5 bis 8 Liter je Minute auf bis zu 100 Liter je Minute ansteigen.
Der Sauerstoffverbrauch ändert sich bereits durch Sprechen, Singen oder bei Aufregung, am stärksten aber durch intensive Muskelarbeit. Er beträgt beispielsweise beim Menschen in Ruhe zwischen 150 und 300 Milliliter Sauerstoff je Minute. Bei schwerer Arbeit oder sportlicher Anstrengung kann dieser Wert auf bis zu 4,6 Liter je Minute ansteigen. Um diesen erhöhten Bedarf decken zu können, nehmen Atemfrequenz und Atemvolumen zu. Gleichzeitig muss aber auch die Durchblutung der Lungenkapillaren gesteigert werden, damit sich das größere Sauerstoffangebot auch nutzen lässt.

Gasaustausch in der Säugetierlunge Die Bronchiolen der Säugetierlunge enden blind als etwa 0,2 mm große *Lungenbläschen* oder *Alveolen*. Sie sind von einem dichten Kapillarnetz umsponnen und bilden den Diffusionsraum für die Atemgase: Sauerstoff diffundiert aus dem Innenraum der Alveole ins Blut, Kohlenstoffdioxid diffundiert in die Gegenrichtung (> Bild 1). Die *Diffusionsrichtung* hängt nur vom Konzentrationsgefälle des einzelnen Gases ab: Jedes Gas fließt von einem Ort höherer Konzentration zu einem Ort geringerer Konzentration, unabhängig von anderen vorhandenen Gasen. Als Maß für die Gaskonzentration dient der *Partialdruck*. Diese Maßeinheit gibt an, wie groß der Anteil eines bestimmten Gases, beispielsweise Sauerstoff oder Kohlenstoffdioxid, am Druck des gesamten Gasgemischs ist.
Die Wand von Alveole und Kapillare zusammen misst weniger als 1 µm, ist also rund 50-mal dünner als eine Seite dieses Buchs. Der geringe Abstand zwischen „Blut und Luft“ und die große, feuchte Diffusionsfläche sind Voraussetzungen dafür, dass sich das Blut in nur 0,3 Sekunden Kontaktzeit an der Alveole vollständig mit Sauerstoff sättigt.

Sauerstofftransport im Blut Im Unterschied zu Sauerstoff löst sich Kohlenstoffdioxid gut in wässrigen Lösungen und wird daher hauptsächlich im Blutserum gelöst transportiert. Auf den Transport von Sauerstoff sind dagegen die roten *Blutzellen* oder *Erythrocyten* spezialisiert. In unserem Körper sind sie mit 25 Billionen Zellen der häufigste Zelltyp (> Bild 1). In den Erythrocyten wird der Sauerstoff – und nur zu einem kleinen Teil auch das Kohlenstoffdioxid – an den roten Blutfarbstoff *Hämoglobin* gebunden, aus dem die Erythrocyten zu 95% ihrer Trockenmasse bestehen. Die Spezialsierung der roten Blutzellen auf den Sauerstofftransport zeigt sich nicht nur an ihrer Farbe, sondern auch daran, dass sie keinen Kern mehr besitzen und ihre Lebensdauer kaum 100 Tage beträgt.

Aufbau des Hämoglobins Ein Hämoglobinmolekül besteht aus dem Protein *Globin* und der prosthetischen Gruppe *Häm*. Globin ist aus vier Polypeptidketten aufgebaut, von denen jede ein Molekül Häm trägt (> S. 33). Häm wird von einem Porphyrinring gebildet, der ein Eisen(II)-Ion einschließt. An das Häm mit dem zentralen Eisen-Ion kann ein O_2-Molekül locker angelagert werden, ohne die Oxidationsstufe des Eisens zu ändern. Da im Unterschied zu einer echten Sauerstoffbindung keine Oxidation stattfindet, bezeichnet man die Reaktion als *Oxigenierung*. Aus dem dunkelroten *Desoxi-Hämoglobin* entsteht durch Oxigenierung das hellrote *Oxi-Hämoglobin*. Die vier Häm-Gruppen eines Hämoglobinmoleküls können dabei bis zu vier Sauerstoffmoleküle binden.
An Hämoglobin kann anstelle des Sauerstoffs auch Kohlenstoffmonooxid (CO) gebunden werden, das zum Beispiel aus Zigarettenrauch oder Autoabgasen stammt. Seine Giftigkeit erklärt sich daraus, dass es sich 200-mal stärker an Häm bindet als Sauerstoff und so den Sauerstofftransport blockiert.

Sauerstoffaufnahme und -abgabe des Hämoglobins Hämoglobin vermag Sauerstoff ebenso leicht aufzunehmen wie abzugeben, und zwar abhängig von der jeweils gegebenen Sauerstoffkonzentration (> Bild 2): Bei hohem Sauerstoffpartialdruck, wie er in der Lunge besteht, wird Sauerstoff vom Hämoglobin aufgenommen. Bei niedrigem Partialdruck, wie er für das Sauerstoff verbrauchende Körpergewebe typisch ist, wird Sauerstoff abgegeben. Hämoglobin reagiert dabei schon auf geringe Änderungen der Sauerstoffversorgung im Gewebe. So wird in jedem Gewebe, in dem aufgrund erhöhter Stoffwechselintensität der Sauerstoffpartialdruck fällt, besonders viel Sauerstoff aus dem Blut abgegeben. In vielen Muskelzellen wird die Sauerstoffabgabe aus dem Blut durch den Muskelfarbstoff *Myoglobin* erleichtert. Myoglobin bindet Sauerstoff bei noch geringerem Partialdruck als Hämoglobin und kann dem roten Blutfarbstoff daher Sauerstoff „entreißen". So dient Myoglobin als intrazellulärer Sauerstoffspeicher. Es ist besonders in solchen Muskeln hoch konzentriert, die Dauerbelastungen standhalten müssen, beispielsweise im Herzmuskel.

1. Erklären Sie, weshalb Kohlenstoffmonooxid bereits in viel geringerer Konzentration als Kohlenstoffdioxid tödlich wirkt.
2. Begründen Sie aus der Lebensweise der Wale, warum deren Muskelfleisch den höchsten Myoglobingehalt unter den Säugetieren aufweist.

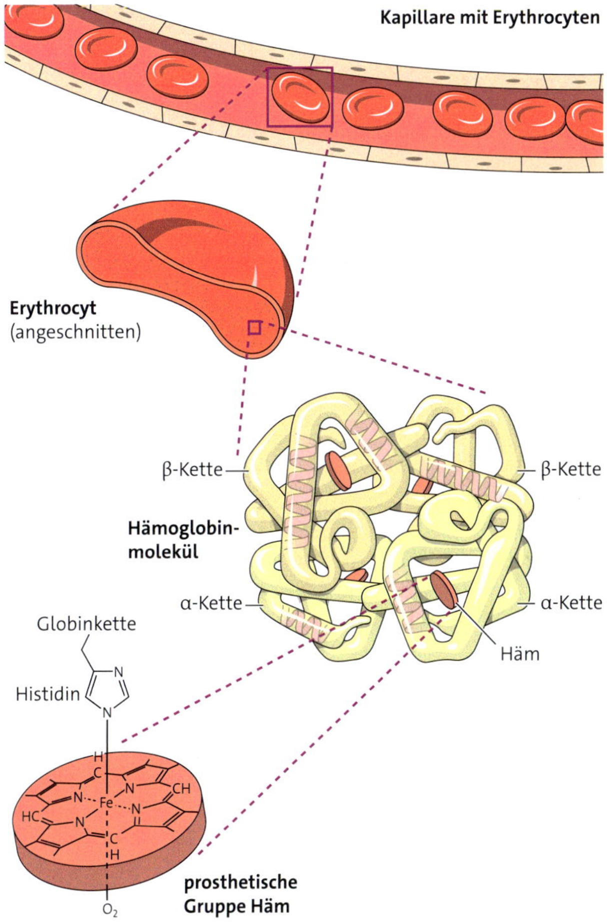

1 *Erythrocyten sind auf den Transport von Sauerstoff spezialisiert und bestehen hauptsächlich aus Hämoglobin.*

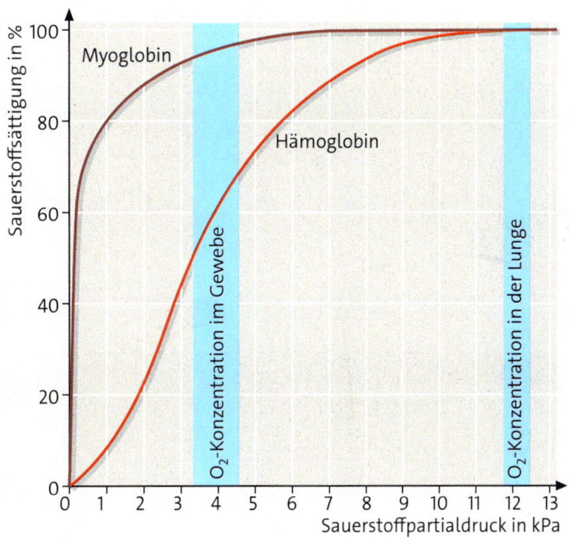

2 *Sauerstoffbindungskurven des Hämoglobins und des Myoglobins in Abhängigkeit vom Sauerstoffpartialdruck*

Zellatmung: Bereitstellung der Energie in der Zelle

Pflanzen stellen bei der Fotosynthese energiereiche organische Stoffe her und wandeln so die Strahlungsenergie der Sonne in chemisch gebundene Energie um. Nahezu alle Lebewesen nutzen diese in organischen Stoffen gespeicherte Energie, um *Adenosintriphosphat (ATP)* aus *Adenosindiphosphat (ADP)* herzustellen. ATP ist die universelle „Energiewährung" aller Lebewesen und in allen Zellen für die verschiedensten Energie erfordernden Vorgänge einsetzbar (> S. 107). Ein großer Teil des Energiestoffwechsels dient daher Vorgängen, durch die ATP bereitgestellt wird.
Zur Bildung von ATP stehen den Organismen prinzipiell zwei unterschiedliche Hauptwege zur Verfügung:
- die *Zellatmung* (auch innere Atmung) genannte *aerobe Dissimilation*, die am Beispiel der Glucose auf den folgenden Seiten dargestellt wird (> S. 109–113), und
- die als *Gärung* bezeichnete *anaerobe Dissimilation*, die in Abwesenheit von Sauerstoff abläuft (> S. 114).

Lebensgrundlage Sauerstoff Sauerstoff verbindet sich durch Oxidation leicht mit vielen Stoffen unter Freisetzung von Energie. Sauerstoff ist auch nötig für die als Zellatmung bezeichnete „biologische" Oxidation energiereicher organischer Stoffe. Lebewesen, die Zellatmung betreiben, brauchen den aus der Umgebung aufgenommenen Sauerstoff, um Kohlenstoff und Wasserstoff in organischen Verbindungen – zum Beispiel Kohlenhydraten und Fetten – zu Kohlenstoffdioxid und zu Wasser zu oxidieren. Für den Transport und Austausch der Atemgase, die *äußere Atmung*, besitzen die meisten Vielzeller spezialisierte Systeme (> S. 104).
Die Zellatmung entspricht nach Ausgangsstoffen, Endprodukten und freigesetztem Energiebetrag formal gesehen einer Verbrennung:

$C_6H_{12}O_6 + 6\,O_2 \rightarrow 6\,CO_2 + 6\,H_2O$ Energiedifferenz 2880 kJ.

Zellatmung im Überblick Eine Oxidation organischer Stoffe, bei der die freigesetzte Energie – wie bei einer Verbrennung – vollständig als Wärme abgeführt würde, wäre biologisch unsinnig: Lebewesen können *Wärme* nicht in andere Energieformen überführen. Die Zellatmung läuft vollkommen anders ab (> Bild 1):
- *Kleinschrittigkeit.* Bei der Zellatmung erfolgt die Oxidation in zahlreichen aufeinanderfolgenden Einzelreaktionen. Dabei kann man drei Stufen unterscheiden: *Glykolyse, Citratzyklus* und *Atmungskette*. In der Glykolyse wird Glucose zunächst zu *Pyruvat* und dann – durch Abspaltung von CO_2 – zu einem Acetylrest (mit 2 C-Atomen) abgebaut. Der Acetylrest wird anschließend mithilfe von *Coenzym A* in den Citratzyklus eingeschleust. Sowohl in der Glykolyse als auch im Citratzyklus entsteht eine kleine Menge ATP aus energiereichen Zwischenprodukten *(Substratstufenphosphorylierung)*.
- *Elektronen- und Protonentransport.* Die Coenzyme *NADH + H^+* und *$FADH_2$* übertragen Elektronen auf die Enzyme der Atmungskette, die diese Elektronen am Ende zusammen mit den Protonen auf Sauerstoff übertragen. Die mit der Elektronen- und Protonenübertragung verbundene *oxidative Phosphorylierung* liefert die Hauptmenge des bei der Zellatmung entstehenden Adenosintriphosphats.
- *Trennung nach Kompartimenten.* Die Teilvorgänge der Zellatmung spielen sich in getrennten Zellbereichen ab: die Glykolyse im *Cytoplasma*, der Citratzyklus in der *Matrix der Mitochondrien* und die Atmungskette in der *inneren Mitochondrienmembran*.
- *Gewinnen chemischer Energie.* Wichtigstes Kennzeichen der Zellatmung ist das Gewinnen von biologisch verwertbarer Energie durch Phosphorylierung von *ADP* zu *ATP*. Allerdings geht auch dabei ein Großteil der in den Stoffen gespeicherten Energie dem System Zelle als Wärme verloren.

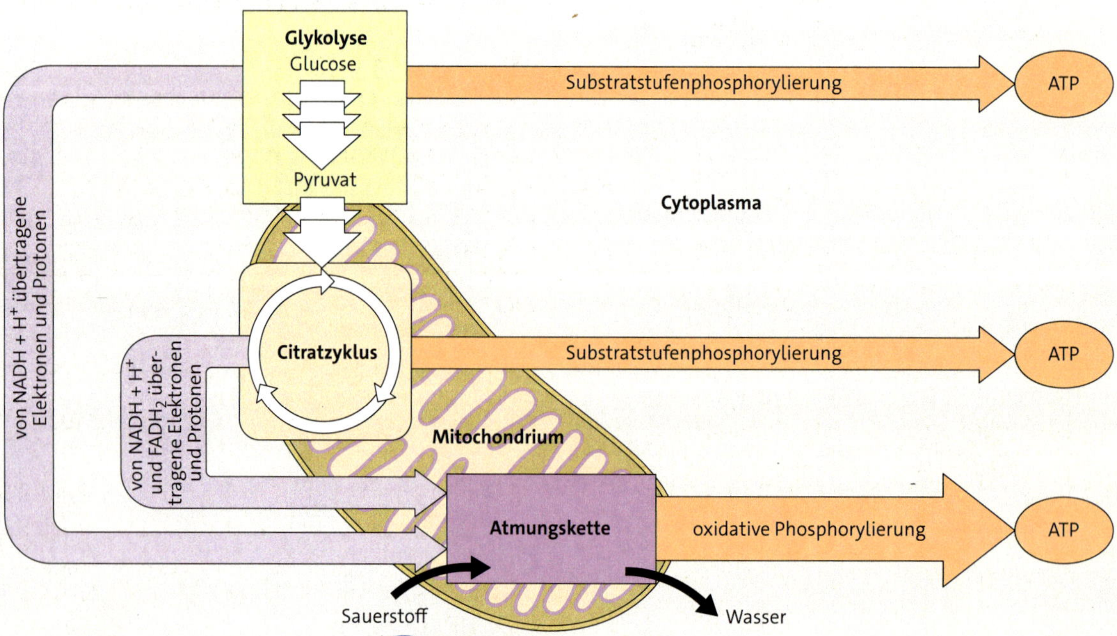

1 *Schematische Übersicht über die Stufen und Kompartimente der Zellatmung*

Energiewährung ATP

1 *Energiezufuhr für Tiere: fressen!*

Leben ist auf die Zufuhr von *Energie* angewiesen. Um Energie zu übertragen und Arbeit zu leisten, nutzen alle Organismen das *Adenosintriphosphat (ATP)*. Deshalb wird ATP auch als „universelle Energiewährung" der Zelle bezeichnet.

Struktur von ATP ATP ist ein *Nucleotid* (> S. 58) aus der organischen Base *Adenin*, dem Zucker *Ribose*, einer Pentose, und drei *Phosphatgruppen* (> Bild 2). Die Anordnung der drei dicht gedrängten, negativ geladenen Phosphatgruppen ist das Besondere an diesem Molekül. Da gleiche Ladungen sich abstoßen, wird die endständige energiereiche Phosphatgruppe unter Beteiligung von Wasser – also durch *Hydrolyse* – leicht abgespalten. Aus ATP entstehen so das energieärmere *Adenosindiphosphat (ADP)* und *anorganisches Phosphat*:

$ATP + H_2O \rightleftharpoons ADP + Ⓟ + H^+$ Energiedifferenz 29 kJ/mol

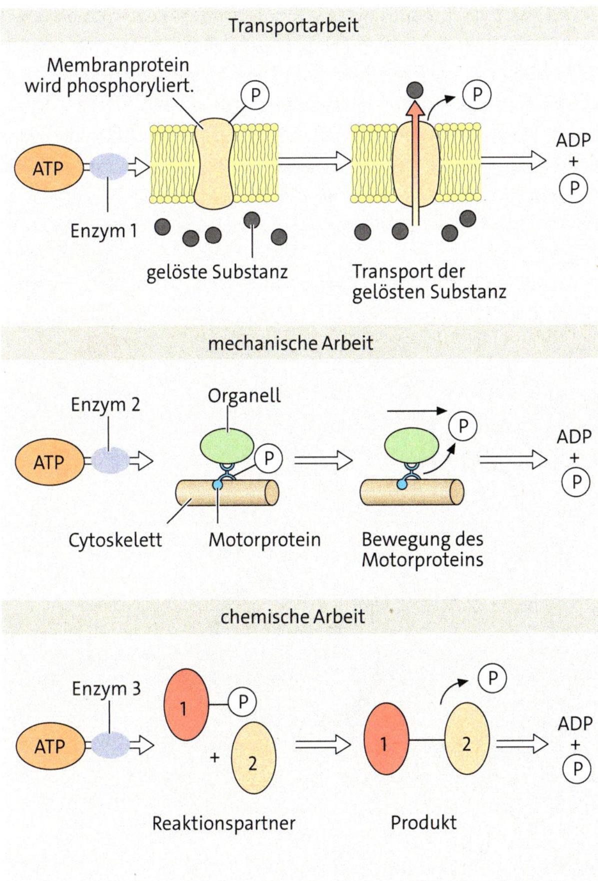

3 *Mit ATP kann in der Zelle Arbeit verrichtet werden.*

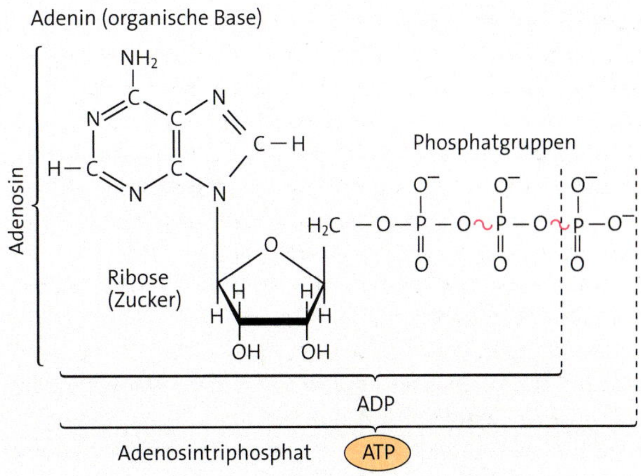

2 *Strukturformel von ATP; ~ bedeutet energiereiche Bindung.*

Energetische Kopplung Die Zelle nutzt die Energiequelle ATP häufig zur Aktivierung von chemischen Reaktionen, indem sie die dritte Phosphatgruppe eines ATP-Moleküls mithilfe von Enzymen auf ein anderes Molekül überträgt. Durch diese als *Phosphorylierung* bezeichnete Reaktion wird das betreffende Molekül in einen energiereicheren Zustand überführt. Ist ein Energie benötigender Prozess direkt an die anschließende Abspaltung der Phosphatgruppe gekoppelt, kann die dabei frei werdende Energie von der Zelle zur Verrichtung von Arbeit verwendet werden.

ATP kann dabei für viele energiebedürftige Vorgänge eingesetzt werden: Es liefert Energie für den aktiven Transport von Molekülen durch Zellmembranen, ermöglicht mechanische Arbeit bei der Muskelkontraktion und beim Transport von Zellorganellen sowie chemische Arbeit bei der Biosynthese vieler Stoffe (> Bilder 3 und 4). Ein Teil der Energie wird allerdings ungenutzt als Wärme frei.

ATP-Bedarf In der Zelle wird ein neu gebildetes ATP-Molekül durchschnittlich innerhalb einer Minute verbraucht, sodass ein Erwachsener täglich etwa 40 kg ATP umsetzt. ATP muss daher ständig aus ADP und anorganischem Phosphat regeneriert werden. Die dafür eingesetzte Energie stammt aus dem Abbau energiereicher Nährstoffe. Je nach dem Mengenverhältnis von ATP zu ADP, der *Energieladung* einer Zelle, wird entweder die Aktivität von Enzymen des anabolen oder aber des katabolen Stoffwechsels aktiviert und so der ATP-Vorrat genau geregelt.

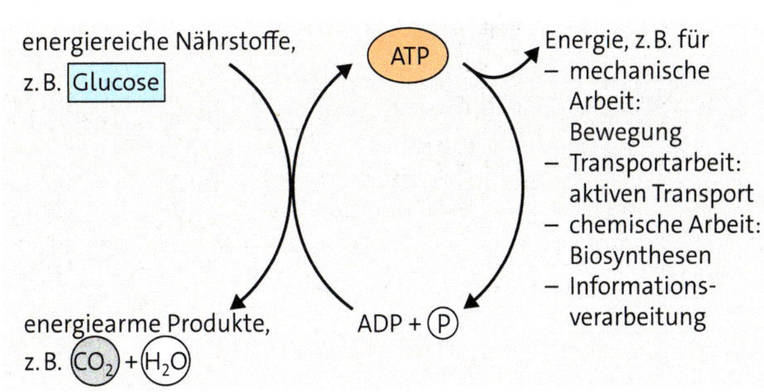

4 *ATP-Zyklus. ATP muss ständig regeneriert werden.*

Chemische Grundlagen: Oxidation, Reduktion, Wasserstoff- und Elektronentransport

Abgabe und Aufnahme von Elektronen Oxidation und Reduktion nennt man chemische Reaktionen, bei denen Elektronen von einem Atom, Ion oder Molekül auf ein anderes übertragen werden: *Oxidation* bedeutet dabei die *Abgabe*, *Reduktion* die *Aufnahme von Elektronen*. Der Elektronen aufnehmende Stoff wird als *Elektronenakzeptor* oder *Oxidationsmittel*, der Elektronen abgebende Stoff als *Elektronendonator* oder *Reduktionsmittel* bezeichnet. Da die von einem Reaktionspartner abgegebenen Elektronen immer von einem anderen Reaktionspartner aufgenommen werden, spricht man auch von *Redoxreaktion*; die beiden an einer Redoxreaktion beteiligten Reaktionspartner werden zusammen als ein *Redoxsystem* bezeichnet.

Bei Oxidation und Reduktion organischer Moleküle werden Elektronen meist zusammen mit Wasserstoffionen (Protonen) übertragen. Da dies formal der Übertragung von Wasserstoffatomen entspricht, wird nicht nur die Abgabe von Elektronen, sondern auch die *Abgabe von Wasserstoffatomen* als *Oxidation* und die *Aufnahme von Wasserstoffatomen* als *Reduktion* bezeichnet.

Wasserstoff übertragende Coenzyme Der Energiebedarf der Zelle wird durch die Oxidation energiereicher organischer Stoffe gedeckt, insbesondere von Glucose. Von diesen Substraten wird in der Glykolyse (> S. 109) und im Citratzyklus (> S. 110) Wasserstoff abgespalten und zunächst auf Transportmoleküle, beispielsweise das Coenzym *NAD+* (Nicotinamid-adenin-dinucleotid) übertragen (> Bild 1). Ein NAD+-Molekül übernimmt dabei zwei Elektronen und ein Proton vom Substratmolekül, das zweite Proton des Substratmoleküls wird an das umgebende Medium abgegeben. NAD+ wird so zu NADH + H+ reduziert. Das reduzierte *NADH + H+* kann die aufgenommenen energiereichen Elektronen auf andere Stoffe übertragen (> Bild 2).

Auch andere Coenzyme wie *FAD/FADH$_2$* (Flavin-adenin-dinucleotid) und *NADP+/NADPH + H+* (Nicotinamid-adenin-dinucleotid-phosphat) fungieren als Wasserstoffüberträger im Zellstoffwechsel. Das Paar NADP+/NADPH + H+ transportiert Elektronen in gleicher Weise wie NAD+/NADH + H+, wird jedoch vor allem für Biosynthesen verwendet, NAD+/NADH + H+ dagegen im Wesentlichen in katabolen Stoffwechselwegen.

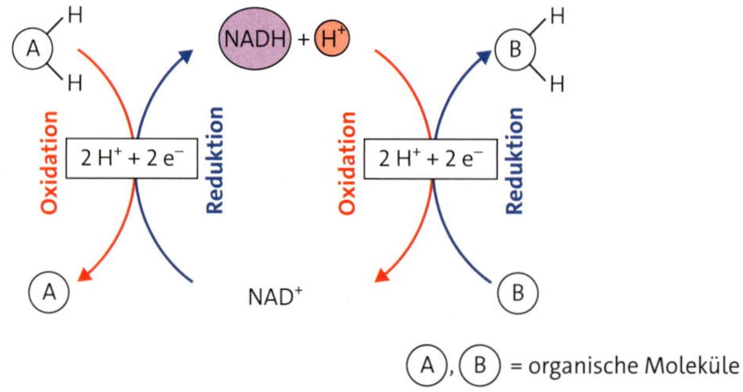

2 *Funktion des Coenzyms NAD+/NADH + H+ im Stoffwechsel*

Elektronentransport durch Redoxsysteme Enzyme aus der Gruppe der Oxidoreduktasen (> S. 80) können Redoxsysteme bilden, indem sie untereinander Elektronen abgeben oder aufnehmen. Ob die Partner dabei oxidierend oder reduzierend wirken, hängt von ihrem jeweiligen Bestreben ab, Elektronen abzugeben oder aufzunehmen. Je stärker sich die Partner darin unterscheiden, umso größer ist die Reaktionsenergie zwischen ihnen. Diese lässt sich als elektrische Spannung messen und wird als *Redoxpotenzialdifferenz* oder kurz *Redoxpotenzial* bezeichnet (> Bild 3). In den Mitochondrien sind mehrere Redoxsysteme nach steigender Tendenz zur Elektronenaufnahme geordnet und bilden damit eine Elektronentransportkette. Das mit dem Transport der Elektronen verbundene Energiegefälle wird letztlich zur Bildung von ATP genutzt.

1. Das Enzym Alkoholdehydrogenase katalysiert die Reaktion von Ethanol zu Ethanal und benötigt dazu das Coenzym NAD+. Erläutern Sie an diesem Beispiel die Begriffe Oxidation und Reduktion sowie die Bedeutung des Coenzyms NAD+.

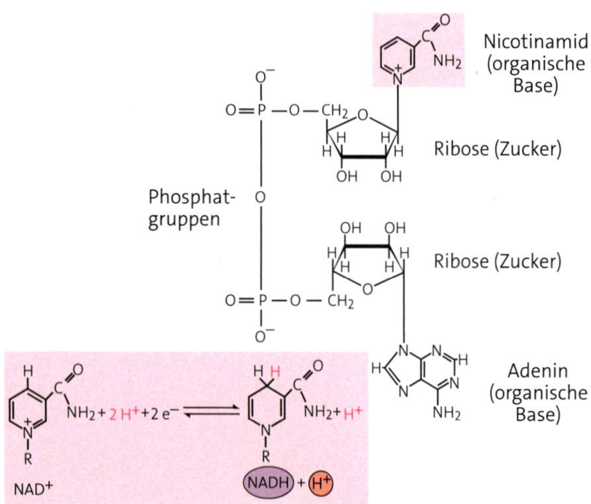

1 *Strukturformel von NAD+ und Reaktion von NAD+ zu NADH + H+*

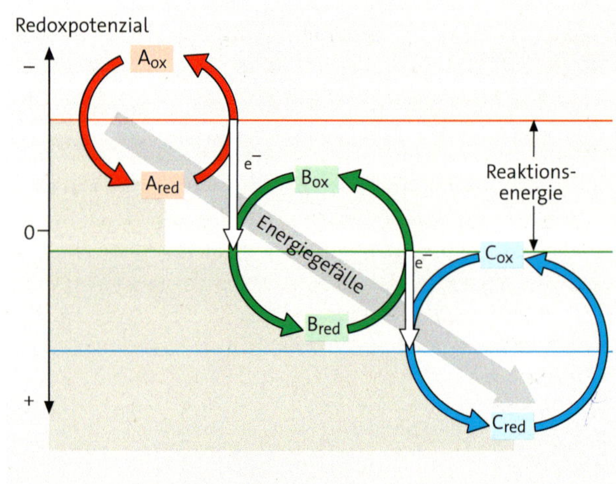

3 *Schema einer Elektronentransportkette aus drei Redoxsystemen*

Aerober Abbau von Glucose – die Glykolyse

Glykolyse – in Kürze Die *Glykolyse* (griech. *glykys*: süß und *lysis*: Auflösung) ist der wichtigste Abbauweg der Kohlenhydrate im Stoffwechsel. Dabei wird Glucose (C_6) in mehreren Reaktionsschritten im Cytoplasma der Zelle in zwei Triose-Moleküle (C_3) umgewandelt.
Endprodukt der Glykolyse ist die Brenztraubensäure, genauer deren Anion, das *Pyruvat*. Beim Abbau der Glucose bis zum Pyruvat wird eine geringe Menge ATP und NADH + H^+ gebildet.

Glykolyse – im Detail Im ersten Reaktionsschritt wird eine Phosphatgruppe von ATP auf Glucose übertragen. Durch diese *Phosphorylierung* zu *Glucose-6-phosphat* wird das Glucosemolekül für die weiteren Reaktionsschritte *aktiviert*, also energiereicher und reaktionsbereiter. Außerdem kann Glucose-6-phosphat – im Gegensatz zu Glucose – die Zellmembran *nicht mehr passieren* und steht somit für die Stoffwechselvorgänge in der Zelle zur Verfügung.
In der folgenden Reaktion wird Glucose-6-phosphat zu *Fructose-6-phosphat* umgewandelt.
Unter ATP-Verbrauch entsteht danach *Fructose-1,6-bisphosphat*, das in zwei verschiedene *Triosephosphate* gespalten wird. Nur vom *Glycerinaldehyd-3-phosphat* führt die Glykolyse weiter, doch kann *Dihydroxyacetonphosphat* leicht in Glycerinaldehyd-3-phosphat umgewandelt werden.
Bis hierher wurde noch keine Energie gewonnen. Im Gegenteil: Zwei Moleküle ATP mussten eingesetzt werden. Erst die jetzt folgenden Reaktionen bringen einen Energiegewinn:
- Die Umwandlung von Glycerinaldehyd-3-phosphat in *1,3-Bisphosphoglycerat* liefert eine *energiereiche Phosphatverbindung* und NADH + H^+.
- In der folgenden Reaktion zu *3-Phosphoglycerat* wird die Phosphatgruppe auf ADP übertragen und so ATP gebildet.
- Aus *3-Phosphoglycerat* entsteht über zwei Zwischenstufen Pyruvat und ATP.

Bilanz der Glykolyse Beim Abbau von Glucose zu Pyruvat wird nur wenig Energie direkt gewonnen: Pro Molekül Glucose entstehen neben zwei Molekülen NADH + H^+ zwei Moleküle ATP durch die Übertragung energiereicher Phosphatgruppen anderer Moleküle auf ADP. Diese Übertragung wird als *Substratstufenphosphorylierung* bezeichnet. Ein großer Teil der in der Glucose enthaltenen Energie steckt noch im Endprodukt Pyruvat.

Regulation Das Enzym *Phosphofructokinase*, das die Bildung von Fructose-1,6-bisphosphat aus Fructose-6-phosphat katalysiert, wird durch ATP allosterisch gehemmt, durch ADP und AMP (Adenosinmonophosphat, mit nur einer Phosphatgruppe) dagegen aktiviert. Bei hoher Energieladung der Zelle (> S. 107), also hoher ATP-Konzentration, wird der Durchsatz von Glucose gebremst. Ist der Energiebedarf der Zelle dagegen hoch, sodass viel ATP verbraucht und ADP gebildet wird, wird das Enzym dadurch aktiviert und die Glykolyse beschleunigt.

1 Erstellen Sie eine Stoff- und Energiebilanz des Glucoseabbaus durch die Glykolyse.

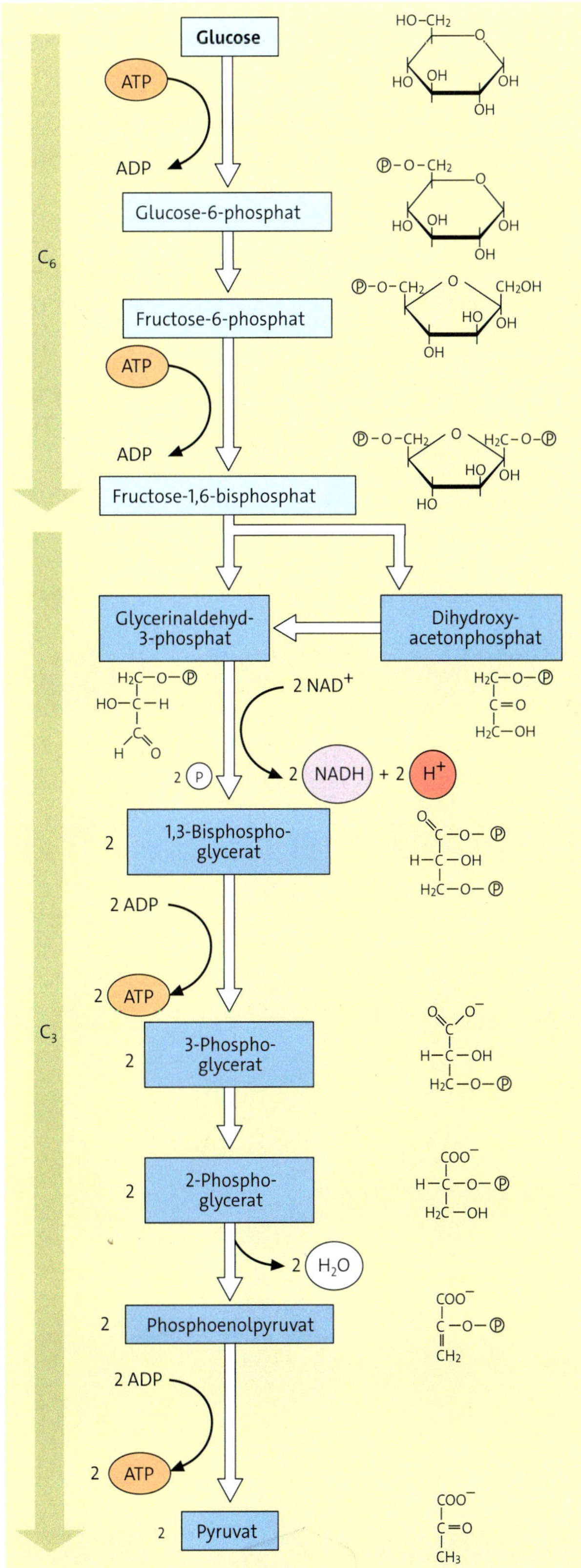

1 *Abbau von Glucose zu Pyruvat in der Glykolyse*

Der Citratzyklus

Unter aeroben Bedingungen wird *Pyruvat*, das Endprodukt der Glykolyse, in die Mitochondrien transportiert. In deren Matrix wird es *oxidativ decarboxyliert*, das heißt, ein *Kohlenstoffdioxidmolekül wird abgespalten*. Durch Reaktion mit *Coenzym A (CoA)* und *NAD*$^+$ entsteht dabei *Acetyl-Coenzym A (Acetyl-CoA)*. Dieses sehr energiereiche Zwischenprodukt wird auch als *aktivierte Essigsäure* bezeichnet:

Pyruvat + CoA + NAD^+ $\rightarrow$ Acetyl-CoA + CO_2 + NADH + H^+

Citratzyklus – in Kürze Die aktivierte Acetylgruppe des Acetyl-CoA wird in den Citratzyklus eingeschleust. Bei jedem Durchgang des Zyklus werden zwei Kohlenstoffatome zu *Kohlenstoffdioxid* oxidiert. Kohlenstoffdioxid diffundiert aus den Zellen heraus, gelangt mit dem Blut in die Lungen und wird ausgeatmet. Hauptgewinn des Citratzyklus ist *NADH +* H^+, das in der nachfolgenden Atmungskette die Energie für die Synthese von ATP liefert.

Citratzyklus – im Detail Der Citratzyklus beginnt mit der Verknüpfung des Acetylrests (C_2-Molekül) von Acetyl-CoA mit dem C_4-Molekül Oxalacetat. Dadurch entsteht das C_6-Molekül Citrat, nach dem der Zyklus benannt ist. Der Citratzyklus wird auch *Tricarbonsäurezyklus* oder – nach Hans A. Krebs, einem der Entdecker – *Krebszyklus* genannt.

Citrat wird in Isocitrat überführt und anschließend oxidativ decarboxyliert. Auch das bei dieser Reaktion gebildete α-Ketoglutarat wird oxidativ decarboxyliert. Das Kohlenstoffgerüst der Glucose ist nun vollständig zu Kohlenstoffdioxid oxidiert. Mit Coenzym A entsteht Succinyl-CoA. Dieses Molekül reagiert zu Succinat. Dabei wird ein Molekül *Guanosindiphosphat (GDP)* phosphoryliert und so energiereiches *Guanosintriphosphat (GTP)* gebildet. GTP ist wie ATP ein Energieüberträger und ähnelt diesem auch in seiner Struktur. Indem GTP anschließend eine Phosphatgruppe auf ADP überträgt, entsteht ein ATP.

Aus Succinat wird in drei weiteren Schritten Oxalacetat regeneriert, auf das dann erneut ein Acetylrest übertragen wird.

Bilanz Die beim Citratzyklus frei werdende Energie wird in Form von $FADH_2$ und NADH + H^+ gespeichert. Der Abbau eines Moleküls Acetyl-CoA zu Kohlenstoffdioxid ergibt für die Zelle einen Gewinn von einem Molekül GTP, drei Molekülen NADH + H^+ und einem Molekül $FADH_2$. Bezogen auf ein in der Glykolyse abgebautes Glucosemolekül muss man diese Bilanz verdoppeln.

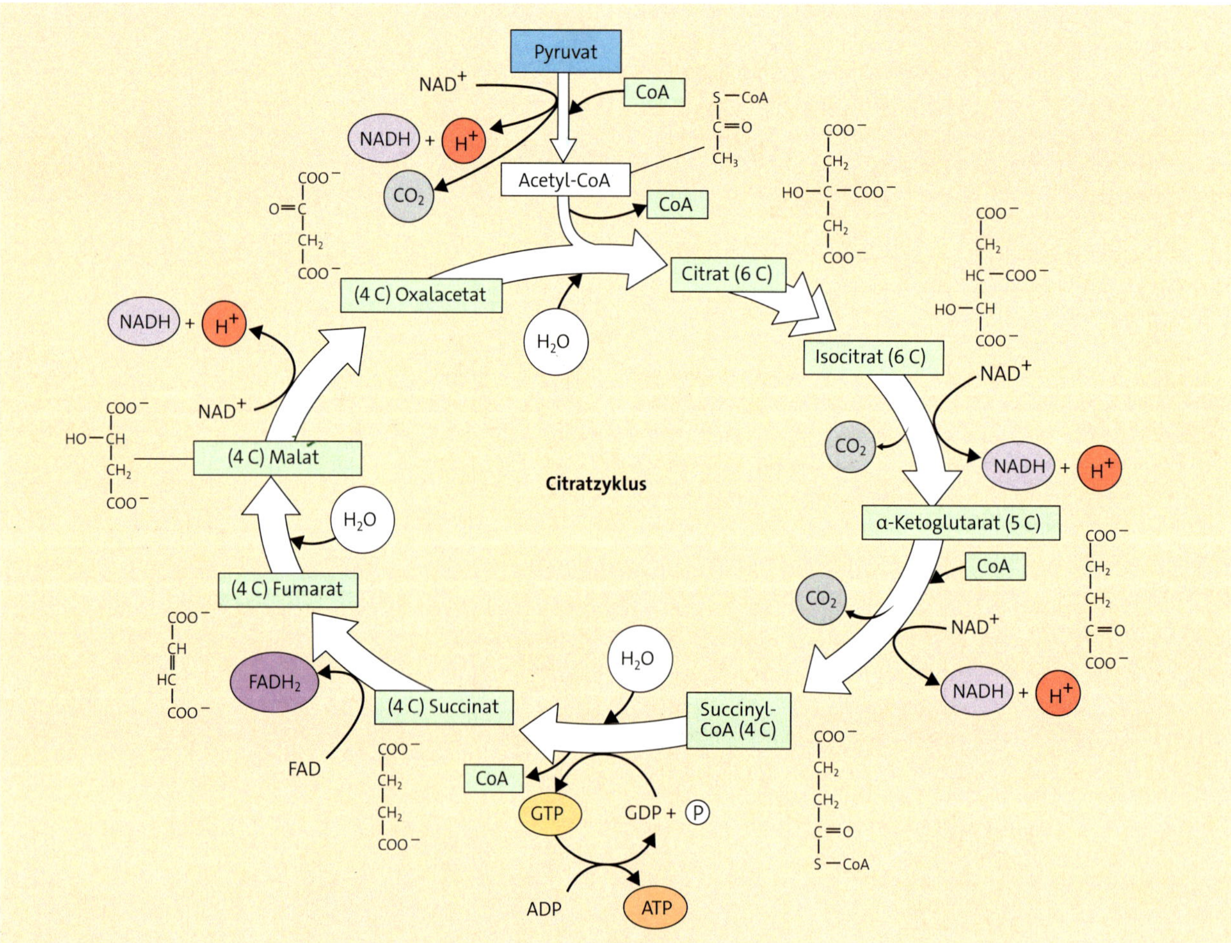

1 *Citratzyklus*

„Drehscheibe" des Stoffwechsels Der Citratzyklus ist nicht nur der *Hauptabbauweg für Kohlenhydrate*, sondern auch für *Fette und Proteine* (> Bild 1). Neben dieser zentralen Funktion im katabolen Stoffwechsel nimmt der Citratzyklus aber auch eine Schlüsselstellung im anabolen Stoffwechsel der Zelle ein: Viele seiner Zwischenprodukte können ausgeschleust und als *Bausteine zur Biosynthese* zahlreicher Stoffe verwendet werden (> Bild 2).

Abbau von Fetten und Proteinen Fette werden in Glycerin und Fettsäuren zerlegt. Glycerin gelangt über Glycerinaldehyd-3-phosphat und die Glykolyse in den Citratzyklus. Fettsäuren werden in Acetyl-CoA umgewandelt und dem Citratzyklus zugeführt.
Auch Proteine können – zu Aminosäuren abgebaut – an unterschiedlichen Stellen in den Citratzyklus eingeschleust werden, wenn zuvor ihre Aminogruppen abgespalten wurden. Das Kohlenstoffgerüst der Aminosäuren wird dann über den Citratzyklus zur Energiegewinnung verwertet. Körpereigene Proteine, beispielsweise Muskelproteine, werden im Gegensatz zu den mit der Nahrung aufgenommenen Proteinen allerdings erst dann zur Energiegewinnung verwendet, wenn die Kohlenhydrat- und Fettreserven der Zellen aufgebraucht sind.

Ausgangspunkt für Biosynthesen Fehlt der Zelle Glucose, kann beispielsweise Oxalacetat aus dem Citratzyklus abgezweigt und in Glucose umgewandelt werden *(Gluconeogenese)*. Das abgezweigte Oxalacetat muss allerdings ersetzt werden, um den Citratzyklus aufrechtzuerhalten. Dazu können Aminosäuren dienen, deren Aminogruppe abgespalten wurde. Die Zelle kann so – über Zwischenprodukte des Citratzyklus – *Proteinbausteine in Glucose* umwandeln. Eine direkte Umwandlung von Fettsäuren in Glucose ist bei Tieren dagegen nicht möglich, während der umgekehrte Weg kein Problem darstellt: Bei einem Überangebot an Kohlenhydraten wird Citrat dem Citratzyklus entnommen, um daraus Fettsäuren zu erzeugen, die dann als Depotfett gespeichert werden.
Der Citratzyklus liefert außerdem Bausteine für viele weitere Moleküle wie DNA und die Häm-Gruppe des Hämoglobins.

1. Menschen, die zu viel essen, legen Fettdepots an, auch wenn sie sich völlig fettfrei ernähren. Erläutern Sie dies anhand der Bilder 1 und 2.
2. Erläutern Sie unter Verwendung der Bilder 1 und 2, wie auch bei kohlenhydratfreier Ernährung eine kontinuierliche Glucoseversorgung des Gehirns gewährleistet wird.

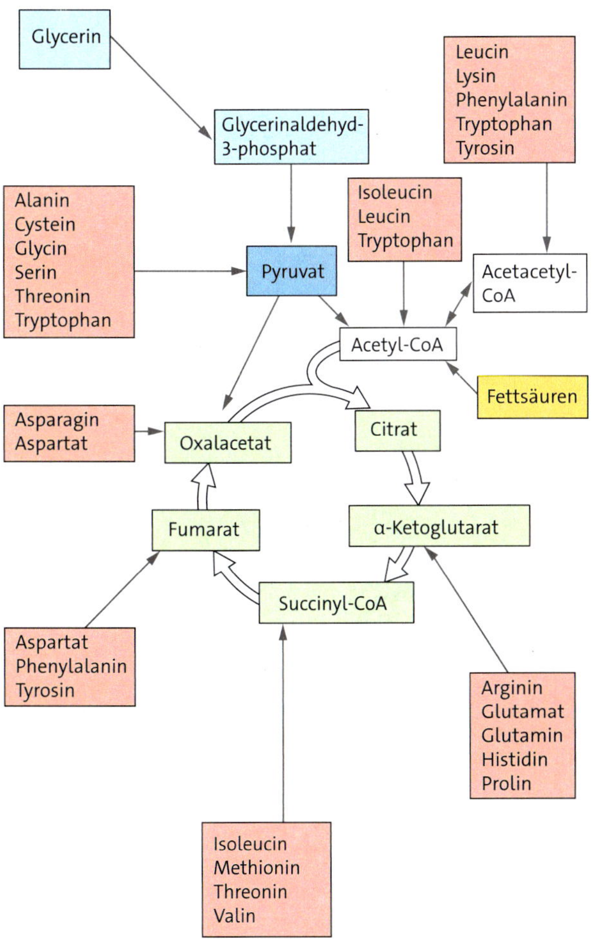

1 *Der Citratzyklus als Drehscheibe des katabolen Stoffwechsels*

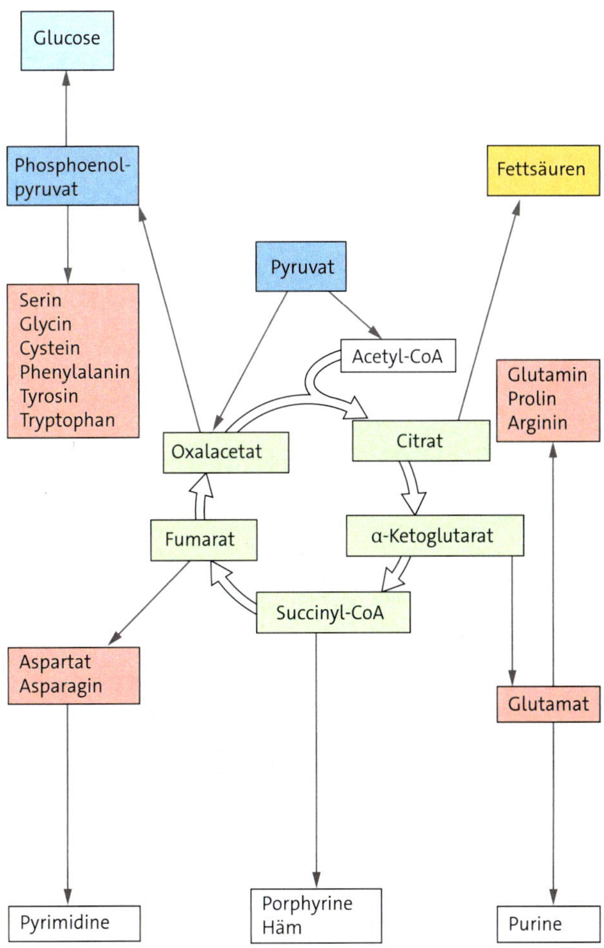

2 *Der Citratzyklus als Drehscheibe des anabolen Stoffwechsels*

Die Atmungskette

Mischt man Sauerstoff und Wasserstoff im richtigen Verhältnis und führt zum Beispiel mit einem Zündfunken Aktivierungsenergie zu, verbinden sich die Gase zu Wasser. Bei dieser *Knallgasreaktion* wird explosionsartig sehr viel Energie freigesetzt. Auch die Zelle gewinnt im Prinzip ihre Energie bei der Zellatmung durch die Reaktion von Wasserstoff mit Sauerstoff zu Wasser – jedoch in Teilbeträgen und auf einem völlig anderen Weg.

Atmungskette In der Zelle wird der Wasserstoff – an die Coenzyme *NADH + H⁺* und *FADH₂* gebunden – zuerst in Protonen und Elektronen getrennt und nicht wie bei der Knallgasreaktion direkt auf Sauerstoff übertragen. Die Elektronen werden über mehrere hintereinandergeschaltete *Redoxsysteme* aus rund 50 Enzymen transportiert, die zu je vier *Multienzymkomplexen* (> S. 86), der sogenannten *Atmungskette*, zusammengefasst sind. Mehrere Tausend Gruppen von Multienzymkomplexen liegen in der inneren, stark gefalteten Membran eines Mitochondriums.
Bei der Aufnahme von Elektronen werden die Enzymkomplexe der Atmungskette reduziert und bei der Abgabe oxidiert. Bei jeder Redoxreaktion wird Energie frei. Sie dient dazu, Protonen aus der Mitochondrienmatrix in den Intermembranraum zu pumpen. Der *Elektronentransport innerhalb der Membran* ist also *mit einem Protonentransport durch die Membran gekoppelt* (> Bild 1).
Erst das letzte Enzym der Atmungskette, die *Cytochromoxidase*, überträgt seine Elektronen auf den Sauerstoff, der dann mit Protonen aus dem umgebenden Medium zu Wasser reagiert.

ATP-Synthese Durch den Protonentransport entsteht an der inneren Mitochondrienmembran ein *Konzentrations-* und *Ladungsunterschied*, ein *elektrochemischer Protonengradient*. Dieser elektrochemische Gradient führt dazu, dass die Protonen das Bestreben haben, in die Mitochondrienmatrix zurückzudiffundieren. Die innere Mitochondrienmembran ist jedoch für Protonen undurchlässig. Nur durch Protonenkanäle, die Bestandteil der *ATP-Synthasen* sind, können die Protonen zurück in die Mitochondrienmatrix fließen. Durch den Protonenrückfluss angetrieben, bilden die ATP-Synthasen aus ADP und Phosphat ATP. Dieser Prozess heißt *oxidative Phosphorylierung* oder *Atmungskettenphosphorylierung*.

Bilanz Bei der Kopplung von Atmungskette und oxidativer Phosphorylierung werden pro Glucosemolekül etwa 28 Moleküle ATP gewonnen.

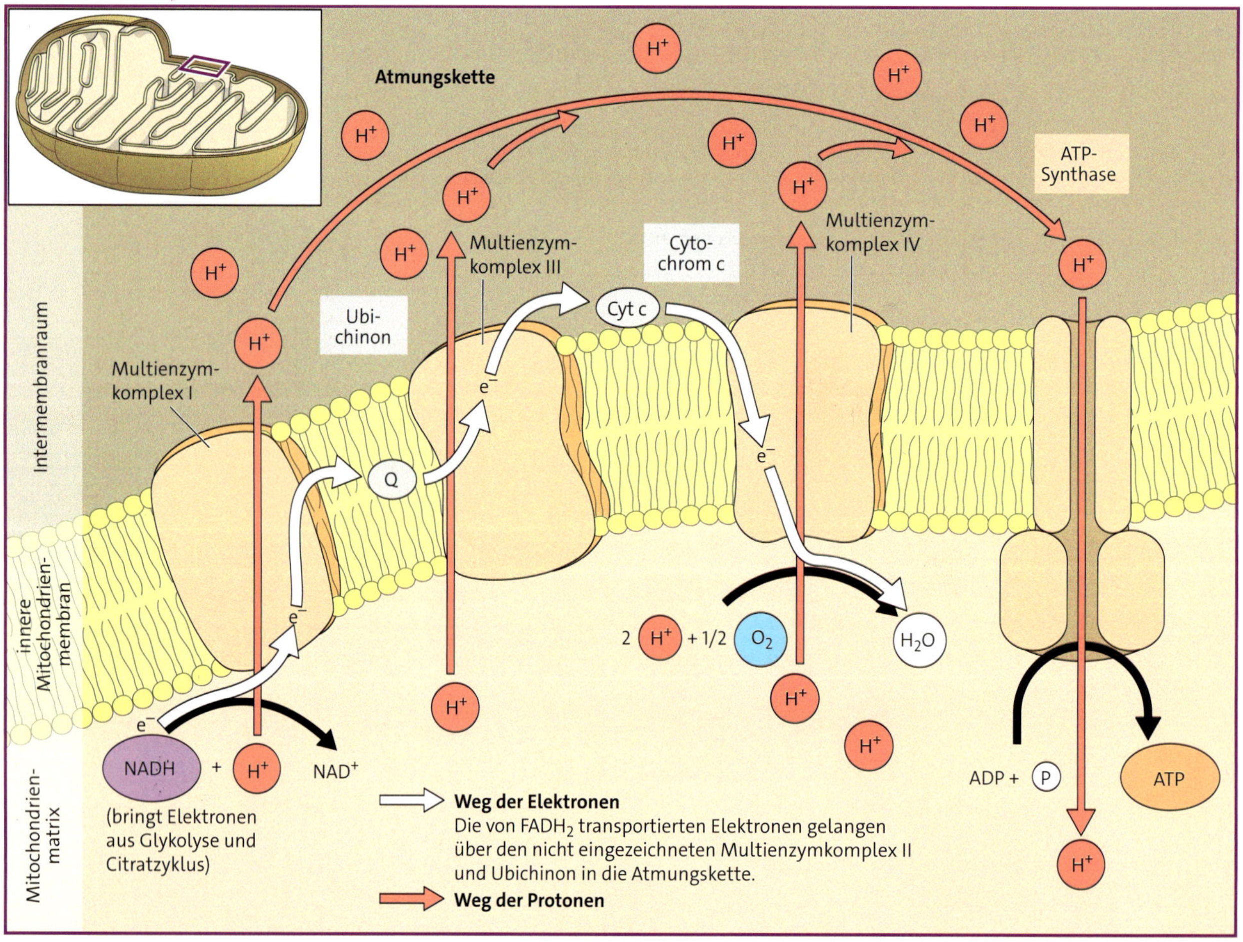

1 *Endoxidation in der Atmungskette und ATP-Bildung durch die ATP-Synthase (oxidative Phosphorylierung)*

Stoff- und Energiebilanz der Zellatmung

Bei allen Energie umsetzenden Vorgängen ist immer nur ein Teil der aufgewendeten Energie nutzbar. Das Verhältnis von nutzbarer zu aufgewendeter Energie bezeichnet man als *Wirkungsgrad der Energieumsetzung*. Da das Ziel des Energiestoffwechsels aller Lebewesen darin besteht, die universell einsetzbare Energiewährung ATP bereitzustellen, also sie aus ADP und Phosphat zu regenerieren, kann der Wirkungsgrad des Energiestoffwechsels am besten über eine *ATP-Bilanz* aller seiner Abschnitte ermittelt werden.

ATP-Bilanz des Glucoseabbaus Eine solche Bilanz bezieht sich auf 1 mol des umgesetzten Stoffs, kann aber auch je Molekül betrachtet werden. Sie stellt nur eine Abschätzung dar, da die Effektivität der biochemischen Reaktionen durch viele Faktoren, zum Beispiel Konzentration und pH-Wert, beeinflusst wird. Die einzelnen Abschnitte des Glucoseabbaus tragen in unterschiedlichem Maß zur Bilanz bei, entweder direkt durch Bildung von ATP oder indirekt durch Bildung der Wasserstoff übertragenden Coenzyme NADH + H^+ und $FADH_2$, die in die Atmungskette eingehen und dort ebenfalls zur ATP-Synthese genutzt werden. Je mol NADH + H^+ entstehen dabei etwa 2,5 mol ATP und je mol $FADH_2$ etwa 1,5 mol ATP.
Die Glykolyse liefert 2 ATP und 2 NADH + H^+, insgesamt also rund 7 ATP. Die oxidative Decarboxylierung bringt 2 NADH + H^+ in die Atmungskette ein, entsprechend 5 ATP. Im Citratzyklus entstehen 2 ATP direkt, 6 NADH + H^+ und 2 $FADH_2$, die etwas energieärmer sind als NADH + H^+. Insgesamt trägt der Citratzyklus 20 ATP zur Bilanz bei.
Der aerobe Abbau von 1 mol Glucose liefert demnach 32 mol ATP. Dies entspricht rund 960 kJ. Bei einem Energieinhalt von 2880 kJ pro mol Glucose ergibt sich so ein Wirkungsgrad der Zellatmung von etwa 33 %. Der restliche Energiebetrag wird als Wärme abgeführt.

Stoffbilanz Formuliert man die Summengleichung der Zellatmung nur mit Ausgangs- und Endstoffen, ergibt sich ihre stoffliche Bilanz zu:
$C_6H_{12}O_6 + 6\,O_2 \rightarrow 6\,CO_2 + 6\,H_2O$
Berücksichtigt man wichtige Zwischenprodukte, lautet sie:
$C_6H_{12}O_6 + 6\,O_2 + 6\,H_2O + 32\,(ADP + Ⓟ) \rightarrow 6\,CO_2 + 12\,H_2O + 32\,ATP$
Diese Stoffbilanz berücksichtigt allerdings nicht, dass auch der Stoffwechsel der Fette und Proteine in den Abbauweg der Kohlenhydrate als gemeinsame Endstrecke einmündet. Ebenso wenig kommt darin zum Ausdruck, dass viele Zwischenprodukte von Glykolyse und Citratzyklus zugleich Ausgangsstoffe für Biosynthesen des anabolen Stoffwechsels sind (> S. 111). Die Vorgänge der Zellatmung nehmen damit eine zentrale Position im gesamten Stoffwechsel der Zellen ein.

1. Erstellen Sie eine Übersicht über die Stoff- und Energiebilanzen der drei Teilabschnitte des Glucoseabbaus und erläutern Sie die Bedeutung des Citratzyklus für die Energieversorgung der Zelle.
2. Vergleichen Sie den Wirkungsgrad von Benzinmotor und Zellatmung.

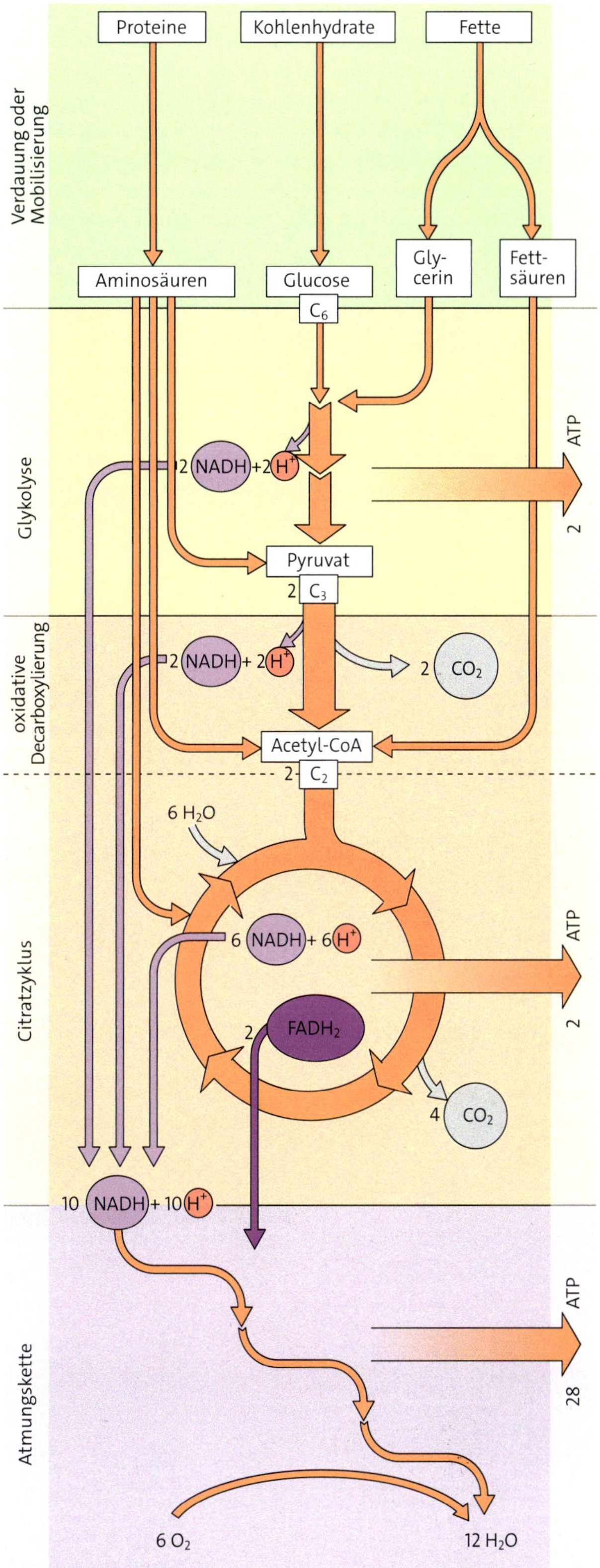

1 *Vereinfachtes Schema der Stoffwechselwege der Zellatmung. Für Glucose ist eine Stoff- und Energiebilanz erstellt.*

Energiegewinnung ohne Sauerstoff: Gärung

Muscheln im Watt schließen bei Ebbe ihre Schalen, um nicht auszutrocknen, und sind so von der Sauerstoffzufuhr abgeschnitten. Auch andere Lebewesen kommen ganz oder zeitweise ohne Sauerstoff aus. Selbst bei Arten, die ihre Energie durch Zellatmung gewinnen, kann sich zeitweise in manchen Geweben Sauerstoffmangel einstellen. Sie alle sind in der Lage, ATP ohne Sauerstoff durch *anaeroben Stoffwechsel*, auch *Gärung* genannt, zu bilden. Vor allem Mikroorganismen nutzen diesen evolutionsbiologisch ursprünglichen Weg der Energiegewinnung. Bei vielen Lebewesen entscheidet das Sauerstoffangebot, ob der aerobe oder der anaerobe Stoffwechselweg eingeschlagen wird.

Der erste Teil des anaeroben Glucoseabbaus erfolgt über die *Glykolyse* (> S. 109). Das hierbei gebildete Pyruvat wird bei den verschiedenen Formen der Gärung zu jeweils anderen Endprodukten verarbeitet.

- Bei der *alkoholischen Gärung* durch Hefepilze entsteht aus Pyruvat nach Abspaltung von Kohlenstoffdioxid Ethanal (Acetaldehyd), das zu Ethanol reduziert wird. Das Aufgehen von Hefeteig sowie die Zubereitung von Most, Bier und Wein beruhen auf der alkoholischen Gärung.
- Bei der *Milchsäuregärung*, die vor allem für Milchsäurebakterien typisch ist, wird Milchsäure (Anion: Lactat) als Endprodukt gebildet. Lactat erniedrigt den pH-Wert stark und hemmt so das Wachstum anderer Mikroorganismen. Milchsäure wirkt daher konservierend. Dies nutzt man zur Erzeugung von Silage, Sauerkraut oder Sauermilchprodukten. Milchsäuregärung läuft auch in den Muskeln von Wirbeltieren ab, wenn sie nicht ausreichend mit Sauerstoff versorgt werden. Ist wieder genug Sauerstoff vorhanden, wird die Milchsäure zurück in Pyruvat verwandelt und durch Zellatmung weiter abgebaut.

Alle Organismen müssen das NADH + H^+, das im Verlauf der Glykolyse entstanden ist, wieder zu NAD^+ oxidieren, um den Abbau weiterer Glucose und damit die Bildung von ATP zu ermöglichen. Während unter aeroben Bedingungen Sauerstoff als Endakzeptor für den Wasserstoff des NADH + H^+ zur Verfügung steht, müssen Zellen unter anaeroben Bedingungen diesen Wasserstoff auf andere Moleküle übertragen. Bei der alkoholischen Gärung übernimmt Ethanal die Funktion des Wasserstoff-Endakzeptors, bei der Milchsäuregärung ist es Pyruvat. Die reduzierten Moleküle Ethanol und Milchsäure werden aus den Zellen ausgeschleust, der Wasserstoff ist damit „entsorgt“.

Der Energiegewinn durch Gärung ist wesentlich geringer als durch Zellatmung – lediglich 2 ATP entstehen je mol Glucose im Verlauf der Glykolyse. Die Endprodukte der Gärungen sind entsprechend energiereich.

1. Erstellen Sie ein zusammenfassendes Schema, das die gemeinsamen und unterschiedlichen Stoffwechselabschnitte bei aerobem und anaerobem Glucoseabbau zeigt.
2. Vergleichen Sie alkoholische Gärung, Milchsäuregärung und Zellatmung hinsichtlich der Endprodukte, des ATP-Gewinns und der Schritte der Regeneration von NAD^+ und FAD.
3. Hefezellen benötigen unter anaeroben Bedingungen wesentlich mehr Glucose, um ihre Zellmasse zu verdoppeln, als unter aeroben Bedingungen. Begründen Sie diesen Unterschied.
4. Recherchieren Sie zur Bedeutung von Gärungsvorgängen in der Lebensmittelherstellung.
5. Berechnen Sie die Ethanolkonzentration, die theoretisch durch Gärung einer 1-molaren Glucoselösung entsteht. Begründen Sie, warum dieser Wert in der Praxis nicht erreichbar ist.

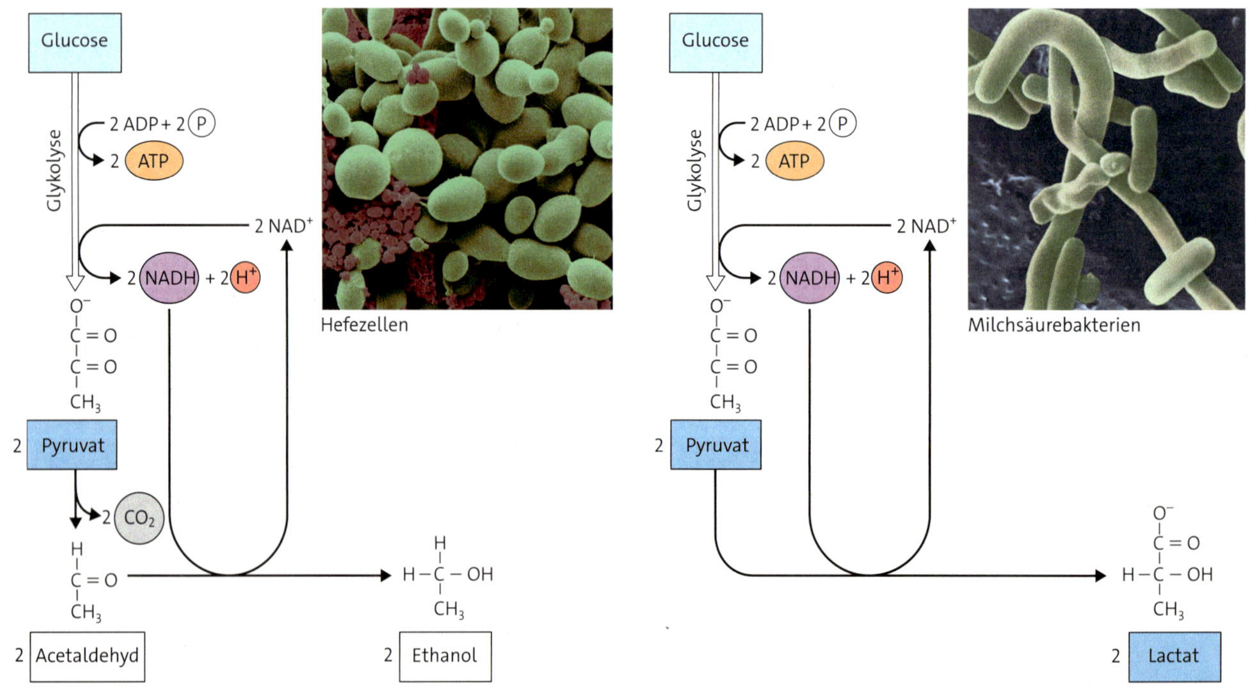

1 *Alkoholische Gärung (links) und Milchsäuregärung (rechts)*

Energieumsatz und seine Messung

Der *Energieumsatz (Energiebedarf)* eines Menschen hängt von vielen Faktoren ab und ist in vollkommener körperlicher Ruhe *(Grundumsatz)* wesentlich geringer als bei körperlicher Tätigkeit *(Leistungsumsatz)*. So ist der Leistungsumsatz eines Menschen beim Gehen etwa 5-mal so hoch wie sein Grundumsatz und kann beispielsweise beim Sprint auf ein Vielfaches des Grundumsatzes ansteigen. Aber nicht nur körperliche Tätigkeit, sondern auch Stress oder Krankheit können zu einem deutlich erhöhten Energiebedarf führen. Die Messung des Energieumsatzes ist daher sowohl für die Medizin als auch für die Arbeits- und Sportphysiologie von Interesse.
Der Energieumsatz wird ebenso wie der Energieinhalt von Nährstoffen in *Joule (J)* bzw. *Kilojoule (kJ)* angegeben, der physikalischen Einheit für Energie, Arbeit und Wärmemenge.

Direkte und indirekte Kalorimetrie

Der Energieinhalt von Nährstoffen (ihr Brennwert) lässt sich relativ einfach durch das Verfahren der *direkten Kalorimetrie* – also der Messung der bei vollkommener Verbrennung eines Stoffs frei werdenden Wärmemenge – bestimmen.
Zur Bestimmung des Energieumsatzes eines Menschen greift man jedoch meist auf das Verfahren der *indirekten Kalorimetrie* zurück. Dabei wird die umgesetzte Energiemenge nicht direkt als Wärmeabgabe gemessen, sondern aus dem gemessenen Sauerstoffverbrauch einer Person berechnet. Für Glucose als Ausgangsstoff gilt die Summengleichung der Zellatmung:

$C_6H_{12}O_6 + 6\,O_2 \rightarrow 6\,CO_2 + 6\,H_2O$ Energieumsatz 2822 kJ/mol
1 mol O_2 nimmt ebenso wie 1 mol CO_2 ein Volumen von 22,4 l ein.

Respiratorischer Quotient

Da Organismen jedoch neben Kohlenhydraten auch Fette und Proteine als Energielieferanten verwenden, muss zur Berechnung des Energieumsatzes zunächst der Anteil der drei Nährstoffgruppen am gesamten Energieumsatz bestimmt werden. Einen Anhaltspunkt dafür liefert der *respiratorische Quotient (RQ)*. Dieser ergibt sich aus dem Verhältnis der abgegebenen CO_2-Menge zur aufgenommenen O_2-Menge.

$$RQ = \frac{\text{Volumen abgegebenes } CO_2}{\text{Volumen aufgenommenes } O_2}$$

Wie die Summengleichung für die Veratmung der Glucose zeigt, beträgt der RQ-Wert für Kohlenhydrate 1. Für die Oxidation von Fetten (abgebaut zu Glycerin und Fettsäuren) und von Proteinen (abgebaut zu Aminosäuren) wird jedoch mehr Sauerstoff verbraucht, als Kohlenstoffdioxid entsteht, entsprechend sind die RQ-Werte für Fette und Proteine kleiner als 1.

Nährstoff	Reaktionsgleichung der Veratmung des Nährstoffs
Fett (Tripalmitin)	$C_{51}H_{98}O_6 + 72{,}5\,O_2 \rightarrow 51\,CO_2 + 49\,H_2O$
Protein (Alanin)	$2\,CH_3CH(NH_2)COOH + 6\,O_2 \rightarrow (NH_2)_2CO + 5\,CO_2 + 5\,H_2O$

Einfache Methode zur Bestimmung des Energieumsatzes

Material: große Wanne, Gummischlauch, Messzylinder 5 l, großes Stativ, große Stativklemme, Klötze zum Aufsetzen des Zylinders, Stoppuhr (*alternativ:* Spirometer, Stoppuhr)
Durchführung: Verwenden Sie das Versuchsmaterial entsprechend der Versuchsanordnung (> Bild unten). Messen Sie das Volumen von fünf Atemzügen einer Versuchsperson in Ruhe. Die Versuchsperson muss dabei durch die Nase einatmen und durch den Mund in den Schlauch ausatmen. In einer zweiten Versuchsreihe messen Sie das Atemvolumen nach einer Minute körperlicher Aktivität. Messen Sie für beide Versuchsreihen auch die Atemfrequenz und berechnen Sie das Atemvolumen pro Minute.

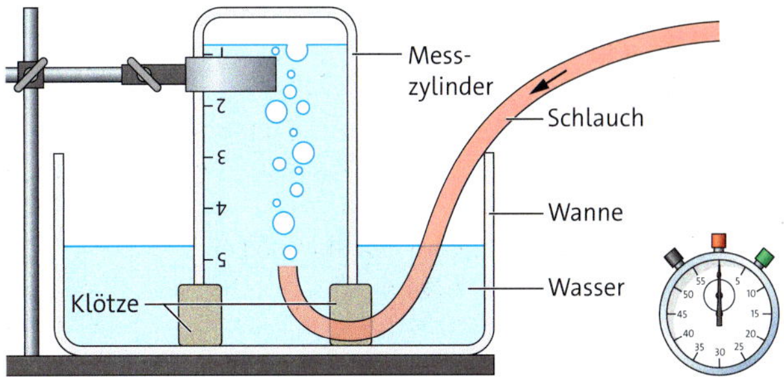

„Faustformel" für Atemvolumen und Sauerstoffverbrauch: Von dem in der Luft enthaltenen Sauerstoff (21 %) wird pro Atemzug etwa ein Fünftel verbraucht. Aus Atemfrequenz (Anzahl Atemzüge pro Zeiteinheit) und Atemvolumen (pro Atemzug eingeatmetes bzw. ausgeatmetes Luftvolumen) lässt sich so der Sauerstoffverbrauch und damit auch der Energieumsatz abschätzen.

1. Werten Sie Ihre Messwerte aus dem Versuch oben in geeigneter Form aus.
2. Berechnen Sie unter Verwendung Ihrer Messwerte und der angegebenen „Faustformel" den Energieumsatz der Versuchsperson in Ruhe (bei reiner Glucoseveratmung). Vergleichen Sie anschließend mit Literaturwerten und stellen Sie Vermutungen zu den Ursachen möglicher Abweichungen an.
3. Zeigen Sie durch Verwendung der Summengleichung für die Zellatmung, dass pro 21 kJ Energieumsatz bei Veratmung von Glucose 1 Liter Sauerstoff verbraucht wird.
4. Ermitteln Sie mithilfe der Tabelle links unten den respiratorischen Quotienten (RQ) für Tripalmitin und Alanin und vergleichen Sie ihn mit dem RQ für Glucose.
5. Recherchieren Sie weitere Methoden zur Messung des Energieumsatzes.
6. Recherchieren Sie verschiedene Formeln zur Berechnung von Grundumsatz und Leistungsumsatz und bewerten Sie diese kritisch.

Stichworte zu weiteren Informationen

Bombenkalorimeter | Wirkungsgrad | Ergometertest | Leistung | Lactattest | Ausdauerniveau | Muskelkater | Sauerstoffschuld | BMI

Bau der Muskeln

Bewegung ist ein Kennzeichen des Lebendigen. Im Körper tierischer Vielzeller sind *Muskelzellen* und *Muskelfasern* durch ihre Fähigkeit zu aktiver Kontraktion auf Bewegung spezialisiert. Aktiv entspannen können sie sich dagegen nicht: Die Muskulatur ist ein Bewegungssystem, in dem Kräfte und Gegenkräfte wirken.

Struktur Bei Wirbeltieren ist jeder *Skelettmuskel* von Muskelhaut umgeben, die am Ende in eine Sehne übergeht. Mit ihr ist der Muskel am Knochen festgewachsen. Schon mit bloßem Auge erkennt man am Muskel, etwa am Fleisch von Schlachttieren, *Muskelfaserbündel*. Diese setzen sich aus *Muskelfasern* zusammen, das sind aus vielen Einzelzellen verschmolzene, vielkernige „Superzellen", die 0,1 mm dick und über 100 mm lang werden können.
Jede Muskelfaser besteht aus einigen Hundert *Myofibrillen* von 1 µm Durchmesser, die im Elektronenmikroskop einen Aufbau aus zwei unterschiedlich dicken *Myofilamenten* erkennen lassen. Die dickeren Filamente bestehen aus dem Protein *Myosin*, die dünneren aus den Proteinen *Aktin* und *Tropomyosin*.
Bereits im Lichtmikroskop zeigen Skelettmuskelfasern eine Querstreifung aus hellen und dunklen Zonen, die im elektronenmikroskopisch erkennbaren Aufbau der Myofibrillen ihre Erklärung findet: Jede Myofibrille ist durch sogenannte *Z-Scheiben* in etwa 2–3 µm lange Abschnitte, die *Sarkomere*, unterteilt (> Bild 1). Innerhalb der Sarkomere verankern elastische Proteine – die *Titinfilamente* – die Myosinfilamente an den Z-Scheiben. In der hellen *I-Bande* um die Z-Scheibe besteht das Sarkomer nur aus Aktinfilamenten. In der dunklen *A-Bande* überlappen Aktin- und Myosinfilamente, in der H-Zone liegen nur Myosinfilamente vor. Da alle Sarkomere in den Myofibrillen einer Muskelfaser parallel angeordnet sind, entsteht so die *Querstreifung*.

Muskeltypen Als *quer gestreifte Muskulatur* fasst man *Skelettmuskeln* und den *Herzmuskel* zusammen, dessen Fasern ebenfalls quer gestreift sind. Allerdings weist der Herzmuskel Besonderheiten auf, die mit seiner Dauerleistung und seiner vom Nervensystem unabhängigen Erregungsbildung zusammenhängen.
Bei der *glatten Muskulatur* sind die Myofilamente in den *spindelförmigen Zellen* unregelmäßig angeordnet und ergeben keine Querstreifung. Glatte Muskulatur findet sich bei Wirbeltieren besonders in der Wand von Hohlorganen wie Darm, Bronchien, Harnblase und Blutgefäßen. Sie arbeitet unwillkürlich und langsamer als die Skelettmuskeln, ist jedoch ausdauernder.
Muskelfasern der Skelettmuskulatur, die sich langsam (engl.: *slow twitch*), aber ausdauernd kontrahieren können, verfügen über einen hohen Myoglobingehalt und erscheinen daher rot. Dagegen erscheinen Muskelfasern, die sich sehr schnell (engl.: *fast twitch*), aber nur kurzzeitig kontrahieren können, durch ihren geringen Myoglobingehalt weiß. Während die *rote Muskulatur* ihren Energiebedarf über Zellatmung deckt, kann dies bei *weißer Muskulatur* – kurzfristig – durch Gärung erfolgen. Der Anteil roter und weißer Muskulatur ist beim Menschen zwar weitgehend genetisch festgelegt, lässt sich aber durch Training verändern.

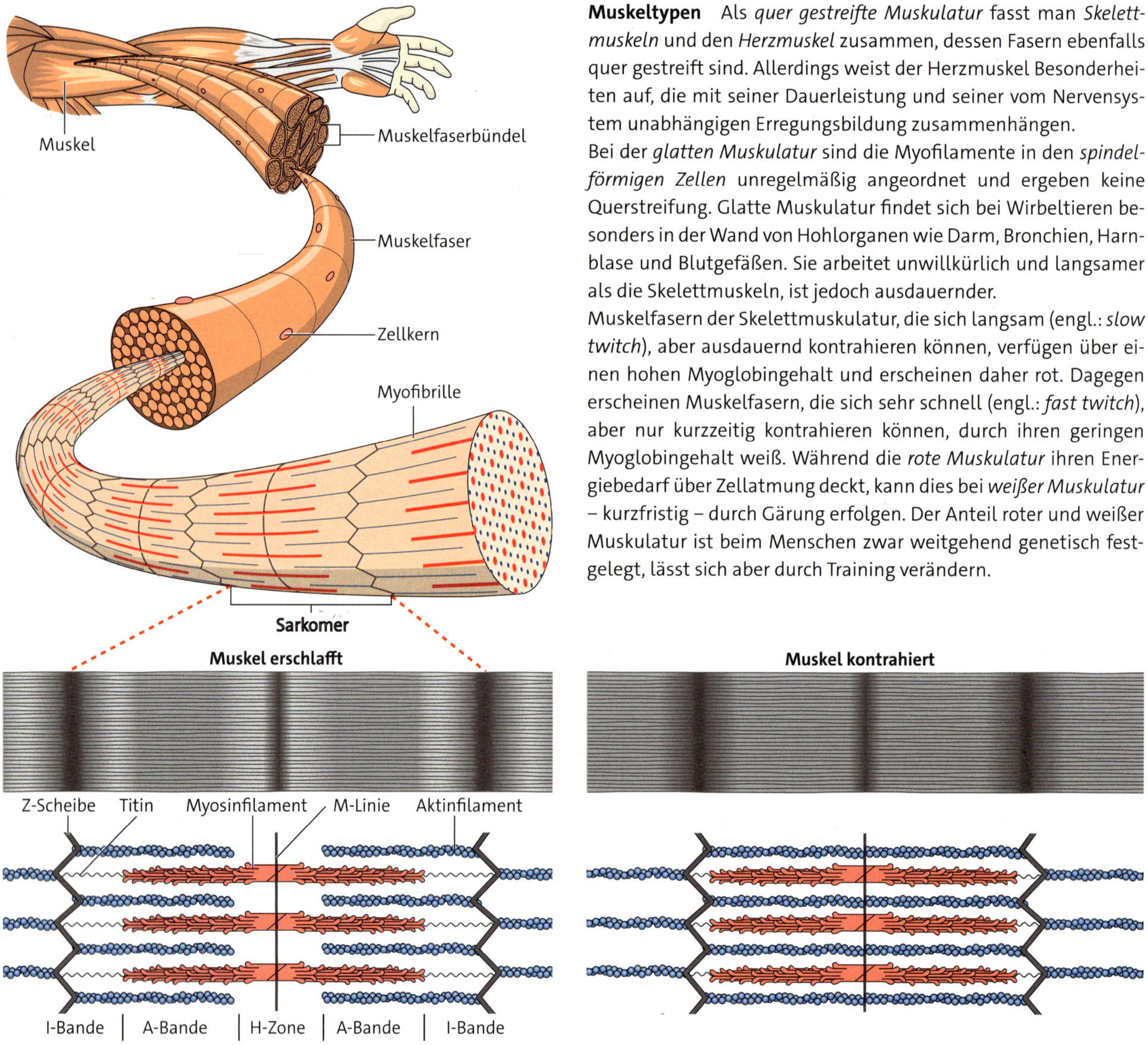

1 *Aufbau eines Skelettmuskels vom sichtbaren Bereich zur Ultrastruktur, wie sie sich im Elektronenmikroskop zeigt*

Muskelkontraktion und ATP

Die Sarkomere der Myofibrillen sind die Arbeitseinheiten des Muskels. Hier wird die im ATP chemisch gebundene Energie – unter Wärmeverlust – direkt in die mechanische Arbeit der Muskelkontraktion umgewandelt. Elektronenmikroskopische Aufnahmen zeigen, dass die Myosin- und Aktinfilamente eines Sarkomers bei der Muskelkontraktion teleskopartig ineinandergleiten, ohne ihre Dicke und Länge zu ändern (> S. 116). Dieses *Filamentgleiten* ist die Grundlage für die Muskelverkürzung, die sich aus der Verkürzung der einzelnen Sarkomere ergibt.

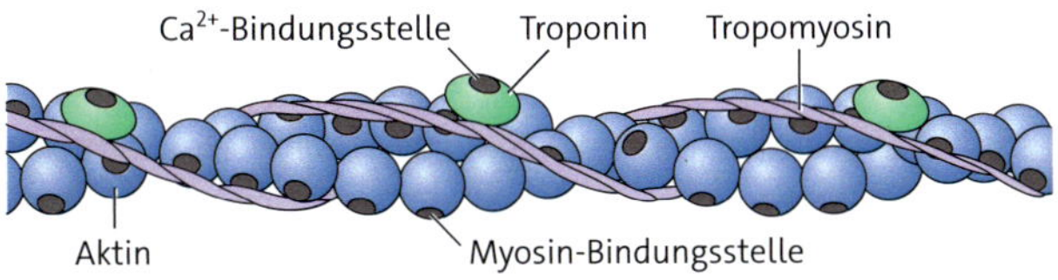

Aufbau der Filamente Ein Aktinfilament besteht aus zwei umeinandergewundenen perlschnurartigen Ketten kugelförmiger Moleküle des Proteins Aktin (> Bild oben). Fadenförmig legen sich *Tropomyosinmoleküle* um die Aktinketten, wobei alle 40 nm ein *Troponinmolekül* angeheftet ist. Ein Myosinfilament (> Bild oben rechts) wird von zahlreichen riesigen *Myosinmolekülen* gebildet, die jeweils aus einem zweigeteilten Kopf und einem langen Schwanzteil bestehen. Zwei Abschnitte im Schwanzteil können wie Scharniergelenke die Molekülgestalt verändern.

Wechselwirkung zwischen den Filamenten Im erschlafften Zustand binden die mit ATP beladenen Myosinköpfe nicht an Aktin, sodass die Sarkomere durch Gegenspielermuskeln gedehnt werden können (> Bild 1 oben). Wird ATP am Myosin durch dessen enzymartige Wirkung hydrolysiert (ADP und Phosphat bleiben dabei gebunden), gelangen die Myosinköpfe in einen energiereichen Zustand (> Bild 1 rechts). Solange Tropomyosinfäden die Myosin-Bindungsstellen des Aktins blockieren, kommt keine Wechselwirkung zwischen den Filamenten und damit keine Muskelkontraktion zustande. Ein Nervenimpuls hebt den Ruhezustand auf: Aus dem endoplasmatischen Reticulum der Muskelfasern werden *Ca^{2+}-Ionen* freigesetzt, die an Troponin binden. Dadurch ändert dieses die Form und drängt die Tropomyosinfäden aus ihrer Lage. Tropomyosin blockiert die Bindungsstellen nicht mehr, zwischen Myosinköpfen und Aktinfilament bilden sich *Querbrücken* (> Bild 1 unten).

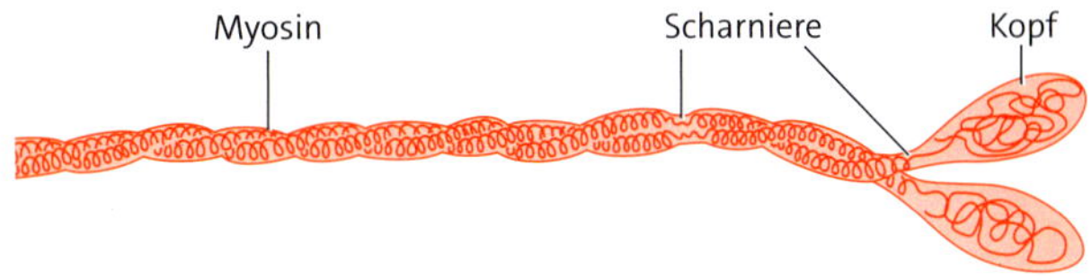

Der Aktin-Myosin-Komplex setzt ADP und Phosphat frei. Dadurch ändert sich an einem Scharnier des Myosinmoleküls dessen Gestalt: Mit der Kraft des *umklappenden Myosinkopfs* wird das Aktinfilament 10 nm weit zur Sarkomermitte gezogen. Ein Durchlauf im molekularen Prozess der Muskelkontraktion ist beendet (> Bild 1 links). Vor einem weiteren Zyklus müssen die Querbrücken gelöst werden, indem sich neues ATP an Myosin bindet und dessen Gestalt verändert (> Bild 1 oben). Bei ausreichender Ca^{2+}- und ATP-Konzentration werden von jedem der rund 350 Myosinköpfe eines Filaments etwa 5 Querbrücken je Sekunde geknüpft und gelöst.

1. Einige Stunden nach dem Tod eines Wirbeltiers tritt die Totenstarre ein, durch die alle Muskeln starr und hart werden. Erklären Sie das Phänomen.
2. Wird einem frisch isolierten Muskel ATP zugesetzt, kontrahiert er nicht. Stellen Sie eine Hypothese über die Ursache auf.

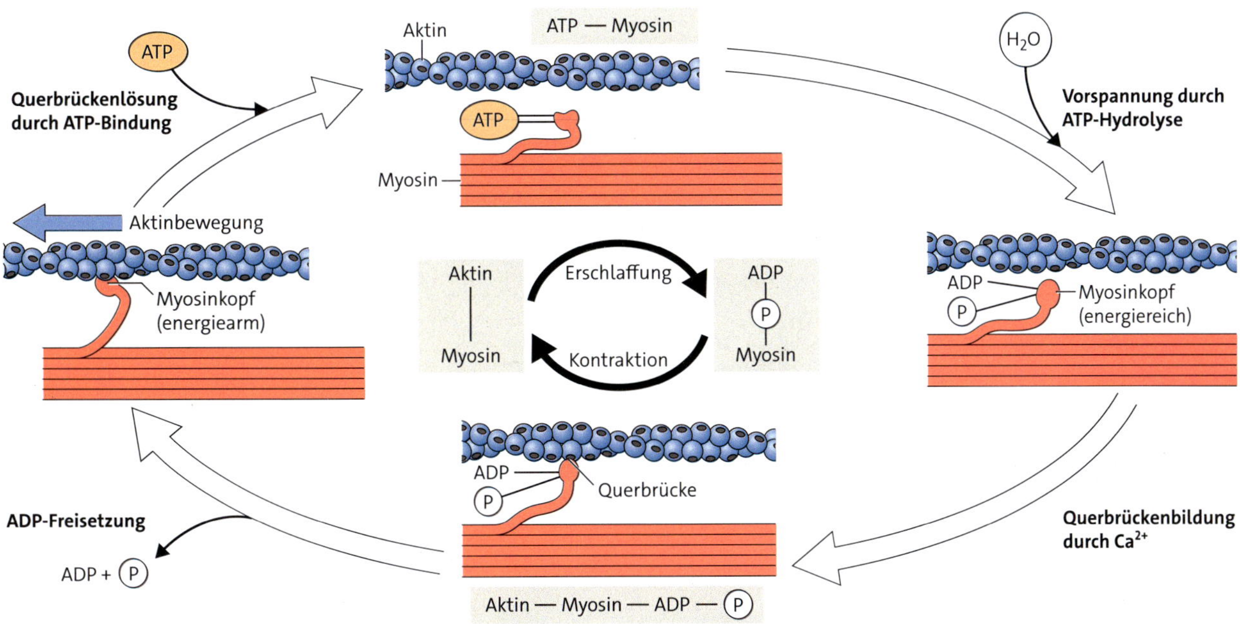

1 *Molekularer Prozess der Muskelkontraktion. Durch eine Folge solcher Durchläufe gleiten die Filamente ineinander.*

Testen Sie Ihre Kompetenzen

Mithilfe dieses Kapitels können Sie:

- Grundmuster im Stoffwechselgeschehen und Methoden zu seiner Untersuchung erläutern
- Verdauung und äußere Atmung beschreiben und ihre Bedeutung für den Energiestoffwechsel erklären
- die Teilschritte des Glucoseabbaus durch Zellatmung erklären und den Zellkompartimenten zuordnen
- die zentrale Rolle des Citratzyklus im Zellstoffwechsel erläutern
- die Bedeutung von NADH + H^+, $FADH_2$ und ATP für die Zelle erläutern
- den Vorgang der ATP-Synthese an der inneren Mitochondrienmembran erläutern und als Schema darstellen
- Zellatmung und Gärung hinsichtlich Stoff- und Energiebilanz vergleichen
- einfache Versuche zur Messung des Energieumsatzes beim Menschen planen, durchführen und auswerten
- Bau und Funktionsweise eines Muskels erklären

A ATP-Synthese bei der Dissimilation

In Mitochondrien ist die Oxidation von NADH + H^+ und $FADH_2$ an die Phosphorylierung von ADP zu ATP gekoppelt. Der Mechanismus der Kopplung war jedoch lange unklar. Im Jahr 1961 schlug Peter Mitchell (Nobelpreis 1978) seine chemiosmotische Hypothese der ATP-Synthese vor. Danach führt der Elektronentransport über die Enzyme der Atmungskette nicht direkt zur ATP-Synthese, sondern Elektronentransport und ATP-Synthese sind über einen Protonengradienten – also über einen Unterschied in der Protonenkonzentration – zwischen Intermembranraum und Mitochondrienmatrix gekoppelt.

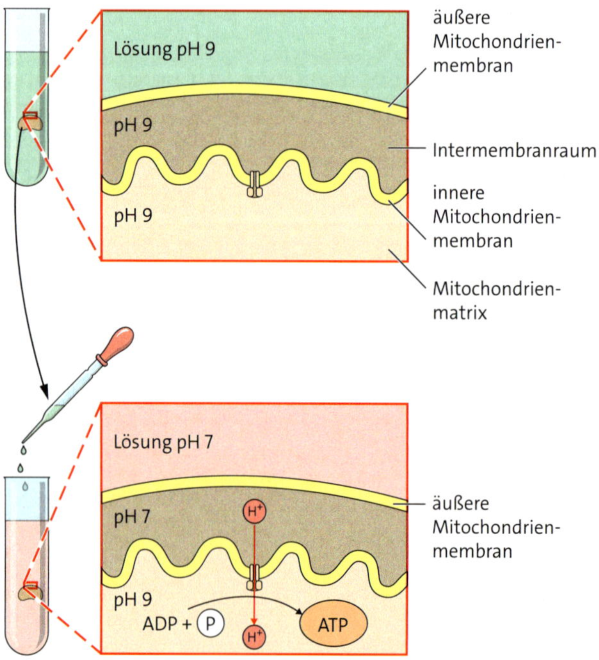

Inzwischen haben zahlreiche Experimente gezeigt, dass neben Mitochondrien auch Chloroplasten und Bakterien den von Mitchell vorgeschlagenen Mechanismus zur ATP-Bildung nutzen und es sich dabei um ein Grundprinzip der Energiegewinnung in Zellen handelt.

Ein Beispiel für diese Experimente zeigt die Grafik unten links: Isolierte Mitochondrien werden zunächst in eine Lösung mit niedriger Protonenkonzentration (pH-Wert 9) gegeben. Werden sie anschließend in eine Lösung mit höherer Protonenkonzentration (pH-Wert 7) überführt, phosphorylieren die Mitochondrien ADP zu ATP.

1. Erläutern Sie die Grundzüge des Energiestoffwechsels unter dem Aspekt der Energieumwandlung. Unterscheiden Sie dabei zwischen aerobem und anaerobem Abbau.
2. Stellen Sie den Vorgang der ATP-Synthese in Mitochondrien schematisch dar und erläutern Sie mithilfe Ihres Schemas das in der Grafik unten links dargestellte Experiment.
3. Zeigen Sie am Beispiel der ATP-Synthese die Bedeutung der Kompartimentierung für den Zellstoffwechsel.
4. Erläutern Sie die Bedeutung von ATP für die Zelle und begründen Sie den unterschiedlichen ATP-Gewinn durch Oxidation von NADH + H^+ und $FADH_2$.

B Energieumwandlung im braunen Fettgewebe

Winterschläfer sowie neugeborene Säugetiere verfügen über größere Mengen sogenannten braunen Fettgewebes, das einen hohen Anteil an Mitochondrien hat. Die innere Membran dieser Mitochondrien enthält zahlreiche Moleküle des Proteins Thermogenin, eines für Protonen spezifischen Kanalproteins.

Beim Menschen findet man auch im Erwachsenenalter – entgegen früheren Annahmen – braunes Fettgewebe und Thermogenin. Bei sinkender Körperkerntemperatur wird Thermogenin mithilfe von Botenstoffen aktiviert.

1. Vergleichen Sie die Energieumwandlung in Mitochondrien mit und ohne Thermogenin. Ziehen Sie dazu auch die Grafik unten rechts heran.
2. Stellen Sie eine Hypothese zur biologischen Bedeutung von Thermogenin bei Säuglingen und bei Winterschläfern auf.

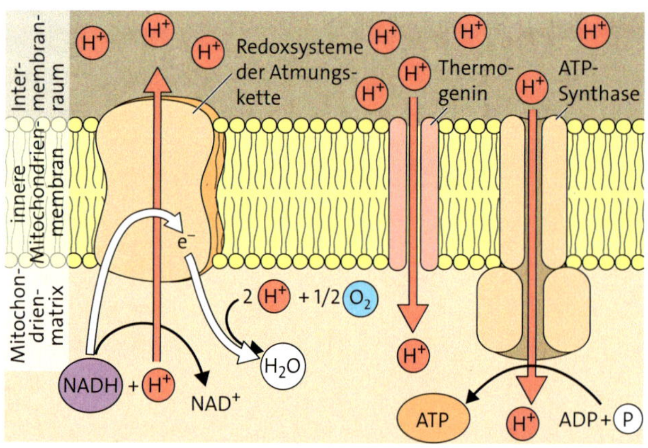

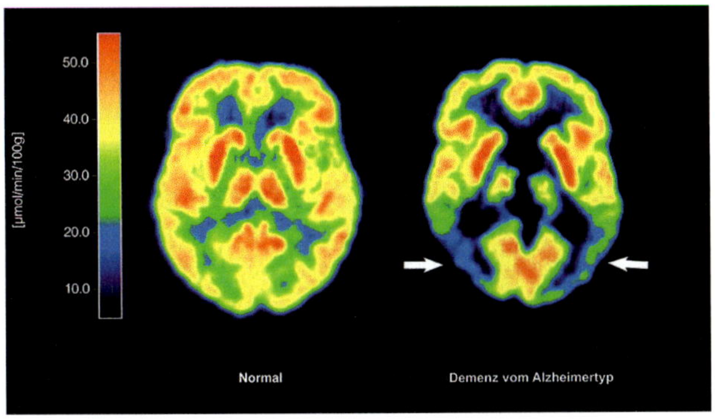

C Untersuchung des Stoffwechsels mithilfe von Tracern

Menschliche Gehirnzellen decken ihren Energiebedarf vor allem über den Abbau von Glucose und verfügen über spezielle Glucose-Transporterproteine, die Glucose entsprechend dem Bedarf in die Nervenzellen einschleusen. Um den Gehirnstoffwechsel zu untersuchen, verabreicht man Patienten – neben normaler Glucose – radioaktive ^{18}F-Fluordesoxyglucose (FDG) in extrem geringer Dosis als Tracer. Diese wird wie Glucose in die Nervenzellen transportiert, dort in die Glykolyse eingeschleust und zu FDG-6-phosphat (FDG-6-P) phosphoryliert. FDG-6-P wird nur sehr langsam weiter abgebaut.

Die Verteilung von FDG und FDG-6-P im Gewebe kann man sichtbar machen. Das Bild oben zeigt entsprechende Aufnahmen des Gehirns eines Gesunden und eines an Alzheimer-Demenz erkrankten Patienten. Die Bereiche mit hoher FDG- und FDG-6-P-Konzentration sind rot dargestellt.

1. Erläutern Sie die Verwendung von Tracern zur Untersuchung von Stoffwechselvorgängen.
2. Begründen Sie die Eignung des Tracers FDG zur Messung der Stoffwechselaktivität von Gehirnzellen.
3. Stellen Sie eine Hypothese zu einem möglichen Zusammenhang zwischen dem im Bild gezeigten Untersuchungsergebnis und dem Krankheitsbild der Alzheimer-Demenz auf.

D Stoffwechsel der Bäckerhefe

Hefe kann Glucose mit und ohne Sauerstoff abbauen. In seinen „Études sur la bière" stellte der Mikrobiologe LOUIS PASTEUR jedoch schon 1876 fest, dass die Vermehrung der Hefezellen durch Sauerstoff gefördert, die alkoholische Gärung dagegen stark gehemmt wird. Diese als Pasteur-Effekt bezeichnete Hemmung der Gärung wird durch ATP verursacht, das als allosterischer Inhibitor des Glykolyse-Enzyms Phosphofructokinase wirkt.

Der Hefestamm „petite", dem durch Mutation Enzyme der Atmungskette fehlen, zeigt den Pasteur-Effekt nicht.

1. Erklären Sie die Bedeutung des Glucoseabbaus für Hefe.
2. Beschreiben Sie die Funktion von ATP im Stoffwechsel.
3. Vergleichen Sie den aeroben und anaeroben Glucoseabbau der Hefe nach den Bedingungen, unter denen er jeweils abläuft, seinen Abschnitten, dem Ort des Geschehens (Zellkompartiment), seinen Endprodukten und der Energiebilanz.
4. Die Kreisdiagramme unten zeigen, wie Hefe die Glucose unter aeroben und anaeroben Bedingungen verwertet. Erläutern Sie den Sachverhalt im Zusammenhang mit LOUIS PASTEURS Beobachtung. Ziehen Sie auch zusätzlich Ihre Lösung zu Aufgabe 3 heran.
5. Planen Sie ein Experiment, mit dem sich die Wirkung von ATP auf die alkoholische Gärung der Hefe untersuchen lässt.
6. Analysieren Sie die beiden Diagramme von Experimenten mit Hefe ganz unten. Ordnen Sie die Graphen A und B jeweils begründet aeroben und anaeroben Bedingungen zu.
7. Begründen Sie, warum eine hohe, die Gärung hemmende Konzentration von ATP in der Hefezelle nur unter aeroben Bedingungen entsteht.
8. Die Kolonien des Hefestamms „petite" sind auf Nährböden – bei gleich langer Kulturdauer – viel kleiner als die des Wildstamms. Entwickeln Sie eine Hypothese über die Ursache.
9. Erörtern Sie die Verwendung des Hefestamms „petite" in der Biotechnologie.

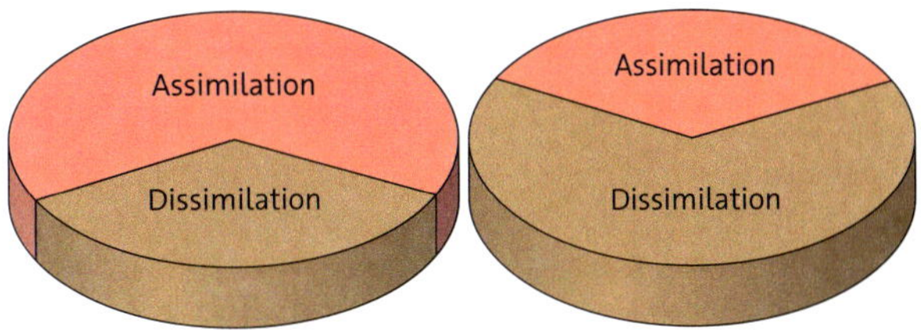

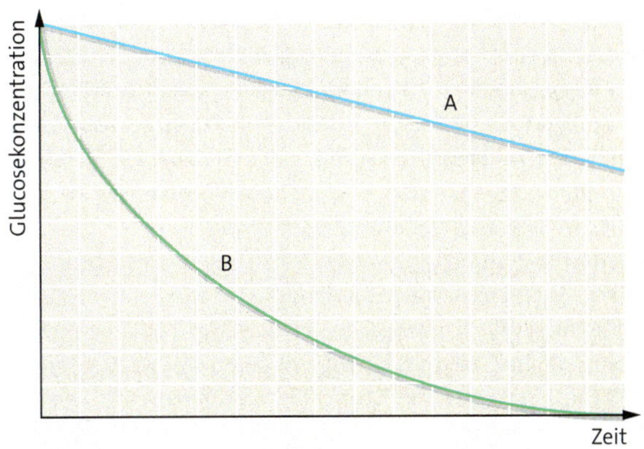

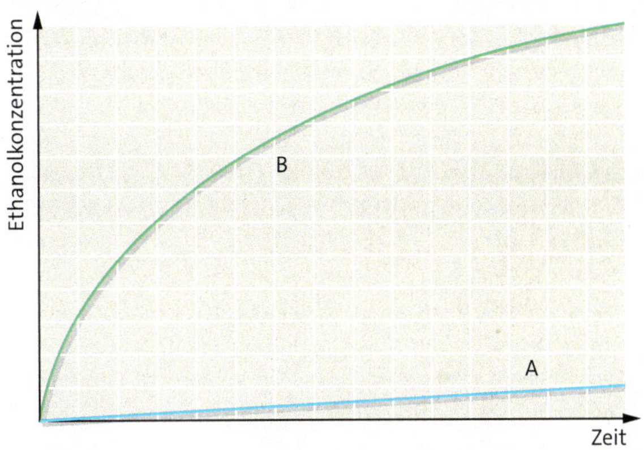

Sport und Stoffwechsel

Viele Menschen betrachten den Sport als schönste Nebensache der Welt. Für einige bedeutet das nur, dass sie interessiert einen Wettkampf von der Wohnzimmercouch aus verfolgen. Viele möchten sich aber selbst sportlich betätigen und so ihr Wohlbefinden steigern, sich selbst bestätigen und mit anderen zusammen Spaß haben. Manchen reizt es sogar, aktiv an Wettkämpfen teilzunehmen und dabei die eigene Leistungsfähigkeit mit anderen zu vergleichen. Auch die „sportliche Figur“ kann ein Anreiz sein, Sport zu treiben, oder die Aussicht, möglichst lange gesund und fit zu bleiben. Zur Verwirklichung der sportlichen Ziele ist Training die Voraussetzung. Dabei passiert es immer wieder, dass Untrainierte rasch wieder mit dem Training aufhören, da sie am nächsten Tag von heftigem Muskelkater geplagt werden.

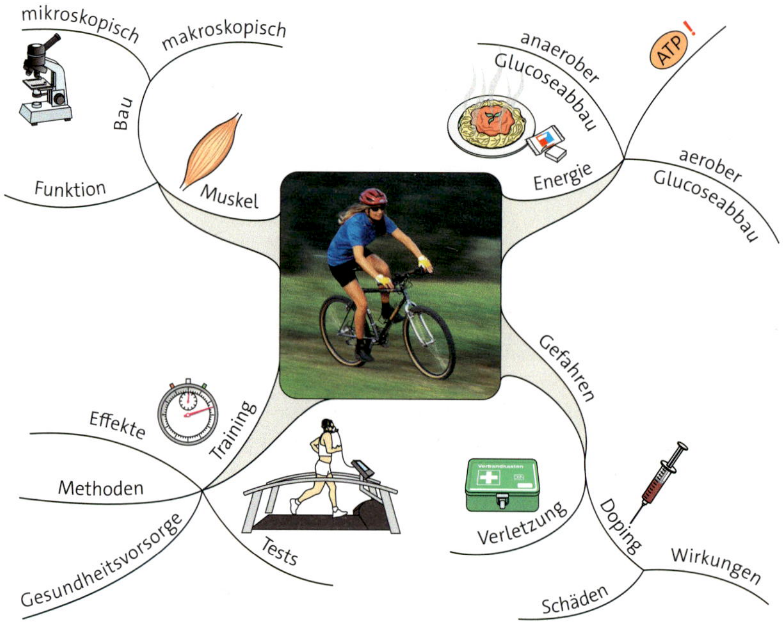

Grundlagen

Lange Zeit nahm man an, dass Muskelkater durch eine Übersäuerung der Muskulatur hervorgerufen wird, weil die Sauerstoffversorgung bei starker Belastung nicht mehr ausreicht. Die notwendige Energie wird dann durch Milchsäuregärung bereitgestellt. Heute geht man davon aus, dass es besonders durch schnell abbremsende Belastungen wie Sprunglandungen, aber auch durch mangelnde Koordination von Muskelfasern beim Einüben neuer Bewegungen zu kleinsten Rissen im Muskelgewebe kommt (> Bild 1). Die Schmerzempfindung entsteht dabei erst durch Flüssigkeitseinlagerungen und Entzündungsprozesse, die im umliegenden Bindegewebe Schmerznerven reizen.

Neue Techniken sollte man daher vorsichtig und mit geringer Intensität erlernen. Besonders wichtig ist die Aufwärmphase vor dem Training: Durch die Muskelaktivität steigt die Körpertemperatur und die Stoffwechselaktivität erhöht sich entsprechend der RGT-Regel. Die gesteigerte Durchblutung verbessert Sauerstoff- und Nährstoffversorgung. Nach dem Training ist der Körper erschöpft. Die Energie- und Flüssigkeitsspeicher müssen wieder aufgefüllt werden.

Manche erliegen der Versuchung, durch Dopingmittel ohne hartes Training Höchstleistungen zu erreichen, oder nehmen solche Mittel, um sogar noch intensiver trainieren zu können..

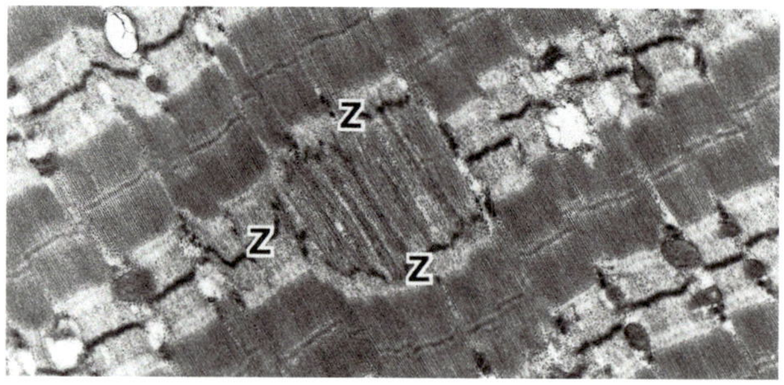

1 *Verletzte Myofibrillen im EM-Bild. Die Z-Scheibe in der Mitte ist in zwei Teile zerrissen.*

2 *Beim Training*

Basisinformationen

Bau der Muskeln (> S. 116) | RGT-Regel (> S. 130) | Milchsäuregärung (> S. 120)

1. Mehrere Versuchspersonen steigen bis zur Erschöpfung mit einem Bein auf einen Stuhl hinauf und mit dem anderen hinab. Beschreiben und erklären Sie auftretende körperliche Veränderungen. Protokollieren Sie die Beschwerden der Versuchspersonen an den Folgetagen. Erklären Sie Unterschiede.
2. Vergleichen Sie anhand des EM-Bilds eine verletzte mit einer normalen Myofibrille.
3. Manche Sportler nehmen gern colahaltige Erfrischungsgetränke nach dem Training zu sich. Beurteilen Sie deren Eignung als Sportgetränk.

Muskelzellen brauchen Energie

Muskelzellen und die aus verschmolzenen Muskelzellen bestehenden *Muskelfasern* besitzen grundsätzlich die gleichen Organellen und Strukturen wie andere Körperzellen. Besondere Differenzierungen ermöglichen ihre Fähigkeit zur *Kontraktion*. Neben den zahlreichen Mitochondrien kommt dem endoplasmatischen Reticulum besondere Bedeutung zu. Ausgehend von der Zellmembran durchzieht es als *sarkoplasmatisches Reticulum* die ganze Zelle und setzt bei Erregung durch den Nerv Calcium frei, wodurch die Kontraktion der Muskelfasern ausgelöst wird.

Bei den Muskelfasern kann man zwischen den weißen (hellen) und den roten (dunklen) Fasertypen unterscheiden. Die weißen kontrahieren schnell und werden daher auch als *FT-Fasern (fast twitch)* bezeichnet. Sie eignen sich besonders für explosive Bewegungen wie Sprints und Sprünge. Sie sind reich an energiereichen Phosphaten und Glykogen sowie Enzymen der anaeroben Energiebereitstellung. Die roten Muskelfasern kontrahieren eher langsam und werden als *ST-Fasern (slow twitch)* bezeichnet. Sie sind im Gegensatz zu den roten Muskelfasern ausdauernd und geeignet für Dauerleistungen, enthalten ebenfalls viel Glykogen, aber mehr Mitochondrien im Vergleich zum Zellplasma. In jedem Muskel sind stets beide Fasertypen vertreten.

Für seine Arbeit braucht der Muskel Energie. Seine unmittelbare Energiequelle, *ATP*, reicht nur für wenige Sekunden. Ist der Vorrat erschöpft, greift die Zelle nach einer festliegenden Hierarchie auf unterschiedliche Energiereserven zurück. Zunächst wird *Kreatinphosphat* genutzt. Seine Phosphatgruppe wird abgespalten und auf ADP übertragen, sodass ATP regeneriert wird. Doch auch Kreatinphosphat reicht nur kurzfristig. Für längere Muskelarbeit müssen die energiereichen Phosphate durch Abbau von Glucose und Glykogen bereitgestellt werden.

Zu Beginn der sportlichen Leistung ist der Körper nicht in der Lage, den Sauerstoffbedarf zu decken. Die Glucose wird anaerob zu *Milchsäure (Lactat)* abgebaut. Die Säure reichert sich in Muskelfasern und Blut an. Das macht sich in Seitenstechen bemerkbar. Erst wenn die Belastungsintensität vermindert und den Muskelzellen genügend Sauerstoff zugeführt wird, ist der ökonomischere aerobe Abbau von Glucose und Fett möglich. Die Energiereserven werden am schnellsten durch kohlenhydratreiche Kost aufgefüllt.

Basisinformationen

Bau der Muskeln (> S. 116) | Zellorganellen (> S. 24–27) | Gärung (> S. 114) | Zellatmung (> S. 106, S. 112)

1. Die Verteilung von FT- und ST-Fasern ist genetisch bedingt. Erläutern Sie die Aussage, dass es „geborene“ Sprinter und „geborene“ Ausdauersportler gibt.
2. Erklären Sie die verschiedenen Formen der Energiebereitstellung am Beispiel 800-m-Lauf (> Bild 2).
3. Zeichnen Sie eine entsprechende Kurve für einen langsamen Lauf über 20 Minuten.
4. Geben Sie Vor- und Nachteile der anaeroben und aeroben Energiebereitstellung an.

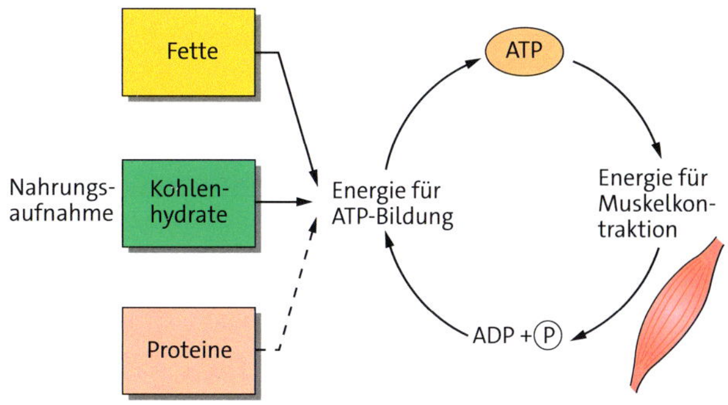

1 *Damit längere Muskelarbeit möglich ist, muss ATP regeneriert werden.*

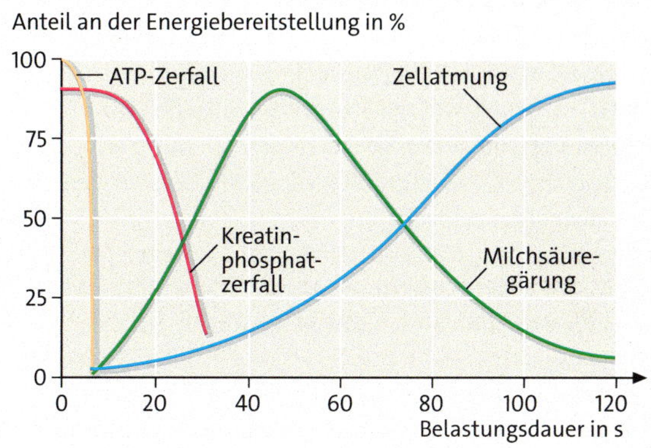

2 *Energiebereitstellende Prozesse in der Muskelzelle*

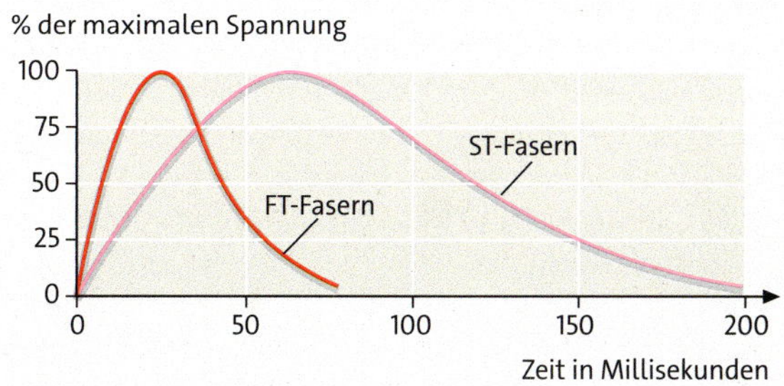

3 *ST-Fasern und FT-Fasern im Vergleich*

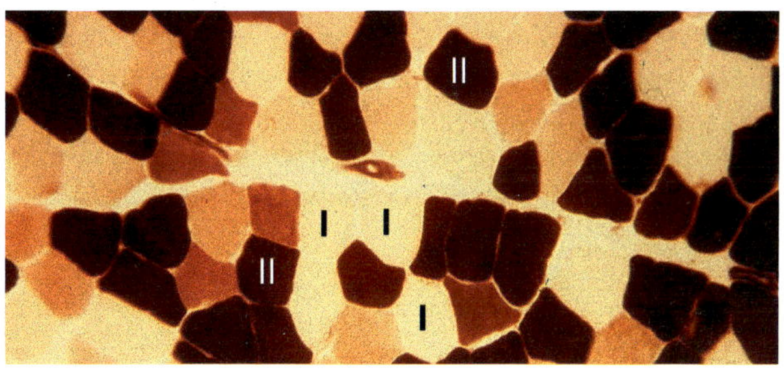

4 *ST- und FT-Faserverteilung in einem quer geschnittenen Skelettmuskel. Bei der gewählten Färbemethode erscheinen die FT-Fasern (II) dunkel, die ST-Fasern (I) hell.*

Untersuchungen rund um den Sport

Herstellen eines Muskelfaserpräparats

Material: Rindfleisch, Messer, Präpariernadel, physiologische Kochsalzlösung (0,9 %), Essigsäure (2 %), Mikroskop und Zubehör

Durchführung: Schneiden Sie ein kleines Stück aus dem Rindfleisch längs zur Faserrichtung und zerzupfen Sie es mithilfe zweier Präpariernadeln in der Kochsalzlösung. Mikroskopieren Sie das Präparat. Beachten Sie dabei die Querstreifung. Saugen Sie anschließend 2%ige Essigsäure durch das Präparat. Die Zellkerne treten dann deutlich hervor.

Fertigen Sie eine Zeichnung an.

Vergleichen Sie das mikroskopische Bild mit der Schemazeichnung auf Seite 116.

Coopertest

Mithilfe dieses Lauftests kann man die eigene aerobe Ausdauerleistungsfähigkeit ermitteln und damit die Fähigkeit, die Muskeln mit ATP aus der Zellatmung zu versorgen.

Material: Stoppuhr, evtl. Messband, 400-m-Laufbahn

Durchführung: Eine Testperson soll innerhalb von 12 Minuten eine möglichst lange Strecke zurücklegen. Dabei soll eine gleichmäßige Geschwindigkeit eingehalten werden (kein Endspurt!). Die Ausdauerleistungsfähigkeit kann anhand der zurückgelegten Strecke aus der Tabelle rechts abgelesen werden. Der Test erfordert eine hohe Motivation, um tatsächlich aussagekräftig zu sein.

Arbeit mit Pulsmessgeräten

Die maximale Pulszahl sollte beim Training den Wert 200 minus Lebensalter nicht überschreiten. Deshalb ist es wichtig, die eigene Pulsfrequenz einschätzen zu können.

Material: Pulsfrequenzmessgerät, Klebestreifen, evtl. Sportgeräte wie Springseile

Durchführung: Probieren Sie zunächst eigenständig verschiedene Übungen aus. Lesen Sie dann jeweils Ihren Puls ab. Sollte kein Pulsmessgerät zur Verfügung stehen, empfiehlt es sich, die Übungen in Partnerarbeit durchzuführen. Dabei führt ein Partner die Übung aus, der andere misst anschließend dessen Puls, zum Beispiel an der Halsschlagader.

Berechnen Sie Ihre maximale Pulszahl (also 200 minus Lebensalter) und erstellen Sie danach für sich eine Pulskarte entsprechend der Tabelle unten. In drei verschiedenen Übungsdurchläufen sollen Sie einen bestimmten Prozentsatz Ihres maximalen Pulswerts erreichen. Tragen Sie die jeweils zu erreichenden Pulswerte in Ihre Tabelle ein.

Kleben Sie zunächst das Zifferblatt des Pulsmessgeräts ab und schätzen Sie Ihren Puls jeweils während der drei Übungsdurchläufe. Erst danach lesen Sie die tatsächliche Pulsfrequenz ab. Vergleichen Sie Ihre geschätzten Werte mit den tatsächlichen.

Auswertung Coopertest (nach: Deutscher Sportbund)

Männer				
Kondition	bis 30 J.	30–39 J.	40–49 J.	50 Jahre
sehr gut	2 800	2 650	2 500	2 400
gut	2 400	2 250	2 100	2 000
befriedigend	2 000	1 850	1 650	1 600
mangelhaft	1 600	1 550	1 350	1 300
ungenügend	weniger Meter als bei „mangelhaft“			
Frauen				
Kondition	bis 30 J.	30–39 J.	40–49 J.	50 Jahre
sehr gut	2 600	2 500	2 300	2 150
gut	2 150	2 000	1 850	1 650
befriedigend	1 850	1 650	1 500	1 350
mangelhaft	1 550	1 350	1 200	1 050
ungenügend	weniger Meter als bei „mangelhaft“			

Jungen							
Kondition	11 J.	12 J.	13 J.	14 J.	15 J.	16 J.	17 J.
ausgezeichnet	2 800	2 850	2 900	2 950	3 000	3 050	3 100
sehr gut	2 600	2 650	2 700	2 750	2 800	2 850	2 900
gut	2 200	2 250	2 300	2 350	2 400	2 450	2 500
befriedigend	1 800	1 850	1 900	1 950	2 000	2 050	2 100
mangelhaft	1 200	1 250	1 300	1 350	1 400	1 450	1 500

Mädchen
200 Meter weniger als Jungen in allen Klassen.

Lactattest

Eine Übersäuerung des Bluts bei körperlicher Belastung führt zu einem Leistungsabfall. In der Sport- und Arbeitsmedizin wird daher die sogenannte anaerobe Schwelle (4 mmol Milchsäure bzw. Lactat pro Liter = 0,36 %) ermittelt, das ist der Belastungswert, bei dem sich die Bildung von Milchsäure und deren Abbau die Waage halten. Auf einem Ergometer oder Laufband wird die Leistung stufenweise gesteigert. Dazwischen wird der Testperson Blut abgenommen und mithilfe eines Messgeräts die Milchsäurekonzentration bestimmt.

Auf diese Weise lässt sich auch ein Trainingserfolg ablesen und die Effizienz von Trainingsmethoden kontrollieren.

1. Beschreiben und erläutern Sie am Beispiel eines Untrainierten die Änderung der Milchsäurekonzentration bei steigender Belastung (> Bild unten).
2. Erläutern Sie den Effekt von Ausdauertraining.

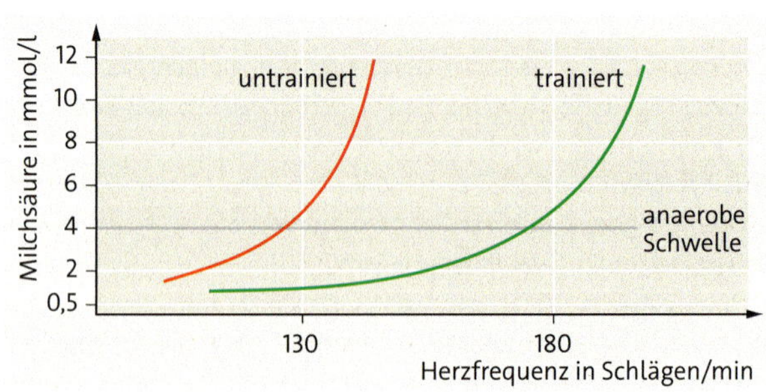

Übungsdurchlauf Nr.	zu erreichender Prozentsatz Ihrer max. Pulszahl	zu erreichender Pulswert (Sollwert) in Pulsschlägen/min	erreichter Pulswert (Istwert) in Pulsschlägen/min
1	60 %	?	?
2	75 %	?	?
3	90 %	?	?

Leistungssteigerung allein durch Sport?

Trainingseffekte

Die körperliche Belastung beim Training führt zu einem Abbau von Energiereserven und damit zunächst zu einer *Verminderung der Leistungsfähigkeit* (> Bild 1). Deshalb muss bei der Trainingsplanung stets die Erholung mitberücksichtigt werden.

Die *Leistungssteigerung* durch Training resultiert aus der Eigenschaft des Körpers, sich stärkeren Belastungen anpassen zu können. Die vorangegangene Belastung wird dabei nicht nur ausgeglichen, sondern sogar überkompensiert *(Superkompensation)*. Die Energiedepots werden vermehrt und die Innervation verbessert, sodass sich mehr Muskelfasern kontrahieren und die Koordination optimiert wird. Weiteres Ausdauertraining führt zur Vergrößerung des Muskelquerschnitts, der bereitgehaltenen Enzymmengen sowie der Zahl und Größe der Mitochondrien. Diese Effekte sind jedoch nur durch 8–12 Wiederholungen der Reizeinwirkungen bei mittlerer Intensität zu erreichen. Wenige maximale Reize bewirken lediglich eine kurzfristige Steigerung der Koordination.

Ausdauer ist zwar grundlegende Voraussetzung für Sportlerinnen und Sportler, jedoch geht ein „Zuviel" an Ausdauertraining unter Umständen auf Kosten von Schnelligkeit und Schnellkraft, da es zur Umwandlung von FT-Fasern in ST-Fasern kommen kann. (Die umgekehrte Veränderung konnte dagegen bisher nicht festgestellt werden.)

Regelmäßiges Ausdauertraining hat nachweislich *gesundheitsfördernde Effekte* durch die positive Wirkung auf Risikofaktoren wie Bluthochdruck, Übergewicht und Diabetes mellitus. Das beruht vor allem auf der Beeinflussung von Herz-Kreislauf-System und Stoffwechsel. Die Herzschlagfrequenz und das Schlagvolumen in Ruhe nehmen ab. Das Herz arbeitet „im Schongang" und kann Belastungen besser standhalten. Ebenso konnte ein positiver Einfluss auf *hormoneller Ebene* festgestellt werden. So steigt die Insulinausschüttung an und die Zahl der Insulinrezeptoren an den Muskelzellen wird vermehrt. Die Bindung von Insulin an diese Rezeptoren aktiviert verschiedene Prozesse, die den Blutzuckerspiegel senken. Der Einbau von Transportproteinen in die Zellmembran steigert die Glucoseaufnahme in die Zellen. Dadurch wird der Entstehung von Diabetes entgegengewirkt.

Doping

Vom Sport können aber auch ernste Gefahren ausgehen, wenn zu sehr der Erfolg und zu wenig das Wohl der Sportlerinnen und Sportler im Vordergrund stehen. Zu diesen Gefahren gehört *Doping*. Als Doping bezeichnet man den Versuch, die Leistungsfähigkeit des Körpers durch *chemische Substanzen oder Methoden* zu steigern, die *laut Dopingliste verboten* sind. Zum einen wird dadurch eine Leistungssteigerung bezweckt, etwa durch Erhöhung der Muskelkraft, verbesserte Sauerstoffversorgung der Muskeln oder beschleunigte Regeneration. Zum anderen können auch psychische Komponenten beeinflusst werden, wie Überhöhung des Selbstvertrauens oder Unterdrückung von Erschöpfungssymptomen und Schmerz. Doping ist mit hohen gesundheitlichen Risiken verbunden, da körperliche Warnsignale ausgeschaltet werden. Es kann im Extremfall tödlich ausgehen. Heute stellt Doping nicht nur ein Problem im Leistungssport dar, sondern betrifft auch Breitensport und Fitnessbereich.

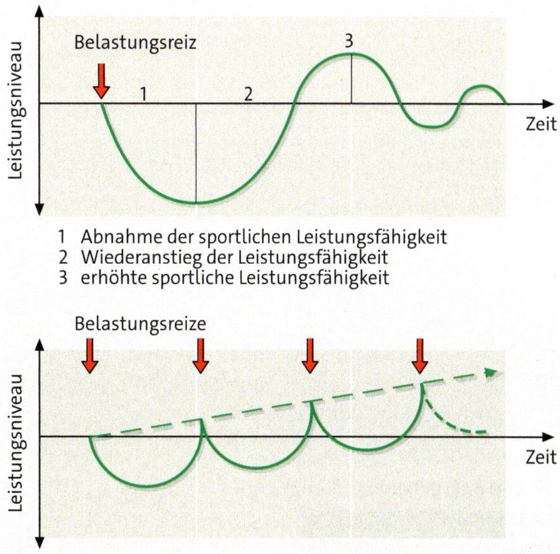

1 *Schema der Superkompensation (oben) und Nutzen des Superkompensationseffekts für ein optimales Training*

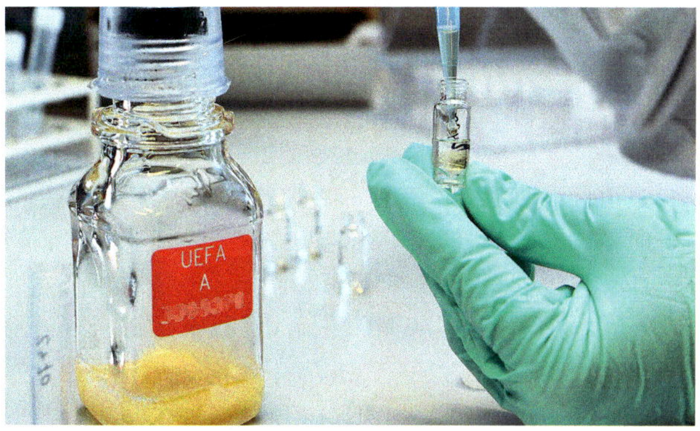

2 *Im Leistungssport sollen Dopingkontrollen den Einsatz unerlaubter Mittel unterbinden.*

1. Versetzen Sie sich in die Lage einer jungen Sportlerin oder eines jungen Sportlers: Sie sind begeisterte Schwimmerin/begeisterter Schwimmer und nehmen an Wettkämpfen teil. Durch einen Unfall konnten Sie längere Zeit nicht trainieren. Es droht Ihnen der Ausschluss aus der Mannschaft. Sie erfahren, dass und wie Sie „unterstützende Medikamente" bekommen können.
   Tragen Sie die Argumente zusammen, die für und gegen den Einsatz von Dopingmitteln sprechen.
   Geben Sie an, inwieweit folgende Werte berührt sind: Fairness, Gerechtigkeit, Aufrichtigkeit, Recht auf Freude am Leben, auf Entwicklung der Persönlichkeit, auf Selbstbestimmung in Freiheit.
   Stellen Sie in einer Diskussionsrunde die Argumente vor.
   Nennen Sie Handlungsoptionen, die Sie für sich sehen.
2. Informieren Sie sich über Dopingsubstanzen und -methoden. Stellen Sie in einer Tabelle die Wirkung und das Gesundheitsrisiko dar.

Biologische Prinzipien: Stoffwechsel

Struktur und Funktion

Der Austausch von Stoffen spielt sich vor allem an äußeren und inneren Oberflächen ab. Daher sind Strukturen, die dem Stoff- und Energiewechsel dienen, im typischen Fall großflächig und speziell gestaltet. Dies zeigt sich sowohl auf der Ebene der Organe als auch der von Zellen. Auf der Ebene der Moleküle wird der Zusammenhang von Struktur und Funktion durch das „Schlüssel-Schloss-Prinzip" modellhaft verdeutlicht.

1. Beschreiben Sie, durch welche Strukturmerkmale Darm und Lunge ihre Funktion zum Stoffaustausch erfüllen können (> S. 100, S. 105).
2. Stellen Sie am Beispiel Mikrovilli und Mitochondrien die Bedeutung dieser Strukturen für Stoff- und Energiewechsel dar (> S. 100, S. 110–112).
3. Erläutern Sie die Funktionsweise der Enzyme mithilfe des Schlüssel-Schloss-Prinzips (> S. 78).

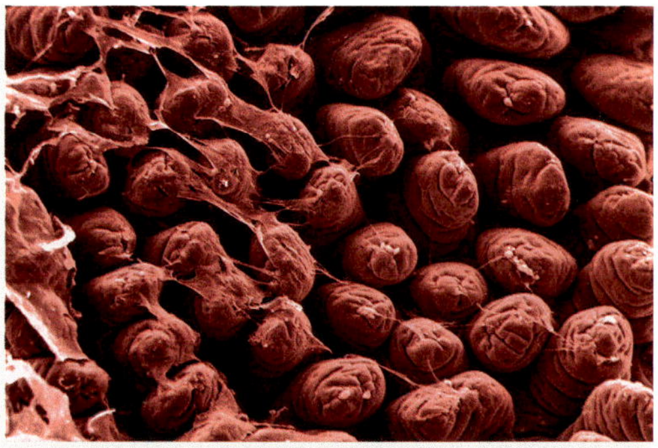

Zotten des Dünndarms. In die fingerförmigen Ausstülpungen der Darmwand ziehen Blut- und Lymphgefäße.

Stoff- und Energieumwandlung

Rote Waldameisen decken ihren Energiebedarf zum Teil durch süße Ausscheidungen der Blattläuse.

Lebewesen können nur existieren, wenn sie Stoffe aufnehmen, sie in körpereigene Stoffe umwandeln und aus deren Abbau Energie für ihre Lebensvorgänge gewinnen. Die von Pflanzen produzierten energiereichen Stoffe werden über die Nahrungsketten von den Tieren und Menschen für deren Bau- und Betriebsstoffwechsel genutzt.

1. Stellen Sie dar, wodurch Umwandlungsprozesse in Zellen möglich sind (> S. 77).
2. Begründen Sie, wieso ATP als der wichtigste Energieüberträger in den Zellen der Organismen angesehen wird (> S. 107).
3. Zeigen Sie, dass die Energieausbeute der Lebewesen durch Zellatmung besser ist als durch Gärung (> S. 113, S. 114).

Kompartimentierung

In den Leuchtorganen findet sich das zur Lichterzeugung nötige Enzym Luciferase nur in den Peroxisomen.

Bei Vielzellern finden viele Stoffwechselreaktionen in spezialisierten Organen, Geweben und Zellen statt. Von größter Wichtigkeit für den Stoffwechsel sind die durch Membranen getrennten Reaktionsräume innerhalb der Eucyte. Verschiedene Stoffwechselwege können so in getrennten Kompartimenten ungestört gleichzeitig ablaufen.

1. Weisen Sie am Beispiel der menschlichen Verdauungsenzyme die Notwendigkeit von Kompartimenten nach (> S. 82).
2. Zeigen Sie am Beispiel der Zellatmung, wie die Trennung von Stoffwechselwegen ermöglicht wird (> S. 106).
3. Verdeutlichen Sie die Bedeutung der Kompartimentierung innerhalb der Mitochondrien für die ATP-Synthese (> S. 112).

Variabilität und Angepasstheit

Seit es Leben auf der Erde gibt, waren die Lebewesen immer wieder gezwungen, sich neue Energie- und Stoffquellen zu erschließen. Voraussetzung dafür, dass alternative Stoffwechselwege entstehen und sich die Organismen veränderten Bedingungen anpassen können, ist ihre genetische Variabilität. So zeugt die Vielfalt der Stoffwechselformen vor allem auch bei Mikroorganismen bis heute von solchen erfolgreichen „Experimenten" des Lebens.

1. Belegen Sie die Aussage, dass die Grundlage solcher Angepasstheiten die Ausstattung mit Enzymen ist (> S. 80, S. 114).
2. Zeigen Sie an Beispielen aus dem Alltag, wie sich die Menschen diese Variabilität zunutze machen (> S. 87, S. 91).
3. Variabilität kann auch durch Modifikation ermöglicht werden. Stellen Sie dies am Beispiel der Muskeln dar (> S. 123).

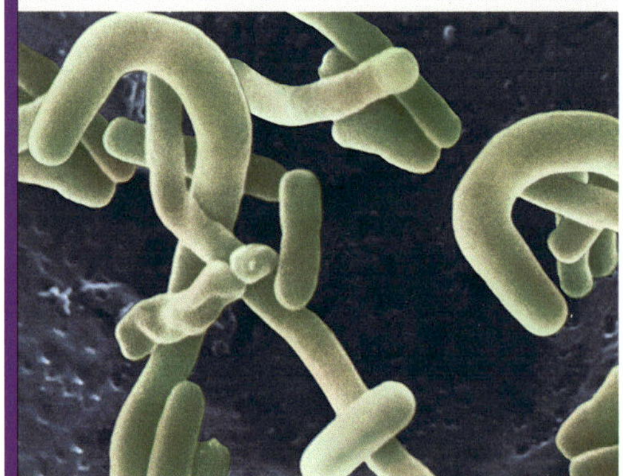

Milchsäurebakterien sind die einzigen Lebewesen, die die Energie für ihre Lebensvorgänge ausschließlich durch Milchsäuregärung gewinnen.

Steuerung und Regelung

Turmfalke bei der Jagd. Die Nahrungssuche ist Teil der Stoffwechselregulation.

Lebende Systeme sind nur dann stabil, wenn Eintrag, Verarbeitung und Austrag von Stoffen im Gleichgewicht stehen und auf die jeweiligen Bedingungen abgestimmt sind. Die Steuerung und Regelung des Stoffwechsels ist daher von zentraler Bedeutung für Lebewesen. Stoffe, die das Stoffwechselgeschehen regulieren oder steuern, können bei Bedarf hergestellt werden. Dabei handelt es sich größtenteils um Proteine, vor allem Enzyme, deren Aktivität darüber hinaus auch reguliert werden kann.

1. Beschreiben Sie die Möglichkeiten zur Regulation der Enzymaktivität (> S. 86/87).
2. Stellen Sie dar, wie ein Organismus auf verstärkten Energiebedarf reagiert (> S. 107, S. 109).
3. Erläutern Sie, wie sichergestellt wird, dass im menschlichen Körper stets ausreichend Glucose zur Verfügung steht (> S. 111).

Reproduktion

Die Stoffwechselleistung des Huhns bei der Reproduktion wird wirtschaftlich genutzt.

Fortpflanzungszeiten, Anzahl und Größe der Nachkommen stehen mit dem Stoffwechsel in engem Zusammenhang: Während ein Huhn Eier legt, verdoppelt es seinen Bedarf an Calcium und Proteinen und wendet über ein Drittel der Nahrungsenergie für die Eibildung auf. Auch Sexuallockstoffe, Balzverhalten und dafür notwendige „Schauapparate" erfordern einen erheblichen Aufwand an Stoffen und Energie. Reproduktion ist daher immer auch Produktion, also eine Leistung des Stoffwechsels.

1. Stellen Sie die Bedeutung des Citratzyklus für grasfressende Säugetiere dar, die Milch zur Aufzucht ihrer Nachkommen produzieren (> S. 111).
2. Begründen Sie, warum Hefezellen ihre Reproduktion einstellen, wenn sie unter anaeroben Bedingungen gehalten werden (> S. 114).

Geschichte und Verwandtschaft

Die heute bestehende Vielfalt der Lebewesen ist das Ergebnis einer etwa 3,5 Milliarden Jahre dauernden Evolution. Die ersten Zellen waren einfache Gebilde, die den heutigen Bakterien ähnelten. Die frühe Evolution des Lebens auf der Erde war vor allem eine Evolution des Stoffwechsels. Die Hauptwege des Energiestoffwechsels stimmen heute bei fast allen Lebewesen überein.

1. Glykolyse und verschiedene Gärungen sind „Allgemeingut" aller Organismen. Nennen Sie mögliche Schlussfolgerungen im Hinblick auf Geschichte und Verwandtschaft der Lebewesen (> S. 109, S. 114).
2. Belegen Sie, dass durch den zunehmenden Sauerstoffgehalt der Atmosphäre aufgrund der „Erfindung" der Sauerstoff produzierenden Fotosynthese eine viel effizientere Nutzung organischer Stoffe möglich wurde (> S. 112).

Diese Stromatolithen bestehen aus Schichten versteinerter Cyanobakterienmatten. Sie gehören zu den ältesten Lebensspuren, die man kennt.

Information und Kommunikation

Quantität und Qualität des Stoffwechsels hängen von äußeren und inneren Faktoren ab. Daher stehen Zellen mit ihrer Umgebung und mit anderen Zellen in einem Informationsaustausch. Entsprechend sind alle Zellmembranen mit Rezeptormolekülen bestückt, die spezifische – über Hormone oder Neurotransmitter vermittelte – Informationen aufnehmen und so Reaktionen im Zellstoffwechsel in Gang setzen.

1. Geben Sie die Faktoren an, die in Muskelzellen zur Umstellung des Stoffwechsels auf Milchsäuregärung führen (> S. 107, S. 114, S. 121).
2. Wenn uns „das Wasser im Mund zusammenläuft", zeigt sich der Zusammenhang zwischen Information und Stoffwechsel. Erklären Sie dieses Phänomen (> S. 100).

Kurz nachdem die Information über die Torte das Gehirn erreicht, beginnen die Speicheldrüsen Verdauungsenzyme abzugeben.

Glossar

aerob: in Anwesenheit von Sauerstoff verlaufende Stoffwechselvorgänge. Ggs.: > anaerob.

aktiver Transport: Stofftransport gegen ein Konzentrationsgefälle unter Energieeinsatz mithilfe eines > Carriers. Ggs.: > passiver Transport.

aktives Zentrum: der für Bindung und Umsetzung des Substrats spezifisch wirksame Teil eines Enzymmoleküls (> Enzym).

Aktivierungsenergie: zur Überführung von Stoffen in einen reaktionsbereiten Zustand erforderliche > Energie.

anabol: Stoffwechselvorgang mit aufbauender Wirkung im > Baustoffwechsel. Ggs.: > katabol.

anaerob: unter Mangel oder Ausschluss von Sauerstoff verlaufende Stoffwechselvorgänge. Ggs.: > aerob.

Angepasstheit: lebenserhaltend zweckmäßige Übereinstimmung von Lebewesen mit ihrer Umwelt in Entwicklung, Bau und Leistung; als Anpassung bezeichnet man die zu Angepasstheit führenden Vorgänge der > Evolution.

Antikörper: von Immunzellen gebildete > Proteine, die sich hochspezifisch an Fremdmoleküle (Antigene) binden, mit denen die Immunzellen zuvor in Kontakt kamen.

Apoptose: kontrollierte Eliminierung einzelner Zellen (genetisch programmierter Zelltod) während der Keimesentwicklung oder aufgrund krankhafter Veränderung von Zellen.

Archaeen (Archaebakterien): bakterienähnliche > Prokaryoten, in einigen Merkmalen von Bakterien abweichend und den > Eukaryoten näherstehend; oft in extremen Lebensräumen.

Assimilation: > Baustoffwechsel.

Atmung: 1) Austausch der Atemgase O_2 und CO_2 (äußere Atmung); 2) Aufnahme und Verarbeitung von Sauerstoff in den Zellen zur > aeroben Energiegewinnung in > Mitochondrien (innere Atmung > Zellatmung).

Atmungskette: Kette von > Redoxreaktionen zur Oxidation von Wasserstoff durch Sauerstoff bei der > Zellatmung und zur Gewinnung von ATP (Atmungsketten- > Phosphorylierung); Grundlage sind hintereinandergeschaltete Redoxsysteme (Multienzymkomplexe) der inneren > Mitochondrien-Membran.

ATP (Adenosintriphosphat): wichtigster > Energieträger im Zellstoffwechsel aller Lebewesen („universelle Energiewährung"). ATP überträgt durch Abspaltung einer > Phosphatgruppe und Bildung von Adenosindiphosphat (ADP) 29 kJ je mol chemische Energie auf die verschiedensten Substrate bei > endergonischen Reaktionen.

Auflösungsvermögen: Fähigkeit, Objekte geringen Abstands getrennt voneinander abzubilden (räumliches Auflösungsvermögen), begrenzt die Leistung eines optischen Systems (Auge oder Mikroskop).

autotroph: „sich selbst ernährend"; Stoffwechsel, der neben Energie nur anorganische Ausgangsstoffe benötigt, um organische Stoffe zu bilden, z. B. > Fotosynthese. Ggs.: > heterotroph.

Base: Stoff, der bei Reaktion > Protonen aufnimmt. Ggs.: Säure; stickstoffhaltige, organische Basen sind als Bausteine der > Nukleinsäuren biologisch besonders wichtig.

Baustoffwechsel: Aufbau eigener Substanz aus aufgenommenen Stoffen (Assimilation). Ggs.: > Energiestoffwechsel.

Betriebsstoffwechsel: > Energiestoffwechsel.

Biokatalysator: > Enzym.

Biomembran: > Membran.

Biotechnologie: Verfahren zur industriellen Produktion von Gütern auf der Grundlage (mikro-)biologischer Prozesse.

Brennwert: Energiegehalt eines Stoffs bei Verbrennung im > Kalorimeter (physikalischer Brennwert) oder beim Abbau im Körper (physiologischer Brennwert).

Carrier: Transportproteine (Transporter) zum kontrollierten > passiven oder > aktiven Stofftransport durch die Zellmembran; Carrier binden Stoffe sehr spezifisch und schleusen sie unter Änderung der eigenen Konformation durch die Zellmembran.

Centromer: Ansatzstelle der Spindelfasern am > Chromosom bei der > Mitose, Verbindungsstelle der > Chromatiden.

Chlorophyll: wichtigstes Blattpigment zur Absorption von Licht bei der > Fotosynthese.

Chloroplasten: Organellen der Fotosynthese in pflanzlichen Zellen; durch doppelte Membran vom > Cytoplasma abgegrenzt und mit > Thylakoiden als chlorophylltragendem Membransystem.

Chromatiden: die beiden (Längs-)Spalthälften eines > Chromosoms, vor dessen Teilung bei der > Mitose am > Centromer verbunden; die Chromatiden eines Chromosoms enthalten je ein identisches > DNA-Molekül.

Chromatin: mit basischen Farbstoffen färbbarer Komplex im > Zellkern aus > DNA und > Proteinen; entspricht den in aufgelockerter Struktur vorliegenden > Chromosomen im Arbeitskern.

Chromosom: während der > Mitose (nach Färbung) im Mikroskop sichtbare fadenförmige Struktur charakteristischer Gestalt; besteht als Träger der Erbinformation je nach Phase im > Zellzyklus aus einem oder zwei identischen, als > Chromatiden strukturierten DNA-Molekülen.

Cilien: kurze Zellfortsätze (Wimpern, Flimmerhärchen) bei > Eucyten, gebildet aus > Mikrotubuli; dienen meist zur Fortbewegung oder Erzeugung von Wasserströmungen.

Citratzyklus (Tricarbonsäure-, Krebszyklus): zentraler, zyklisch verlaufender Abschnitt der > Zellatmung in der Matrix der > Mitochondrien, dient vor allem zur Bildung von NADH + H^+, ist aber auch Ausgangspunkt verschiedener Biosynthesewege.

Coenzym: organischer, nicht proteinartiger Bestandteil eines > Enzyms; manche Coenzyme wie > NAD^+ werden parallel zum Substrat umgesetzt und daher auch Cosubstrate genannt.

Cofaktor: Metallion als Bestandteil eines > Enzyms.

Cyanobakterien: zur > Fotosynthese fähige > Prokaryoten („Blaualgen") mit > Thylakoiden.

Cytokinese: Zellteilung; der Kernteilung (> Mitose) folgende Verteilung des Cytoplasmas und der Organellen auf die Tochterzellen.

Cytoplasma (Zellplasma): die > Organellen umgebender, von der Zellmembran umschlossener Zellinhalt.

Cytoskelett: Netzwerk aus > Mikrotubuli und > Mikrofilamenten im Cytoplasma für Festigung, Bewegung, Transport.

Decarboxylierung: Abspaltung von CO_2 aus Verbindungen.

Denaturierung: Veränderung der > Konformation von > Nukleinsäuren oder > Proteinen, z. B. durch Hitze oder hohe Ionenkonzentration, unter Verlust der biologischen Aktivität.

Dictyosom: Stapel flacher Membranzisternen im > Cytoplasma, in denen Syntheseprodukte des > endoplasmatischen Reticulums verarbeitet und in > Vesikel verpackt werden. Die Gesamtheit aller Dictyosomen einer Zelle wird als Golgi-Apparat bezeichnet.

Differenzierung: Entwicklungsvorgang, durch den Zellen eine für ihre Funktion spezifische Ausgestaltung erfahren.

Diffusion: selbstständige Durchmischung der Teilchen gasförmiger, flüssiger oder gelöster Stoffe bis zum Konzentrationsausgleich aufgrund ihrer ungerichteten Wärmebewegung.

Dissimilation: > Energiestoffwechsel.

DNA (Desoxyribonukleinsäure): „Erbsubstanz"; > Nukleinsäuremakromolekül aus einem Doppelstrang von Nucleotiden, die ihrerseits aus je einem Molekül Desoxyribose, > Phosphat und einer von vier verschiedenen organischen > Basen bestehen. Die durch Wasserstoffbrücken verbundenen Nucleotidstränge ermöglichen eine identische Verdopplung (> Replikation) des Moleküls. Die Basensequenz entspricht der Erbinformation.

endergonisch: chemische Reaktion, die der Zufuhr von Energie bedarf. Ggs.: > exergonisch.

Endocytose: Aufnahme von Stoffen in eine Zelle durch Einschluss in > Vesikel. Ggs.: > Exocytose. Endocytose fester Teilchen heißt Phagocytose, die von Flüssigkeit Pinocytose.

endoplasmatisches Reticulum (ER): inneres Membransystem der > Eucyte für Synthese, Verarbeitung und Transport von Stoffen, besonders von Proteinen (im rauen ER mit seinen angelagerten Ribosomen) und von Lipiden (im glatten ER).

Endosymbiontentheorie: erklärt die Herkunft der > Organellen (vor allem Mitochondrien und Plastiden) in der Evolution der > Eucyte mit der Aufnahme prokaryotischer Symbionten in die Zelle.

Energie: Fähigkeit eines > Systems, Arbeit zu leisten.

Energiestoffwechsel: abbauender Stoffwechsel (Betriebsstoffwechsel, Dissimilation) zur Bereitstellung biologisch nutzbarer > Energie. Ggs.: > Baustoffwechsel.

Energieträger: Stoff, durch dessen Umsetzung Energie „gewonnen", also für bestimmte Vorgänge nutzbar gemacht werden kann.

Energieumsatz: bilanzierende Betrachtung der Energieumwandlung bei > Energie- und > Baustoffwechsel mit aufgenommener, gespeicherter und in Arbeit und Wärme umgewandelter Energie; fälschlich manchmal als „Energieverbrauch" bezeichnet.

Enzyme: als Biokatalysatoren (> Katalysator) wirksame > Proteine (selten RNA), oft mit weiteren Bestandteilen (> Coenzym, > Cofaktor); beschleunigen bestimmte Reaktionen spezifischer Stoffe (ihrer Substrate) nach deren vorübergehender Bindung (Enzym-Substrat-Komplex), indem sie die > Aktivierungsenergie des Reaktionswegs herabsetzen.

Epidermis: äußere Zellschicht bei Pflanzen, Deckgewebe (Epithel) von Tieren.

Eucyte: Zelle der > Eukaryoten mit Zellkern und weiteren z. T. membranumhüllten > Organellen. Ggs.: > Procyte.

Eukaryoten: ein- und vielzellige Lebewesen aus > Eucyten; Zellen meist differenziert. Ggs.: > Prokaryoten.

Evolution: Gesamtheit aller auf biologischer Information und ihrer Weitergabe beruhender Prozesse der Entstehung, Umwandlung und Weiterentwicklung des Lebens auf der Erde, durch die es zu seiner heutigen Form und Vielfalt gelangt ist.

exergonisch: Energie freisetzende Reaktion. Ggs.: > endergonisch.

Exocytose: Ausschleusung von Stoffen aus einer Zelle nach Einschluss in > Vesikel. Ggs.: > Endocytose.

Fixierung: konservierende Behandlung biologischer Objekte zur Herstellung haltbarer Präparate; Ziel ist vor allem die > Denaturierung der > Proteine unter Erhalt der Struktur.

Fließgleichgewicht: Gleichgewichtszustand in offenen > Systemen mit ständigem Durchfluss von Stoffen und > Energie.

Fluoreszenz: Abstrahlung von Licht gleicher oder größerer Wellenlänge nach Belichtung.

Fotosynthese: Summe aller Vorgänge, durch die fototroph ge nannte Lebewesen (vor allem Pflanzen und > Cyanobakterien) Strahlungsenergie des Sonnenlichts in chemisch gebundene > Energie überführen.

Gärung: > anaerobe Form des > Energiestoffwechsels mit relativ energiereichen Endprodukten (z. B. Milchsäure, Ethanol).

Geißeln: wie > Cilien gebaute, lange Bewegungsorganellen.

Gentechnik: Verfahren zur Isolierung bestimmter > DNA-Abschnitte, deren Analyse, Neukombination und Einschleusung in Wirtszellen mit dem Ziel der Bildung bestimmter Genprodukte.

Gewebe: Verband gleichartig > differenzierter Zellen.

Glykolyse: Abbauweg der > Kohlenhydrate zur Gewinnung von ATP; > anaerob als > Gärung abgeschlossen, > aerob in > Citratzyklus und > Atmungskette mündend.

Hämoglobin: roter Blutfarbstoff in Erythrocyten; besteht aus dem Protein Globin und dem eisenhaltigen Farbstoff Häm; bindet Sauerstoff und CO_2 reversibel und transportiert sie im Blut.

heterotroph: auf organische Stoffe als Energie- und Kohlenstoffquelle angewiesener Stoffwechsel. Ggs.: > autotroph.

Hydrolyse: Spaltung einer chemischen Bindung unter Umsetzung von H_2O und Einbau von dessen H- und OH-Gruppe.

hydrophil: „wasserliebend". Ggs.: > lipophil (hydrophob). > polar.

Ion: Materieteilchen mit ein bis drei positiven (Kation) oder negativen (Anion) Elementarladungen.

Ionenkanäle: durch spezielle > Proteine gebildete Kanäle in der > Zellmembran. Ionenkanäle steuern die Durchlässigkeit für > Ionen und polare Moleküle, indem sich die > Konformation der Kanalproteine entweder spannungsabhängig oder aber durch Signalstoffe verändert.

Karyogramm: Gesamtheit der > Chromosomen einer Zelle (Karyotyp) in geordneter Darstellung.

katabol: Stoffwechselvorgang mit abbauender Wirkung im > Energiestoffwechsel. Ggs.: > anabol.

Katalysator: Stoff, der, ohne in das Endprodukt einzugehen, die Geschwindigkeit chemischer Reaktionen erhöht, indem er die > Aktivierungsenergie erniedrigt.

Kerntransplantation (Kerntransfer): Übertragung des > Zellkerns einer Zelle in eine andere, zuvor kernlos gemachte Zelle.

Klon: erbgleiche Nachkommen eines Individuums oder einer Zelle.

Kohlenhydrate: wichtige biologische Bau-, Gerüst- und Reservestoffe; Basis des Energiestoffwechsels, meist nach der Summenformel $C_n(H_2O)_n$ zusammengesetzt.

Kompartimente: abgegrenzte Bereiche biologischer Systeme mit unterschiedlichen Bedingungen und daran gebundenen Funktionen; besonders die durch Membranen umschlossenen Bereiche von Zellen oder > Organellen. Kompartimentierung: Bildung oder Existenz von Kompartimenten.

Konformation: räumliche Gestalt eines Moleküls.

Konzentration: Gehalt einer Lösung an einem gelösten Stoff oder Anteil eines Gases an einem Gasgemisch. Konzentrationsunterschiede werden auch als Konzentrationsgefälle bezeichnet.

Lipide: heterogene Stoffgruppe mit schlechter Wasserlöslichkeit; dazu zählen u. a. Fette, Phospholipide und Wachse.

lipophil: in unpolaren organischen Stoffen, vor allem Kohlenwasserstoffen oder > Lipiden, löslich. Ggs.: > hydrophil, > polar.

Lysosomen: vesikelartige > Organellen mit > Enzymen zum Abbau zelleigener und fremder Stoffe.

Membran (Biomembran): grundlegendes Bauelement aller Zellen zur Abgrenzung von der Umgebung (Zellmembran) und von Reaktionsräumen, Träger von > Enzymen und > Rezeptormolekülen, sorgt für kontrollierten Stoffaustausch. Alle Membranen bestehen aus einer Lipiddoppelschicht und verschiedenen Proteinen. Zellmembranen tragen auf ihrer Außenseite auch Kohlenhydrate.

Mikrofilamente: fadenförmige, z. T. kontraktile Proteine, vor allem Aktin und Myosin; Grundlage vieler Bewegungsvorgänge.

Mikrotom: Gerät zur Herstellung mikroskopischer Dünnschnitte.

Mikrotubuli: röhrenförmige Proteinstrukturen, an der Bildung von Cytoskelett, Cilien und Mitosespindel beteiligt.

Mikrovilli: feine bürstensaumartige Zellausstülpungen; dienen der Oberflächenvergrößerung tierischer Zellen.

Mitochondrien: von Doppelmembran umhüllte > Organellen der > Zellatmung, mit > Enzymen von > Citratzyklus und > Atmungskette in verschiedenen > Kompartimenten; in allen > Eucyten vorhanden.

Mitose: Kernteilung, bei der die beiden > Chromatiden jedes > Chromosoms auf die entstehenden Zellen verteilt werden; geht der Teilung des Cytoplasmas (> Cytokinese) voraus.

Modell: stark vereinfachende, abstrahierende Darstellung von Strukturen oder Vorgängen, oft in anderer Dimension.

Mol: Einheit der Stoffmenge; ein Mol entspricht $6 \cdot 10^{23}$ Teilchen und der relativen Atom- bzw. Molekülmasse in g.

Mutation: sprunghafte Veränderung der Erbinformation.

Myoglobin: sauerstoffspeicherndes Protein des Muskels.

NAD^+, $NADP^+$ (Nicotinamidadenindinucleotid, -phosphat): wichtiges Wasserstoff (> Protonen) und Elektronen übertragendes > Coenzym (Cosubstrat) bei Redoxreaktionen (> Redoxsystem); reduzierte Form: $NADH + H^+$ bzw. $NADPH + H^+$.

Natrium/Kalium-Pumpe: spezieller > Carrier in der Membran tierischer Zellen zum > aktiven Transport von Na^+- und K^+-Ionen; in Nervenzellen entscheidend für die Aufrechterhaltung der Erregbarkeit.

Nukleinsäuren: Makromoleküle (> DNA, > RNA), die vor allem der Speicherung und Übertragung von Erbinformation dienen.

Organ: nach Bau und Funktion abgrenzbarer Teil vielzelliger Lebewesen aus mehreren > Geweben.

Organellen: nach Bau und Funktion abgrenzbare Bestandteile eukaryotischer Zellen (> Eucyte), im engeren Sinn nur ihre durch Membranen abgegrenzten > Kompartimente (Mitochondrien, Chloroplasten, endoplasmatisches Reticulum, Dictyosomen).

Osmoregulation: Regulation des Wasser- und Ionengehalts.

Osmose: > Diffusion durch Membranen. Durch ungleiche Diffusion von Wasser und gelösten Stoffen an selektiv permeablen Membranen entsteht ein osmotischer Druck.

Oxidation: Abgabe von Elektronen. Ggs.: > Reduktion.

Parenchym: Grundgewebe aus wenig spezialisierten Zellen.

Partialdruck: von einem Gas ausgeübter Druck in einem Gasgemisch, entspricht seiner Konzentration oder Teilchenzahl.

passiver Transport: Transport von Stoffen in Richtung eines Konzentrationsgefälles. Ggs.: > aktiver Transport.

Peroxisomen: versikelartige Organellen; enthalten Enzyme; Ort verschiedenster Stoffwechselprozesse.

Phagocytose: > Endocytose.

Phosphat (Phosphatgruppe): Säurerest bzw. Anion der Phosphorsäure; an organische Moleküle (z. B. Adenosin, Guanosin, Kreatin) gebunden wichtigster Energieträger im Stoffwechsel (energiereiche Phosphate: > ATP).

Phosphorylierung: Übertragung von Phosphatgruppen unter Energieaufwand; Bildung von > ATP in der > Atmungskette (Atmungskettenphosphorylierung) oder > Fotosynthese (Fotoph.).

pH-Wert: Maßzahl für die > Protonenkonzentration in Lösungen.

Plasmodesmen: Cytoplasmastränge, die die Zellwände von Pflanzenzellen durchziehen und die Zellen miteinander verbinden.

Plastiden: pflanzliche Organellen zur Fotosynthese (> Chloroplasten), Farbstoff- (Chromoplasten) oder Stärkespeicherung (Amyloplasten).

polar: Stoffe, deren Moleküle (Teil-)Ladungen tragen, daher mit Wassermolekülen > Wasserstoffbrücken bilden und somit > hydrophil, d. h. in Wasser gut löslich sind. Im Unterschied dazu sind unpolare Stoffe hydrophob, d. h. wasserabweisend, und lipophil, d. h. in Fetten löslich oder diese bindend.

Population: Gruppe artgleicher Individuen, die zur gleichen Zeit im gleichen Gebiet leben und sich theoretisch ohne Einschränkungen untereinander fortpflanzen, also Gene austauschen können.

Procyte: Organisationstyp der Zelle von > Prokaryoten; ohne Zellkern, andere membranumhüllte Organellen und Cytoskelett. Ggs.: > Eucyte.

Prokaryoten: Lebewesen (Bakterien, Cyanobakterien und Archaeen) aus einzelnen, teilweise auch Kolonien bildenden Zellen vom Organisationstyp der > Procyte. Ggs.: > Eukaryoten.

Proteinbiosynthese: Bildung von > Proteinen aus Aminosäuren an den > Ribosomen im Cytoplasma entsprechend der genetischen Information der > DNA, die über die als Botenmolekül gebildete messenger- > RNA vom Zellkern zu den Ribosomen gelangt.

Proteine (Eiweiße): an fast allen Strukturen und Prozessen des Lebens beteiligte Makromoleküle (Polypeptide) aus Aminosäuren, die durch Peptidbindung (C-N-Bindung) verbunden sind. Die genetisch festgelegte, spezifische Aminosäuresequenz jedes Proteins bestimmt seine vor allem durch > Wasserstoffbrücken stabilisierte > Konformation und damit seine biologischen Eigenschaften.

Proton: Wasserstoffion H^+, liegt in Wasser stets als H_3O^+ (Oxoniumion) vor.

Protonengradient (elektrochemischer Protonengradient): Konzentrations- und Potenzialdifferenz von Protonen an einer Membran; Basis der Energiegewinnung durch > Phosphorylierung.

Redoxpotenzial: Fähigkeit eines Stoffs, bei > Redoxreaktionen Elektronen abzugeben oder aufzunehmen; als Maß für die bei der Reaktion frei werdende Energie verwendbar.

Redoxreaktion: Reaktion, bei der ein Reaktionspartner reduziert, der andere gleichzeitig oxidiert wird.

Redoxsystem: Stoff (oft > Enzym), der reversibel vom oxidierten in den reduzierten Zustand übergehen kann; bewirkt > Redoxreaktionen im Stoffwechsel.

Reduktion: Aufnahme von Elektronen. Ggs.: > Oxidation.

Resorption: Stoffaufnahme in Zellen oder den Körper durch > aktiven Transport oder > Osmose.

Rezeptor: Molekül, Organell oder Zelle (Sinneszelle) zur Aufnahme spezifischer Signale aus Umwelt oder Innenwelt des Organismus.

RGT(Reaktionsgeschwindigkeit-Temperatur)-Regel: Eine um 10 Kelvin (10 °C) höhere Temperatur steigert die Geschwindigkeit einer chemischen Reaktion auf das 2- bis 3-Fache.

Ribosomen: elektronenmikroskopisch sichtbare Zellbestandteile für die Proteinbiosynthese, bestehen aus > RNA und > Proteinen.

RNA (Ribonukleinsäure): Bau ähnlich > DNA, jedoch mit Ribose anstelle von Desoxyribose und der Base Uracil anstelle von Thymin; dient als einsträngige mRNA (messenger-RNA) und tRNA (transfer-RNA) zur Übertragung der Erbinformation bei der > Proteinbiosynthese und ist als rRNA (ribosomale RNA) Baustoff der > Ribosomen.

Stammzellen: undifferenzierte Zellen unterschiedlicher Entwicklungsmöglichkeit; totipotente Stammzellen können einen vollständigen Organismus bilden, pluripotente Stammzellen alle seine Zelltypen, multipotente Stammzellen Zellen eines Gewebetyps.

Stoffwechsel: Gesamtheit der chemischen Reaktionen in einer Zelle oder einem Organismus.

Symbiose: gesetzmäßige Vergesellschaftung artverschiedener Lebewesen (Symbionten) zum wechselseitigen Nutzen.

System: gegen die Umwelt abgegrenztes, geordnetes Ganzes aus untereinander in Beziehung stehenden und sich wechselseitig beeinflussenden Teilen, das zur Selbstregulation fähig ist.

Thylakoide: > Chlorophyll tragende, flache Membranzisternen.

Tracer: Moleküle, die mit speziellen Markierungen versehen wurden (z. B. Fluoreszenzfarbstoffe, radioaktive Isotope) und sich aufgrund dieser Markierungen in Stoffwechselwegen, Zellen oder im Organismus aufspüren oder verfolgen lassen.

Transportproteine (Transporter): > Carrier.

Ultrastruktur: biologische Struktur unterhalb der Auflösungsgrenze (> Auflösungsvermögen) des Lichtmikroskops.

Vakuolen: flüssigkeitsgefüllte Räume in > Zellen (Zellsaft-, Nahrungs-, pulsierende Vakuole) aus fusionierten > Vesikeln.

Verdauung: Abbau großer Nährstoffmoleküle mithilfe von > Enzymen in resorbierbare (> Resorption) Bruchstücke.

Vesikel: membranumhüllte Bläschen im > Cytoplasma für Aufnahme (> Endocytose), Abgabe und Transport von Stoffen.

Viren: Gebilde aus Nukleinsäure und Proteinhülle ohne Stoffwechsel, darauf angewiesen, von Wirtszellen nach deren Infizierung vermehrt zu werden.

Wasserstoffbrücken: schwache elektrostatische Bindungskräfte zwischen gebundenen Wasserstoffatomen und den freien Elektronenpaaren benachbarter O- und N-Atome; sind für die Tertiärstruktur von > Proteinen und für die Basenpaarung in der > DNA von größter Bedeutung.

Zellatmung: > aerobe Form des > Energiestoffwechsels, verläuft teils im Cytoplasma (> Glykolyse), teils in den > Mitochondrien (> Citratzyklus, > Atmungskette).

Zelle: kleinste selbstständig lebens- und vermehrungsfähige biologische Bau- und Funktionseinheit.

Zellkern: von doppelter > Membran umhülltes > Organell, das den größten Teil der Erbinformation der > Eucyte enthält und diese steuert.

Zellkolonie: Verband gleicher, untereinander nicht differenzierter Zellen, die weitgehend eigenständig und vermehrungsfähig sind.

Zellkultur: Anzucht von Zellen, die zuvor aus Gewebe isoliert wurden, in einem künstlichen Nährmedium.

Zellteilung (Cytokinese): die auf die Kernteilung (> Mitose) folgende Teilung des > Cytoplasmas.

Zellzyklus: Folge von Wachstum und Teilung einer > Zelle.

Zygote: durch Vereinigung von Keimzellen entstandene befruchtete Eizelle.

Operatoren in Aufgaben und ihre Bedeutung

Ableiten:
aus allgemeinen Aussagen, Regeln oder Gegebenheiten Folgerungen ziehen oder sie an Beispielen konkretisieren

Analysieren, untersuchen:
aus dem Material unter gezielten Fragestellungen Elemente, Strukturmerkmale oder Zusammenhänge herausarbeiten

Angeben, nennen, benennen:
Informationen aus Materialien oder eigenem Wissen ohne nähere Erläuterung wiedergeben

Aufzeigen, zeigen:
etwas erklärend darlegen oder beweisen

Begründen:
Sachverhalte auf Regeln, Gesetzmäßigkeiten oder kausale Zusammenhänge von Ursache und Wirkung zurückführen

Benennen: > angeben

Beschreiben:
Strukturen, Vorgänge oder Zusammenhänge unter Verwendung der Fachsprache in eigenen Worten ohne Bewertung wiedergeben

Beurteilen, Stellung nehmen:
zu einem Sachverhalt ein selbstständiges, auf Fachwissen und Fachmethodik gegründetes Urteil über Richtigkeit, Angemessenheit oder Wahrscheinlichkeit formulieren

Bewerten:
Sachverhalte an ausgewiesenen Normen, Werten oder Beurteilungskriterien messen

Darstellen:
Zusammenhänge, Sachverhalte oder Arbeitsverfahren strukturiert in sprachlicher oder auch grafischer Form wiedergeben

Definieren:
den Inhalt eines Begriffs angeben oder auch eingrenzen

Deuten: > interpretieren

Diskutieren: > erörtern

Einordnen:
in eine bestehende Ordnung oder Folge einfügen

Erklären:
Sachverhalte mithilfe eigener Kenntnisse oder Einsichten in einen Kausalzusammenhang einordnen und verständlich darstellen

Erläutern:
Sachverhalte durch zusätzliche Informationen nachvollziehbar und verständlich veranschaulichen

Ermitteln:
einen Zusammenhang oder eine Lösung finden und das Ergebnis formulieren

Erörtern, diskutieren:
ein Bewertungsproblem erkennen und darstellen, unterschiedliche Positionen und Argumente abwägen und zu einem ausgewogenen und begründeten Urteil gelangen

Experiment planen (vorschlagen):
das Vorgehen zur experimentellen Prüfung einer Fragestellung beschreiben

Grafisch darstellen: > zeichnen

Hypothesen entwickeln (bilden, aufstellen, formulieren):
begründete Vermutungen auf der Grundlage von Beobachtungen, Untersuchungen, Experimenten oder Aussagen formulieren

Interpretieren, deuten:
Sachverhalte, Bilder oder Versuchsergebnisse auf Erklärungsmöglichkeiten untersuchen und diese gegeneinander abwägend darstellen

Nennen: > angeben

Prüfen, überprüfen:
Aussagen oder Sachverhalte an eigenen Beobachtungen, eigenem Wissen, innerer Logik oder Regeln messen und eventuelle Widersprüche aufdecken

Skizzieren: > zeichnen

Stellung nehmen: > beurteilen

Überprüfen: > prüfen

Untersuchen: > analysieren

Vergleichen, gegenüberstellen:
nach vorgegebenen oder selbst gewählten Gesichtspunkten Gemeinsamkeiten, Ähnlichkeiten und Unterschiede ermitteln

Zeichnen, grafisch darstellen, skizzieren:
eine bildhafte Darstellung von Strukturen oder Vorgängen anfertigen

Zeigen: > aufzeigen

Zuordnen:
eine Verbindung zwischen Sachverhalten herstellen

Zusammenfassen:
wesentliche Fakten in konzentrierter und übersichtlicher Form wiedergeben

Register

Bei mehreren Seitenangaben sind besonders wichtige fett gesetzt; f. bedeutet „und folgende Seite".

Bildverzeichnis

Fotos Titel/Vorn: mauritius images/Prisma; Titel/Hintergrund: Corbis/Stuart Westmorland
Agentur Focus/Science Photo Library/Russell Kightley: 72 u. r., /Public Health England/A. Dowsett: 72 o. l., /Science Source/Biophoto Associates: 23 o. r., /SPL: 10 m., 47.1, 48.1, 48.3, 100.1 u. | Arnold, John, Hawaii: 9.1 | Arnold, P.: 73 m. r. | bpk, Berlin/J. Liepe: 94.1 | Buff, W., Biberach: 10 r., 20.1, 39.1–3 | Carl Zeiss Jena GmbH, Jena: 22.2, /Presse Mikroskopie: 19 m. l., /Microscopy GmbH, Jena: 17.5, 18.2–5 | Corbis GmbH: 8.1, 47.2, 125 u. r., /Science Photo Library/C. J. Guerin, PHD: 46 m. r., /Science Photo Library/Dr. Torsten Wittmann: 14.1, 16.1, /Stuart Westmorland: 3 m., /Visuals Unlimited/Carolina Biological: 25.1 | Cornelsen Schulverlage GmbH: 6.1 | Delius, Dr. Hajo, DKFZ, Heidelberg: 61.1 | Döring, V., Hohen Neuendorf: 81.3, 90 o. | F1 online: 55.1, 80.1, 80.2. 125 m. l. | Fotolia: 102.1 u. l. | Hamkalo, B.: 61.2 | Hauck, A., Pfalzgrafenweiler: 66 u. r. | Hausmann, K., Berlin: 26.1, 27.1, 28 l. u., 30.2 | Hecker, F., Naturfotografie, Panten-Hammer: 80.3 | Imago: 11 l., 81.1/blickwinkel: 93.1 | Interfoto/ARDEA/Brian Bevan: 67.1–2, /George Ksandr: 102.1 u. r., /imagebroker/Siegfried Grassegger: 102.1 o. l., /KAGE Mikrofotografie: 21.3, /Sammlung Rauch: 12.2, /Science & Society 17.1–3 | Jastrow, H., Gau-Odernheim: 53 m. l., 53 m. l. u. | Juniors/Photoshot/D. Chapman: 74 r. m., 76.1 | Karly, F., München (Wanner): 39.4–6 | Keller, P., MPI: 45.2 o. l., 45.2 o. r., 45.2 u. l., 45.2 u. r. | Kleinig, H., Freiburg (Falk): 26.2, 28 r. o.; 28 r. u./Freiburg (Schliewa): 26.3/Freiburg (V. Speth): 24.1–3, 25.3–4, 30.3 | Leica Microsysteme GmbH, Wien/Austria: 23 m. l. | Lieder, Ludwigsburg: 62.1, 65.1–9, 68.2–4, 69.1–3, 72 m. l., 101 u. l. | mauritius images: 10 l., 12.3, /Science Source: 15.1, 17.6, 54.1, 57.2, 72 m. r., /age: 71 o. r., /Alamy: 124 l. u., /BSIP: 114.1 r., 124 r. u. | Nordzucker GmbH: 102.1 o. r. | Okapia 13.2, 94 r. o., /Biophoto Associates: 27.2, /Biophoto Associates/NAS: 101 u. r., 124 o. r., /BIOS/Denis Bringard: 91.2, /BIOS/J.-M. Labat & F. Rouquette: 82.3, /Gehlken: 124 m. l., /NAS/Jennifer Waters & Adrian Salic: 64.1, /Roland Birke: 22.1 r., 50.1, /Science Source/Biophoto Associates: 30.1 | PDB, Protein Data Bank: 84 o. l. | Pette, D., Konstanz 121.4 | picture alliance: 8.3, 46 u. r., 120.2, 125 m. r., /AP Photo: 75 r. o., 98.1, /dpa: 119 o. r., /dpa/Klett, G.: 20.2, /Keystone: 123.2 | preOx-RS GmbH: 85 m. r. | Project Photos: 11 m., 97 o. l., 120 r. o. | Reinhard, Heiligkreuzsteinach: 11 r., 107.1 | Reschke, E.: 73 m. r. | Robinson, Heidelberg: 44.1 l., 44.1 m., 44.1 r. | Roche, Mannheim: 91.1 | Röhl, S., Berlin: 136 l. u. | ROLAND CONSULT Stasche & Finger GmbH: 81.2 | Schleiden, M. J., Grundzüge der Wissenschaftlichen Botanik nebst einer Methodologischen Anleitung zum Studium der Pflanze, Band 1, 3. verbesserte Auflage, S. 278, Leipzig: Verlag von Wilhelm Engelmann 1849: 17.4 | Science Photo Library/NCMIR/Thomas Deerinck: 22.1 l. | Science Source/Photo Researchers Inc., New York: 59.1 | Springer Verlag (Jan Fridén) aus: Cell and Tissue Research (1984) 236, S. 370: 120.1 | Toomre, D.: 45.2 o. l., 45.2 o. r., 45.2 u. l., 45.2 u. r. | ullstein bild/Camera Press: 13.1 | Weber, U., Süßen: 7.2, 40 l., 40 m. l., 40 m. r., 40 r., 84 m. r., 96 u. r. | Wildlife/Usher: 125 l. o. | Woehl, G., Jr.: 87.2 o.

Grafiken Mair, Jörg, München: 7.1, 8.2, 9.2, 12.1, 18.1, 20.3, 22.3, 23 u. r., 24.4, 25.2, 26 m. r., 27 m. l.; 29 u. r., 31.1–3, 32.1–3, 33.1–2, 34.1–2, 35.1, 37.1–2, 38.1, 41 m. l., 42.1, 44.2, 45.3, 46 o. r., 48.2, 48.4, 49.1, 52 u. l., 53 o. r., 53 u. l., 61.3, 62.2, 63.1, 64.2, 65.1, 71 u. l., 73 m. l., 73 o. r., 73 u. r., 77.1, 79.2, 82.1–2, 83.1, 87.1, 87.3, 90 o. r., 91.1, 92 u. r., 94 o. r., 95.1–2, 99.1–2, 102.2, 103.1, 104.1, 105.1–2, 106.1, 107.2–4, 108.1–3, 109.1, 110.1, 111.1–2, 112.1, 113.1, 114.1, 115 o. r., 116.1, 117.1, 117 o. l., 117 o. r., 118 u. l., 118 u. r., 119 m. r., 119 o. r., 119 u. r., 120 o. r., 121.2–3, 123.1 | Mall, Karin, Berlin: 21.1–2, 29 o. l., 29 u. l., 34.3, 36.1–2, 41 o. r., 43.1–3, 45.1, 50.2–3, 51.1, 52 u. r., 55.2–3, 56.1–2, 57.1, 58.1–2, 59.1–2, 60.1–3, 67.3, 68.1, 70 u. l., 70 u. r., 71 u. r., 77.2, 78.1–3, 79.1, 83.2, 85 m. l., 86.1–2, 87.2 u., 88 m. r., 88 o. r., 88 u. r., 89 o. l., 89 u. r., 90.1, 93.2, 95 o. r., 96 o. l., 100.1, 101.1, 121.1, 122 u. r. | Menzel, Tom, Scharbeutz: 136 r. | Schnellbächer, L. H., Schlüchtern: 97.1 | Winkler, Stephan, München: Vorsatz hinten

Hinweise zum Umgang mit Gefahrstoffen

Im Lehrbuch werden Experimente vorgeschlagen, die im Rahmen des Biologieunterrichts in der Oberstufe üblicherweise durchgeführt werden. Es wurde darauf geachtet, dass möglichst wenig Gefahrstoffe und diese in möglichst geringen Mengen zum Einsatz kommen. Dennoch ist es für ein sicheres Experimentieren unerlässlich, dass jede Schülerin und jeder Schüler die in den Versuchsanleitungen verwendeten Gefahrenpiktogramme und Piktogrammcodes, wie sie auf aktuellen Chemikalienetiketten zu finden sind, kennt und über entsprechende Sicherheitshinweise unterrichtet ist. Sollten sie Ihnen nicht aus dem Chemieunterricht geläufig sein, machen Sie sich bitte mit der Übersicht auf der rechten Seite gründlich vertraut. Obgleich im Dezember 2010 die internationale Vereinheitlichung der Kennzeichnung von Gefahrstoffen in Kraft trat, werden Sie möglicherweise noch Etiketten mit alter Gefahrstoffkennzeichnung antreffen. Auch diese sollten Sie kennen (> rechte Seite rechte Spalte). Beachten Sie beim Experimentieren die speziellen Sicherheitshinweise Ihrer Lehrerin oder Ihres Lehrers genauestens und halten Sie die allgemeinen Regeln für das praktische/experimentelle Arbeiten in Biologie ein (> unten). Entsorgen Sie Ihre Chemikalienabfälle vorschriftsmäßig.

Allgemeine Regeln

- Informieren Sie sich über die Notfalleinrichtungen (Notausschalter, Feuerlöscher, Erste Hilfe) im Arbeitsraum.
- Halten Sie Ihren Arbeitsplatz sauber und ordnen Sie ihn übersichtlich.
- Essen und trinken Sie niemals während der praktischen/experimentellen Arbeit.
- Schützen Sie Ihre Augen beim Umgang mit Chemikalien grundsätzlich durch eine Schutzbrille.
- Pipettieren Sie niemals mit dem Mund, sondern immer mit einer Pipettierhilfe.
- Achten Sie außer auf Ihre eigene Sicherheit immer auch auf die Ihrer Mitschülerinnen und Mitschüler.
- Sollten Sie sich bei der Arbeit verletzen, informieren Sie bitte sofort Ihre Lehrerin/Ihren Lehrer.
- Für Experimente mit Mikroorganismen gelten besondere Sicherheitshinweise, über die Sie Ihre Lehrerin/Ihr Lehrer informiert.
- Waschen Sie sich nach praktischer/experimenteller Arbeit stets gründlich die Hände.

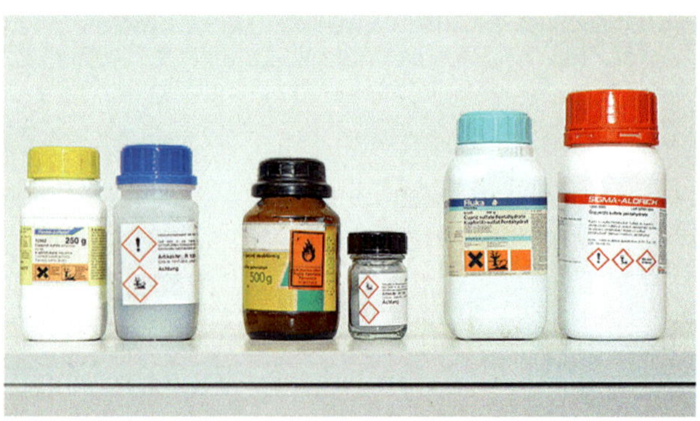

Entsorgung von Chemikalienabfällen

Nach dem Experimentieren werden die Reste in die dafür vorgesehenen Sammelbehälter gegeben. Die weitere Behandlung und Entsorgung bzw. Übergabe der Abfälle zur Sondermüllentsorgung erfolgt durch die Leherin bzw. den Lehrer.

nicht gefährliche und wasserlösliche Chemikalien
z. B. Natriumchloridlösung, Zuckerlösungen, Wasserstoffperoxidlösung

nicht gefährliche und feste Chemikalien
z. B. Indikatorpapier, Kohlepulver

Säuren und Laugen
z. B. Salzsäure, Natronlauge, Essigsäure

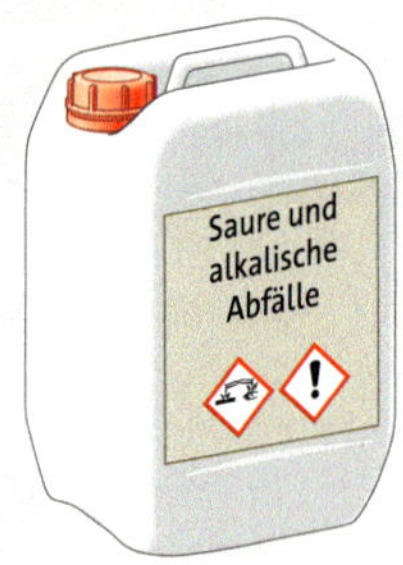

giftige anorganische Chemikalien
z. B. Kupfersulfatlösung

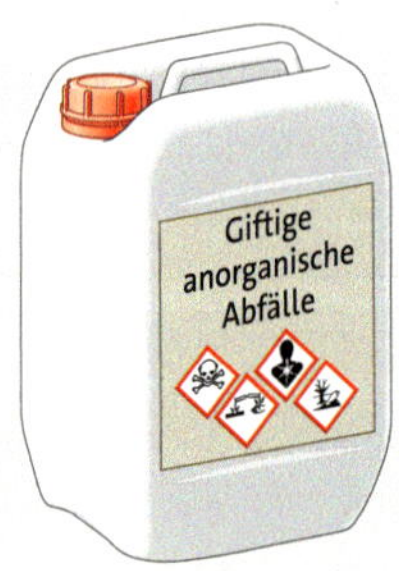

halogenfreie organische Chemikalien
z. B. Aceton, Benzin, Isopropanol, Methanol

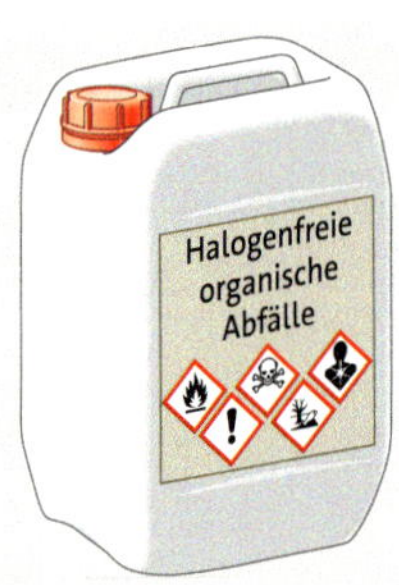

Kennzeichnung von Gefahrstoffen nach dem GHS (Globally Harmonized System of Classification and Labelling Chemicals)

Die internationale Vereinheitlichung der Kennzeichnung von Gefahrstoffen trat im Dezember 2010 in Kraft. Bis Juni 2015 ist die alte Kennzeichnung weiterhin zulässig. Daher werden Sie beim Experimentieren eventuell noch mit ihr (etwa auf Chemikalienetiketten) konfrontiert. Zu Ihrer eigenen Sicherheit sollten Sie daher sowohl die Gefahrenpiktogramme und Piktogrammcodes als auch die alten Gefahrensymbole und Kennbuchstaben kennen. Da mit dem GHS zugleich die Kriterien für die Einstufung der Gefahrstoffe neu festgelegt wurden, ist eine einfache „Übersetzung" der einen Kennzeichnung in die andere nicht möglich.
Die Übersicht unten kann aber dennoch zu einer ungefähren Orientierung dienen.

Gefahrenpiktogramm und Piktogrammcode	Mit dem Gefahrenpiktogramm gekennzeichnete Stoffe und Gemische	Signalwort	Kennzeichnung nach alter Gefahrstoffverordnung	
			Gefahrensymbol	Kennbuchstabe
GHS01	explosive und sehr gefährliche selbstzersetzliche Stoffe und Gemische sowie sehr gefährliche organische Peroxide	Gefahr oder Achtung		E
GHS02	entzündbare, selbsterhitzungsfähige und gefährliche selbstzersetzliche Stoffe und Gemische, pyrophore Stoffe sowie Stoffe und Gemische, die bei Berührung mit Wasser entzündbare Gase entwickeln	Gefahr oder Achtung	oder –	F+, F
GHS02	gefährliche organische Peroxide	Gefahr oder Achtung		O
GHS03	Stoffe und Gemische mit oxidierender Wirkung	Gefahr oder Achtung		O
GHS04	Gase unter Druck	Achtung	–	
GHS05	Stoffe und Gemische, die korrosiv auf Metalle wirken	Achtung	–	
GHS05	Stoffe und Gemische, die schwere Verätzungen der Haut und/oder schwere Augenschäden verursachen	Gefahr		C, Xi
GHS06	lebensgefährliche und giftige Stoffe und Gemische	Gefahr		T+, T
GHS07	gesundheitsschädliche Stoffe und Gemische	Achtung		Xn
GHS07	Stoffe und Gemische, die Haut- und/oder Augenreizungen verursachen und/oder allergische Hautreaktionen, Reizungen der Atemwege und/oder Schläfrigkeit und Benommenheit verursachen können.	Achtung		Xi
GHS08	Stoffe und Gemische, die bei Verschlucken und Eindringen in die Atemwege tödlich sein können und/oder eine Gefahr für die Gesundheit darstellen. Diese Stoffe und Gemische schädigen bestimmte Organe und/oder können Krebs erzeugen, die Fruchtbarkeit beeinträchtigen, das Kind im Mutterleib schädigen und/oder genetische Defekte und/oder beim Einatmen Allergien, asthmaartige Symptome oder Atembeschwerden verursachen.	Gefahr und Achtung		T+, T Xn
GHS09	Stoffe und Gemische, die sehr giftig oder giftig für Wasserorganismen sind	Achtung oder –		N

Procyte

Bakterienzelle

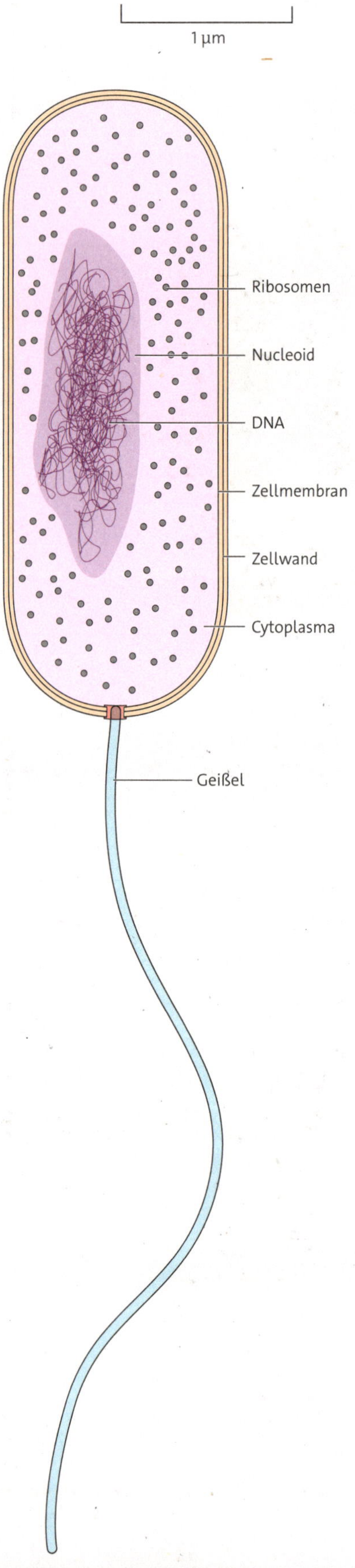

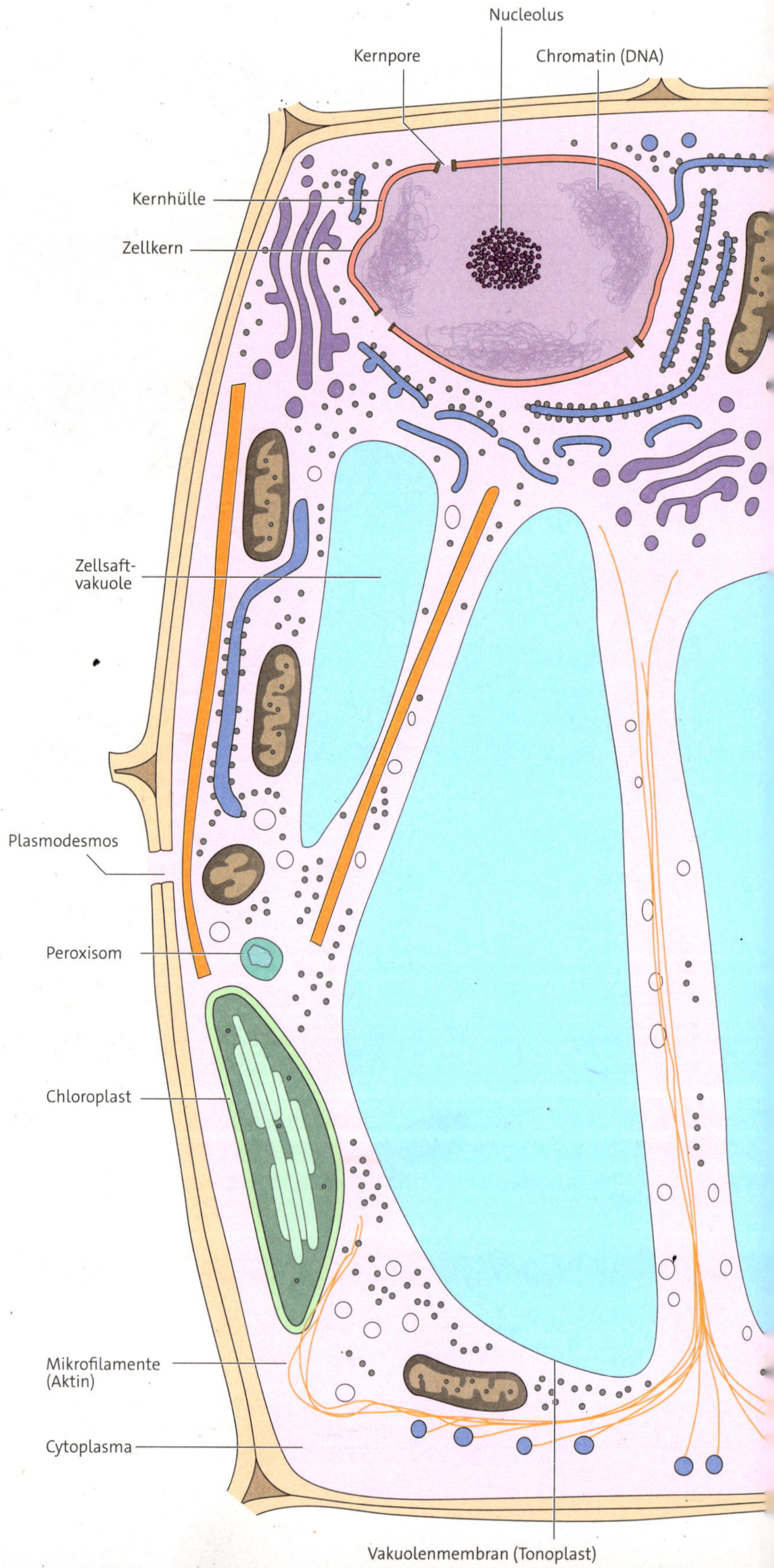